“十二五”职业教育国家规划教材
经全国职业教育教材审定委员会审定

“十二五”江苏省高等学校重点教材（编号：2013-1-045）
“十三五”江苏省高等学校重点教材（编号：2018-1-077）

获中国石油和化学工业优秀出版物奖·教材奖一等奖

传质分离技术

刘 媛 主编　　潘文群 副主编
权 静 主审

CHUANZHI
FENLI JISHU

化学工业出版社
·北京·

《传质分离技术》是以传质规律为主体的单元操作为主线，辅以设备、电器、仪表等相关知识与操作为一体的项目化教材，主要内容包括蒸馏操作与控制、萃取操作与控制、吸收操作与控制、膜分离操作与控制和吸附操作与控制五大单元操作。教材以“项目载体、任务驱动”方式展开，通过工作任务要求、工作任务情景、技术理论与必备知识及任务组织实施、任务评估的思路完善了教材内容的层次设计，优化了教学目标尤其是职业素质培养目标；开发了与教学内容配套的微课、动画及视频等颗粒化教学资源，并以二维码形式直接植入教材，师生在互联网条件下，通过APP应用软件，采用可移动终端直接扫描二维码，即可观看或使用，实现教材表现形式的创新。

本教材与《传热应用技术》和《流体输送与非均相分离技术》配套使用。适用于化工技术、生物与制药技术、环保及相关专业的高职院校师生，也可作为其他各类化工及制药类职业学校的参考教材和职工培训教材，还可供化工及相关专业工程应用型本科学生和其他相关工程技术人员参考阅读。

图书在版编目（CIP）数据

传质分离技术/刘媛主编. —3版. —北京：化学工业出版社，2020.5
“十二五”职业教育国家规划教材
ISBN 978-7-122-36349-7

Ⅰ. ①传… Ⅱ. ①刘… Ⅲ. ①传质-化工过程-高等职业教育-教材②分离-化工过程-高等职业教育-教材 Ⅳ. ①TQ021.4 ②TQ028

中国版本图书馆CIP数据核字（2020）第034380号

责任编辑：旷英姿　窦　臻　　　装帧设计：王晓宇
责任校对：刘　颖

出版发行：化学工业出版社（北京市东城区青年湖南街13号　邮政编码100011）
印　　装：大厂聚鑫印刷有限责任公司
787mm×1092mm　1/16　印张18　字数469千字　　2020年6月北京第3版第1次印刷

购书咨询：010-64518888　　　售后服务：010-64518899
网　　址：http://www.cip.com.cn
凡购买本书，如有缺损质量问题，本社销售中心负责调换。

定　　价：49.00元

前言
FOREWORD

本教材第一版曾获中国石油和化学工业优秀出版物奖·教材类一等奖，第二版为“十二五”职业教育国家规划教材和“十二五”江苏省高等学校重点教材。第二版自2015年出版以来，继续受到了广大读者及全国众多兄弟职业院校师生的广泛认可与厚爱，至今已重印数次，对此我们深表感谢和深感欣慰。

本教材（第三版）是“十三五”江苏省高等学校重点教材，中国特色高水平高职专业群建设计划（应用化工技术专业群）资助项目（2019年）。本次修订主要依据教育部新版《高等职业学校专业教学标准》及化工行业通用岗位职业标准，并积极汲取读者反馈意见，在保持第一、第二版教材特色的基础上，更新与精选教材的教学内容，构筑科学的，先进的，实际、实用和实践性强的教学内容体系，并针对教材使用过程中发现的问题进行修订。同时运用现代信息技术，通过数字虚拟仿真技术，将书中的重点及难点以二维、三维、视频等数字技术形式表现出来，并以二维码形式直接植入教材，师生在互联网条件下，通过APP应用软件，采用可移动终端直接扫描二维码，即可观看或使用，实现教材表现形式的创新。

本教材的具体教学项目设计仍采用第二版的教学设计方式，即包括以传质规律为主体的五大单元操作：蒸馏操作与控制、萃取操作与控制、吸收操作与控制、膜分离操作与控制以及吸附操作与控制。

本教材由常州工程职业技术学院刘媛担任主编，潘文群担任副主编。刘媛负责项目一及附录的修订和全书的统稿工作；常州工程职业技术学院张启蒙、姚培、李树白和陆敏分别负责项目二、项目三、项目四和项目五的修订工作；常州工程职业技术学院潘文群、杨怡，南京九思高科技有限公司丁晓斌参与了本书所有配套二维码数字资源素材设计；北京东方仿真技术有限公司提供部分图片。本书由南京科技职业学院权静担任主审，常州工程职业技术学院的李英利、张晓春、刘长春、郭泉、周敏茹等老师参与了审稿。

本教材在修订与编写过程中，得到了化学工业出版社及有关单位领导、相关企业工程技术人员和常州工程职业技术学院化工学院老师的大力支持与帮助。同时，参考借鉴了大量国内各类院校的相关教材和文献资料，参考文献名录列于书后。在此谨向上述各位领导、专家及参考文献作者表示衷心的感谢。

由于编者水平有限，加之时间仓促，不妥之处在所难免，敬请读者批评指正。

编　者

2020年2月

第一版前言

本套教材是化工技术类专业模块化课程教学改革的产物，并在参照国内相关院校教材和工程手册的基础上编写而成的。全套书分“流体输送与非均相分离技术”“传热应用技术”和“传质分离技术”三大模块，并以系列教材（共计3本）的形式出版。

整套教材以化工过程单元操作为主线，整合了化工设备、参数测量与控制仪表的相关知识与操作技术，以任务为导向，采用了“过程的认识”“装备的感知”“操作知识的准备”“过程操作控制与设备维护”“安全生产”及“技术应用与知识拓展”等全新的思路组织编写。教材依据高职高专人才培养目标，倡导能力本位，其教学内容的安排更注重与生产实际的结合，并将各类单元操作设备的工艺计算与安全操作等内容重点编入，更加突出了“实用、实际和实践”的高职特色。

全套教材力求强调学生能力、知识、素质培养的有机统一。以“能”做什么、“会”做什么明确了学生的能力目标；以“掌握”“理解”“了解”三个层次明确了学生的知识目标；并从注重学生的学习方法与创新思维的养成，情感价值观、职业操守的培养，安全节能环保意识的树立和团队合作精神的渗透等方面明确了学生的素质培养目标。

为便于教学和学生对所学内容的掌握、理解，在每个模块前设立了学习目标，每个模块列出较多数量的习题和思考题。

整套教材中，除特别指明以外，计量单位统一使用我国的法定计量单位。物理量符号的使用是以在GB 3100～3102—93规定的基础上，尊重习惯表示方法为原则，并在每个模块开始前列有“本模块主要符号说明”以供查询。设备与材料的规格、型号尽可能采用最新标准，以利于实际应用。

本套教材适用于作为生物与化工技术、制药技术、环保及其相关专业的高职教材，也可作为与化工及制药技术类相关专业职业学校的参考教材和职工培训教材，还可供化工及其相关专业工程应用型本科学生和其他相关工程技术人员参考阅读。

本册内容包括：蒸馏操作技术、吸收操作技术、液-液萃取操作技术、结晶操作技术四大单元操作模块。本册教材由常州工程职业技术学院潘文群和湖南化工职业技术学院何灏彦主编，其中潘文群编写了模块一和附录并负责全书的统稿工作；模块二由何灏彦编写；模块三由常州工程职业技术学院姚培编写；模块四由常州工程职业技术学院刘媛老师编写。天津渤海职业技术学院的傅梅绮担任本书的主审，常州工程职业技术学院化工原理教研室的蒋晓帆、李雪莲、周敏茹等参与了审稿。

本书在编写过程中，得到了编写学校领导和老师的大力支持与帮助，在此谨向他们表示衷心的感谢。

由于编者水平所限，加之时间仓促，不妥之处在所难免，敬请读者批评指正。

编　者

2008年4月

第二版前言

本系列教材自2008年出版以来，承广大读者及全国众多兄弟职业院校师生的厚爱，被选作化工单元操作及其相关专业核心课程教材或参考书，至今已重印数次；2013年分别被教育部和江苏省教育厅确定为“‘十二五’职业教育国家规划教材”和“‘十二五’江苏省高等学校重点教材”。能为我国高等职业教育的发展和高职化工技术类及其相关专业的建设与发展贡献微薄力量，我们由衷感到欣慰。

作为第二版教材，我们在力求保持原有教材特点的基础上，根据教育部《高等职业学校专业教学标准（试行）》目录和读者的反馈意见，针对化工技术类及相关专业人才培养目标及化工行业通用岗位职业标准，对原教材作了再次审定与必要的修订，并调整了编写思路。整套教材以“项目载体、任务驱动”方式展开，通过“项目导言”“工作任务要求”“工作任务情景”“技术理论与必备知识”“任务实施”“任务评估”的思路组织编写内容，力求实现化工职业岗位典型工作任务与工作过程和课程教学内容与教学过程的有机融合，力求体现本课程教学目标和遵循学生职业成长规律。

本系列教材仍沿用第一版方式，分为《流体输送与非均相分离技术》《传热应用技术》和《传质分离技术》三个分册，由常州工程职业技术学院薛叙明教授担任总主编，负责整套教材的编写协调工作。

本册教材为《传质分离技术》分册。修订后，项目调整为蒸馏操作与控制、萃取操作与控制、吸收操作与控制、膜分离操作与控制和吸附操作与控制五个项目。本册教材由常州工程职业技术学院潘文群和湖南化工职业技术学院何灏彦主编，其中潘文群负责项目一蒸馏操作与控制及附录的编写和全书的统稿工作，何灏彦负责项目三吸收操作与控制的编写工作，常州工程职业技术学院姚培负责项目二萃取操作与控制的编写工作，常州工程职业技术学院刘媛负责项目四膜分离操作与控制和项目五吸附操作与控制的编写工作。中石化扬子石化的教授级高级工程师王振新担任本书的主审，并提出了许多宝贵的修改意见。常州工程职业技术学院化工原理教研室的贺新、蒋晓帆、李雪莲等参与了审稿。

为方便教学，本书配套有电子教学资源，也可参看教育部高等职业教育教学资源中心网站（网址：www. cchve. com. cn/hep/portal/courseId-492）。

本书在修订与编写过程中，得到了化学工业出版社及有关单位领导、工程技术人员和教师的大力支持与帮助，同时，参考借鉴了国内各类院校的相关教材和文献资料，参考文献名录列于书后。在此谨向上述各位领导、专家及参考文献作者表示衷心的感谢。

由于编者水平有限，加之时间仓促，不妥之处在所难免，敬请读者批评指正。

编　者

2014年1月

目录
CONTENTS

导 言

一、分离技术的发展

自然界的物料绝大多数是混合物，由化学合成的产物也基本上是混合物，在化工生产中所处理的原料、中间产物、粗产品等几乎都是由若干组分所组成的混合物，这些混合物有的可以直接利用，有的需经分离提纯才可以利用。从矿物中把金属提纯出来、放射性铀的同位素的分离、净化水和空气等为科学发展和生产技术提供了广阔的发展空间，也促使了分离技术的发展。

化工分离技术是随着化学工业的发展而逐渐形成和发展的。化学工业具有悠久的历史，现代化学工业开始于18世纪产业革命的欧洲，当时的纯碱、硫酸等无机化学工业成为现代化学工业的开端。19世纪，以煤为重要原料的有机化工在欧洲也发展起来，主要是苯、甲苯、酚等各种化学产品的开发。这些化工生产中应用了吸收、蒸馏、过滤、干燥等操作。19世纪末至20世纪初，人类发现了石油，开始了大规模的石油化工、石油炼制，这促进了化工分离技术的成熟与完善。到了20世纪30年代，美国出版了第一部《化学工程原理》一书。然而，化工产品的种类之多、工艺之复杂，性质各异，要一一去了解是比较困难的。但归纳起来，各个产品的生产工艺都遵循相同的规律，都是由分离过程的基本操作和化学反应过程组成的如图0-1所示。

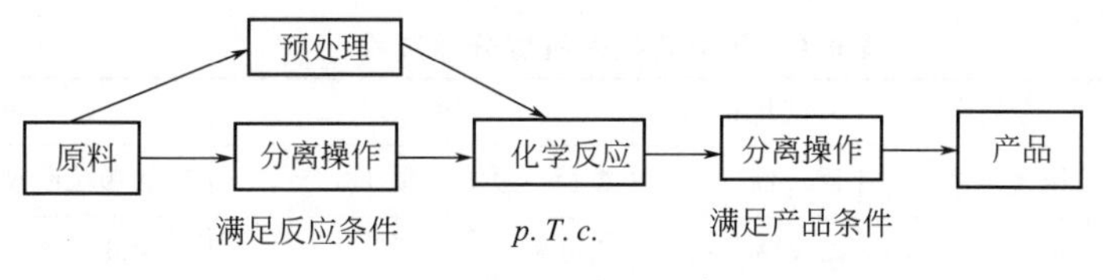

图0-1　化工生产过程

除特定的化学反应过程外，分离操作过程或预处理过程所包含的物理过程并不是很多，而且有相似性。例如，流体输送不论用来输送何种物料，其目的都是将流体从一个设备输送至另一个设备；加热或冷却的目的均是为了得到需要的工作温度；分离提纯的目的均是为了得到指定浓度的物质等等。把包含在不同化工产品生产过程中，采用相似的设备，具有相同功能，遵循相同的物理学规律的基本操作，称为单元操作。对于原料的预处理过程或分离操作实际是对原料进行一定的处理。原料中有生产过程中需要的物质，也有生产过程中不需要的物质，一些不需要的物质可能会影响化学反应、反应器或催化剂等，使化学反应无法进行，所以预处理过程是必不可少的。例如，合成氨中的氢气和氮气都要进行预处理；而反应后的产物也需要分离操作，主要是对它们进行分离和提纯以及未反应物的回收利用。例如，石油是烃类化合物组成的混合液体，经过分离操作可得到乙烯、丙烯等高纯度的单体。

20世纪50年代中期，人们把单元操作进一步解析成三种基本传递过程，即动量传递、热量和质量传递。质量传递是工业生产普遍存在的，例如水向空气中蒸发，盐的溶解，用活性炭来吸附某些物质，从茶叶中提取茶多酚等都是质量传递过程。在前面所学过的流体力学和传热学中都涉及了动量和热量的传递过程。

到了20世纪70年代，化工分离技术与其他科学技术交叉渗透产生了一些边缘分离技术。例如，生物分离技术、膜分离技术、环境化学分离技术、纳米分离技术、超临界萃取技术等。近几年来，科技人员在分离技术方面做了许多工作，也取得了一些成果。例如，对板式塔的研究已深入到塔内气液两相流动的动量传递及质量传递的本质上，在填料塔的研究方面已开发了新型填料塔和复合塔，为火箭提供具有极大推动力的高能燃料，也用于海水的淡化等；在萃取、离子交换、吸附、膜分离等领域已都做出了有意义的研究和开发工作。这些成果的工业应用，改进和强化了现有的生产设备，在降低能耗、提高效率等方面发挥了巨大的作用，促进了化学工业的进一步发展。

到了 21 世纪，化工分离技术一方面对传统的分离过程加以变革，如基于萃取的超临界流体萃取、液膜萃取以及基于吸附的色谱分离等；另一方面因科学的发展而出现了新型分离技术，如反渗透、超滤等膜分离技术，与膜结合的膜吸收、膜萃取、膜蒸馏等分离技术。分离技术如何更好地在化工、医药、能源、环境、农业、食品、交通等领域应用，将是化工分离技术即将面临的更新的挑战。

中国是世界文明古国之一，中国古代的劳动人民在长期的生产实践中，在科学技术和化学化工等方面也有不少的发明和创造，如陶瓷、冶金、火药、燃料、酿酒、染色、造纸和无机盐等生产技术，都走在世界的前列。现代许多化工生产都是在古代化学工艺的基础上发展起来的。

二、分离技术的分类

常见的分离方法有：机械分离、传质分离和反应分离三大类。

1. 机械分离

利用机械力将两相混合物相互分离的过程称为机械分离。几种典型的机械分离过程见表 0-1。

表 0-1 几种典型的机械分离过程

名称	原料相态	分离媒介	产物相态	分离原理	应用实例
过滤	液-固	压力	液＋固	粒径＞过滤介质孔径	浆状颗粒回收
沉降	液-固	重力	液＋固	密度差	浑浊液澄清
离心分离	液-固	离心力	液＋固	固液相颗粒尺寸	结晶物分离
旋风分离	气-固(液)	惯心力	气＋固(液)	密度差	催化剂颗粒收集
电除尘	气-固	电场力	气＋固	微粒的带电性	合成氨原料除尘

2. 传质分离

传质分离可以在均相或非均相混合物中进行。传质分离有平衡分离和速率分离两种。平衡分离是依据分离混合物中各组分在不互溶的两相平衡分配组成不等的原理进行分离的过程；速率分离是依据分离组分在均相中的传递速率差异而实现组分的分离，这类过程所处理的原料和产品通常属于同一相态，仅有组成上的差别。几种典型的平衡分离过程及速率分离过程分别见表 0-2 及表 0-3。

表 0-2 几种典型的平衡分离过程

名称	原料相态	分离媒介	产物相态	分离原理	应用实例
蒸发	液	热	液＋气	物质沸点	稀溶液浓缩
闪蒸	液	热-减压	液＋气	相对挥发度	海水脱盐
蒸馏	液或气	热	液＋气	相对挥发度	酒精增浓

续表

名称	原料相态	分离媒介	产物相态	分离原理	应用实例
吸收	气	液体吸收剂	液＋气	溶解度	碱吸收 CO_2
萃取	液	不互溶萃取剂	二相液	溶解度	芳烃抽提
吸附	气或液	固体吸附剂	液或气	吸附平衡	活性炭吸附苯
离子交换	液	树脂吸附剂	液	吸附平衡	水软化
萃取蒸馏	液	热＋萃取剂	气＋液	挥发度、溶解度	恒沸物分离
结晶	液	热	液＋固	溶解平衡	糖液脱水

表 0-3　几种典型的速率分离过程

名称	原料相态	分离媒介	产物相态	分离原理	应用实例
气体渗透	气	压力、膜	气	浓度差、压差	富氧、富氮
反渗透	液	膜、压力	液	克服渗透压	海水淡化
渗析	液	多孔膜	液	浓度差	血液透析
泡沫分离	液	表面能	液	界面浓度差	矿物浮选
电渗析	液	电场、膜	液或气	电位差	氨基酸脱盐

3. 反应分离

借助于化学反应将其混合物分离出来。一般情况下，可逆反应、不可逆反应、分解反应可以考虑利用化学反应将其分离。其分离过程又可分为利用反应体的分离和不利用反应体的分离。几种典型的反应分离技术见表 0-4。

表 0-4　几种典型的反应分离技术

分离种类		原料相	分离媒介	代表性技术	应用实例
可逆反应		可再生物	再生剂	离子交换、反应萃取	水软化
不可逆反应		一次性转化物	催化剂	反应吸收、反应结晶	烟道气中 SO_2 吸收
分解反应	生物分解反应	生物体	微生物	生物降解	废水厌氧生物处理
	电化学分解反应	电反应物	电、膜	双极膜水解反应	湿法精炼
	光分解反应	光反应物	光		烟道气中 CO_2 生物转化

三、分离技术的应用

大多数的化工生产过程中都会涉及分离技术，包括无机化工、有机化工、石油化工、精细化工等。事实上，无论是在基础建设阶段，还是在正常生产过程中，尽管反应器是至关重要的设备，但分离设备和过程的成本往往占据化工生产过程的主要部分。

1. 分离

将混合物中各组分完全分开，得到各个纯组分或若干个产品。例如原油的分离，地下原油依据其沸点的不同，通过蒸馏等方式得到汽油、煤油、柴油、润滑油和乙烯、丙烯等基础化工产品；从空气中分离出氧气、氮气和各种稀有气体。

2. 提取和回收

从混合物中提取出某种或某几种有用组分。例如从矿石中提取金、银、铜、镍、钴、铀及稀土金属等，从天然油料和植物籽中浸取豆油、花生油等各种植物油，从甜菜中提取糖等，从放射性废水中回收钴、锆、铌、锶等金属物质。

3. 纯化

除去混合物中所含的少量杂质。例如合成氨生产中除去原料气中的少量二氧化碳和一氧化碳等有害气体，以制取纯净的氮气和氢气。

4. 浓缩

将含有有用组分很少的稀溶液浓缩，提高产品中有效成分的含量。例如一些果汁、乳品的浓缩，可利用吸附等工艺除去物料的水分。

随着现代化工工业的发展，分离技术除了在化工生产中得到广泛的应用外，在冶金、食品、生化、环境等工业中也有广泛应用，如矿物中金属的提取，食品的脱水；抗生素的净制，病毒的分离，同位素的分离，废气、废水、废渣的分离与综合利用等。由于能源的紧张，对分离过程的要求及能耗的要求更高，分离技术的应用要求越来越得到人们的重视。

四、化工分离过程的选择

一个化工生产过程不是一个化工分离过程即可完成的，而往往是由若干分离操作联合使用而实现的，在此过程中，如何来选择分离操作是至关重要的。分离过程的选择也受到许多因素的制约。归纳起来，可以从以下几个方面来进行考虑。

1. 可行性

分离过程在给定条件下的可行性分析能筛选掉一些显然不合适的分离方法。如分离丙酮和乙醚二元混合物，由于它们是非离子型有机化合物，因此可以断定用离子交换、电渗析和电泳等方法是不合适的。同时也需考虑分离过程所使用的工艺条件，在常温常压下操作的分离过程，相对于有很高或很低的压力和温度要求的过程，应优先考虑。

对大多数分离过程，按分子性质及其宏观性质的差异来选择分离过程是十分有用的。例如对吸收和萃取而言，主要是溶解度的差异；精馏反映为蒸气压，即分子间力的强弱；结晶反映各种分子聚在一起的能力，其分子的大小和形状等几何因素很重要。根据需分离物质的性质来选择分离方法是十分可行的，例如若混合物各组分的挥发度相差较大，可采用精馏的方法来分离；若各组分的挥发度相差不大，可采用萃取的方法来分离等。

2. 待处理混合物的性质

分离过程得以进行的关键是混合物中各组分的性质的差异，如物理、化学等性质方面的不同。物理性质是指分子质量、分子大小与形状、熔点、沸点、密度、黏度、蒸气压、渗透压、溶解度、临界点等；力学性质是指其表面张力、摩擦力等，还有电磁性质、化学特性常数等。

利用混合物中各组分的性质的差异来选择分离方法是最为常用的。若溶液中各组分的挥发度相差较大，则可考虑精馏的方法来分离；若混合物中各组分在某一溶剂中的溶解度的差异比较大，则可考虑用吸收的方法来分离；若极性大的组分的浓度很小，则用极性吸附来分离是合适的。

3. 分离产物的价值与处理规模

生产规模通常是指产物或产品量的大小，通常将生产规模分为超大型、大型、中型、小型几种，它们之间没有明显的界限。目前用投资额度的大小来表示其工程规模的大小。

分离过程的生产规模与分离方法的选择密切相关。对廉价产物，常用低能耗的大规模的生产过程，如海水的淡化，合成氨的生产，聚乙烯、聚丙烯的生产等；而高附加值的产物可采用中小规模生产，如药物中间体的生产。规模的大小也与所采用的过程有关，如很大规模的空气分离装置，采用低温精馏过程最为经济，而小规模的空气分离装置往往采用变压吸附或中空纤维气体膜分离等方法更为经济。又如海水淡化，当小规模时，反渗透比蒸发更为经济。

4. 分离产物的特性

分离产物的特性是指产物的热敏性、吸湿性、放射性、氧化性、分解性、易碎性等一系列物理化学特征。这些物理化学特征常是导致产物变质、变色、损坏等的根本原因。

对热敏性物料而言，为了防止因热而使其损坏，当采用常压精馏会使其因热而损坏时，可采用减压精馏的方式来避免其受热而损坏；对于某些产物而言，在提取、浓缩与纯化的过程中，不能将有关的溶剂带到产物中，否则会严重影响产物质量；对于易氧化的产物需要考虑解吸过程中所用的气体是否有氧气存在；对生物制品而言，若深度冷冻的话，会导致生物制品的不可逆的组织破坏，应加以避免。

5. 分离产物的纯度与回收率

产物的纯度与回收率二者之间存在一定的关系。在选择分离过程中，首先要规定其分离产物的纯度和回收率，产物的纯度取决于它的用途，而回收率的规定反映了过程的经济性。一般情况下，纯度越高，提取成本越大，而回收率也会随之降低。因此在选用分离方法时常需综合考虑。

6. 分离过程的经济性

选择分离过程最基本的原则是经济性，然而经济性又受到许多因素的制约。分离过程能否商业化，取决于其过程的经济性是否优于常规分离方法。如膜分离虽具有特色，但还不能取代某些常规分离过程。若将膜分离与某些分离方法相结合，使分离过程得到优化，从而具有更好的经济效益的话，这样结合的分离过程会越来越得到广泛的应用。

分离过程的经济性在很大程度上要看分离产物所要求的纯度和回收率。前面已述，回收率是反映分离过程的经济性的主要指标；而产物的纯度越高，产物的质量就越好，其产物的经济价值也就越高。

分离过程中，能耗也是一个非常重要的经济指标。如酒精的生产，其发酵液中酒精的浓度仅为3%～7%，若用精馏的方法制取90%以上浓度的酒精的话，需要脱除大量的水，能耗极大；若采用萃取或恒沸精馏的方法制取的话，能耗要少很多；若选择新型的渗透汽化膜技术，对稀酒精段采用透醇膜将酒精提浓，而在浓酒精段采用透水膜将少量的水除去，既降低了能耗，又提高了产物的质量。

项目一

蒸馏操作与控制

项目学习目标

知识目标

掌握蒸馏操作的基本知识、二组分理想溶液的气液相平衡关系，掌握精馏的工艺计算，掌握回流比及其确定，掌握塔板数的计算，掌握板式塔的选型计算，掌握蒸馏过程的操作、常见事故及其处理；理解非理想溶液的相平衡关系，理解间歇精馏与特殊精馏的操作特点，理解板式塔的流体力学性能，理解精馏塔的控制与调节；了解精馏操作的分类，了解精馏装置的结构和特点，了解精馏塔的新型塔板结构。

能力目标

能够根据生产任务进行塔的工艺计算，并确定其工艺参数；能够根据生产任务及要求，选取合适的塔设备；能够根据生产任务对精馏塔实施基本的操作，并能对其操作中的相关参数进行控制；同时能根据生产的特点制定出安全操作规程；能对精馏操作过程中的影响因素进行分析，并运用所学知识解决实际生产问题；能根据生产的需要正确查阅和使用一些常用的工程计算图表、手册、资料等，进行必要的工艺计算。并运用所学知识解决实际生产问题；能根据生产的需要正确查阅和使用一些常用的工程计算图表、手册、资料等，进行必要的工艺计算。

素质目标

树立工程观念，培养学生严谨治学、勇于创新的科学态度；培养学生安全生产的职业意识，敬业爱岗、严格遵守操作规程的职业准则；培养学生团结协作、积极进取的团队精神。

主要符号说明

英文字母

D——馏出液的摩尔流量，kmol/h；

E——塔板效率；

F——原料液的摩尔流量，kmol/h；

I——流体的焓值，kJ/kmol；

L——回流液的摩尔流量，kmol/h；

m——物质的质量，kg；

n——物质的量，mol 或 kmol；

N——理论塔板数；

q——热状态参数；

T——热力学温度，K；

t——温度，℃；

p——压力，kPa；

p°——纯组分的饱和蒸气压，kPa；

V——上升蒸气的摩尔流量，kmol/h；

W——釜液的摩尔流量，kmol/h；

w——组分的质量分数；

x——易挥发组分在液相中的摩尔分数；

y——易挥发组分在气相中的摩尔分数；

R——回流比。

希文字母

α——相对挥发度；

ρ——流体的密度，kg/m^3；

υ——挥发度；

μ——流体的黏度，Pa·s。

下标

F——原料液；

D——馏出液；

min——最少；

A——易挥发组分；

max——最大；

m——平均；

W——釜液；

B——难挥发组分。

项目导言

自然界的物料绝大多数是混合物，由化学合成的产物也基本上是混合物，在化工生产中所处理的原料、中间产物、粗产品等几乎都是由若干组分所组成的混合物，且绝大部分是均相物系，这些混合物有的可以直接利用，有的需经分离提纯才可以利用。将混合物通入特定的分离装置，选择合适的分离方式，在一定的温度和压力下可分离出所需要的产品。

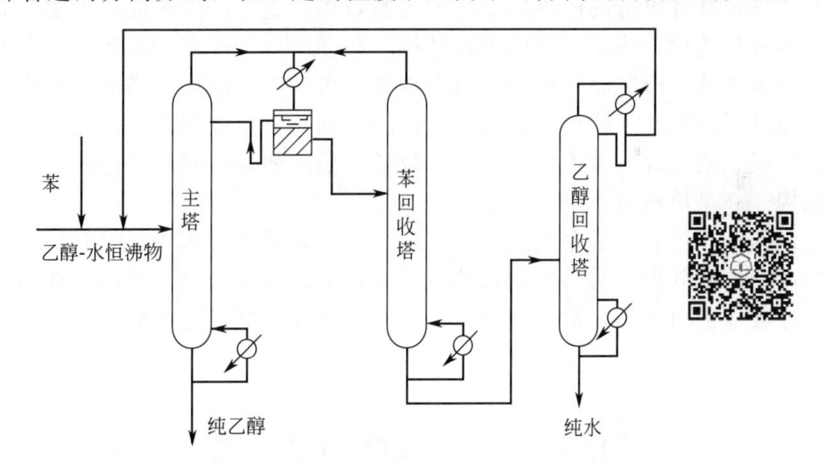

图 1-1　苯为恒沸剂（夹带剂）分离乙醇-水的恒沸物的流程图

如图 1-1 中所示的乙醇与水的混合物俗称酒精，将乙醇与水分离，通常采用的分离方法为恒沸精馏，在乙醇与水的分离塔中，即主塔中，加入第三组分苯，塔顶逐步蒸出苯与水和乙醇形成的三元恒沸物，然后是乙醇与苯的二元恒沸物，再是苯与水及乙醇与水的二元恒沸物，塔底排出的即产品无水乙醇。塔顶蒸气经冷凝后分层，上层含苯较多的相（富苯相）回流入主塔，下层含水较多的相（富水相）进入苯回收塔，苯回收塔的塔顶蒸出的为苯-水-乙醇的三元恒沸物，与主体的塔顶产物一起冷凝，塔釜的富水相进入乙醇回收塔，乙醇回收塔的塔顶蒸出的为乙醇和水的恒沸物，再回到主塔的进料中，塔釜得到的为纯水。乙醇-水-苯的恒沸物的组成情况见表 1-1。

如上所述，化工生产常需进行液体混合物的分离以达到提纯或回收有用组分的目的。上述的恒沸蒸馏方法便是蒸馏及精馏中的一种。

蒸馏作为一项单元操作，已经被广泛应用了200年，目前仍然是工厂的首选分离方法。

表1-1 乙醇-水-苯的恒沸物组成

恒沸物 \ 各组分的比例及恒沸点	乙醇（质量分数）/%	水（质量分数）/%	苯（质量分数）/%	恒沸点/℃
乙醇-水	95.57	4.43	—	78.15
苯-水	—	8.83	91.17	69.25
乙醇-苯	32.40	—	67.60	68.25
乙醇-水-苯	18.50	7.40	74.10	64.85

蒸馏技术早期用在酒精提纯上，在1813年由法国的Cellier-Blumental建立了第一个连续蒸馏竖塔，在1820年左右，一位叫Clement的工程师将此技术应用到酒精厂中，在1822年左右，一位叫Perrier的人在英格兰引进了早期的泡罩塔板，在1839年左右，一位叫Coffey的人发明了筛板塔。第一本介绍蒸馏技术的书是由Ernest Sorel在1893年完成的。在我国，几千年前就出现了冶金技术（将矿石中以化合物形式存在的铜和铁冶炼变成单体的铜和铁），明朝宋应星所著的《天工开物》中也记载了古代酿酒和制糖中所用的蒸馏、结晶等分离技术。

现代塔设备技术的发展，在20世纪的20～50年代，塔设计处于简单的平衡量、塔板效率、传质系数、液泛等概念的水平上，主要是泡罩塔板的形式。在20世纪的50～70年代，塔设计进入大规模、集团化的研究阶段，Koch公司的Nutter率先发明了浮阀塔板，浮阀塔板比泡罩塔板具有更低的压降、更高的传质效率、更大的处理能力、更大的操作弹性、更低的液面落差和造价，成了主要的塔板结构。在20世纪的70～90年代，大型液体分布器的研究和填料塔的放大研究获得成功，减压塔开始得到广泛应用，塔的结构研究进入了一个新时代。从20世纪的90年代至今，随着炼油和石油化学工业向着精细化、大型化发展，加上计算机的发展，塔设计向着增效、节能、降耗、消除瓶颈、提高经济效益等方向发展。如新型塔板结构、新型填料等。

蒸馏作为无可替代的单元操作之一，一方面在分离过程中，没有惰性物质存在，使得它具有更高的传质效率；另一方面从热效率解释上，尽管蒸馏系统的热效率并不高，但在使用了中间冷凝器和再沸器之后，效率得以提高，从而提高了蒸馏分离的经济性。

任务一　分离方案的选择

工作任务要求

根据需分离的混合物的要求和特点合理地选择分离方法。

以工业应用实例来说明生产过程分离方案的选择。

工作任务情景

1. 以乙苯脱氢反应生产苯乙烯过程来说明，由于乙苯脱氢反应伴随着裂解、氢解和聚合等副反应，同时乙苯转化率一般在40%左右，所以脱氢产物是一个混合物，其组成大致见表1-2。

表 1-2　脱氢产物组成

组　　分	乙苯	苯乙烯	苯	甲苯	焦油
含量/%	55～60	35～45	1.5	2.5	少量
沸点/℃	136.2	145.2	80.1	110.7	

如何将这些有机物进行分离和精制，得到我们所需的产品，并将这些有机物进行回收？

2. 低压法以天然气为原料合成甲醇为例，经色谱分析，反应产物中除甲醇和水以外，还有几十种有机杂质，其主要杂质见表 1-3。

表 1-3　合成甲醇的主要成分

组分	甲醇	二甲醚	乙醇	异丙醇	正丙醇	异丁醇	正丁醇	甲酸	甲酸甲酯	丙酮	水
含量/%	81.5	0.016	0.035	0.005	0.008	0.007	0.003	0.055	0.055	0.002	18.37
沸点/℃	64.7	-23.6	78.3	110.7	97.2	99.5	117.7	100.5	32.0	56.1	100

如何将这些杂质去除，得到高纯度的甲醇产品？

技术理论与必备知识

一、精馏操作

以甲醇生产中粗甲醇的精馏为例来了解蒸馏或精馏操作。如图 1-2 所示：粗甲醇预热到 65℃，进入预蒸馏塔除去残余的溶解气体及低沸物（主要是不凝性气体和轻组分）。由加压塔顶部出来的蒸气经冷凝后，一部分作为加压塔的回流液，另一部分进入精甲醇计量槽。由预蒸馏塔塔底出来的甲醇通过加压泵进入第一精馏塔（加压塔），由加压塔的塔底排出的甲醇溶液进入常压塔（第二精馏塔），常压塔出来的塔顶蒸气一部分作为回流液，一部分送到精甲醇计量槽。常压塔的塔底残液进入废水汽提塔处理。

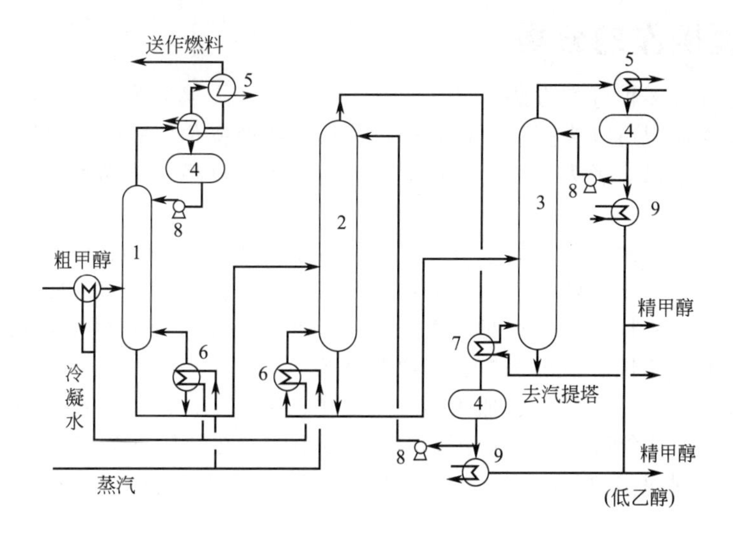

图 1-2　双效三塔精馏工艺流程

1—预蒸馏塔；2—第一精馏塔；3—第二精馏塔；4—回流液收集器；5—冷凝器；6—再沸器；7—冷凝再沸器；8—回流泵；9—冷却器

如上所述，化工生产常需进行液体混合物的分离以达到提纯或回收有用组分的目的。蒸馏及精馏是其中最常用的一种。

蒸馏是利用液体混合物中各组分挥发性的差异来分离混合物的单元操作。由物理化学可知，纯液体的挥发性可用其饱和蒸气压来表示，挥发性大的液体，其饱和蒸气压就大，而沸点较低；反之，挥发性小的液体，其饱和蒸气压就小，而沸点较高。

二、蒸馏概述

蒸馏是分离液体均相混合物或液态均相气体混合物的单元操作，是最早实现工业化的典型单元操作。它广泛应用于化工、石油、医药、食品、冶金及环保等领域。

蒸馏是利用混合物中各组分间挥发度不同的性质，通过加入或移出热量的方法，使混合物形成气液两相，并让它们相互接触进行质量传递和热量传递，致使易挥发组分在气相中增浓，难挥发组分在液相中增浓，实现混合物的分离，这种操作统称为蒸馏。其中低沸点的组分称为“易挥发组分”，高沸点的组分称为“难挥发组分”。例如，石油是由许多烃类化合物所组成的液体混合物，生产上为了满足贮存、运输、加工和使用的要求，需将混合物分离成较纯净或几乎纯态的物质。精馏是应用最广的蒸馏操作，借助回流的工程手段，可以得到高纯度的产品。

三、蒸馏分离的特点

通过蒸馏操作，可以直接获得所需要的产品，不像吸收、萃取等分离方法，不需要外加吸收剂或萃取剂，因而蒸馏操作流程通常较为简单。

蒸馏分离的适用范围广泛，不仅可以分离液体混合物，还可以通过改变操作压力使常温常压下呈气态或固态的混合物在液化后得以分离。例如，可将空气加压液化，再用精馏方法获得氧、氮等产品。再如，脂肪酸的混合物，可用加热使其熔化，并在减压下建立气液两相系统，用蒸馏的方法进行分离。

蒸馏是通过对混合物加热建立两相体系的，因此需要消耗大量的能量。另外，加压或减压，将消耗额外的能量。

四、蒸馏操作的分类

工业蒸馏过程有多种分类方法。

（1）按照操作流程可分为间歇蒸馏和连续蒸馏　按照操作方式是否连续可分为间歇蒸馏和连续蒸馏，生产中以后者为主。间歇蒸馏主要应用于小规模、多品种或某些有特殊要求的场合。

（2）按蒸馏操作方式可分为简单蒸馏、平衡蒸馏（闪蒸）、精馏和特殊蒸馏　对于易分离的物系或对分离要求不高的物系，可采用简单蒸馏或平衡蒸馏；对于较难分离的物系或分离要求较高的物系可采用精馏；很难分离的或用普通方法不能分离的物系可采用特殊蒸馏。特殊蒸馏包括水蒸气蒸馏、恒沸蒸馏、萃取蒸馏等。

（3）按操作压力可分为常压、加压和减压操作　工业生产上一般都采用常压操作，在室温沸点小于150℃的混合物通常在常压下进行蒸馏操作；在常压下为气态混合物，则采用加压蒸馏；在常压下沸点较高或在高温下易发生分解、聚合等变质的物系，则可采用减压蒸馏。

（4）按混合物中组分的数目可分为双组分和多组分精馏　工业生产上以多组分精馏为多，但两组分精馏的原理及计算原则同样适用于多组分精馏，只是处理多组分精馏过程时更为复杂，因此常以两组分精馏为基础。

任务实施

前面已述，化工分离过程的选择，对于液体混合物的分离方法的确定，混合物中各个组分的性质差异是分离混合物的主要依据。

1. 混合物的物性

用来分离液体混合物的分离方法有多种，如蒸馏、萃取、膜分离等等。选择何种方法来分离液体混合物，主要还是要看混合物中各个组分的物性，如沸点、蒸气压、密度、表面张力、热敏性、氧化性、分解性等。例如，在工作任务情景中提到的1和2的任务要求，组分之间的挥发性差异大（沸点差大），就可以采用精馏的方法来进行分离。例如，在丁烯与丁二烯的分离过程中，丁烯在常压下的沸点为−6.5℃，丁二烯在常压下的沸点为−4.5℃，丁烯对丁二烯的相对挥发度为1.029，当进料组成为0.5（丁烯的摩尔分数）时，欲使丁烯和丁二烯分离，如果分离纯度要求是99%的话，采用普通精馏方法，需要的回流比为65.3，所需最少理论塔板数为318块。若选择乙腈为萃取剂进行萃取精馏操作，乙腈在溶液中的浓度为0.8时，改变了组分之间的相对挥发度，此时丁烯对丁二烯的相对挥发度变为1.79，如果要满足上面的分离要求，那么此时的最小回流比为2.46，最少理论塔板数为14.9块。可见，在某些分离过程中，采用萃取精馏使分离变得更容易。

2. 目标产物的价值与处理规模

生产规模和处理量也是选择液体分离方法的重要因素。例如大规模的空气分离，用低温精馏分离更为经济，而小规模的空气分离，可采用膜分离。

3. 工艺要求分离产物的纯度和回收率

一个化工产品的质量和数量的要求也是我们考虑分离方法的因素。若工艺上要求产品的纯度较高，只能采用精馏的方法来进行分离；若工艺上要求产品的纯度不是很高（生产上的需求），也许简单蒸馏即可满足要求。

4. 分离过程的经济性

分离过程的经济性也是选择分离方法的重要原则，一个化工产品除了其实用价值外，经济效益也不可忽略。例如某一混合物，其溶质浓度很低，且溶剂为易挥发组分，用蒸馏的方法提纯溶质组分的话能耗就很大。又如需要分离的混合物的杂质很多，采用化学极性间的“相似相溶原理”来除去杂质，再进行蒸馏的方法分离将更为经济有效。

任务评估

1. 资讯

在教师指导下让学生解读工作任务及要求，了解完成项目任务需要的知识：蒸馏操作、蒸馏操作的特点，蒸馏操作的适用场合。

2. 决策、计划

根据工作任务要求和生产特点初定分离方案。通过分组讨论、学习、查阅相关资料，也可了解其他的液液混合物的分离方法，进行比较，完成初步方案的确定。

3. 检查

教师可通过检查各小组的工作方案与听取小组研讨汇报，及时掌握学生的工作进展，适时地归纳讲解相关知识与理论，并提出建议与意见。

4. 实施与评估

学生在教师的检查指点下继续修订与完善项目实施初步方案，并最终完成初步方案的编制。教师对各小组完成情况进行检查与评估，及时进行点评、归纳与总结。

任务二　分离设备的选择

工作任务要求

根据需分离的混合物的要求和特点合理地选择分离设备。

工作任务情景

1. 东方化工集团在丙烯酸甲酯的生产过程中，采用了甲醇与过量的丙烯酸反应的方法。为了回收未反应的甲醇，在工艺流程中有一个甲醇回收塔。已知回收塔的相关参数如下：处理量为30000～50000t/a之间，物料中的甲醇含量为30%（质量分数，下同）；要求分离的纯度为：塔顶甲醇的组成为85%，塔底甲醇的组成不高于5%。在沸点下进料，塔釜间接蒸汽加热；蒸汽为200kPa（绝压）。塔顶冷凝器为全凝器，塔的热损失为加热蒸汽供给热量的10%计。年生产时间为300天，采用何种塔设备？

2. 东方化工集团以乙苯脱氢反应生产苯乙烯的过程，需要进行苯、甲苯的分离操作。已知：处理量为30000～50000t/a之间，物料中苯的含量为40%（质量分数，下同）；要求分离的纯度为：塔顶苯的组成为98%，塔底苯的组成不高于5%。在沸点下进料，塔釜间接蒸汽加热；蒸汽压力为200kPa（绝压）。塔顶冷凝器为全凝器，塔的热损失为加热蒸汽供给热量的10%计。年生产时间为300天，采用何种塔设备？

3. 东方化工集团回收生产过程的乙醇和水的混合物中的乙醇。已知：处理量为40000～60000t/a之间，物料中乙醇含量为18%（质量分数，下同）；要求回收的乙醇和水的混合物中的乙醇含量不得小于90%，塔釜产品中乙醇含量不高于5%。沸点下进料，塔釜间接蒸汽加热；蒸汽压力为200kPa（绝压）。塔顶冷凝器为全凝器，塔的热损失为加热蒸汽供给热量的10%计。年生产时间为300天，采用何种塔设备？

技术理论与必备知识

一、板式塔

板式塔早在1813年已应用于工业生产，是使用量最大、应用范围最广的气液传质设备。其结构如图1-3所示，是由圆柱形壳体、塔板、溢流堰、降液管、受液盘等部件组成的。在操作时，塔内液体依靠重力作用，由上层塔板的降液管流到下层塔板的受液盘，然后横向流过塔板，从另一侧的降液管流至下一层塔板。气体则在压力差的推动下，自下而上穿过各层塔板上的升气道，分散成小股气流，鼓泡通过塔板的液层。在塔板上，气液两相密切接触，进行质量和热量的交换。

二、板式塔的类型和特点

按塔内液体流动情况，板式塔可分为有溢流塔板和无溢流穿流塔板；根据塔板结构特点，分为泡罩塔、浮阀塔、筛板塔等。

三、塔板类型

有溢流塔板和无溢流穿流塔板如图1-4所示。

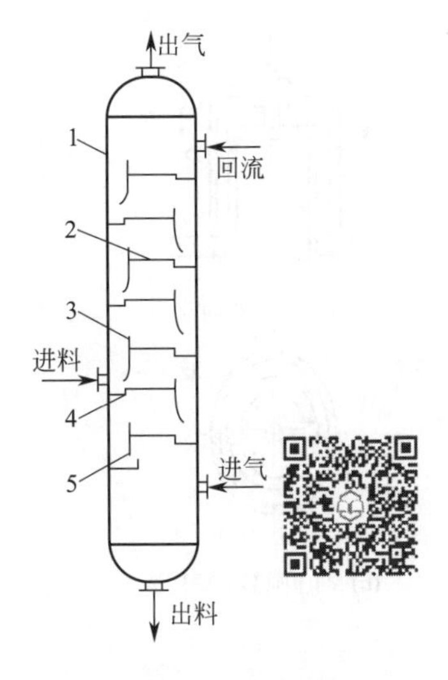

图 1-3　板式塔的结构示意图

1—塔壳体；2—塔板；3—溢流堰；
4—受液盘；5—降液管

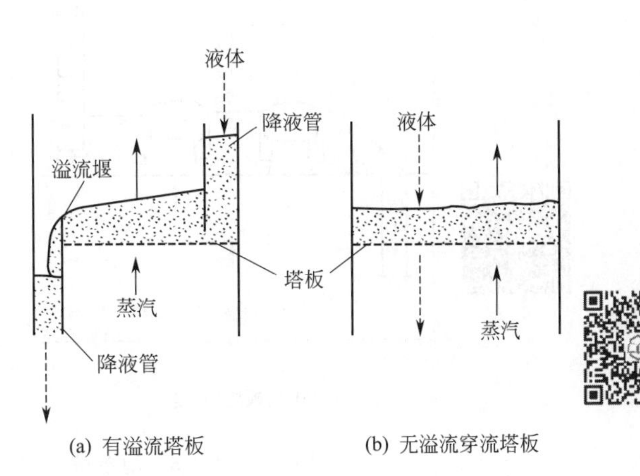

图 1-4　塔板的分类

1. 有溢流塔板（溢流塔板）

板间有专供液体流通的“降液管”，又称“溢流管”。适当地安排降液管的位置及堰的高度，可以控制板上液体的流动路径与液层厚度，从而获得较高的效率。但是，由于降液管要占去塔板面积的20%，从而影响了塔的生产能力。而且，液体横过塔板时要克服各种阻力，因而使板上液层出现位差，称为“液面落差”。液面落差大，能引起板上液体分布不均匀，降低分离效率。

2. 无溢流穿流塔板（穿流塔板）

板间不设降液管，气液两相同时由板上孔道穿流而过，这种塔板结构简单，板上无液面落差，气体分布均匀，板面利用率充分，可增大处理量及减少压力降，但需要较高的气速才能维持板上液层，操作弹性差，效率低。

四、几种典型的溢流塔板

1. 泡罩塔

泡罩塔是工业蒸馏操作最常采用的塔板，如图 1-5 所示，每层塔板上装有若干个短管作为上升蒸汽通道，称为“升气管”。由于升气管高出液面，故板上液体不会从中漏下。升气管上覆以泡罩，泡罩周边开有许多齿缝，操作条件下，齿缝浸没于板上液体中，形成液封。上升气体通过齿缝被分散成细小的气泡进入液层。板上的鼓泡液层或充分的鼓泡沫体，为气液两相提供了大量的传质界面，液体通过降液管流下，并依靠溢流堰保证塔板上存有一定厚度的液层。

优点：不易发生漏液现象；有较好的操作弹性；当气液负荷有较大波动时，仍能维持几乎恒定的板效率；不易堵塞；对各种物料的适应性强。

缺点：结构复杂；金属消耗量大；造价高；压降大；液沫夹带现象比较严重；限制了气速的提高，生产能力不大。

2. 筛板塔

筛孔塔板是结构最简单的塔板，在塔板上有许多均匀分布的筛孔，如图 1-6 所示。上升气流通过筛孔分散成细小的流股，在板上液层中鼓泡而与液体密切接触。筛孔在塔板上有一

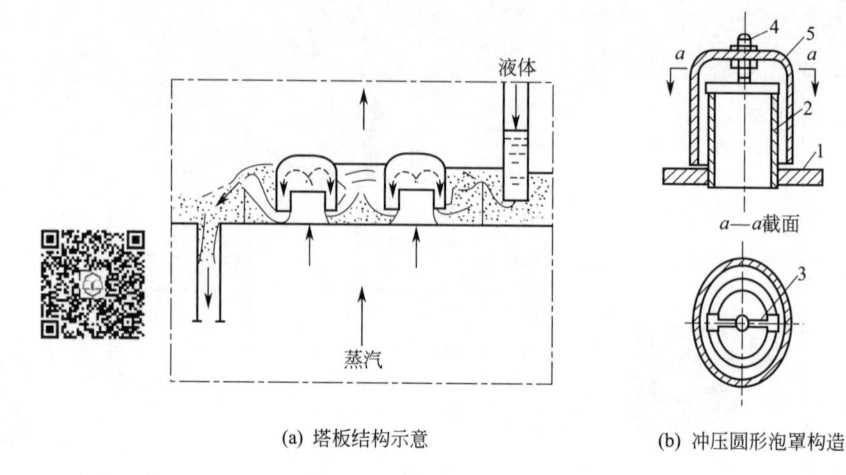

(a) 塔板结构示意　　(b) 冲压圆形泡罩构造

图 1-5　泡罩塔

1—塔板；2—蒸汽通道；3—窄平板；4—螺栓；5—泡罩

定的排列方式，其直径一般为 3～8mm，孔心距与孔径之比常在2.5～4 范围之内。塔板上设置溢流堰，以使板上维持一定厚度的液层。在正常操作范围内，通过筛孔上升的气流，应能阻止液体经筛孔泄漏，液体通过降液管逐板流下。

优点：结构简单；金属耗量少；造价低廉；气体压降小，板上液面落差也较小；其生产能力及板效率较泡罩塔为高。缺点：操作弹性范围较窄，小孔筛板容易堵塞。

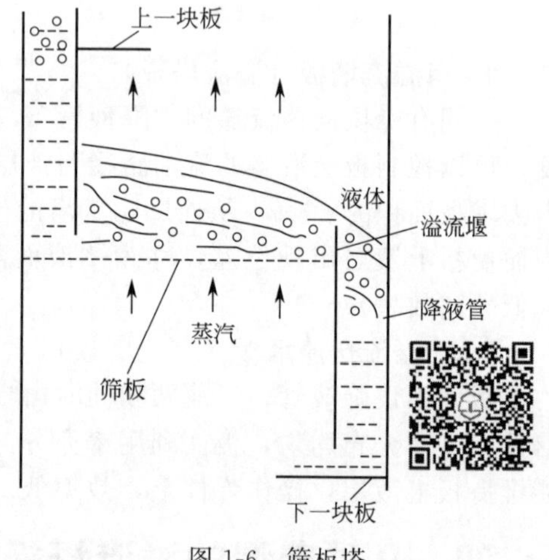

图 1-6　筛板塔

3. 浮阀塔

浮阀塔 20 世纪 50 年代才在工业上广泛应用，是在带有降液管的塔板上开有若干大孔（标准孔径为 39mm），每孔装有一个可以上、下浮动的阀片，由孔上升的气流经过阀片与塔板的间隙，而与板上横流的液体接触，目前常用的型号有：F1 型、V4 型、T 型，如图 1-7 所示。

以 F1 型浮阀为例，阀片本身有三条腿，插入阀孔后将各腿底脚扳转 90°角，用以限制操作时阀片在板上上升的最大高度（8.5mm），阀片周边又冲出三块略向下弯的定距片，使阀片处于静止位置时仍与塔板留有一定的缝隙（2.5mm）。这样当气量很小时，气体仍能通过缝隙均匀地鼓泡，而且由于阀片与塔板板面是点接触，可以防止阀片与塔板的黏着与腐蚀。

V4 型浮阀，阀孔被冲压成向下弯曲的文丘里型，用于减少气体通过塔板时的压力降（适用于减压系统）。

T 型浮阀，结构复杂，借助于固定在塔板的支架以限制拱形阀片的运动范围（适用于易腐蚀、含颗粒或易聚合的介质）。

优点：生产能力大，由于浮阀安排比较紧凑，塔板上的开孔面积大于泡罩塔板，其生产能力比泡罩塔板大 20%～40%，而与筛板塔相似。操作弹性大，由于阀片可以自由地伸缩以适应气量的变化，故其维持正常操作所允许的负荷波动范围比泡罩塔和筛板塔都宽。塔板

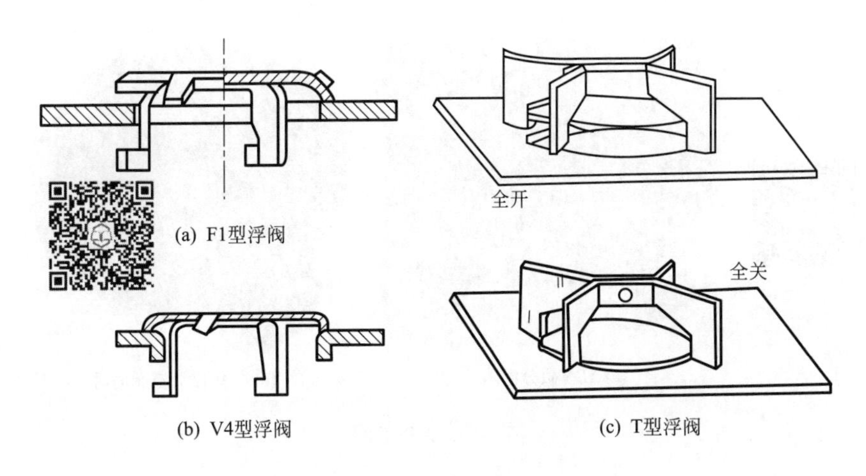

图 1-7　几种浮阀形式

效率高，由于上升蒸气以水平方向吹入液层，故气、液接触时间较长，而液沫夹带量较小，板效率较高。气体压降及液面落差较小，因气、液流经塔板时所遇到的阻力较小，故气体的压力降及板上液面落差都比泡罩塔小。结构简单，安装方便，浮阀塔的造价约为具有同等生产能力的泡罩塔的 60%～80%，而为筛板塔的 120%～130%。

浮阀对材料的抗腐蚀性要求很高，一般都采用不锈钢。

天津大学在 1992 年和 1994 年对浮阀塔板进行了改进，发明了具有导向作用的浮阀塔板，如图 1-8 所示。这种具有导向作用的浮阀塔板，从阀片两侧喷射出的气体的流动方向与塔板上的液体主流方向构成一定角度的锐角，具有导向作用。这种结构具有操作稳定、弹性高、处理能力大、塔板压降小、塔板效率高等突出优点。

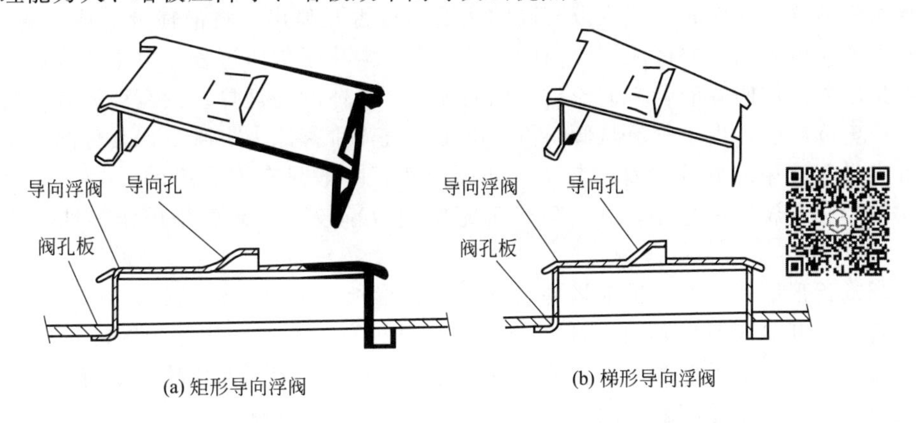

图 1-8　两种导向浮阀塔板

泽华公司和美国 AMT 公司开发了一种微分浮阀，如图 1-9 所示。它是在 F1 型浮阀的基础上开发的，在阀顶上开小阀孔，充分利用浮阀上部的传质空间，使气体分散更加细密均匀，气液接触更加充分，并可降低液面梯度，提高传质效率。

4. 喷射型塔板

喷射型塔的特点是蒸汽以喷射状态斜向通入液层，使气液两相接触加强。主要有舌形塔、浮动舌形塔和浮动喷射塔等。

(1) 舌形塔板　如图 1-10 所示，主要特点是在塔板上冲出一系列的舌孔，舌片与塔板呈一定倾角（一般为 20°），舌形尺寸一般为 25mm×25mm。另一个特点是塔板上不设溢流

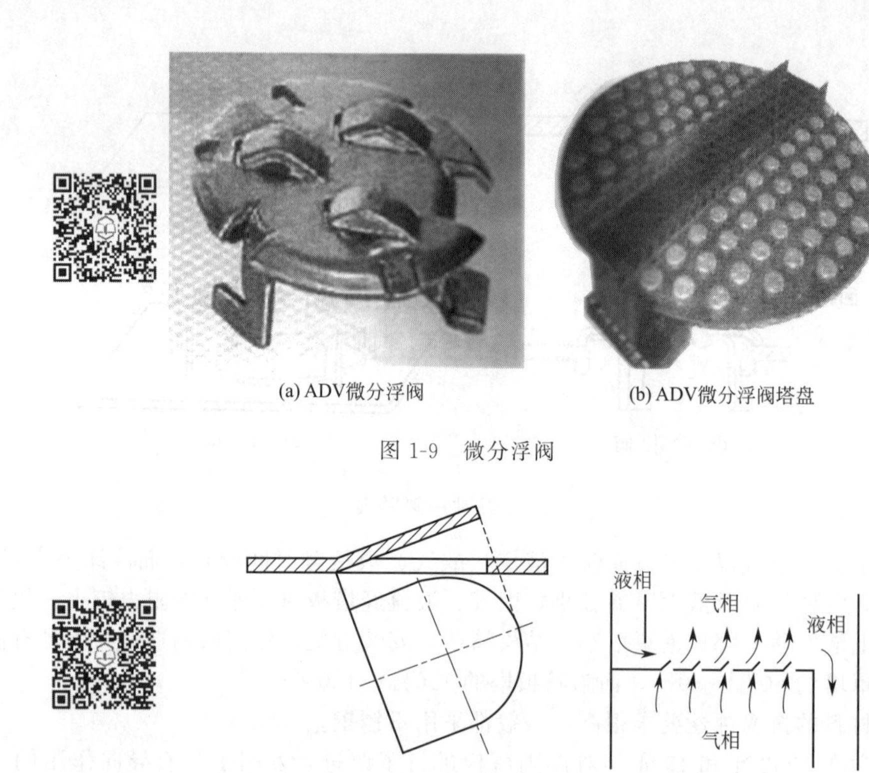

(a) ADV微分浮阀　(b) ADV微分浮阀塔盘

图 1-9　微分浮阀

(a)　(b)

图 1-10　舌形塔板

堰，但保留降液管。操作时，蒸汽以较高的速度通过舌孔喷出，将液体分散成液滴或流束，形成了很大的接触界面，并造成了流向的湍动，大大强化了传质过程。由于气流在水平方向的分速度推动着液体向降液管方向流动，因而加大了液体的处理量。没有溢流堰，板上的液层较薄，压力降减少。由于气流从倾斜方向喷出，气流中雾沫夹带减少，其分离效率高。舌形塔的优点是气液相的处理量都比较大，压强降小，一般只有泡罩塔的三分之一到二分之一，结构简单，金属耗用量小，在一定负荷范围内效率较高。缺点是操作弹性小，稳定性较差。

（2）浮动舌形塔板　浮动舌形塔是将固定的舌形板改成可以浮动的舌片，如图 1-11 所示。浮动舌片的开启度可以随着气相负荷的变化进行自动调节，气相负荷较大时，浮舌全开，此时就相当于一个舌形塔；气相负荷较小时，它又可以随着舌片的浮动而自动调整气流通道的大小，又类似于浮阀塔。因而它兼有浮阀塔和喷射塔的优点。

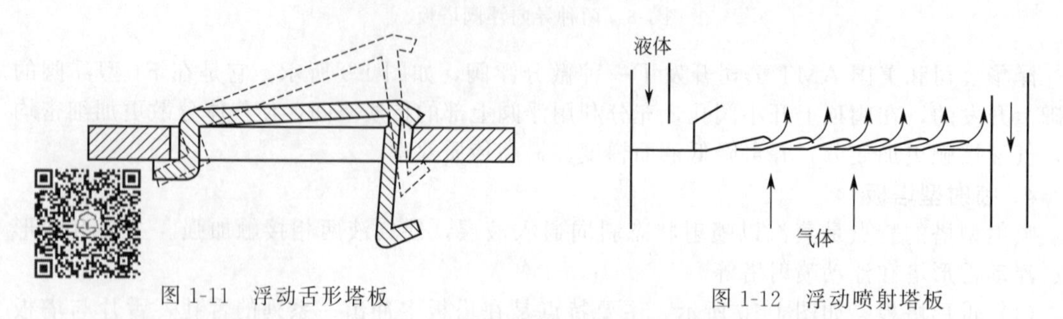

图 1-11　浮动舌形塔板　　图 1-12　浮动喷射塔板

（3）浮动喷射塔板　也是综合了舌形塔和浮阀塔特点的新塔型。如图 1-12 所示。每层

塔板上由一组组彼此平行的浮动板相互重叠组成，如同百叶窗一样。浮动板依靠两端的突出部分作支架，装在两条平行支架的三角形槽内，当气流通过时，浮动板以其后缘为支点可以转动一定角度，而前缘上带有下弯的齿缝成 45°×5 的臂，以防止相邻板之间黏结或完全关闭。由上层板降液管流下来的液体，在百叶窗式浮动板上面流过，上升气流则沿浮动板间的缝隙喷出，喷出方向与液流方向一致。由于浮动板的张开程度能随上升蒸汽的流量而变化，使气流喷出速度保持在较高的适宜值，因而扩大了操作弹性范围。浮动喷射塔的优点是生产能力大，操作弹性大，压力降小，对不同物料适应性强等。其缺点是结构复杂，浮动板易磨损，各浮板易互相重叠，互相牵制。

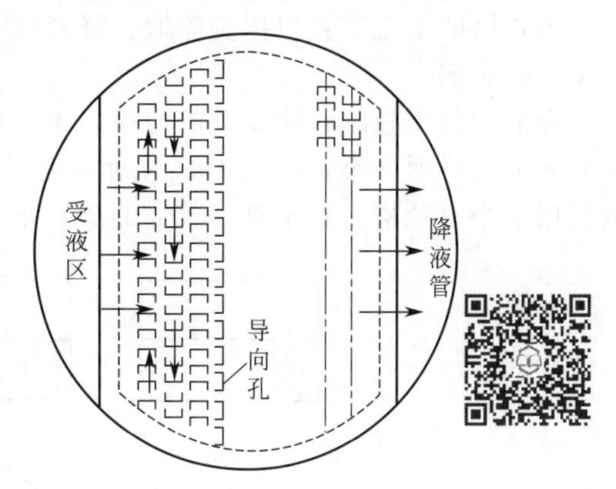

图 1-13　斜孔塔板

5. 斜孔塔板

如图 1-13 所示，也是在舌形塔板上发展的塔板，舌孔的开口方向与液流垂直且相邻两排开孔方向相反，既保留了气体水平喷出，气液高度湍动的优点，又避免了液体连续加速，可维持板上均匀的低液面，从而既能获得大的生产能力，又能达到好的传质效果。

6. 网孔塔板

网孔塔板由冲有倾斜开孔的薄板制成，具有舌形塔板的优点，如图 1-14 所示。这种塔板上装有倾斜的挡沫板，其作用是避免液体被直接吹过塔板，并提供气、液分离和气、液接触的表面。网孔塔板具有生产能力大、压降低、容易加工制造的特点。

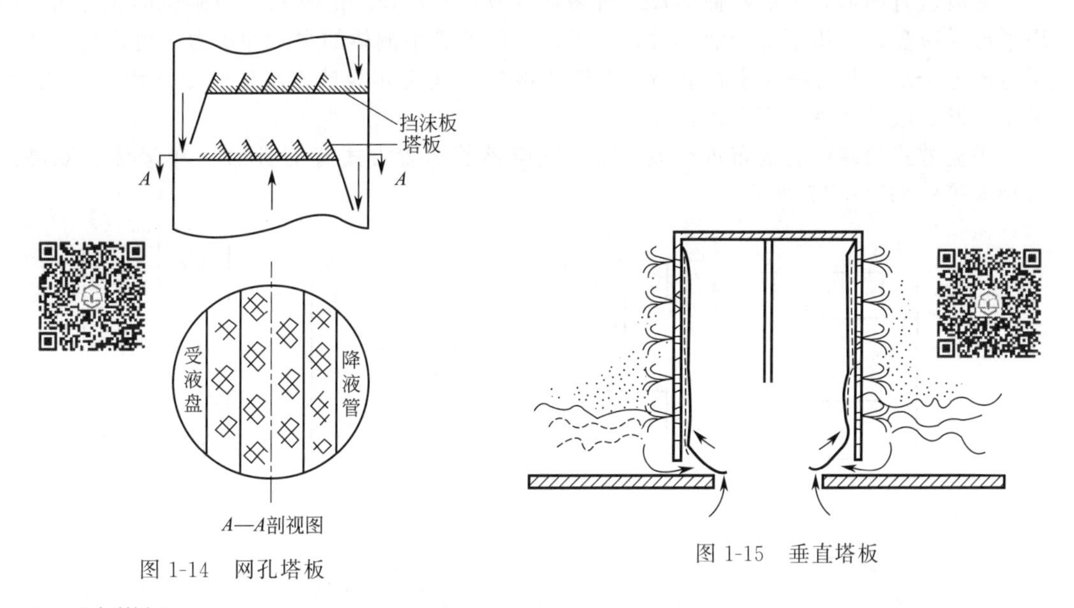

图 1-14　网孔塔板

图 1-15　垂直塔板

7. 垂直塔板

垂直塔板是在塔板上开有按一定规律排列的若干大孔（直径为 100～200mm），孔上设置侧壁开有许多筛孔的泡罩，泡罩底边留有间隙供液体进入罩内，如图 1-15 所示。操作时，上升的气流将由泡罩底隙进入罩内的液体拉成液膜，形成两相上升流动，经泡罩侧壁筛孔喷出后两相分离，即气体上升，液体落回塔板。液体从塔板入口流至降液管将多次经历上述过程。

五、塔板结构

1. 溢流装置

板式塔的溢流装置包括溢流堰、降液管和受液盘等几部分，其结构和尺寸对塔的性能有着重要的影响。

降液管是塔板间流体流动的通道，也是使溢流液中所夹带的气体得以分离的场所。降液管有圆形与弓形两类，如图 1-16 所示。通常圆形降液管制造方便，但流通截面积较小，一般只用于小直径塔。对于直径较大的塔，常用弓形降液管。

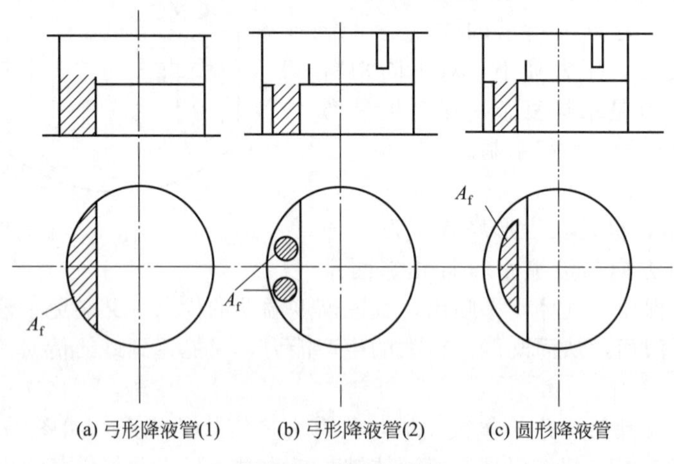

图 1-16　降液管形式

受液盘有凹形和平形两种形式。对易聚合或含悬浮粒子的物系，为避免形成死角，应采用平形受液盘。采用平形受液盘时，为了减少降液管中液体的水平冲击力，可设进口堰。对于直径为 1m 以上的塔或液流量小，为造成液封，或需侧线抽出液体时，常用凹形受液盘。采用凹形受液盘时，可不设进口堰。

溢流方式与降液管的布置有关。常用的降液管布置方式有 U 形流、单溢流、双溢流及阶梯流等，如图 1-17 所示 。

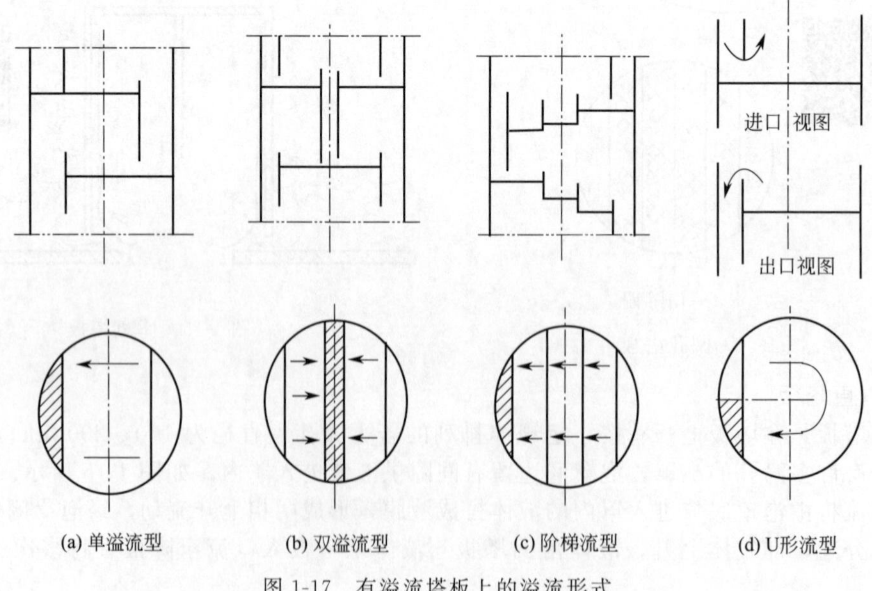

图 1-17　有溢流塔板上的溢流形式

（1）U形流　U形流也称回转流，其结构是将弓形降液管用挡板隔成两半，一半作受液盘，另一半作降液管，降液和受液装置安排在同一侧。此种溢流方式液体流径长，可以提高板效率，只适用于小塔及液体流量小的场合。

（2）单溢流　单溢流又称直径流，液体自受液盘横向流过塔板至溢流堰，这种方式液体流径长，塔板效率高，塔板结构简单，加工方便，在小于2.2m的塔径中被广泛采用。

（3）双溢流　双溢流又称半径流，其结构是降液管交替设在塔截面的中部和两侧，来自上层塔板的液体分别从两侧的降液管进入塔板，横过半块塔板而进入中部降液管，到下层塔板则由中央向两侧流动。这种溢流方式液体流动的路程短，可降低液面落差，但塔板结构复杂，板面利用率低，一般用于直径大于2m的塔中。

（4）阶梯流　塔板做成阶梯状，每一阶梯均有溢流，这就是阶梯流。这种方式可在不缩短液体流径的情况下减少液面落差，结构最为复杂，只适用于塔径很大、液体流量很大的特殊场合。

2. 塔盘及布置

塔板有整块式和分块式两种，整块式即塔板为一整块，多用于直径小于1m的塔。当塔径较大时，整块式的塔板刚性差，安装检修不便，为便于通过人孔装拆塔板，多采用由几块板合并而成的分块式塔板。

塔板板面根据所起作用不同分为四个区域，如图1-18所示（单溢流塔板）。

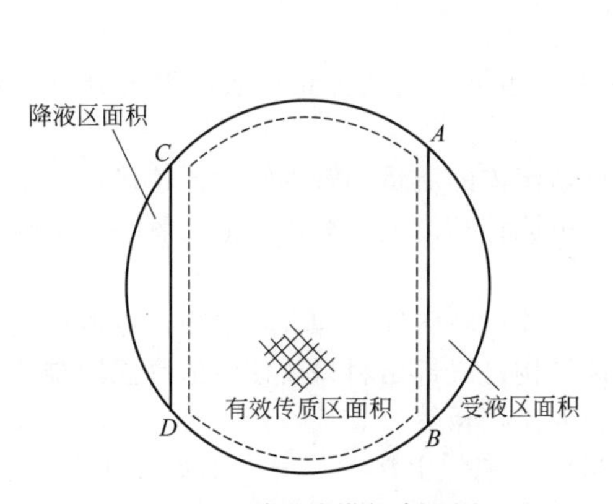

图1-18　单溢流塔板布置图

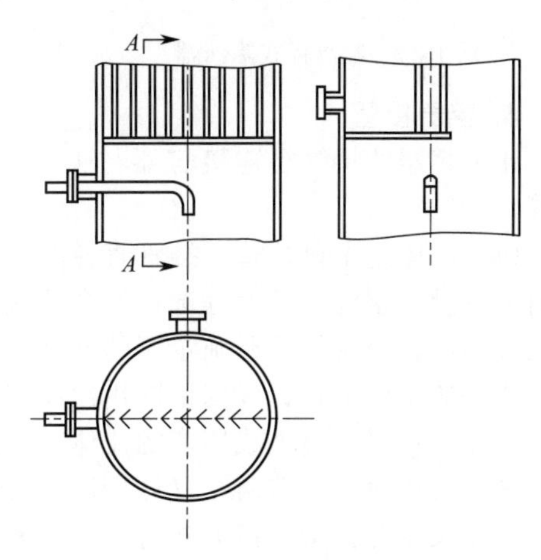

图1-19　折流式除沫器

（1）鼓泡区　图中虚线以内的区域，为塔板上气液两相接触的有效面积。

（2）溢流区　降液管及受液盘所占的区域。

（3）安定区　溢流区和鼓泡区之间的不开孔区域称为安定区，又称破沫区。其作用是在液体进入降液管之前有一段不鼓泡的安定地带，以免液体大量夹带气泡进入降液管。

（4）无效区　靠近塔壁的一圈边缘区域，供支承塔板的边梁之用，也称边缘区。为了防止液体经无效区流过而产生短路现象，可在塔板上沿塔壁设置挡板。

3. 除沫装置

在精馏设备中，通常在设备的顶部设有除沫装置，用于分离出口气中夹带的液沫和液滴，以提高产品质量，减少夹带损失。

除沫装置的结构形式较多，按材料分为板式、填料、丝网除沫器；按气体流动方式分为折流、旋流、离心除沫器；按安装形式分为立式、平放和斜放三种。

常用的除沫器有以下几种。

（1）折流式除沫器　折流式除沫器是一种利用惯性使液滴得以分离的装置，结构见图1-19，结构简单，除沫效率低，主要用于大液滴和要求不严格的分离场合，能除去50μm

以上的液滴。

(2) 旋流板式除沫器　该除沫器由几块固定的旋流板片组成，见图 1-20。气体通过旋流板时，产生旋转流动，造成了一个离心力场，液滴在离心力作用下，向塔壁运动，实现了气液分离。这种除沫器，效率较高，但压降稍大，适用于大塔径、净化要求高的场合。

(3) 丝网除沫器　丝网除沫器是最常用的除沫器，由金属丝网卷成高度为 100～150mm 的盘状使用，也是利用惯性使液滴得以分离的装置，其安装方式有多种，如图 1-21 所示，气体通过除沫器的压降稍大。丝网除沫器的直径由气体通过丝网的最大气速决定。

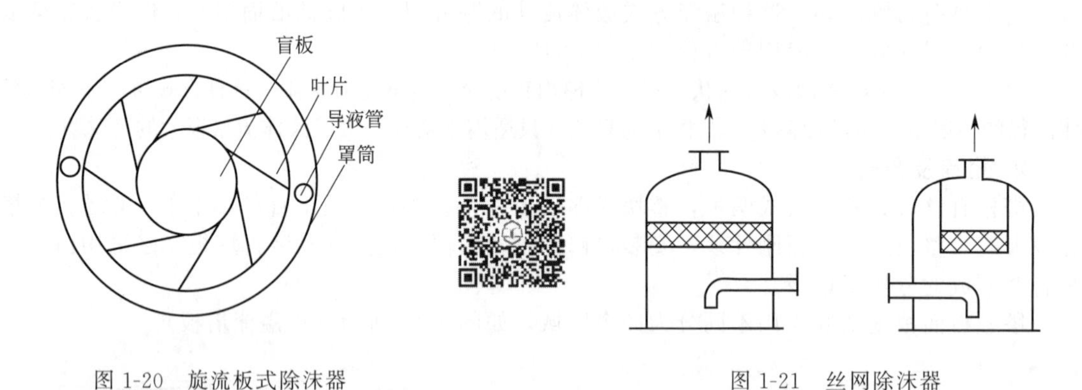

图 1-20　旋流板式除沫器

图 1-21　丝网除沫器

4. 容器接管

化工容器的接管是连接容器与工艺管线的附件，还可以安装测量仪表，设置分析取样口等。

(1) 流体进出口接管　接管直径的大小，由输送流体的流量和管内常用流速确定。根据物料的流量、密度、黏度等选择安全适宜的流速，由流量和流速计算出所需的管径，根据管径的计算值，查管材手册确定管的规格。

接管的结构形式，根据不同用途而有所差异。液体进料管往往伸入容器内，以避免液体沿内壁流下；对易腐蚀或堵塞的流体应采用可拆卸结构；底部出料口要使液体毫无困难地排出，若有气体时，还需防止气体倒流，有时需装防涡流挡板等。

接管长度与接管连接方式有关，一般用途的接管一端焊上法兰，另一端焊接在设备上。接管长度为设备外壁至管法兰密封面之间的距离，该距离的长度要便于上紧螺栓，要考虑设备保温层的厚度。位于靠近设备法兰的接管，应将接管伸长到设备法兰外，使设备法兰和接管法兰互不影响安装。对于倾斜接管，应按法兰最外缘与壳体外壁或保温层外壁之间的距离不少于 25mm 来决定接管长度。

(2) 仪表接口管　设备内部的压力或温度需要测量时，要慎重选择位置，测点位置要能真正反映设备内部的情况，同时要操作、维修方便。

① 压力计接口　压力计接管一般都是带法兰的接管，并附带法兰盖。其接管较小，大都为 DN 10～40mm。低压情况下，可采用刚性较好的 DN 25mm 接管；中压以上多采用 DN 10mm 的接管；在衬胶、衬铅设备上，或易堵塞的物系，就采用 DN 40mm 的接管。

② 温度计接口　安装温度计时，可以用法兰连接固定，也可以用螺纹连接固定，视具体情况而定。

5. 视镜或液面计

(1) 视镜　视镜除用来观察设备内部情况外，也可用作液面指示镜。视镜既要能承受工作压力，还要能承受高温、热应力和化学腐蚀的作用。压力容器的视镜多为圆形，常用的圆形视镜有带颈和不带颈的，有的视镜附加衬膜，有的加安全保护装置，有的加保温装置或冲洗装置。

视镜的公称直径一般为 DN 50～150mm。DN 50m 用于小设备；DN 80mm 只能供一只眼睛窥视；DN 125mm 可供两只眼睛窥视；DN 150mm 用于较大容器或塔设备。现有视镜已标准化。

视镜用作液面指示镜时，应根据要求的指示范围，设置一个或多个。

(2) 液面计　液面计是用来观察设备内部液位变化的一种装置。一般塔设备底部需要控制液位，起液封作用时可设液面计。

化工生产中常用的液面计，按结构形式可分为玻璃管液面计、玻璃板液面计、浮标液面计、浮子液面计、磁性浮子及防霜液面计等。塔设备内采用的是玻璃管和玻璃板液面计。

玻璃液面计有反射式和透光式两种。反射式使气液之间有明显的界面，适用于稍有色泽的液体，且环境光线较好的场合；透光式又叫双平板式，适用于无色透明液体，要求有较好的观察位置及光线较好的场合，光线较差时可在背后加照明装置。这类液面计都可带加热或冷却装置，板式液面计的强度好，但制造麻烦，适用于高压或制造严格的场合。玻璃管液面计是一种直读式液位测量仪表，两端各装有一个针形阀，将液位计与设备隔开，以便清洗检修，更换零件，常用于低压设备。液面计玻璃管不得任意增长，否则会降低玻璃管的耐压能力。常用的玻璃管为 DN 15～40mm。

液面计的选用应根据操作温度、压力、物系的性质、安装位置及环境条件等因素确定。玻璃液面计与设备可采用法兰或螺纹连接，连接时要保证液面计的垂直与同心度，避免安装应力。

6. 人孔与手孔

由于工艺过程和安装、检修的需要，在容器筒体或封头上需要开孔和安装接管。在设备上允许开孔的尺寸也有一定的限制。

(1) 人孔或手孔允许开孔的范围　在设备筒体上开孔的最大直径 d 不得超过以下数值：

① 设备内径 $D \leqslant 1500$mm 时，则 $d \leqslant D/2$，且 $d \leqslant 500$mm；

② 设备内径 $D > 1500$mm 时，则 $d \leqslant D/3$，且 $d \leqslant 1000$mm；

③ 在凸形封头和球壳上开孔的最大直径为 $d \leqslant D/2$。

(2) 允许不另外补强的最大开孔直径　在筒体、球体和凸形封头上开孔时，满足下述要求时，可不进行补强。

① 两相邻开孔中心的间距不小于两孔径之和的两倍；

② 当壳体壁厚大于 12mm 时，接管公称直径小于或等于 80mm；当壳体壁厚小于或等于 12mm 时，接管公称直径小于或等于 50mm。

(3) 人孔与手孔的类型　在化工设备中，为了便于设备内部附件的安装、修理、防腐、检查和清洗，往往要开设人孔或手孔。

按压力可分为常压人孔与受压人孔；按形状分为圆形、椭圆形和矩形人孔；按法兰结构有平焊法兰人孔与对焊法兰人孔；按开启难易有一般人孔与快开人孔；按盖的结构有平盖人孔与拱形盖人孔等等。

任务实施

用于分离液体均相混合物的分离设备主要有两大类：一类是逐级接触式的板式塔；另一类是连续接触式的填料塔。板式塔和填料塔的性能比较见表 1-4。

通常在选用塔设备时从以下几个方面来考虑。

表 1-4　板式塔和填料塔的性能

项　目	塔型	
	板式塔	填料塔
压力降	压力降一般比填料塔大	压力降小，较适用于要求压力降小的场合
空塔气速（生产能力）	空塔气速小	空塔气速大
塔效率	效率稳定，大塔效率比小塔高	塔径在 ϕ1400mm 以下效率较高，塔径增大效率会下降
液气比	适用范围广	对液体喷淋量有一定的要求
持液量	较大	较小
材质要求	一般用金属材料制成	可用非金属耐腐蚀材料
安装维修	较容易	较困难
造价	直径大的一般比填料塔造价高	直径小于 ϕ800mm 一般比板式塔便宜，直径增大，造价显著增加
适用范围	板式塔内较容易安装换热器或进行侧线操作；直接用于处理悬浮物和容易聚合的物料	适合处理腐蚀性物料，因为采用瓷质填料可耐腐蚀；适合处理易起泡的物系，填料对泡沫有限制和破碎的作用；适合处理热敏性物料，因为填料塔内的液体滞留量比板式塔少，物料在塔内停留时间较短
重量	较轻	重

① 生产能力大，并能适应生产的波动性，即单位塔截面积的处理量要大；

② 分离效率要高，即达到规定分离要求的塔高要低；

③ 操作稳定，弹性要大，即允许气体或液体负荷在相当大的范围里变化，又不会导致在操作上出现不正常操作现象，而过多地降低分离效率；

④ 对气体的阻力要小，即气体通过每层塔板或单位高度填料的压力降要小，尤其是真空操作，压力降小还可降低能耗，减少操作费用；

⑤ 结构简单，制造安装容易，节省材料；

⑥ 耐腐蚀和不易堵塞，方便操作、调节和检修。

任务评估

1. 资讯

在教师指导下让学生解读工作任务及要求，了解完成项目任务需要的知识：板式塔的类型和特点、塔板类型、各种典型的溢流塔板结构。

2. 决策、计划

根据工作任务要求和生产特点初定分离设备，通过分组讨论、学习、查阅相关资料，合理地选择塔板类型及塔板结构。

3. 检查

教师可通过检查各小组的工作方案与听取小组研讨汇报，及时掌握学生的工作进展，适时地归纳讲解相关知识与理论，并提出建议与意见。

4. 实施与评估

学生在教师的检查指点下继续修订与完善项目实施方案，并最终完成符合分离任务要求所需的塔设备。教师对各小组完成情况进行检查与评估，及时进行点评、归纳与总结。

任务三　分离操作的工艺参数的确定

工作任务要求

能根据生产的任务来确定其相关的工艺参数。

工作任务情景

1. 东方化工集团在丙烯酸甲酯的生产过程中，采用了甲醇与过量的丙烯酸反应得到，为了回收未反应的甲醇，用了一个甲醇回收塔。已知：回收塔的相关参数如下：处理量为30000～50000t/a之间，物料中的甲醇含量为30%（质量分数，下同），要求分离的纯度为：塔顶甲醇的组成为85%，塔底甲醇的组成不高于5%。在沸点下进料，塔釜间接蒸汽加热；蒸汽压力为200kPa（绝压）。塔顶冷凝器为全凝器，塔的热损失为加热蒸汽供给热量的10%计。年生产时间为300天，计算其相关的工艺参数。

2. 东方化工集团回收生产过程中的乙醇和水的混合物中的乙醇。已知：处理量为40000～60000t/a之间，物料中乙醇含量为18%（质量分数，下同），要求回收的乙醇和水的混合物中的乙醇含量不得小于90%，塔釜产品中乙醇含量不高于5%，沸点下进料，塔釜间接蒸汽加热；蒸汽压力为200kPa（绝压）。塔顶冷凝器为全凝器，塔的热损失为加热蒸汽供给热量的10%计。年生产时间为300天，计算其相关的工艺参数。

3. 东方化工集团需要进行苯、甲苯的分离操作。已知：处理量为30000～50000t/a之间，物料中苯的含量为40%（质量分数，下同），要求分离的纯度为：塔顶苯的组成为98%，塔底苯的组成不高于5%。在沸点下进料，塔釜间接蒸汽加热；蒸汽压力为200kPa（绝压）。塔顶冷凝器为全凝器，塔的热损失为加热蒸汽供给热量的10%计。年生产时间为300天，计算其相关的工艺参数。

技术理论与必备知识

一、气-液相平衡

在蒸馏或精馏设备中，气体自沸腾液体中产生，可近似地认为气体和液体处于平衡状态。首先来讨论两相共存的平衡物系中气-液两相组成之间的关系。

1. 气-液相组成表示

发生在相与相之间的质量传递，组分在各相中的含量也会发生变化，各组分在各相中的含量表示方法常用以下几种。在传质计算中，通常以x表示液相组成，以y表示气相组成。

（1）质量分数　混合物中某组分的质量与混合物的总质量之比称为该组分的质量分数。若混合物的总质量为m，而其中所含组分A、B、C…的质量分别为m_A、m_B、m_C…，则各组分的质量分数为：

$$w_A=\frac{m_A}{m};\ w_B=\frac{m_B}{m};\ w_C=\frac{m_C}{m} \tag{1-1}$$

式中　w_A，w_B，w_C…——分别表示组分A、B、C…的质量分数。

（2）摩尔分数　混合物中某组分的物质的量与混合物的总物质的量之比称为该组分的摩

尔分数。若混合物的总物质的量为 n，其中所含组分 A、B、C…的物质的量分别为 n_A、n_B、n_C…，则各组分的摩尔分数为：

$$x_A=\frac{n_A}{n};\ x_B=\frac{n_B}{n};\ x_C=\frac{n_C}{n} \tag{1-2}$$

式中　x_A，x_B，x_C…——分别表示组分 A、B、C…的摩尔分数。

在蒸馏操作中为了方便起见，在表示其组成时，通常用易挥发组分的组成来表示，不再加下标。例如，x，y 即分别表示易挥发组分 A 在液相中和气相中的摩尔分数。

（3）二元组分质量分数与摩尔分数的换算

$$x_A=\frac{w_A/M_A}{w_A/M_A+w_B/M_B}\quad 或\quad w_A=\frac{x_AM_A}{x_AM_A+x_BM_B}$$

式中　M_A，M_B——分别表示组分 A、B 的摩尔质量，kg/kmol。

2. 气-液相平衡的概念

体系内部物理性质和化学性质完全均匀一致的部分称为“相”。相与相之间有明显的分界面，例如水和水蒸气混合在一起，水和其上方的水蒸气也是具有不同物理性质有明显界面的两相，水为液相，水蒸气为气相。蒸馏过程的混合物，虽然是多组分的，但不同组分的液体没有分界面，是一个液相；混合液上方的蒸气虽然也是多组分，也没有分界面，是一个气相，但与液体有明显的分界面。这种气液两相达到平衡状态时的关系称为气-液相平衡状态。把这种气液两相在平衡状态下的浓度关系，称为气-液相平衡关系。相平衡时，混合物液面上的蒸气压是各组分的蒸气压的和。

3. 理想溶液的气-液相平衡关系

在溶液中，有组分部分互溶的溶液及组分完全互溶的溶液，而后者在蒸馏操作中最为常见。这里只讨论两组分完全互溶的气-液平衡关系。

（1）沸点与组成（t-x-y）图　对于理想溶液，在一定温度下，气-液相平衡时，气相中任一组分的分压等于该纯组分在该温度下的饱和蒸气压乘以它在液相中的摩尔分数，即遵循拉乌尔定律。

$p_A=p_A^{\circ}x_A$；$p_B=p_B^{\circ}x_B$；为直线方程

p_A°、p_B°为在一定温度下纯组分 A 和 B 的饱和蒸气压（N/m^2）为常数。

$$p=p_A+p_B=p_A^{\circ}x_A+p_B^{\circ}(1-x_A)$$

$$p=p_B^{\circ}+(p_A^{\circ}-p_B^{\circ})x_A \tag{1-3}$$

蒸馏操作通常在一定外压下进行，操作过程中溶液的沸点随组成而变，故总压一定下的沸点与组成（t-x-y）图是分析蒸馏过程的基础，通常是由实验测得的。

例 1-1　以苯-甲苯溶液为例，利用实验测得的数据绘出苯-甲苯溶液的 t-x-y 图。苯-甲苯的饱和蒸气压和温度关系数据如表 1-5 所示。

表 1-5　苯-甲苯在某些温度下的蒸气压

温度/℃	80.1	85	90	95	100	105	110.6
$p_A^{\circ}/(kN/m^2)$	101.3	116.9	135.5	155.7	179.2	204.2	240.0
$p_B^{\circ}/(kN/m^2)$	40	46	54.0	63.3	74.3	86.0	101.3

解　因溶液服从拉乌尔定律，所以：

$$p_A=p_A^{\circ}x_A$$

$$p_B=p_B^{\circ}x_B$$

$$p=p_A+p_B=p_B^{\circ}+(p_A^{\circ}-p_B^{\circ})x_A$$

解得：

$$x_A=\frac{p-p_B^\circ}{p_A^\circ-p_B^\circ} \tag{1-4}$$

由分压定律得：$p_A=py_A$，所以：$y_A=\dfrac{p_A^\circ x_A}{p}$　(1-5)

由此可以算出任一温度下的气、液相组成，以 $t=105$℃为例，计算如下：

$$x_A=\frac{101.3-86.0}{204.2-86.0}=0.130$$

$$y_A=\frac{204.2\times0.130}{101.3}=0.262$$

表 1-6 为苯-甲苯在总压 1atm（1atm=101325Pa）下的 t-x-y 关系。

表 1-6　苯-甲苯在总压 1atm 下的 t-x-y 关系

温度 t/℃	80.1	85	90	95	100	105	110.6
x	1.000	0.780	0.581	0.411	0.258	0.130	0
y	1.000	0.900	0.777	0.632	0.456	0.262	0

如图 1-22 所示，图中以 t 为纵坐标，以液相组成 x 及气相组成 y 为横坐标。图中有两条线，上方曲线为 t-y 线，表示平衡时气相组成与温度的关系，此曲线称为气相线或饱和蒸气线或露点线。下方曲线为 t-x 线，表示平衡时液相组成与温度的关系，此曲线称为液相线或饱和液体线或泡点线。两条曲线将 t-x-y 图分成三个区域。液相线以下的称为液相区；气相线以上的称为过热蒸气区；液相线和气相线之间的称为气液共存区，在该区内，气液两相互成平衡，其平衡组成由等温线与气相线和液相线的交点来决定，两相之间量的关系则遵守杠杆规则。

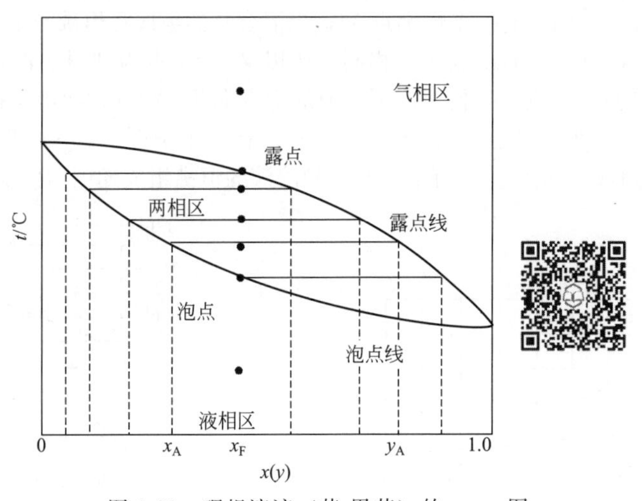

图 1-22　理想溶液（苯-甲苯）的 t-x-y 图

易挥发组分在气相中的组成所占的分数大于它在液相中所占的分数，故气相线位于液相线之上。在平衡时，气液两相具有同样的温度，故气液平衡状态点在同一水平线上（图中 x_A 和 y_A）。纯组分 A 的沸点为 t_A°，纯组分 B 的沸点为 t_B°，由它们组成的溶液其沸点介于二者之间。对图中 x_F 组成的混合物加热，当到达泡点线时，溶液开始沸腾，此时产生气泡，相应的温度称为泡点温度，简称泡点。处于泡点温度的液体称为饱和液体。

同样将过热蒸气冷却，当达到露点线时，混合物开始冷凝有液滴出现时，相应的温度称为露点温度，因此饱和蒸气线又称露点线，简称露点。处于露点温度的气体称为饱和蒸气。

① 泡点，露点均指混合物，对于纯物质应指沸点；

② 泡点、露点均为气液相平衡时的温度；

③ 泡点、露点随组成而变；

④ 泡点、露点时内外压强相等。

对于纯物质来说，在一定压力下，泡点、露点、沸点均为一个数值。如纯水760mmHg（101325Pa），泡点、露点、沸点均为100℃。

（2）气-液相平衡图　在上述的 t-x-y 图上，找出气、液两相在不同温度时相应的平衡组成 x、y 点，标绘在 x-y 坐标图上，并连成光滑的曲线，就得到了 y-x 图，如图1-23所示，表示在一定的总压下，气相组成 y 和与之平衡的液相组成 x 之间的关系。

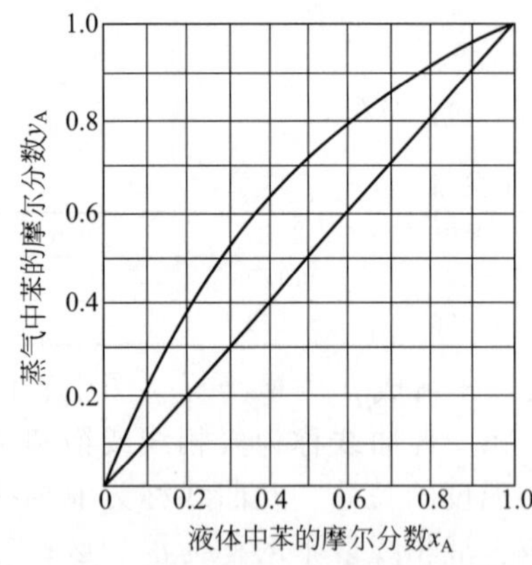

图1-23　苯-甲苯溶液的 y-x 图

应当指出，总压对平衡曲线的影响不大，若总压变化范围为20%～30%，y-x 平衡线的变动不超过2%。因此在总压变化不大时外压影响可以忽略。故蒸馏操作使用 y-x 图更为方便。

4. 非理想溶液的气-液相平衡关系

在溶液中，若相同分子间的引力与相异分子间的吸引力大小不等，两纯组分混合组成溶液时有体积变化及热效应，则此种溶液称为非理想溶液。

（1）具有正偏差的非理想溶液　不同种分子之间的引力小于同种分子之间的引力的溶液。即各分子所受的吸引力较纯组分所受引力小，即分子容易汽化。溶液上方各组分的蒸气分压较理想溶液时为大。溶液对拉乌尔定律具有正的偏差，如乙醇-水。

乙醇-水溶液在 t-x-y 图上有一个恒沸点 M，当混合物的组成在恒沸点上时，此点沸腾所产生的蒸气的相组成和它在液相中的组成完全相同，所以又称 M 点为“恒沸混合物”或“恒沸液”。从图上可以看出，M 点的温度比任何组成下溶液的泡点都低，故这种溶液又称“具有最低恒沸点的溶液”，M 点称为“最低共沸点”，如图1-24所示。在相平衡图上，y-x 曲线与对角线的交点，即为恒沸液 M 点的组成，如图1-25所示。同一种溶液的恒沸组成随压力而变。

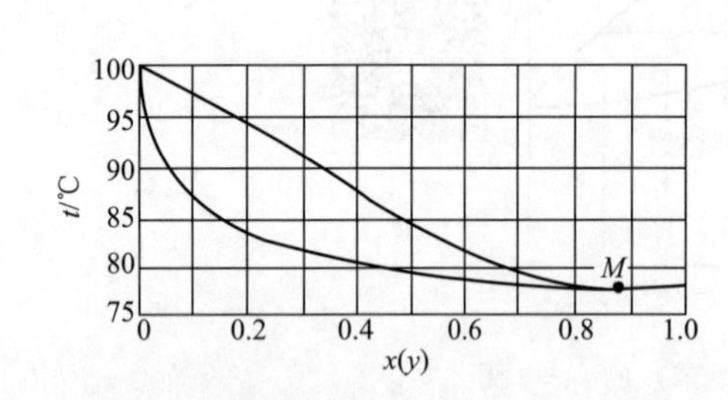

图1-24　常压下乙醇-水溶液的 t-x-y 图

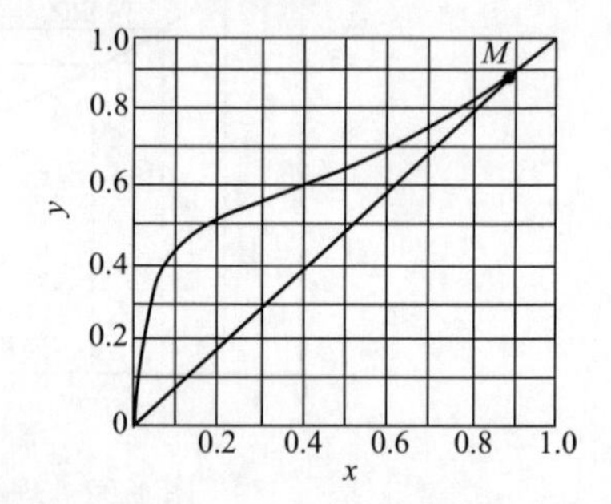

图1-25　常压下乙醇-水溶液的 y-x 图

（2）具有负偏差的非理想溶液　不同种分子之间的引力大于同种分子之间的引力的溶液，此时各分子所承受的引力较纯组分为大，各组分的蒸气压较理想溶液时为小，这种溶液对拉乌尔定律具有负的偏差。

如图1-26、图1-27所示的是典型的负偏差的非理想溶液硝酸-水溶液的 t-x-y 图和 y-x 图。在 t-x-y 图上，有一个相切点，在这一组成下溶液的泡点温度最高，此恒沸物的沸点比其他任何组成下的混合物的沸点都高，称为“最高共沸点”。在 y-x 图上出现拐点，在该点上气液相组成相同，即 $y=x$。

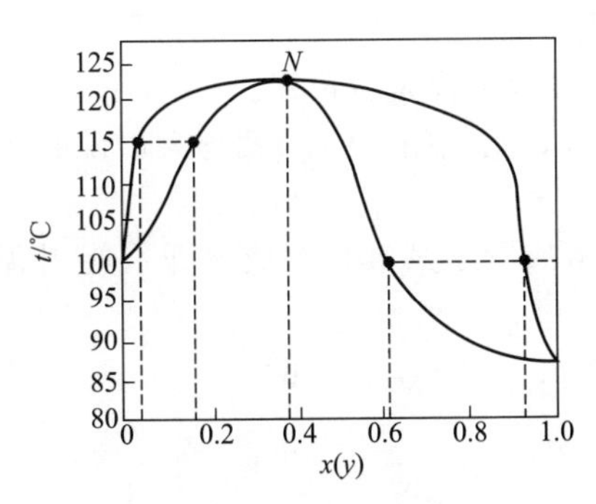

图 1-26　常压下硝酸-水溶液的 t-x-y 图

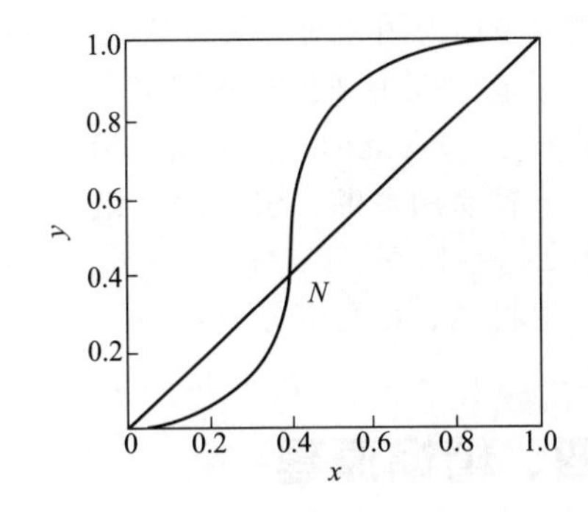

图 1-27　常压下硝酸-水溶液的 y-x 图

显然无论是具有正偏差还是具有负偏差的这种具有恒沸组成的混合物，在恒压下，混合物沸腾所生成的蒸气组成都与其混合物组成完全相同。所以利用混合物部分汽化的方法来分离具有恒沸组成的混合物，最终得不到两个纯组分。

即能够形成恒沸混合物的溶液，无论其起始组成如何，两个组分总不能同时得到分离，而只能得到一个纯组分和一个恒沸混合物。

二、相对挥发度

溶液的气-液相平衡关系除了用相图表示外，还可以用相对挥发度来表示。

1. 挥发度

挥发度表示某种液体容易挥发的程度，对于纯组分通常用它的饱和蒸气压来表示。而溶液中各组分的蒸气压因组分间的相互影响要比纯态时为低，故溶液中各组分的挥发度则用它在一定温度下蒸气中的分压和与之平衡的液相中该组分的摩尔分数之比来表示。

组分 A 的挥发度：
$$\nu_A=\frac{p_A}{x_A} \tag{1-6}$$

组分 B 的挥发度：
$$\nu_B=\frac{p_B}{x_B} \tag{1-7}$$

式中　ν_A，ν_B——组分 A、B 的挥发度。

组分挥发度的大小，需通过实验测定。对于理想溶液，符合拉乌尔定律。

则：$\nu_A=\frac{P_A}{x_A}=\frac{p_A^{\circ}x_A}{x_A}=p_A^{\circ}$，同理：$\nu_B=\frac{p_B}{x_B}=p_B^{\circ}$

2. 相对挥发度

溶液中两组分的挥发度之比称为相对挥发度，用 α 表示，通常为易挥发组分的挥发度与难挥发组分的挥发度之比。

$$\alpha=\frac{\nu_A}{\nu_B}=\frac{p_A x_B}{p_B x_A} \tag{1-8}$$

对于二组分的理想溶液，则：$\alpha=\frac{p_A^{\circ}}{p_B^{\circ}}$

三、理想溶液的气-液相平衡关系

将式(1-8) 整理得：

$$y=\frac{\alpha x}{1+(\alpha-1)x} \tag{1-9}$$

式(1-9) 为用相对挥发度表示的气-液相平衡关系式。

从 α 值的大小来预计该溶液经蒸馏分离的难易程度及分离是否可能。

若 $\alpha_{AB}>1$，此时 $p_A^\circ>p_B^\circ$，当 x_A 一定时，α 越大，则气相中的 y 就越大，说明该溶液中两组分容易用蒸馏方法分离，组分 A 较组分 B 易挥发。

若 $\alpha_{AB}=1$，$\alpha_A=\alpha_B$，$p_A^\circ=p_B^\circ$，$y=x$，其气相组成等于其液相组成，即不能用普通的蒸馏方法将 A、B 两组分分离。

若 $\alpha_{AB}<1$，$p_A^\circ<p_B^\circ$，说明组分 A 较组分 B 难挥发，与 $\alpha_{AB}>1$ 相反。

四、精馏原理

1. 简单蒸馏和平衡蒸馏

（1）简单蒸馏（微分蒸馏） 简单蒸馏是使混合物在蒸馏釜中逐次地部分汽化，并不断地将生成的蒸气移去冷凝器中冷凝，可使组分部分地分离，又称微分蒸馏。其装置如图 1-28 所示。操作时，将原料液送入一密闭的蒸馏釜 1 中加热，使溶液沸腾，将所产生的蒸气通过颈管及蒸气引导管引入冷凝器 2，冷凝后的馏出液送入贮槽 3 内。这种蒸馏方法由于不断地将蒸气移去，釜中的液相易挥发组分的浓度逐渐降低，馏出液的浓度也逐渐降低，故需分罐贮存不同组成范围的馏出液。当釜中液体浓度下降到规定要求时，便停止蒸馏，将残液排出。

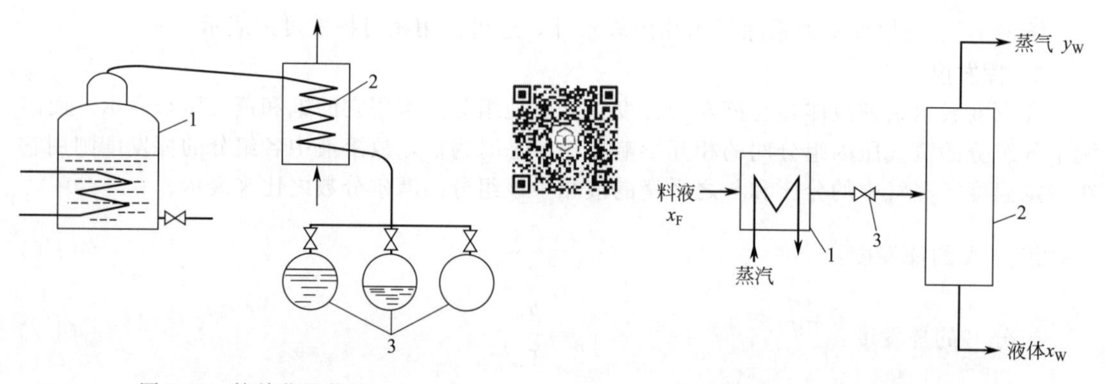

图 1-28 简单蒸馏装置

1—蒸馏釜；2—冷凝器；3—贮槽

图 1-29 平衡蒸馏装置

1—加热器；2—闪蒸罐；3—减压阀

简单蒸馏是间歇操作，适用于相对挥发度相差较大、分离程度要求不高的互溶混合物的粗略分离。例如，石油的粗馏。

（2）平衡蒸馏（闪蒸） 平衡蒸馏又称闪蒸。料液连续地加入加热釜，加热至一定的温度后，经减压阀减压至预定压强送入分离器，由于压强的降低，过热液体在减压情况下大量自蒸发，这时部分液体汽化，气相中易挥发组分增多，气相沿分离器上升至塔顶冷凝器，全部冷凝成塔顶产品。未汽化的液相中难挥发组分浓度增加，此液相沿分离器下降至塔底引出，成为塔底产品。如图 1-29 所示。

这种蒸馏方法可以连续进料，连续移出蒸气和液相，是一个连续的稳定过程，所以可以得到稳定浓度的气相和液相，但分离程度仍然不高。所形成的气液两相可认为达到平衡，所以叫平衡蒸馏。

2. 精馏

（1）多次部分汽化和部分冷凝 如图 1-30、图 1-31 所示，将组成为 x_F，温度为 t_F 的混合物加热到 t_1，使其部分汽化后，气相和液相分开，所得到的气相组成为 y_1，液相组成为 x_1，由 t-x-y 图可以看出：$y_1>x_F>x_1$。

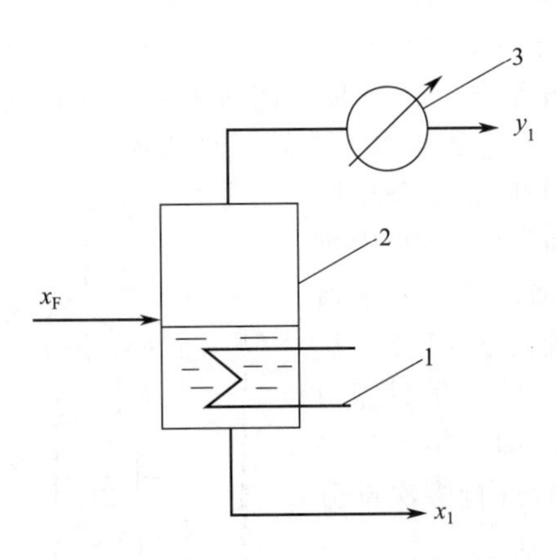

图 1-30　一次部分汽化示意图

1—加热器；2—分离器；3—冷凝器

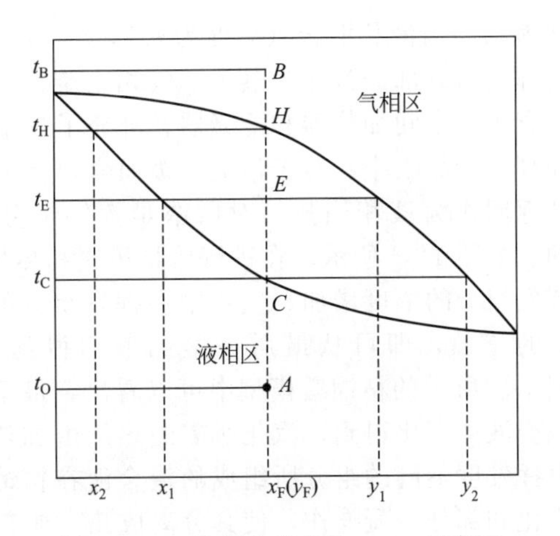

图 1-31　一次部分汽化的 t-x-y 示意图

可见，将液体混合物进行一次部分汽化的过程，只能起到部分分离的作用。显然，要使混合物得到完全的分离，必须进行多次部分汽化和部分冷凝的过程。图 1-32 所示为一个多级分离过程，若将第一级溶液部分汽化所得到的气相产品在冷凝器中加以冷凝，然后再将冷凝液在第二级中部分汽化，此时所得到的气相组成为 y_2，且 $y_2 > y_1$，这样部分汽化的次数越多，所得到的蒸气浓度也越高，最后可得到几乎纯态的易挥发组分。同理，若将从各分离器所得的液相产品分别进行多次部分汽化和分离，这种次数越多，得到的液相浓度也越高，最后可得到几乎纯态的难挥发组分。

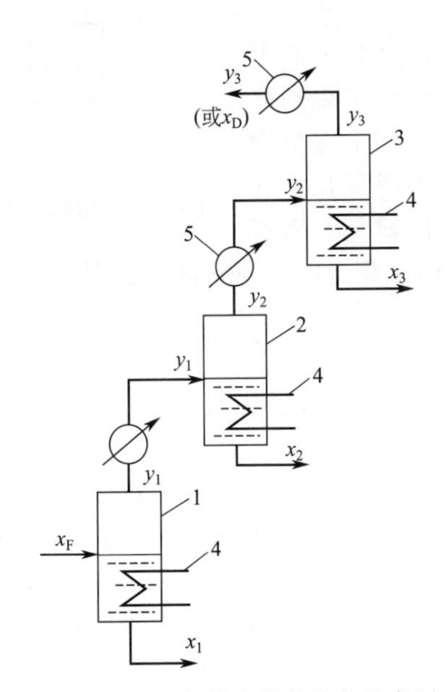

图 1-32　多次部分汽化的分离示意图

1,2,3—分离器；4—加热器；5—冷凝器

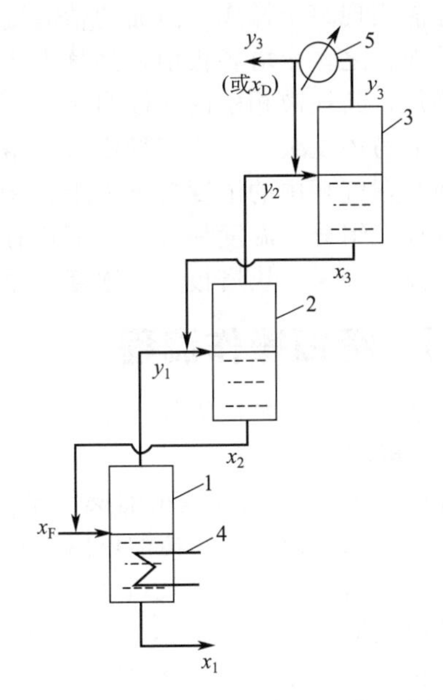

图 1-33　无中间产品的部分汽化示意图

1,2,3—分离器；4—加热器；5—冷凝器

应当指出，这种操作存在着如下问题：收率低，中间馏分未加利用；热能利用率不高，消耗了大量的加热蒸汽和冷却水；操作不稳定。

针对上述流程，将图 1-32 所示流程进行改进得出了如图 1-33 所示的流程。将每一级的中间产品返回到下一级中去，图示将 y_1 与 x_3 相混合，这样就消除了中间产品，气相（温

度为 t_1）与液相混合（温度为 t_3），$t_1>t_3$，它们同时进行着热量和质量的传递，使液相中易挥发组分部分汽化为蒸气，气相中难挥发组分部分冷凝为液相，结果 $y_2>y_1$，$x_2>x_3$。且省去了中间加热器和冷凝器，补充了各釜的易挥发组分，使塔板上的液相组成保持稳定，提高了产品收率。对于最上一级而言，将 y_3 冷凝后不是全部作为产品，而是将其中的一部分返回作为液相回流。对增浓难挥发组分来说，道理是完全相同的。如图 1-33 所示，在进行质量传递和热量传递的同时，液相中难挥发组分的浓度增加，气相中易挥发组分的浓度增加。只要选定适当的釜数，即可从最后一釜的液相得到较纯的难挥发组分。从图 1-34所示的精馏塔模型中可以看出，最下面一个釜的蒸气只能由该釜液体汽化得到，汽化所需的热量由加热器供给。即，精馏是将由挥发度不同的组分所组成的混合液在精馏塔中同时进行多次部分汽化和部分冷凝操作，使其分离成几乎纯态组分的过程。

（2）精馏模型　化工厂中的精馏操作是在直立圆形的精馏塔内进行。塔内装有若干层塔板或充填一定高度的填料。尽管塔板的形式和填料的种类很多，但塔板上液层和填料表面都是气液两相进行热交换和质量交换的场所，若气液两相在板上接触时间足够长，那么离开该板的气液两相可认为达到平衡状态。精馏塔的每层塔板上都进行着与上述相似的过程。因此，塔内只要有足够多的塔板层数，就可使混合物达到所要求的分离程度。

但是，单有精馏塔还不能完成精馏操作，必须同时有塔底再沸器和塔顶冷凝器，有时还需配有原料液预热器、回流液泵等附属设备，才能实现整个操作。前面的精馏流程中已见到。

总而言之，全塔各板中，易挥发组分在气相中的浓度自下而上逐板增加，其在液相中的浓度自上而下逐板下降；由塔顶可得到几乎纯态的易挥发组分；难挥发组分在液相中的浓度自上而下逐板增加，而其在气相中的浓度自下而上逐板下降，由塔底可得到几乎纯态的难挥发组分。温度是自上而下逐板增加，塔顶温度最低，塔釜温度最高。当某一块塔板上的浓度与原料液的浓度相同或相近时，原料液由此引入。

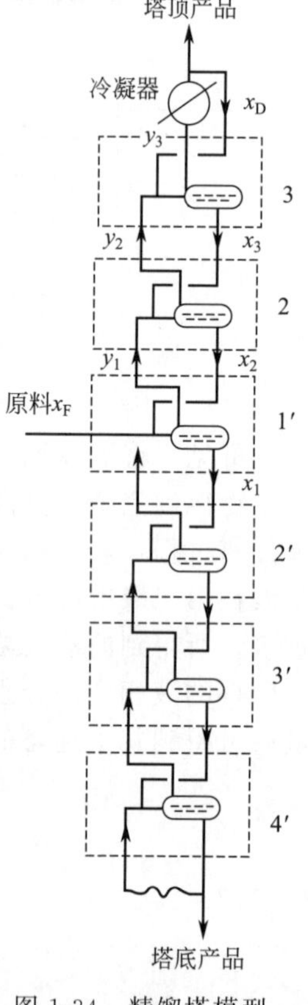

图 1-34　精馏塔模型

五、精馏操作流程

工业生产中的精馏流程可以分为两类：间歇精馏流程和连续精馏流程。

1. 连续精馏流程

如图 1-35 所示为连续精馏操作流程。液体混合物通过高位槽 3 进入预热器 4 加热到一定温度后进入精馏塔。在精馏塔内，蒸气沿塔上升，上升气相中易挥发组分增加，难挥发组分减少。从塔顶引出的蒸气进入冷凝器冷凝，冷凝液一部分作为塔顶产物（又称馏出液），经塔顶冷凝器 5 和冷却器 6，通过观察罩 9 进入馏出液贮槽 7，一部分回流至塔内作为液相回流，称为“回流液”。在精馏塔内，下降液体中难挥发组分增加，易挥发组分减少。塔釜排出来的液体称为塔底产品或釜残液，进入残液贮槽 8。液体混合物在塔底蒸馏釜内加热至沸腾，产生的蒸气进入精馏塔，蒸气由下而上在各层塔板（或填料）上与回流液接触，实现热和质的传递。精馏操作一般在塔内完成。

2. 间歇精馏流程

如图 1-36 所示，液体混合物在蒸馏釜 1 加热至沸腾，产生的蒸气进入精馏塔 2，蒸气由下而上在各层塔板（填料）上与回流液接触。易挥发组分逐板提浓后由塔顶进入冷凝器 3 冷

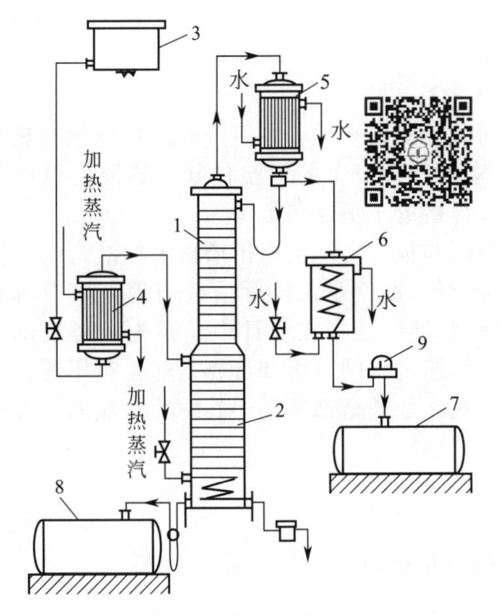

图 1-35　连续精馏流程

1—精馏段；2—提馏段；3—高位槽；4—预热器；
5—冷凝器；6—冷却器；7—馏出液贮槽；
8—残液贮槽；9—观察罩

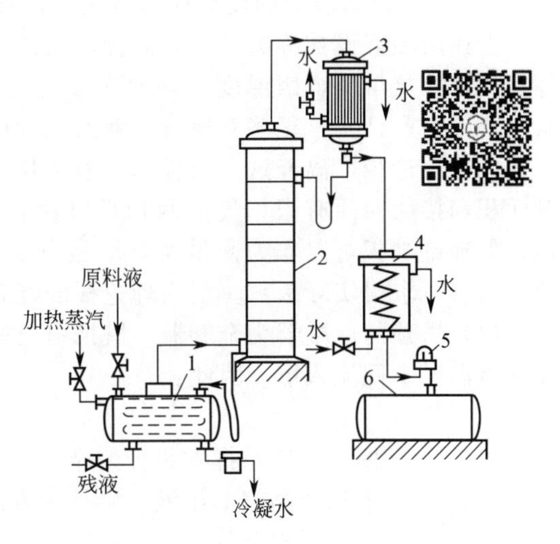

图 1-36　间歇精馏流程

1—蒸馏釜；2—精馏塔；3—冷凝器；
4—冷却器；5—观察罩；6—馏出液贮槽

凝，其中一部分作为回流液进入塔内，另一部分经冷却器 4 进一步冷却后流入馏出液贮槽 6。蒸馏后的残液返回至蒸馏釜，蒸馏到一定程度后排出残液。

间歇精馏有两种典型的操作方式。一种是保持回流比恒定的操作方式。采用这种操作方式时，在精馏过程中，塔顶馏出液组成和釜液组成均随时间而下降。另一种是保持馏出液组成恒定。采用这种操作方式时，在精馏过程中，釜液组成随时间而下降，所以为了保持馏出液组成恒定，必须不断增大回流比，精馏终了时，回流比增大到最大。

六、精馏过程的物料衡算及操作线方程

工业生产上的蒸馏操作以精馏为主，在大多数情况下采用连续精馏操作。以二元混合物的连续精馏操作为例加以讨论。二组分连续精馏过程的计算，包括全塔的物料衡算、精馏段和提馏段的物料衡算及两段的操作线方程、理论塔板数及实际塔板数的计算、塔的类型的确定及相关工艺尺寸的计算、冷凝器和再沸器的计算等。

由于精馏过程比较复杂，影响因素很多，所以在讨论连续精馏过程的计算时，作适当的简化处理，提出如下基本假设。

1. 基本假设

(1) 恒摩尔汽化流　在塔的精馏段内，从每一块塔板上上升的蒸气的（千）摩尔流量皆相等，提馏段也是如此，但两段的蒸气流量不一定相等。

即：
$$V_1=V_2=\cdots=V_n=V \tag{1-10}$$
$$V_1'=V_2'=\cdots=V_n'=V' \tag{1-11}$$

式中　V——精馏段的上升蒸气摩尔流量，kmol/h；

V'——提馏段的上升蒸气摩尔流量，kmol/h。

(2) 恒摩尔溢流　在塔的精馏段内，从每一块塔板上下降的液体的（千）摩尔流量皆相等，提馏段也是如此，但两段的液体流量不一定相等。

即：
$$L_1=L_2=\cdots=L_n=L \tag{1-12}$$

$$L'_1=L'_2=\cdots=L'_n=L' \tag{1-13}$$

式中　L——精馏段的回流液体摩尔流量，kmol/h；

L'——提馏段的回流液体摩尔流量，kmol/h。

上述两项假设被称为恒摩尔假设，是依据下列条件提出来的：各组分的摩尔汽化潜热相等；气液相接触时，因温度不同而交换的显热忽略不计；设备的保温良好，热损失可以忽略。实际生产证实，很多双组分溶液的连续精馏过程接近于恒摩尔流动。

(3) 理论板　离开这一块板的气液两相互成平衡的板。实际上由于塔板上气液之间的接触面积和接触时间有限，气液两相难以达到平衡状态。也就是说实际塔板与理论塔板有差距，但理论塔板可以作为衡量实际塔板分离效率的标准。通常在设计中总是先求得理论板数，然后再求得实际板数。引入理论板的概念，对精馏过程的分析和计算是非常有用的。

(4) 塔顶的冷凝器为全凝器　塔顶引出的蒸气在此处被全部冷凝，其中冷凝液的一部分在泡点温度下回流入塔。因此：

$$x_D=y_1=x_L \tag{1-14}$$

式中　x_L——回流液中易挥发组分的摩尔分数；

x_D——塔顶产品（馏出液）中易挥发组分的摩尔分数；

y_1——塔顶引出蒸气中易挥发组分的摩尔分数。

(5) 塔釜或再沸器采用间接蒸汽加热。

2. 物料衡算

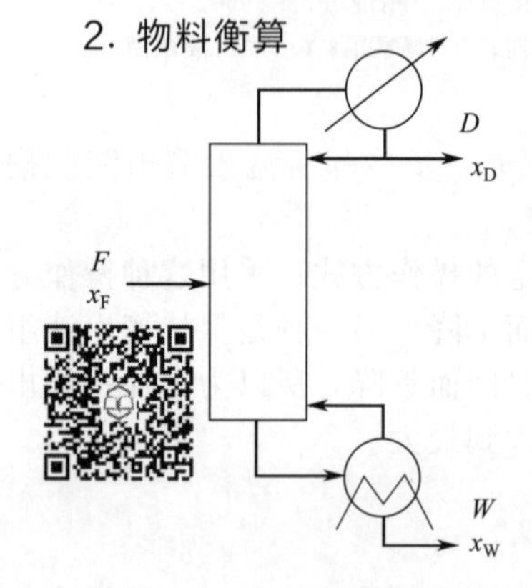

图 1-37　全塔的物料衡算

(1) 全塔的物料衡算　为了求出塔顶产品、塔底产品的流量和组成与原料液和组成之间的关系，对全塔作物料衡算，衡算式如下。如图 1-37 所示。

全塔总物料衡算式：

$$F=D+W \tag{1-15}$$

易挥发组分的物料衡算式：

$$Fx_F=Dx_D+Wx_W \tag{1-16}$$

式中　F——进塔的原料液摩尔流量，kmol/h；

x_F——原料液中易挥发组分的摩尔分数；

D——塔顶产物（馏出液）的摩尔流量，kmol/h；

W——塔底产物（残液）的摩尔流量，kmol/h；

x_W——釜残液中易挥发组分的摩尔分数。

其中 D/F 和 W/F 分别称为馏出液和釜液的采出率。

① 当规定塔顶、塔底组成 x_D、x_W 时，可计算产品的采出率 D/F 及 W/F，即产品的产率不能任意选择。

② 当规定塔顶产品的产率和组成 x_D 时，则塔底产品的产率及釜液组成不能再自由规定（当然也可规定塔底产品的产率和组成）。

在精馏计算中，分离程度除去用塔顶、塔底产品的浓度表示外，有时还用回收率来表示。

馏出液中易挥发组分的回收率：

$$\frac{Dx_D}{Fx_F}\times100\% \tag{1-17}$$

或釜液中难挥发组分的回收率：

$$\frac{W(1-x_W)}{F(1-x_F)}\times100\% \tag{1-18}$$

（2）精馏段的物料衡算及操作线方程　在连续精馏塔中，因原料不断进入塔中，故精馏段和提馏段的操作关系是不同的，应分别予以讨论。按图1-38所示虚线范围内（包括精馏段的第 $n+1$ 层板以上的塔段及冷凝器）作物料衡算。

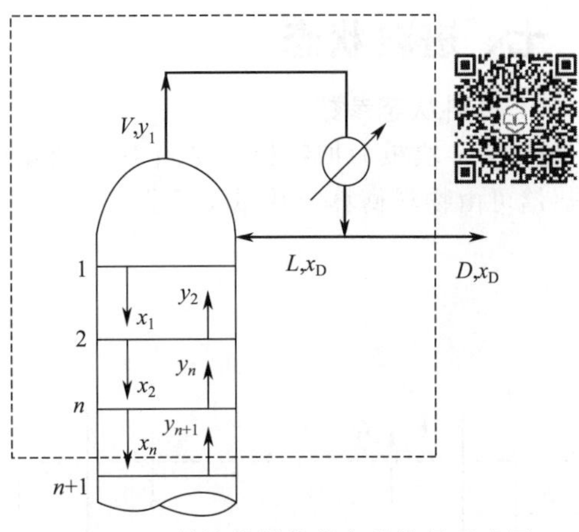

图 1-38　精馏段操作线方程推导示意图

总物料衡算式：

$$V=L+D \tag{1-19}$$

易挥发组分物料衡算式：

$$Vy_{n+1}=Lx_n+Dx_D \tag{1-20}$$

式中　x_n——精馏段第 n 层板下降液体中易挥发组分的摩尔分数；

y_{n+1}——精馏段第 $n+1$ 层板上升蒸气中易挥发组分的摩尔分数。

由式(1-19) 及式(1-20) 整理得：

$$y_{n+1}=\frac{L}{L+D}x_n+\frac{D}{L+D}x_D \tag{1-21}$$

或

$$y_{n+1}=\frac{R}{R+1}x_n+\frac{1}{R+1}x_D \tag{1-22}$$

式中，$R=L/D$，称为“回流比”。

式(1-21) 和式(1-22) 均称为精馏段操作线方程，表示在精馏塔的精馏段内，进入任意一块塔板的气相组成与离开此塔板的液相组成之间的关系。该式在 y-x 直角坐标图上为一条直线，其斜率为$\frac{R}{R+1}$，截距为$\frac{x_D}{R+1}$。

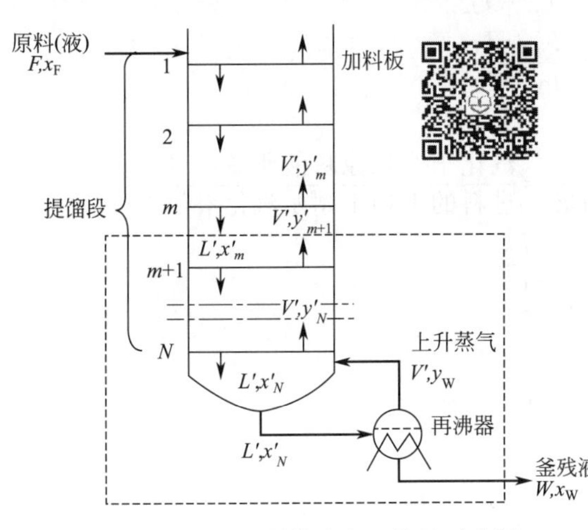

图 1-39　提馏段操作线方程推导示意图

（3）提馏段的物料衡算及操作线方程　按图1-39虚线范围内（包括提馏段第 m 层板以下塔段及再沸器）作物料衡算。

总物料衡算式：

$$L'=V'+W \tag{1-23}$$

易挥发组分物料衡算式：

$$L'x'_m=V'y'_{m+1}+Wx_W \tag{1-24}$$

式中　x'_m——提馏段第 m 层板下降液体中易挥发组分的摩尔分数；

y'_{m+1}——提馏段第 $m+1$ 层板上升蒸气中易挥发组分的摩尔分数。

由式(1-23) 及式(1-24) 整理得

$$y'_{m+1}=\frac{L'}{L'-W}x'_m-\frac{W}{L'-W}x_W \tag{1-25}$$

式(1-25) 为提馏段操作线方程，表示在精馏塔的提馏段内，进入任意一块塔板的气相组成与离开此塔板的液相组成之间的关系。该式在 y-x 直角坐标图上也是一条直线，其斜率为$\frac{L'}{L'-W}$，截距为$-\frac{Wx_W}{L'-W}$。

应予指出，提馏段的液体流量 L'不如精馏段的回流液流量 L 那样易于求得，因为 L'除了与 L 有关外，还受进料量及进料热状况的影响。

七、进料状态

1. 进料状态参数

设第 m 块板为加料板，对图 1-40 所示的虚线范围，进、出该板各股的摩尔流量、组成与热焓可由物料衡算与热量衡算得到。

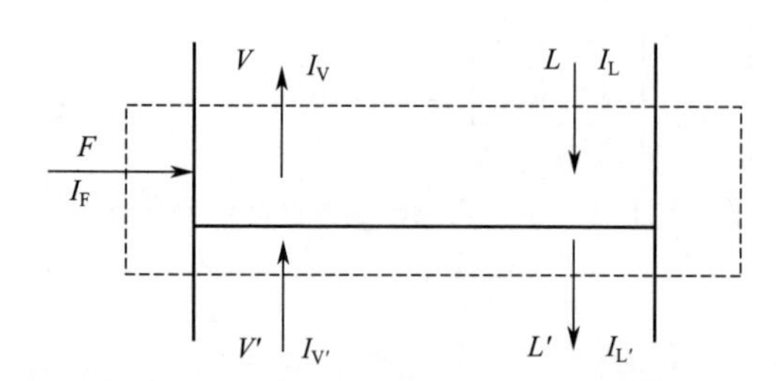

图 1-40　进料板上的物料衡算与热量衡算

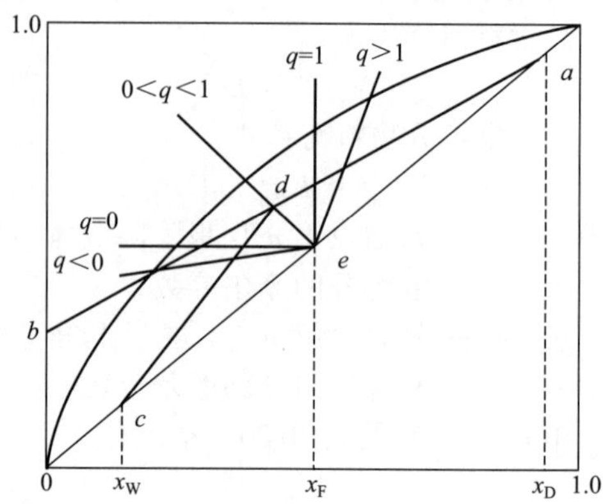

图 1-41　不同加料热状态下的 q 线

总物料衡算：

$$F+L+V'=L'+V$$

轻组分物料衡算：

$$FI_F+LI_L+V'I_{V'}=L'I_{L'}+VI_V$$

$$I_V=I_{V'}；I_L=I_{L'}$$

$$\frac{L'-L}{F}=\frac{I_V-I_F}{I_V-I_L}$$

定义：

$$q=\frac{\text{饱和蒸气的焓}-\text{料液的焓}}{\text{饱和蒸气的焓}-\text{饱和液体的焓}}=\frac{\text{汽化千摩尔原料液所需热量}}{\text{进料的平均千摩尔汽化潜热}}$$

$$q=\frac{I_V-I_F}{I_V-I_L}$$

为进料状态参数。

2. q 线方程（交点的轨迹方程）

对加料板作物料衡算：　　$Fx_F=qFx+(1-q)Fy$

整理得：

$$y=\frac{q}{q-1}x-\frac{x_F}{q-1} \tag{1-26}$$

此式称为操作线交点的轨迹方程。两操作线交点的轨迹方程应满足上面两个方程。同样，加料板所对应的状态点也应满足操作线交点的轨迹方程。进料状况不同，q 值便不同，q 线的斜率也就不同，故 q 线与精馏段操作线的交点随着进料状况不同而变动，提馏段操作线也随之而变动，见图 1-41。

3. q 值

进料热状况不同，q 值就不同，因此直接影响精馏塔内两段上升蒸气和下降液体量之间的关系，如图 1-42 所示。

① 冷液体进料，$q>1$；

② 饱和液体进料，$q=1$；

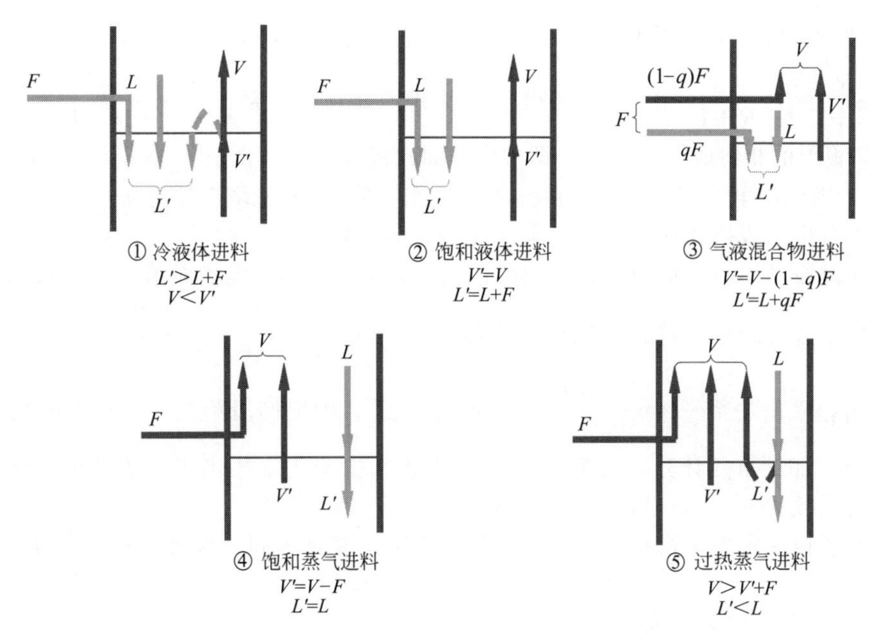

图 1-42　进料热状况对进料板上下各股流的影响

③ 气液混合物进料，$q=0\sim1$；

④ 饱和蒸气进料，$q=0$；

⑤ 过热蒸气进料，$q<0$；

例 1-2 连续精馏塔的操作线方程有：精馏段为 $y=0.75x+0.205$；提馏段为 $y=1.25x-0.020$，试求泡点进料时，原料液、馏出液、釜液组成及回流比。

解　$y=0.75x+0.205$

$$\frac{R}{R+1}=0.75,\qquad R=3$$

$$\frac{x_D}{R+1}=0.205\qquad x_D=0.82$$

$$y=1.25x-0.020$$

$$x_W=1.25x_W-0.020\qquad x_W=0.08$$

$$y=0.75x+0.205,\ y=1.25x-0.020$$

$$0.75x_F+0.205=1.25x_F-0.020,\ x_F=0.45$$

答：泡点进料时，原料液的组成为 0.45，馏出液的组成为 0.82，釜液组成为 0.08，回流比为 3。

八、理论塔板数的确定

板式精馏塔理论塔板数的计算是精馏计算的重要内容之一。通常，采用逐板计算法或图解法。求解理论塔板数时，必须利用气-液平衡关系和操作线方程。

1. 逐板法

从最上一块塔板上升的蒸气进入冷凝器中被全部冷凝，因此塔顶馏出液及回流液的组成均与第一块板上的上升蒸气组成相同，即：$x_D=y_1$。而离开每块塔板的气液相组成互成平衡关系，$y_1=\dfrac{\alpha x_1}{1+(\alpha-1)x_1}$，可求取 x_1，则第一块塔板上的相组成

(x_1, y_1) 即求出；对第二块板而言，其板上上升蒸气的组成 y_2 与 x_1 符合精馏段操作线方程，$y_2=\frac{R}{R+1}x_1+\frac{x_D}{R+1}$，由 x_1 可求得 y_2，同理由相平衡关系 $y_2=\frac{\alpha x_2}{1+(\alpha-1)x_2}$ 可求得 x_2，即第二块塔板上的相组成 (x_2, y_2) 即求出；如此重复计算，直至 $x_n \leqslant x_F$（认为料液是饱和液体进料），则说明第 n 层塔板为加料板，则精馏段所需的理论塔板数为 $n-1$。

接着改在提馏段操作线方程与平衡线之间求理论塔板数。此时，$x_1'=x_n$，$y_1'=y_n$，加料板作为提馏段的第一块塔板，其两相组成为 (x_1', y_1')；对提馏段第二块塔板而言，其板上上升蒸气组成 y_2' 与 x_1' 符合提馏段操作线方程，$y_2'=\frac{L'}{L'-W}x'_1-\frac{Wx_W}{L'-W}$，由 x_1' 可求得 y_2'，同理由相平衡关系 $y_2'=\frac{\alpha x_2'}{1+(\alpha-1)x_2'}$ 可求得 x_2'，即提馏段第二块塔板上的相组成 (x_2', y_2') 即求出；如此重复计算，直至 $x_m' \leqslant x_W$ 为止。由于塔釜相当于一块理论塔板，则提馏段的理论塔板数为 $m-1$，总的理论塔板数为 $n+m-2$。

像这种逐板法求理论塔板数，计算结果较准确，并且可同时求得每一层塔板上的气、液相组成。

2. 图解法求理论塔板数

用图解法求理论塔板数时，如图 1-43 所示，需要用到 y-x 相图上的相平衡线和操作线。

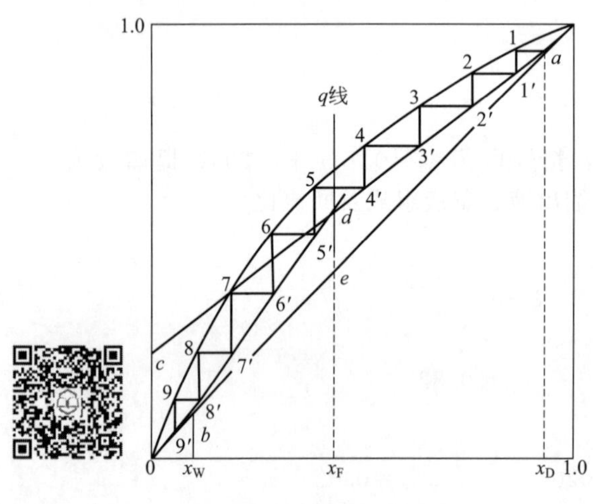

图 1-43　图解理论塔板数

(1) 相平衡线　在直角坐标图上绘出混合物的 y-x 相平衡线及对角线 $y=x$。

(2) 操作线　在 y-x 图上由 x_D、x_F、x_W 和 R、q 的值，定出精馏段操作线、q 线和提馏段操作线。

(3) 理论塔板数　塔顶上升蒸气的组成 y_1 与馏出液的组成 x_D 相同，从而确定了 a 点 (x_D, x_D)，在精馏段的操作线上，由理论塔板的概念，第一块塔板上的蒸气组成 y_1 应与第一块板上的液体组成 x_1 成平衡。由点 a 作水平线与平衡线的交点为 1，其组成为 (x_1, y_1)，故由点 1 可确定 x_1。由点 1 作垂线与精馏段操作线的交点 1′可确定 y_2。再由点 1′作水平线与平衡线交于点 2，其组成为 (x_2, y_2)，由此点定出 x_2。如此重复在平衡线与精馏段操作线之间绘制三角形梯级。在绘三角形梯级时，使用了一次平衡关系和一次操作线关系，而逐板法求理论塔板数时，每跨过一块塔板时，都使用了一次平衡关系和一次操作线关系，因此我们可以说每绘一个三角形梯级即代表了一块理论塔板。绘制梯级时，当 $x_n<x_F$ 时，则跨入提馏段与平衡线之间绘梯级，直至 $x_m<x_W$ 为止。

所绘的三角形梯级数即为所求的理论塔板数（包括塔釜）。如图 1-43 所示，梯级总数为 9 块，表示共需 9 块理论塔板（包括塔釜），其中精馏段的理论塔板数为 4 块，提馏段的理论塔板数为 4 块（不包括塔釜）。

例 1-3 在一常压连续精馏塔中，分离某理想溶液，原料液浓度为 0.4，塔顶馏出液为 0.95（均为易挥发组分的摩尔分数）。回流比为 3。每千摩尔原料变成饱和蒸气所需的热量等于原料液的千摩尔汽化潜热的1.2倍。操作条件下溶液的相对挥发度为2，塔顶采用全凝器，泡点回流。试计算由第二块理论塔板上升的气相组成。

解　已知：$\alpha=2$；$x_D=0.95$；$q=1.2$；$R=1.5R_{min}$

相平衡关系：$y=\dfrac{\alpha x}{1+(\alpha-1)x}=\dfrac{2x}{1+1x}$，回流比：$R=3$

精馏段操作线方程：$y=\dfrac{R}{R+1}x+\dfrac{x_D}{R+1}=\dfrac{3}{4}x+\dfrac{0.95}{4}=0.75x+0.2375$

$y_1=x_D=0.95$，$y_1=\dfrac{2x_1}{1+1x_1}=0.95$，解得：$x_1=0.905$

$y_2=0.75x_1+0.2375=0.75\times0.905+0.2375=0.916$

答：精馏段由第二块塔板上升的气相物料组成为0.916。

3. 简捷法求理论塔板数

精馏塔理论塔板数的求取，除了可用图解法和逐板法之外，还可以用简捷法。简捷法的经验式较多，应用最广泛的为吉利兰图，见图1-44。

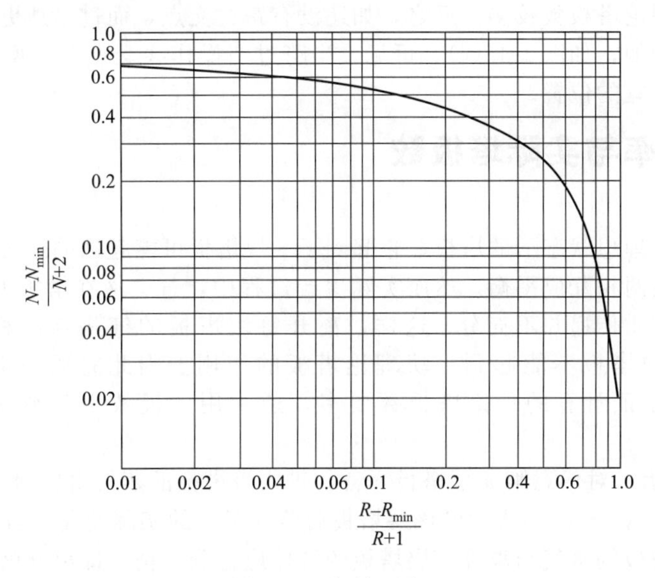

图1-44　吉利兰图

吉利兰图为一张双对数坐标图。

横坐标为：$\dfrac{R-R_{min}}{R+1}$

纵坐标为：$\dfrac{N-N_{min}}{N+2}$

计算出$\dfrac{R-R_{min}}{R+1}$值，在吉利兰图的横坐标上找到相应的点，自此点引垂线与曲线相交，由于交点相对应的坐标值为$\dfrac{N-N_{min}}{N+2}$，由此可求出理论塔板数N。

用这种方法求算理论塔板数时，误差较大，常用于方案比较上。

4. 适宜的加料位置

在图解理论塔板数时，当跨过两操作线交点时，更换操作线。而跨过两操作线交点时的梯级即代表适宜的加料位置，因为如此作图所得的理论塔板数为最小，见图1-45(a)。

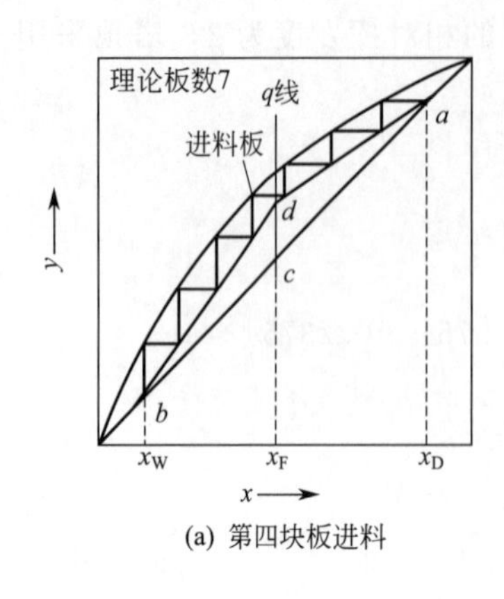

(a) 第四块板进料

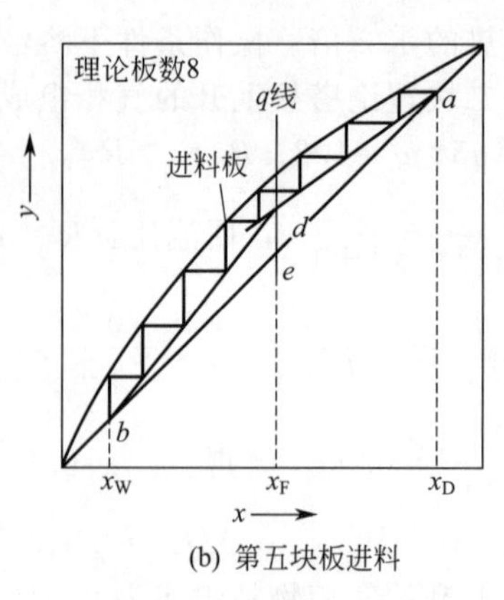

(b) 第五块板进料

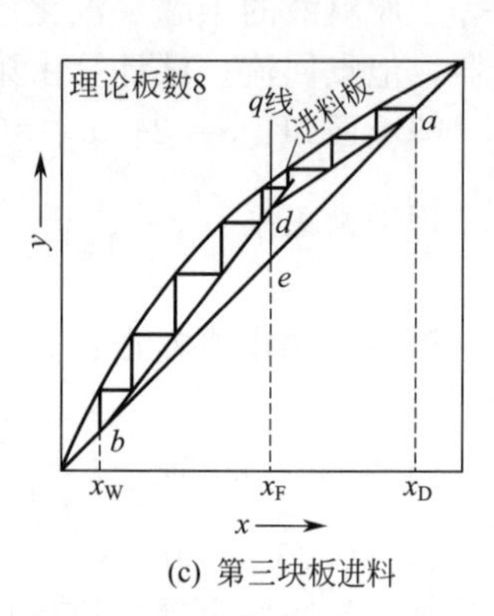

(c) 第三块板进料

图 1-45　适宜的加料位置

如图 1-45(b) 所示，若梯级已跨过两操作线的交点，而仍继续在精馏段操作线和平衡线之间绘梯级，由于交点以后精馏段操作线与平衡线的距离较提馏段操作线与平衡线之间的距离近，故所需理论塔板数较多。反之，如还没有跨过交点，而过早地更换操作线，也同样会使理论塔板数增加，如图 1-45(c)。可见，当跨过两操作线交点后更换操作线作图，所定出的加料位置为适宜的位置。

九、板效率与实际塔板数

1. 单板效率

理论板是一种理想状态下的塔板，它起到了一块塔板可能起到的最大的增浓作用，使得离开该板的气、液两相互成平衡。然而实际生产过程中，气、液在塔板上的接触时间有限，接触面积有限，物质传递并不充分。这样，离开每块塔板的气相与液相间不可能达到平衡，即实际上一块塔板不能起到一块理论塔板的作用。因此完成一定分离任务所需的实际塔板数远比上面计算的理论塔板数要多，通常用“板效率”来反映实际塔板与理论塔板的差异。

如图 1-46 所示，对任意第 n 层塔板而言，进入该塔板的蒸气组成为 y_{n+1}，离开该塔板的蒸气组成为 y_n，$y_n - y_{n+1}$ 表示经该层塔板后蒸气组成的实际变化。若该层塔板为理论塔板，则离开该层塔板的蒸气与离开该层塔板的液体应达到平衡，即离开该层塔板的蒸气组成应为 y_n^*，$y_n^* - y_{n+1}$ 表示经过一层理论塔板的组成变化。$y_n - y_{n+1}$ 与 $y_n^* - y_{n+1}$ 之比称为

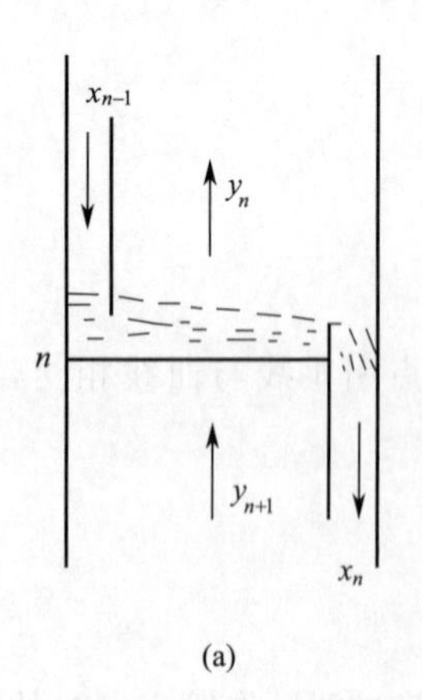

(a)

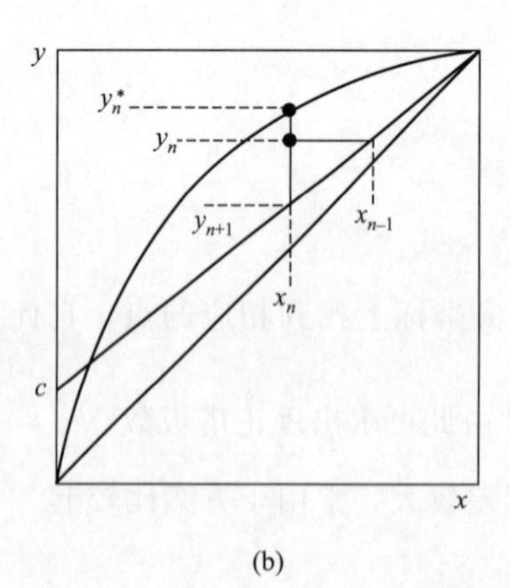

(b)

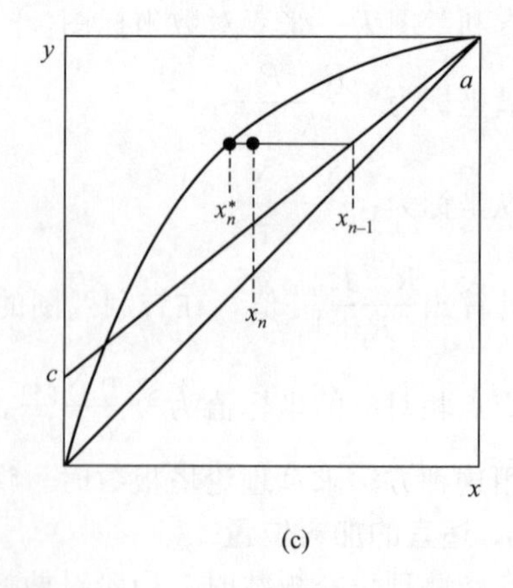

(c)

图 1-46　单板效率示意图

第 n 层塔板的单板效率。用 E_0 表示第 n 块的单板效率，又称莫弗里（Murphree）塔板效率。表示为：

$$E_0=\frac{y_n-y_{n+1}}{y_n^*-y_{n+1}} \tag{1-27}$$

也可用液相组成来表示：

$$E_0=\frac{x_{n-1}-x_n}{x_{n-1}-x_n^*} \tag{1-28}$$

单板效率通常由实验测定。

2. 全塔效率

通常精馏塔中各层塔板的单板效率并不相等，为此常用“全塔效率”（又称总效率）来表示，即：

$$E_T=\frac{N_T}{N} \tag{1-29}$$

式中　N_T——完成一定分离任务所需的理论塔板数；

N——完成一定分离任务所需的实际塔板数；

E_T——全塔效率。

塔板效率受多方面因素的影响，目前还不能作精确计算，只能通过实验测定来获取。工程计算中常用图 1-47 所示的关系曲线来近似求取 E_T。图中横坐标为进料的平均分子黏度与组分的平均相对挥发度的乘积，纵坐标为全塔效率。

同时也可以采用一些经验式来进行计算。

例如

$$E_T=0.49(\alpha\mu)^{-0.245} \tag{1-30}$$

式中　α——相对挥发度；

μ——相对分子黏度。

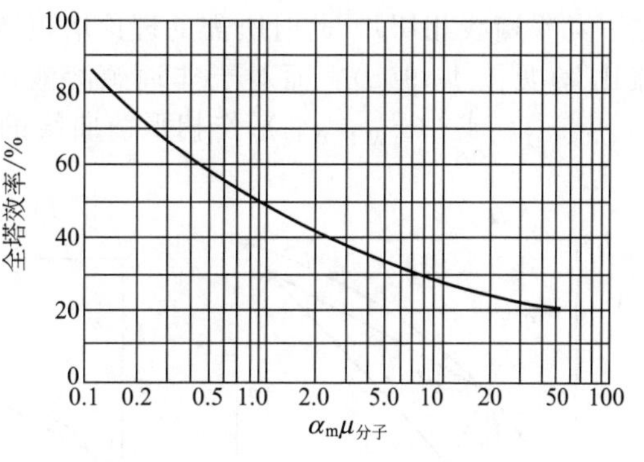

图 1-47　塔板效率图

十、回流比

1. 回流比对理论塔板数的影响

回流是保证精馏塔连续稳定操作的必要条件。回流液的多少对整个精馏塔的操作有很大影响，因而选择适宜的回流比是非常重要的。对精馏段而言，进料状况和馏出液组成一定，即 q 线一定，(x_D,x_D) 也是一定的。随着回流比的增加，精馏段操作线的截距 $\frac{x_D}{R+1}$ 越小，则其操作线偏离平衡线越远，或越接近于对角线，那么所需的理论塔板数越少，这就减少了设备费用。反之，回流比 R 减小，理论塔板数增加。但另一方面，回流比的增加，回流量 L 及上升蒸气量 V 均随之增大，塔顶冷凝器和塔底再沸器的负荷随之增大，这就增加了操作费用。反之，回流比 R 减小，则冷凝器、再沸器、冷却水用量和加热蒸汽消耗量都减少。R 过大和过小从经济观点来看都是不利的。因此应选择适宜的回流比，使精馏操作的效果为最佳。回流比有两个极限值：全回流和最小回流比。

2. 全回流和最少理论塔板数

若塔顶蒸气经冷凝后，全部回流至塔内，这种方式称为“全回流”。此时，塔顶产物为0。通常在这种情况下，既不向塔内进料，也不从塔内取出产品。

即：$D=F=W=0$，$R=\frac{L}{D}\rightarrow\infty$

此时塔内也无精馏段和提馏段之分，两段的操作线方程合二为一，即 $y=x$。操作线与对角线相重合，操作线和平衡线的距离为最远，此时所需的理论塔板数为最少，见图 1-48。其最少理论塔板数的求取有图解法和芬斯克公式。

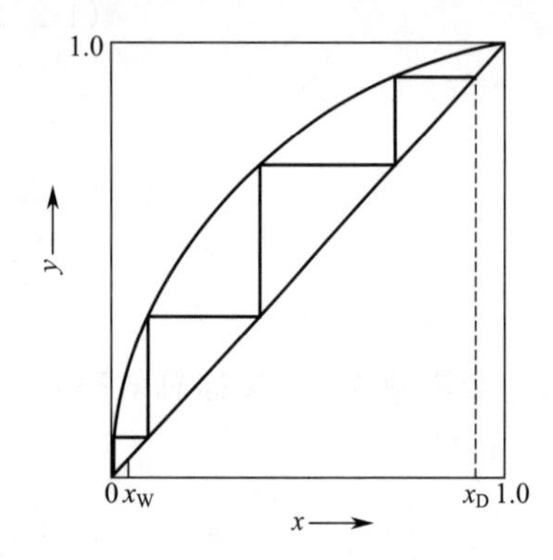

图 1-48　全回流时理论塔板数

① 图解法　从（x_D，x_D）点开始，在对角线和平衡线之间绘三角形梯级，直至（x_W，x_W）为止。所绘的三角形梯级数即为所求的理论塔板数（包括塔釜）。

② 芬斯克公式　利用相对挥发度 α 求得：

$$N_{\min}=\frac{\lg\frac{x_D}{1-x_D}\times\frac{1-x_W}{x_W}}{\lg\alpha}-1 \tag{1-31}$$

式(1-31) 称为芬斯克公式。

而 α 指的是相对挥发度，通常取全塔的平均值，$\alpha=(\alpha_{顶}\ \alpha_{底})^{1/2}$。

3. 最小回流比

从平衡线和操作线之间可以看出，当回流从全回流逐渐减少时，精馏段操作线的截距 $\frac{x_D}{R+1}$ 随之逐渐增大。两操作线的位置逐渐向平衡线靠近，即达到相同分离程度时所需的理论塔板数也逐渐增多。当回流比减少到使两操作线的交点正好落在平衡线上时（或使操作线之一与平衡线相切），此时所需的理论塔板数为无限多，这种情况下的回流比称为“最小回流比”，见图 1-49(a)。而对于非理想溶液，如图 1-49(b)、(c) 所示，此时，过图中的 a（x_D，x_D）或 b(x_W，x_W) 作相平衡曲线的切线交于另一操作线，相应的回流比为最小回流比。

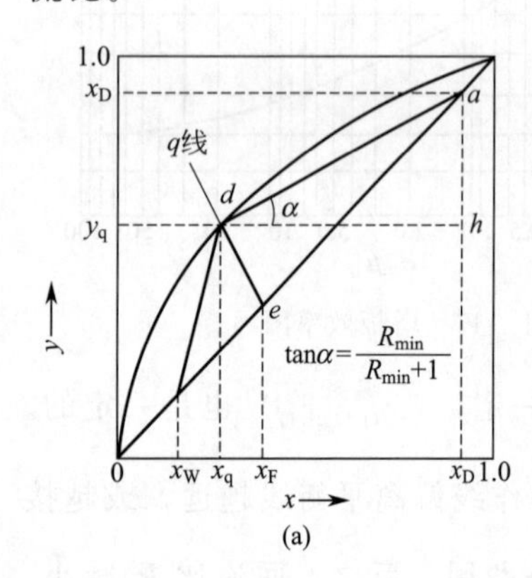

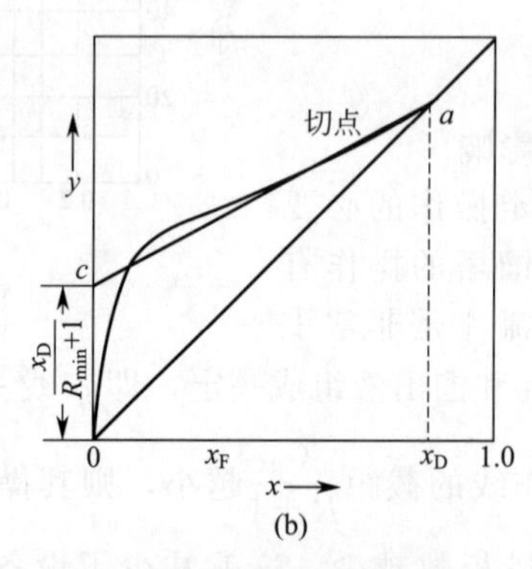

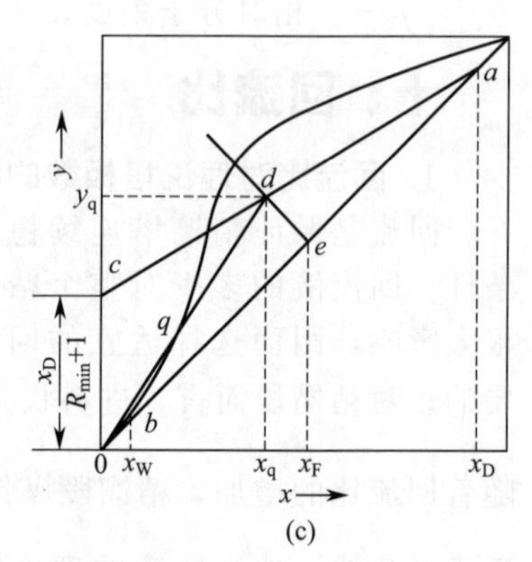

图 1-49　最小回流比确定

$$\frac{R_{\min}}{R_{\min}+1}=\frac{x_D-y_q}{x_D-x_q}$$

整理得：

$$R_{\min}=\frac{x_D-y_q}{y_q-x_q} \tag{1-32}$$

4. 适宜回流比的选择

从回流比的讨论中可知，在全回流下操作时，虽然所需的理论塔板数为最少，但是得不到产品；而在最小回流比下操作时，所需的理论塔板数为无限多。

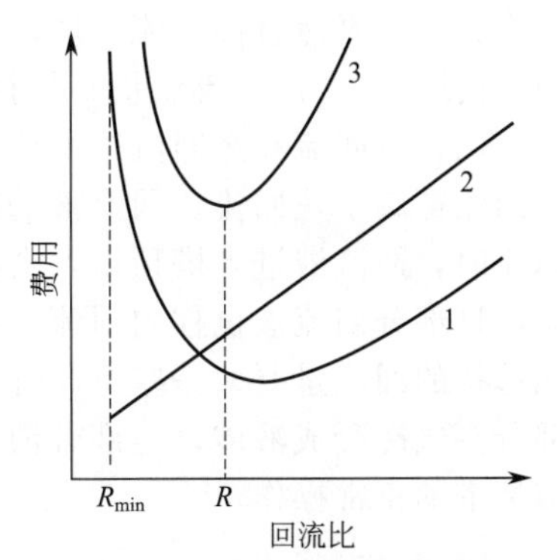

图 1-50　最适宜回流比的确定
1—设备费用线；2—操作费用线；3—总费用线

适宜回流比一般是通过经济衡算来确定，即操作费用和设备折旧费用之总和为最小时的回流比为适宜的回流比。表示为曲线形式如图 1-50 所示。

精馏的操作费用，主要取决于再沸器的加热蒸汽消耗量及冷凝器的冷却水的消耗量，而这两个量均取决于塔内上升蒸气量 V 和 V'。而上升蒸气量又随着回流比的增加而增加，当回流比 R 增加时，加热和冷却介质消耗量随之增多，操作费用增加，见图 1-50。设备的折旧费是指精馏塔、再沸器、冷凝器等设备的投资乘以折旧率。当 $R=R_{\min}$，达到分离要求的理论塔板数为 $N=\infty$，相应的设备费用也为无限大；当 R 稍稍增大，N 即从无限大急剧减少，设备费用随之降低；当 R 再增大时，塔板数减少速度缓慢。另一方面，随着 R 的增加，上升蒸气量也随之增加，从而使塔径、再沸器、冷凝器尺寸相应增加，设备费用反而上升，见图 1-50。将这两种费用综合起来考虑，总费用值随 R 的变化也是一个有最低点的曲线，以最低点的 R 操作最经济。

在精馏塔的设计中，一般并不进行详细的经济衡算，而是根据经验选取。通常取操作回流比为最小回流比的 1.1～2 倍，即 $R=(1.1\sim2)R_{\min}$。有时要视具体情况而定，对于难分离的混合物应选用较大的回流比；有时为了减少加热蒸汽的消耗量，可采用较小的回流比。

5. 回流方式

生产装置中回流方式按内、外来分可分为内回流和外回流；按是否使用动力来分可分为自然回流和强制回流；按温度来分可分为热回流和冷回流。

（1）自然回流　自然回流时，回流冷凝器放于塔顶，回流液借重力自然回流到塔内，如图 1-51 所示。冷凝器需放在塔顶以上一定高度处，以保证液体能流入塔内。自然回流时不用回流泵，节省动力。回流液量靠分配流量的计量装置来控制。自然回流时回流液量的大小还受塔内压强变化的影响，所以回流比的控制有波动，不够严格。因此自然回流通常只用于小型精馏塔。

（2）强制回流　强制回流是用泵将回流液打入塔内，不需将冷凝器放在塔顶。回流量易于控制，但需消耗一定的动力。大型精馏塔多采用这种方式，见图 1-52 所示。

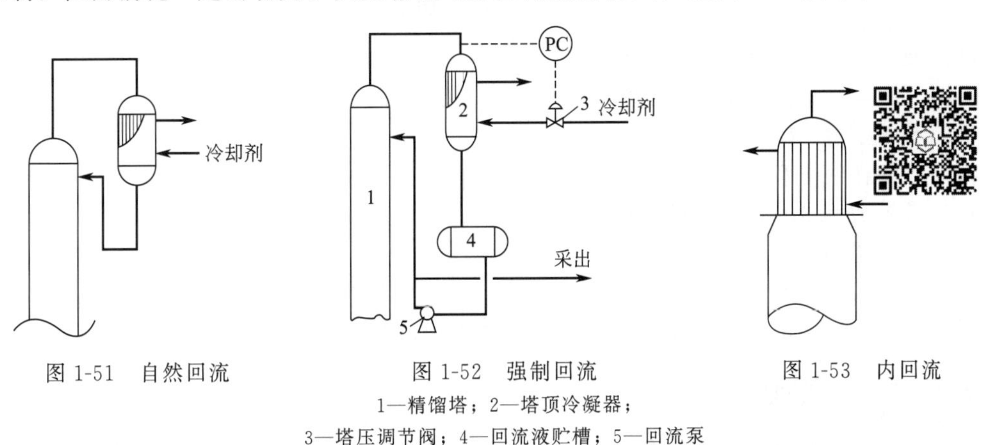

图 1-51　自然回流

图 1-52　强制回流
1—精馏塔；2—塔顶冷凝器；3—塔压调节阀；4—回流液贮槽；5—回流泵

图 1-53　内回流

（3）内回流　有些冷凝器直接放在塔顶，如图 1-53 所示。上升蒸气进入冷凝器进行部分冷凝，冷凝液直接回流入塔，没有冷凝的部分蒸气从冷凝器的上方出塔。这种回流方式称为“内回流”。内回流流量不易控制。

（4）冷回流和热回流　回流液的温度处于泡点温度时，称为泡点回流，又称热回流。自然回流都属于热回流。回流液的温度低于泡点时，称为冷回流。强制回流都属于冷回流。冷回流时，回流液进入塔顶后，会使部分上升蒸气冷凝而变成液体，与塔顶回流液一同向下回流，这部分回流液也称内回流。冷回流使塔内的真正回流量加大，也就是塔内的实际回流量比选择的回流量要大一些。此外，若塔的保温不好，蒸气沿塔体上升时由于热量的散失，使部分蒸气冷凝成液体，这部分液体也向下回流，也称为内回流。但这种内回流如果太大，会破坏塔的正常操作。

例 1-4　根据图 1-54 所示，（1）写出两操作线方程；（2）画出理论塔板数，并说出加料位置；（3）写出塔顶、塔釜产物的组成。

解　从图中可见：

$x_D=0.95$，$x_W=0.04$，$\frac{x_D}{R+1}=0.36$，得：$R=1.64$

则精馏段操作线方程为：

$$y=0.62x+0.36$$

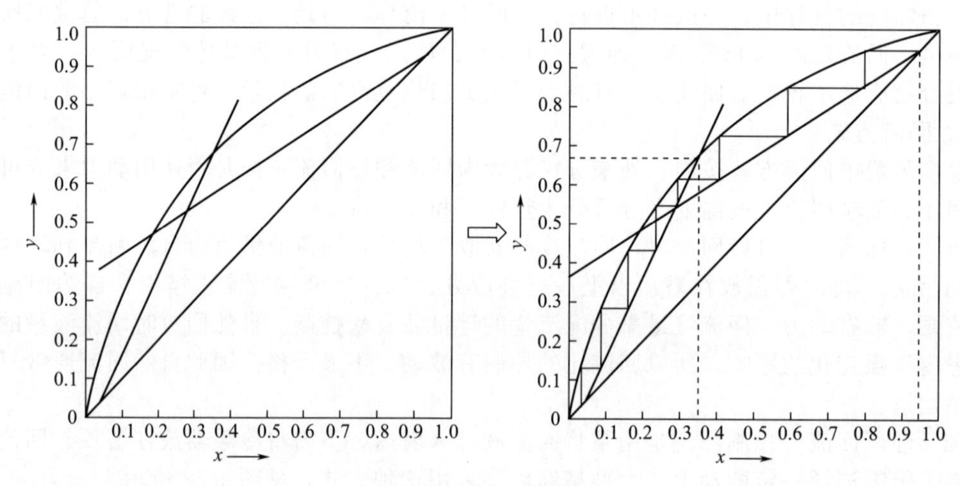

图 1-54　例 1-4 图示

设提馏段操作线方程为：$y=Ax+B$

得：$0.04=A\times0.04+B$；$0.67=A\times0.35+B$

得：$A=2.03$，$B=-0.041$

提馏段操作线方程为：$y=2.03x-0.041$

理论塔板数为 8，第 5 块板为加料板。

塔顶、塔釜组成为：$x_D=0.95$，$x_W=0.04$。

答：精馏段操作线方程为 $y=0.62x+0.36$，提馏段操作线方程为 $y=2.03x-0.041$；理论塔板数为 8，第 5 块板为加料板；塔顶、塔釜组成为：$x_D=0.95$，$x_W=0.04$。

任务实施

以东方化工集团回收生产过程的乙醇和水的混合物中的乙醇为例。已知：处理量为 50000t/a，物料中乙醇含量为 18%（质量分数，下同），要求回收的乙醇和水的混合物中的乙醇含量不得小于90%，塔釜产品中乙醇含量不高于5%，沸点下进料，塔釜为间接蒸汽加热，蒸汽压力为200kPa（绝压）。塔顶冷凝器为全凝器，塔的热损失为加热蒸汽供给热量的10%计。年生产时间为300天，做相关的工艺计算。

1. 物料衡算

（1）全塔物料衡算

物料组成：$x_F=\dfrac{\dfrac{0.18}{46}}{\dfrac{1-0.18}{18}+\dfrac{0.18}{46}}=0.08$

$$x_D=\frac{\dfrac{0.9}{46}}{\dfrac{1-0.9}{18}+\dfrac{0.9}{46}}=0.78$$

$$x_W=\frac{\dfrac{0.05}{46}}{\dfrac{1-0.05}{18}+\dfrac{0.05}{46}}=0.02$$

进料的平均摩尔质量：

$$M=M_A x_F+M_B(1-x_F)=46\times0.08+18\times(1-0.08)=20.24\ (\text{kg/kmol})$$

生产能力：

$$F=50000t/a=50000\times\frac{1000}{300\times24}=6944\ (\text{kg/h})\ =1.93\ (\text{kg/s})\ =343\ (\text{kmol/h})$$

塔顶、塔釜产物：

$F=D+W$　　　　$343=D+W$

$Fx_F=Dx_D+Wx_W$　　　　$343\times0.08=D\times0.78+W\times0.02$

得：$W=316\text{kmol/h}$；$D=27\text{kmol/h}$

（2）精馏段操作线方程

$$y_{n+1}=\frac{L}{L+D}x_n+\frac{D}{L+D}x_D \text{ 或 } y_{n+1}=\frac{R}{R+1}x_n+\frac{1}{R+1}x_D$$

$$y=\frac{1.8}{1.8+1}x+\frac{1}{1.8+1}\times0.78$$

$$y=0.64x+0.278$$

（3）提馏段操作线方程

$$y_{m+1}=\frac{L'}{L'-W}x'_m-\frac{W}{L'-W}x_W$$

饱和液体进料：

$$L'=L+F=RD+F=1.8\times27+343=391.6\ (\text{kmol/h})$$

$$y=\frac{391.6}{391.6-316}x-\frac{316}{391.6-316}\times0.02$$

$$y=5.18x-0.084$$

（4）回收率

易挥发组分：$\eta_A=\dfrac{Dx_D}{Fx_F}\times100\%$

$$\eta_A=\frac{27\times0.78}{343\times0.08}\times100\%=77\%$$

难挥发组分：$\eta_B=\dfrac{W(1-x_W)}{F(1-x_F)}\times100\%$

$$\eta_B=\frac{316\times(1-0.02)}{343\times(1-0.08)}\times100\%=98\%$$

（5）采出率

馏出液的采出率：$\dfrac{D}{F}=\dfrac{x_F-x_W}{x_D-x_W}$

$$\frac{D}{F}=\frac{0.08-0.02}{0.78-0.02}=7.88\%$$

釜液的采出率：$\dfrac{W}{F}=\dfrac{x_D-x_F}{x_D-x_W}$

$$\frac{W}{F}=\frac{0.78-0.08}{0.78-0.02}=92\%$$

2. 进料状态及 q 线方程

进料状态为沸点下进料，即饱和液体进料，

则：$q=1$

这种状态下的 q 线方程为：$x=x_F$

q 线方程为：$x=0.08$

3. 回流比的选择

最小回流比：$R_{min}=\dfrac{x_D-y_q}{y_q-x_q}$

物料为饱和液体进料，其 q 线方程为 $x=x_F$，$x=0.08$

在相平衡图上可查得 $x_q=0.08$，$y_q=0.43$

最小回流比：$R_{min}=\dfrac{0.78-0.43}{0.43-0.08}=0.99$

回流比 $R=(1.1\sim2)R_{min}$

考虑到回流不能过小，选取最小回流比的1.8倍，

则操作回流比为：$R=1.8R_{min}=1.8$

4. 塔板数的计算

（1）理论塔板数的计算　利用图1-55所示的乙醇和水溶液的 t-x-y 图或图1-56所示的 x-y 图可以来进行图解法和逐板法求取理论塔板数。

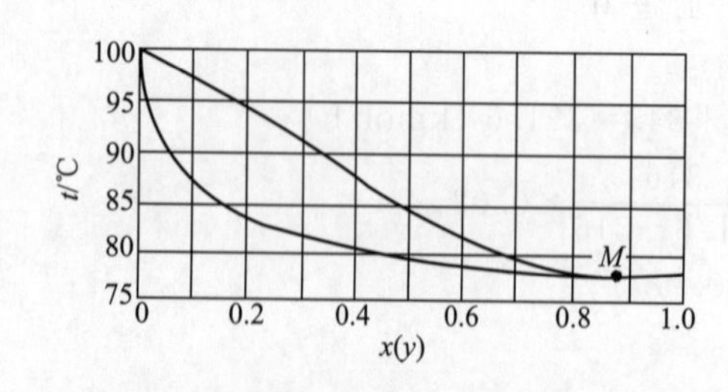

图1-55　常压下乙醇-水溶液的 t-x-y 图

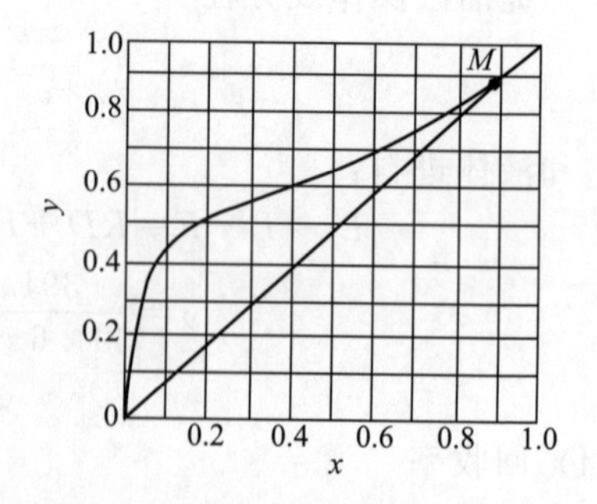

图1-56　常压下乙醇-水溶液的 x-y 图

① 逐板法　由塔顶冷凝器为全凝器，可得：$y_1=x_D$

从精馏段开始计算：$y_1=x_D=0.78$

精馏段操作线方程为：$y=0.64x+0.278$

第一块塔板的气液相组成为：$y_1=0.78$；液相组成查图 1-55 中的 t-x-y 图或图 1-56 中的 x-y 图可得 $x_1=0.75$

第二块塔板上的气液相组成：

由 x_1 利用精馏段操作线方程可计算出 y_2

精馏段操作线方程为：$y=0.64x+0.278$，$y_2=0.64x_1+0.278=0.64\times0.75+0.278=0.758$

查图 1-55 中的 t-x-y 图或图 1-56 中的 x-y 图，可得 $x_2=0.65$

第三块塔板上的气液相组成：

由 x_2 利用精馏段操作线方程可计算出 y_3

精馏段操作线方程为：$y=0.64x+0.278$，

$$y_3=0.64x_2+0.278=0.64\times0.65+0.278=0.694$$

查图 1-55 中的 t-x-y 图或图 1-56 中的 x-y 图，可得 $x_3=0.57$

同理可得：$y_4=0.643$，$x_4=0.50$；$y_5=0.598$，$x_5=0.38$

$$y_6=0.521,\ x_6=0.19;\ y_7=0.40,\ x_7=0.08$$

到 $x_n\leqslant x_F$ 为止，精馏段的理论塔板数为 $n-1=6$。

提馏段计算情况如下。

第一块塔板上的气液相组成：

$$y_7=y'_1=0.40,\ x_7=x'_1=0.08$$

第二块塔板上的气液相组成：

由 x'_1 利用提馏段操作线方程可计算出 y'_2

提馏段操作线方程为：$y=5.18x-0.084$，$y'_2=5.18x_1-0.084=5.18\times0.08-0.084=0.33$

查图 1-55 中的 t-x-y 图或图 1-56 中的 x-y 图，可得 $x'_2=0.05$

第三块塔板上的气液相组成：

由 x'_2 利用提馏段操作线方程可计算出 y'_3

提馏段操作线方程为：$y=5.18x-0.084$，$y'_3=5.18x'_2-0.084=5.18\times0.05-0.084=0.175$

查图 1-55 中的 t-x-y 图或图 1-56 中的 x-y 图，可得 $x'_3=0.03$

第四块塔板上的气液相组成：

由 x'_3 利用提馏段操作线方程可计算出 y'_4

提馏段操作线方程为：$y=5.18x-0.084$，$y'_4=5.18x'_3-0.084=5.18\times0.03-0.084=0.0714$

查图 1-55 中的 t-x-y 图或图 1-56 中的 x-y 图，可得 $x'_4=0.01$

提馏段的理论塔板数为 $n-1=3$。

则所需理论塔板数为 9 块。

② 图解法　图解法计算理论塔板数如图 1-57 所示。

(2) 实际塔板数的计算　计算：在进料状态下的 t-x-y 图（见图 1-55）上查得：$T=87℃$，组成为 $x=0.08$；$\mu=1.1\times10^{-3}\text{Pa}\cdot\text{s}$。

塔顶：

$$\nu_A=\frac{p_A}{x_A};\ \nu_A=\frac{p_A}{x_A}=\frac{py}{x}=\frac{101.3\times0.7788}{0.74}=106.6$$

$$\nu_B=\frac{p_B}{x_B};\ \nu_B=\frac{p_B}{x_B}=\frac{py}{x}=\frac{101.3\times(1-0.7788)}{(1-0.74)}=86.18$$

$$\alpha_{顶}=\frac{\nu_A}{\nu_B}=\frac{106.6}{86.18}=1.237$$

进料：

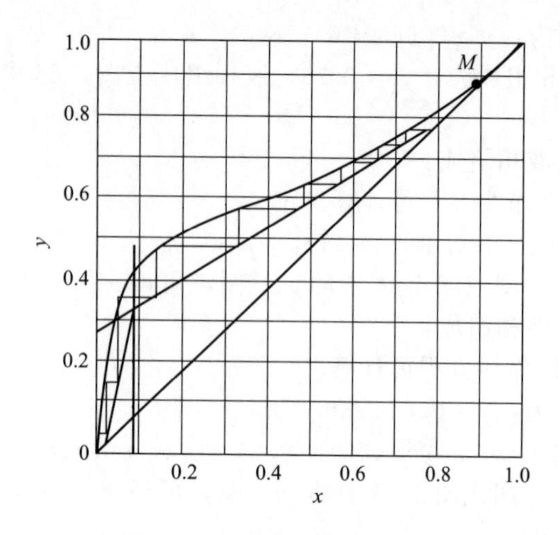

图 1-57　图解理论塔板数

$$\nu_A=\frac{p_A}{x_A}=\frac{py}{x}=\frac{101.3\times0.43}{0.08}=544 \quad \nu_B=\frac{p_B}{x_B}=\frac{py}{x}=\frac{101.3\times(1-0.43)}{(1-0.08)}=62$$

$$\alpha_{进料}=\frac{\nu_A}{\nu_B}=\frac{544}{62}=8.77$$

塔底：

$$\nu_A=\frac{p_A}{x_A}=\frac{py}{x}=\frac{101.3\times0.15}{0.0202}=752.2$$

$$\nu_B=\frac{p_B}{x_B}=\frac{py}{x}=\frac{101.3\times(1-0.15)}{(1-0.0202)}=87.9；\alpha_{底}=\frac{\nu_A}{\nu_B}=\frac{106.6}{86.18}=1.237$$

平均值：$\alpha=\sqrt[3]{\alpha_{顶}\alpha_{进料}\alpha_{底}}=\sqrt[3]{1.237\times8.56\times8.77}=4.5$

全塔效率可以查书上的图表，也可以计算。

$$E_T=0.49(\alpha\mu)^{-0.245}=0.49(4.5\times1.1)^{-0.245}=0.35$$

则实际塔板数为：$N=\dfrac{N_T}{E_T}=\dfrac{9}{0.35}=25$

任务评估

1. 资讯

在教师指导下让学生解读工作任务及要求，了解完成项目任务需要的知识：相平衡关系、相组成图、物料衡算、操作线方程、进料状态参数、理论塔板数、实际塔板数、板效率、回流比等。

2. 决策、计划

根据工作任务要求和生产特点，在给定的工作情景下完成相关工艺参数的确定，再通过分组讨论、学习、查阅相关资料，完成任务。

3. 检查

教师可通过检查各小组的工作方案与听取小组研讨汇报，及时掌握学生的工作进展，适时地归纳讲解相关知识与理论，并提出建议与意见。

4. 实施与评估

学生在教师的检查指点下继续修订与完善项目实施初步方案，并最终完成塔的工艺计算。教师对各小组完成情况进行检查与评估，及时进行点评、归纳与总结。

任务四 分离设备的选型和结构尺寸的计算

工作任务要求

能根据生产的任务来进行分离设备的选型或结构尺寸的计算。

工作任务情景

1. 东方化工集团需要进行正庚烷（C_7H_{16}）和正辛烷（C_8H_{18}）混合物的分离，处理量为50000t/a之间，物料中正庚烷（C_7H_{16}）的含量为40%（质量分数，下同），要求分离的纯度为：塔顶正庚烷（C_7H_{16}）的组成为98%，塔底正庚烷（C_7H_{16}）的组成不高于5%。在沸点下进料，塔釜间接蒸汽加热；蒸汽压力为200kPa（绝压）。塔顶冷凝器为全凝器，塔的热损失为加热蒸汽供给热量的10%计。年生产时间为300天，进行有关分离设备的选型和结构尺寸的计算。

2. 东方化工集团回收生产过程的乙醇和水的混合物中的乙醇。已知：处理量为40000～60000t/a之间，物料中乙醇含量为18%（质量分数，下同），要求回收的乙醇和水的混合物中的乙醇含量不得小于90%，塔釜产品中乙醇含量不高于5%，沸点下进料，塔釜间接蒸汽加热；蒸汽压力为200kPa（绝压）。塔顶冷凝器为全凝器，塔的热损失为加热蒸汽供给热量的10%计。年生产时间为300天，进行有关分离设备的选型和结构尺寸的计算。

3. 东方化工集团在抗生素药物的生产过程中，用丙酮洗涤晶体产生废丙酮溶媒，其组成为丙酮88%、水12%（质量分数）。为了使丙酮重复利用，用精馏的方式，塔顶得到的丙酮含量不低于95%（质量分数），塔釜丙酮含量不高于5%（质量分数），年生产能力为30000～50000t/a。采用连续精馏操作流程，并且为泡点进料，常压下丙酮的沸点为56.2℃，采用常压操作。塔顶为全凝器，采用直接蒸汽加热法。进行有关分离设备的选型和结构尺寸的计算。

技术理论与必备知识

一、精馏工艺流程

图1-58所示为浙江中控的精馏操作工艺流程。

如图中所示，要完成精馏操作，除精馏塔外，还需要配备相关的辅助设施，才能完成精馏操作。以浙江中控的精馏操作工艺流程为例来看精馏的工艺流程。精馏塔的下部与再沸器相连，图中工艺流程中的再沸器所提供的蒸汽为间接蒸汽加热法，另外还有直接蒸汽加热法如图1-59所示。塔顶蒸气直通塔顶冷凝器E702，经冷凝后进入回流液槽V705，一部分通过泵P701或P704作为回流回到塔内，另一部分流入产品槽V702。进入精馏塔的原料从原料液槽V703通过泵P702到达预热器E701预热后，选择进料位置为第十块或第十二块板进入精馏塔。塔釜排出的物料经过塔釜冷凝器E703进入釜残液槽V701。

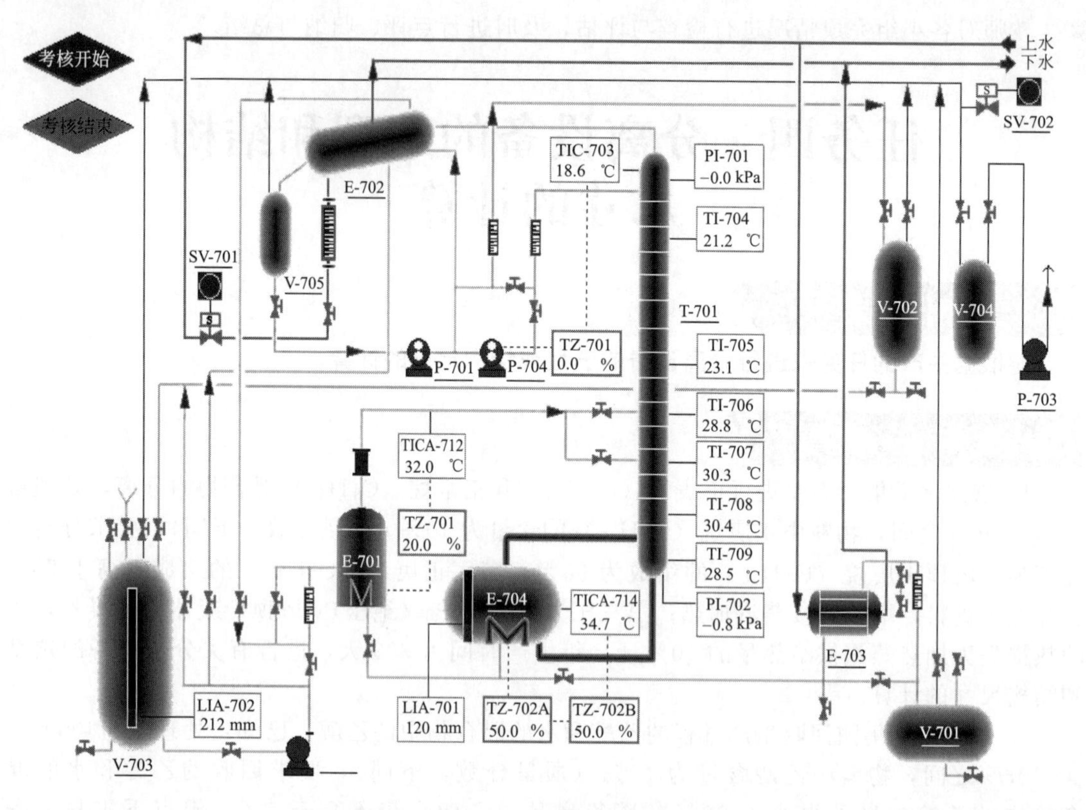

图 1-58　浙江中控的精馏操作工艺流程

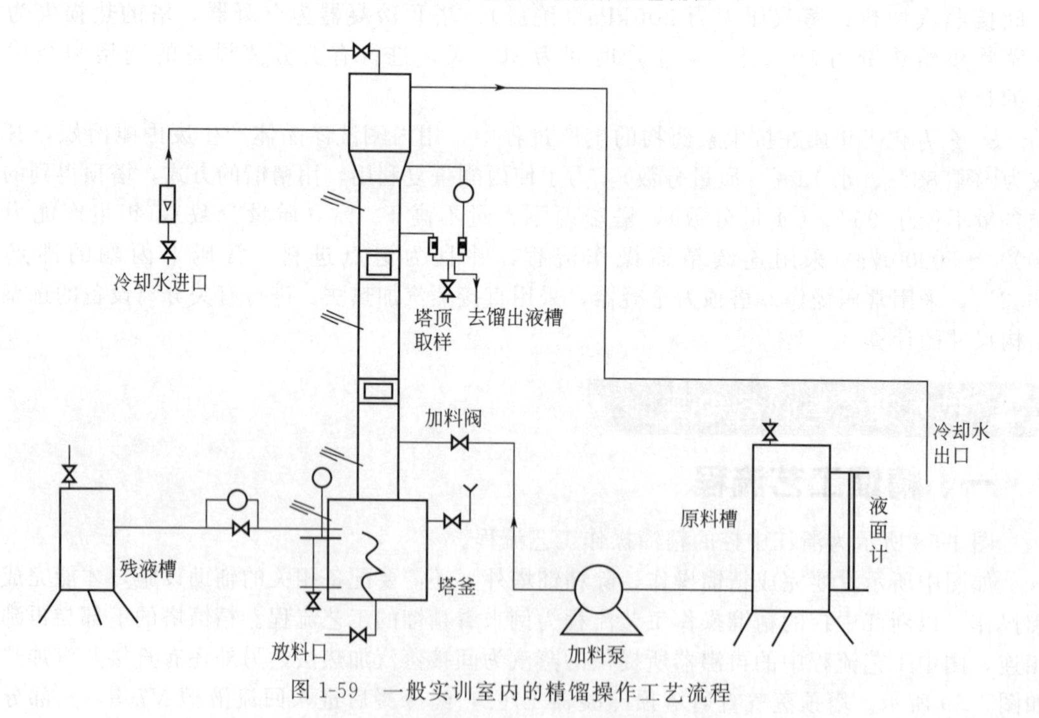

图 1-59　一般实训室内的精馏操作工艺流程

图 1-59 为一般实训室内的精馏操作工艺流程，采用的为直接蒸汽加热的方式，塔顶冷凝器用流量计分别调节回流液和馏出液的流量（有的实训设备会在这里加一个分流缸），釜液采用控制液位的方式来进行出液。这种精馏流程操作简单，便于学生练习。

二、板式塔的流体力学性能

塔板为气液两相进行传质和传热的场所。板式塔能否正常操作，与气液两相在塔板上的流动状况有关，塔内气液两相的流动状况即为板式塔的流体力学性能。

1. 塔板上的气液接触状态

（1）鼓泡接触状态　当气速很低时，通过阀孔的气体断裂成气泡在塔板上液层中浮开，此时塔板上存在着大量的清液，气泡数目不多，塔板上液面层表面十分清晰，两相接触面积为气泡表面，气泡少，湍动程度低，传质阻力较大。液体为“连续相”，而气体为“分散相”。见图 1-60(a)。

（2）蜂窝接触状态　随着气速的增加，气泡的数量不断增加。当气泡的形成速度大于气泡的浮升速度时，气泡在液层中累积。气泡之间相互碰撞，形成各种多面体形的大气泡，这就是蜂窝状态的特征。此时板上清液层基本消失而形成以气体为主的气液混合物。由于气泡不易破裂，表面得不到更新，此种状态不利于传质和传热。见图 1-60(b)。

（3）泡沫接触状态　随着气速的增加，气泡数目急剧增加，气泡表面连成一片，而且不断发生合并与破裂，板上液体大部分以液膜的形式存在于气泡之间，靠近塔板的表面处才看到少许清液，两相接触的表面为面积很大的液膜。液体为“连续相”，而气体为“分散相”。此处液膜不同于表面活性剂，能形成稳定的泡沫。它高度湍动而且不断合并与破裂，对传质有利。见图 1-60(c)。

（4）喷射接触状态　当气速继续增大，动能很大的气体从筛孔以“射能”形式穿过液层，将板上液体破碎成许多大小不等的液滴而抛于塔板上方空间，被喷射出去的液滴落下以后，在塔板上汇集成很薄的液层，并再次被破碎成液滴。在喷射状态下，两相传质面积是液滴的外表面，而液滴的多次形成与合并，使传质表面不断更新，为两相传质创造了良好的流体力学条件。液体为“分散相”，气体为“连续相”。见图 1-60(d)。

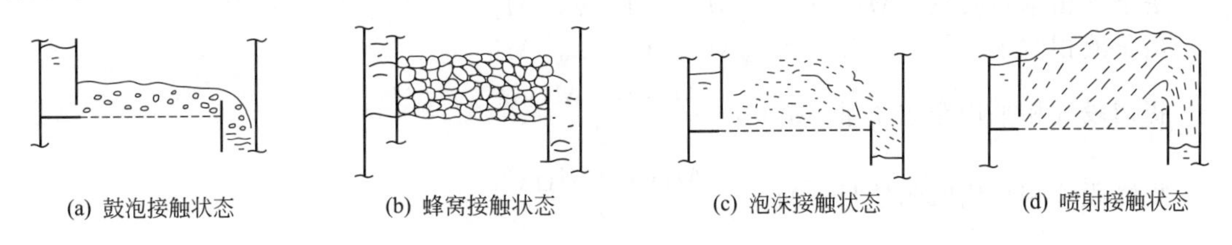

图 1-60　塔板上的气液接触状态

在生产上，经常采用后两种接触状态，以提高其传热效果。

2. 气体通过塔板的压降

上升气流通过塔板时需要克服一定的阻力，该阻力形成塔板的压降。它包括：塔板本身的干板阻力、塔板上气液层的静压力及液体的表面张力，此三项阻力之和，即为塔板的总阻力。

塔板压降是影响板式塔操作特性的重要因素。塔板压降增大，一方面塔板上气液两相的接触时间增大，板效率增大，完成同样的分离任务所需的实际塔板数减少，设备费用降低；另一方面，压降增大，塔釜压力必须增大，釜温就会升高，能耗增加，操作费用增大，若分离热敏性物料是不允许的。通常，在保证较高效率的前提下，力求降低压降。

3. 塔板上的液面落差

当液体横向流过塔板时。为克服塔板上的摩擦阻力和塔板上部件（泡罩、浮阀等）的局部阻力，需要一定的液位差。液面落差将导致气流分布不均，从而造成漏液现象，使塔板效率下降。液面落差大小与板结构有关，塔板上结构复杂，阻力就大，落差就大；另一方面液面落差还与塔径、液体流量有关，当塔径、流量较大时，也会形成较大的液面落差。可采用双溢流或阶梯流等形式来减少液面落差。

三、板式塔的工艺计算

在板式塔的工艺计算中，总体上来说，保证气液两相呈逆流流动，提供最大的传质推动力；每块板上保证气液两相充分接触，尽可能减小传质阻力。

1. 工艺参数的确定

(1) 温度

① 精馏段

塔顶温度：t_1；加料板的温度 t_2；平均温度 $t=t_1+t_2/2$

② 提馏段

塔釜温度：t_3；加料板的温度 t_2；平均温度 $t=t_2+t_3/2$

(2) 平均摩尔质量

① 精馏段平均摩尔质量

塔顶气相摩尔质量：$M_{\mathrm{VDM}}=x_{\mathrm{D}}M_{\mathrm{A}}+(1-x_{\mathrm{D}})M_{\mathrm{B}}$

塔顶液相摩尔质量：$M_{\mathrm{LDM}}=x_1M_{\mathrm{A}}+(1-x_1)M_{\mathrm{B}}$

进料位置液相摩尔质量：$M_{\mathrm{LFM}}=x_{\mathrm{F}}M_{\mathrm{A}}+(1-x_{\mathrm{F}})M_{\mathrm{B}}$

进料位置气相摩尔质量：$M_{\mathrm{VFM}}=y_{\mathrm{F}}M_{\mathrm{A}}+(1-y_{\mathrm{F}})M_{\mathrm{B}}$

精馏段气相平均摩尔质量：$M_{\mathrm{VM}}=\dfrac{M_{\mathrm{VDM}}+M_{\mathrm{VFM}}}{2}$

精馏段液相平均摩尔质量：$M_{\mathrm{LM}}=\dfrac{M_{\mathrm{LDM}}+M_{\mathrm{LFM}}}{2}$

② 提馏段平均摩尔质量

塔釜气相摩尔质量：$M_{\mathrm{VWM}}=y_{\mathrm{W}}M_{\mathrm{A}}+(1-y_{\mathrm{W}})M_{\mathrm{B}}$

塔釜液相摩尔质量 $M_{\mathrm{LWM}}=x_{\mathrm{W}}M_{\mathrm{A}}+(1-x_{\mathrm{W}})M_{\mathrm{B}}$

提馏段气相平均摩尔质量 $M'_{\mathrm{VM}}=\dfrac{M_{\mathrm{VWM}}+M_{\mathrm{VFM}}}{2}$

提馏段液相平均摩尔质量 $M'_{\mathrm{LM}}=\dfrac{M_{\mathrm{LWM}}+M_{\mathrm{LFM}}}{2}$

(3) 密度

精馏段的气相密度：$\rho_{\mathrm{VD}}=\dfrac{pM}{RT}$

精馏段的液相密度：$\rho_{\mathrm{LD}}=\dfrac{\rho_{\mathrm{D}}+\rho_{\mathrm{F}}}{2}$

进料位置平均液相密度：$\dfrac{1}{\rho_{\mathrm{F}}}=\sum\dfrac{x_{\mathrm{M}i}}{\rho_i}$

塔顶液相平均密度：$\dfrac{1}{\rho_{\mathrm{D}}}=\sum\dfrac{x_{\mathrm{M}i}}{\rho_i}$

提馏段的气相密度：$\rho_{\mathrm{VW}}=\dfrac{pM}{RT}$

提馏段的液相密度：$\rho_{\mathrm{LW}}=\dfrac{\rho_{\mathrm{W}}+\rho_{\mathrm{F}}}{2}$

进料位置平均液相密度：$\dfrac{1}{\rho_{\mathrm{F}}}=\sum\dfrac{x_{\mathrm{M}i}}{\rho_i}$

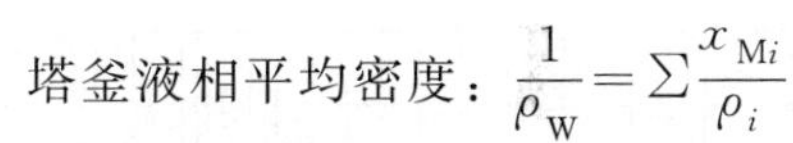

塔釜液相平均密度：$\frac{1}{\rho_W}=\sum\frac{x_{Mi}}{\rho_i}$

（4）体积流量

精馏段上升蒸气量：$V=\frac{V_m M_{VM}}{3600\rho_{VM}}$

提馏段上升蒸气量：$L=\frac{L_m M_{LM}}{3600\rho_{LM}}$

2. 板式塔的工艺尺寸的计算

（1）塔高　塔高的确定，要考虑塔顶、塔底、加料板间距、人孔或手孔等问题。

$$Z=(N-S-2)H_T+H_F+H_D+H_W+SH_S \tag{1-33}$$

式中，S 为人孔或手孔数：安装和检修需要开“人孔”或“手孔”。开人孔的板间距不应小于 600mm，开手孔的板间距在 450～550mm，一般每 10 块塔板左右开设一个人孔或手孔（一般塔径在 0.8m 以下开手孔）；N 为塔板数；H_D 为塔顶空间，为使气体中的液滴自由沉降，减少塔顶出口处的液沫夹带，$H_D=1\sim1.3$m；H_F 为进料板的板间距比，一般板间距大一些；H_T 为板间距，一定的塔径有一个范围。塔板间距与塔径的关系见表 1-7。

表 1-7　塔板间距与塔径的关系

塔径/m	0.3～0.5	0.3～0.8	0.8～1.6	1.6～2.0	2.0～2.4	>2.4
塔板间距/mm	200～300	300～350	350～450	450～600	500～800	≥600

H_W 为塔底空间，需考虑是直接蒸汽加热还是间接蒸汽加热。间接蒸汽加热在塔的外部完成，其塔底空间与塔顶空间的取值相似；直接蒸汽加热在塔底的空间内完成，其塔底空间的 H_W 要更大一些。

（2）塔径　其数学表达式为：

$$D=\sqrt{\frac{4V}{\pi u}} \tag{1-34}$$

式中，D 为塔径；V 为塔内气体流量；u 为适宜的空塔气速。

利用沉降原理得：

$$U_{max}=C\sqrt{\frac{\rho_L-\rho_V}{\rho_L}} \tag{1-35}$$

式中，U_{max}为最大气速；ρ_L 为液相密度；ρ_V 为气相密度；C 为负荷系数，查图 1-61 得 C。

图 1-61 中 h_L 为板上清液层高度（常压塔，0.05～0.1m；减压塔，0.025～0.03m）；$\frac{L}{V}\left(\frac{\rho_L}{\rho_V}\right)^{1/2}$ 为无量纲量（液气动能参数）。图 1-61 按表面张力 $\sigma=20$dyn/cm（1dyn/cm$=10^{-3}$ N/m）绘制，若处理的物系其表面张力为其他值时，必须校正。

校正式为：

$$C=C_{20}\left(\frac{\sigma}{\sigma_{20}}\right) \tag{1-36}$$

式中　C_{20}——图 1-61 中所查值；

σ——操作物系的表面张力；

C——操作物系的负荷系数。

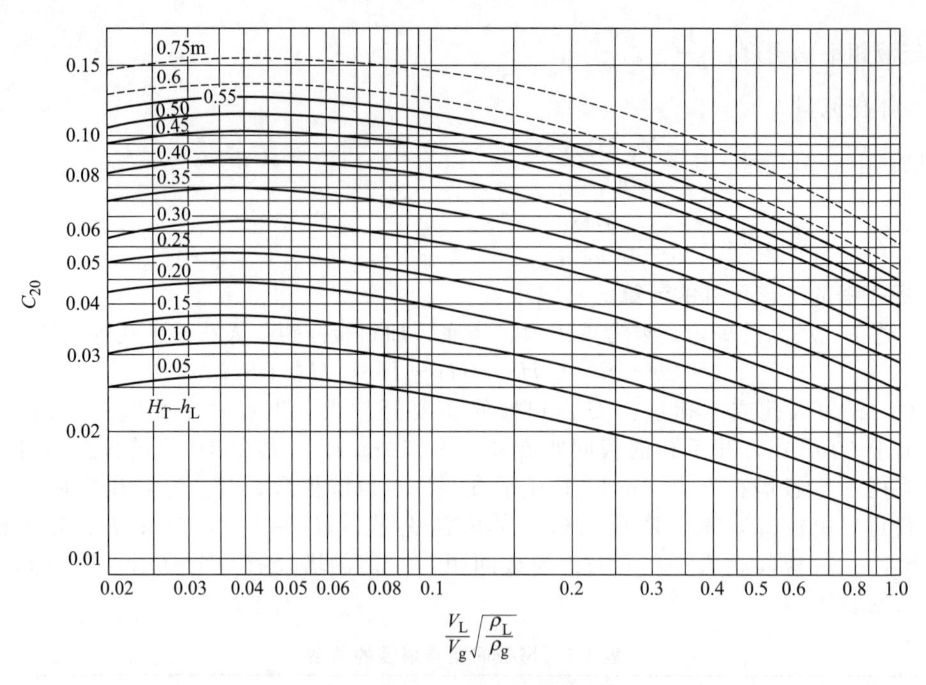

图 1-61　史密斯关联图

由于考虑到降液管占去了一部分塔截面积，使塔板上方气体流通面积小于塔截面积，算出的最大流速还需校正。

计算出塔径 D 后，还应按塔径系列标准进行圆整，常用的标准塔径为 400、500、600、700、800、1000、1200、1400、1600、1800、2000、2200（mm）等。

（3）溢流装置　溢流形式：单溢流、双溢流、U 形流等。

① 单溢流（直径流）　液体横过整个塔板，自受液盘流向溢流堰。板效率高，结构简单。用在塔径在 $D<2.2\mathrm{m}$ 以下的场合。

② U 形流（回转流）　降液和受液装置都安排在同一侧，弓形的一半作受液盘，另一半作降液管，沿直径用一挡板将板面隔成 U 形通道。液体流径最长，利用率也高，用于小塔及液体流量小的场合。

③ 双溢流　来自上一塔板的液体分别从左右两侧的降液管进入塔板，横过半个塔板进入中间的降液管，在下一塔板上的液体则分别流向两侧的降液管。落差小，面积利用率低，适用于大塔径。

（4）降液管　有圆形和弓形两种。除小塔中因焊接不便而用圆形降液管外，生产上都采用弓形降液管。

（5）溢流装置的设计（以弓形降液管为例）

① 堰长 l_w　指弓形降液管的弦长，根据回流比的大小及溢流形式确定，对于单溢流：$l_w=(0.6\sim0.8)D$；对于双溢流：$l_w=(0.5\sim0.7)D$。

② 出口堰高 h_w　为了保证塔板上有一定高度的液层，降液管上端必须高出塔板板面一定高度。这一高度称为出口堰高，表示为 h_w。其数值在 $0.05-h_{ow}\leqslant h_w\leqslant 0.1-h_{ow}$，一般 $h_w=0.03\sim0.05\mathrm{m}$。

③ 板上液层高度 h_L　$h_L=h_w+h_{ow}$，在常压塔内一般可取 0.05～0.1m 范围，减压塔可更小些。

④ 堰上液层高度 h_{ow}　超过堰高的那部分液体高度。

$$h_{ow}=\frac{2.84.E}{1000}\left(\frac{L}{l_w}\right)^{2/3} \quad (1\text{-}37)$$

其中　L——塔内液体流量，m^3/h 或 m^3/s；

　　E——液流收缩系数，一般情况下，$E=1$。

设计时应注意：$h_{ow} \geqslant 6mm$（以免液体在堰上分布不均匀）。

⑤ 溢流管底与塔板之间的距离 h　设计原则：保证液体流经此处时的阻力不太大，同时要有良好的液封。

一般可按式(1-38) 计算：

$$h_0=\frac{L}{l_w u_0'} \quad (1\text{-}38)$$

式中　u_0'——液体通过降液管底隙时的流速，一般可取：$u_0'=0.07\sim0.25m/s$。

为了方便起见：$h_0=h_w-0.06$。

注：降液管底隙高度一般不宜小于 20～25mm，否则，易于堵塞或因安装偏差而使液流不畅，造成液泛。设计时，塔径较小时，h_0 可取 25～30mm，塔径较大时，h_0 可取 40mm 左右，最大可达 150mm。

⑥ 溢流管中液体的停留时间 θ　为了保证气相夹带不致超过允许的程度，降液管内液体的停留时间不应小于 3～5s，以防“淹塔”。

$$\theta=\frac{A_f H}{L} \geqslant 3\sim5s \quad (1\text{-}39)$$

式中，A_f 为弓形溢流管的截面积。

若不满足，可调节 H。

⑦ 弓形降液管的宽度和截面积　在初选塔径 D 及板间距 H 的基础上，确定了外堰的长度 l_w、堰高 h_w 及降液管底隙高度 h_0，实际上已确定了弓形降液管的基本尺寸。

(6) 浮阀数目及塔板布置　塔板有整块式和分块式两种。直径在 800mm 以下的小塔采用整块式塔板，800mm 以上的采用分块式塔板（通过人孔装拆塔板）。

塔板板面可分为四个区域，如图 1-62 所示。

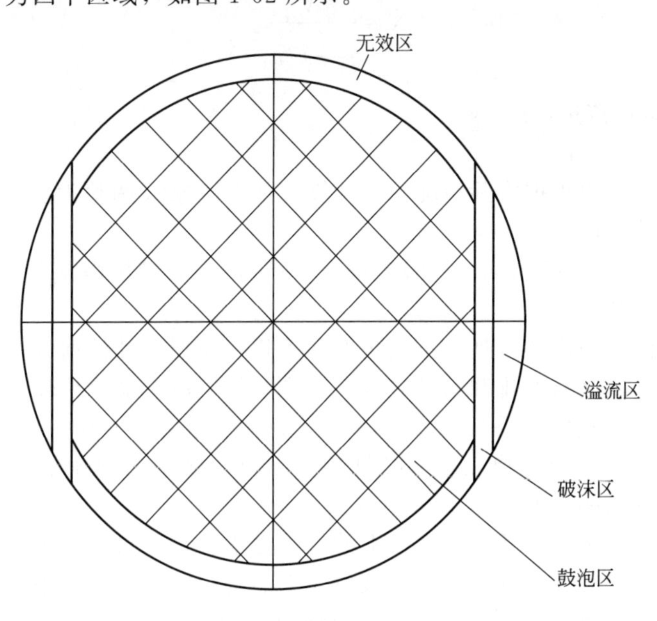

图 1-62　塔板布置图

① 鼓泡区　为塔板上气液接触的有效区域。

② 溢流区　降液管所占的区域 W_d。

③ 破沫区　鼓泡区和溢流区之间的区域 W_S。此区域内不装浮阀。主要是为了液体进入降液管之前有一段不鼓泡的安定地带，以免液体大量夹带泡沫进入降液管。

$D<1.5m$，$W_S=60\sim75mm$；

$D>1.5m$，$W_S=80\sim110mm$；

$D<1m$，W_S 可适当小些。

④ 无效区　靠近塔壁留出的一圈边缘部分区域，起支持塔板的边梁之用，其宽度为 W_c。小塔可取 $W_c=30\sim50mm$，大塔 $W_c=50\sim75mm$。

浮阀数目的计算：

实验证明，浮阀塔的操作能以浮阀处于全开或接近全开时的状态为最好。此时压强、泄漏都最小，而操作弹性较大。浮阀的开度与气体通过浮阀孔的动能有一定的关系，而动能又取决于气体的速度与密度，故设计时以“动能因素 F”作为衡量气体动压大小的指标。

表示为：

$$F=u_0\sqrt{\rho_v} \tag{1-40}$$

式中　F——气体通过浮孔时的动能因素；

u_0——气体通过浮阀时的速度；

ρ_v——气体密度。

以 F_1 浮阀为例（$\phi=39mm$），通过实验得到：

$F=5\sim6$ 时，为阀孔的泄漏极限；

$F=9\sim12$ 时，阀孔刚刚全开；

$F=8\sim17$ 时，属正常操作范围；

$F=18\sim20$ 时，达到最大负荷。

设计时，取 $F=9\sim12$ 范围内来求取阀孔气速：$u_0=F/\sqrt{\rho_v}$。

则浮阀数目可利用下式求取：

$$N=\frac{V}{\frac{1}{4}\pi\phi^2u_0} \tag{1-41}$$

式中　V——上升蒸汽流量，m^3/s；

ϕ——阀孔直径，m。

求算出浮阀数后，再根据实际情况作图计算，加以圆整或调整为实际浮阀数。（但要使动能因素在 9～12 范围内。）

一般，常压塔 $u_0=3\sim7m/s$，加压塔 $u_0=0.5\sim3m/s$，减压塔 $u_0\geqslant10m/s$。

浮阀的布置和排列：

浮阀在塔板鼓泡区域内的排列有正三角形和等腰三角形两种排列方式。按照阀孔中心连线与液流方向的关系，又有顺排和叉排之分。叉排时气、液接触效果较好，故在一般情况下都采用叉排方式。对于整块式塔板而言，都采用正三角形叉排，其孔心距 $t=75\sim125mm$，对于分块式塔板而言，采用等腰三角形叉排较多，同一横排的阀孔中心间距一般为 75mm 左右，相邻两排间的间距可取 65～100mm 左右。

（7）浮阀塔板的流体力学验算　塔板上的流体力学验算，目的在于核算上述各项工艺尺寸已经确定的塔板在设计任务规定的气、液负荷下能否正常操作。其中包括：塔板压降、液泛、夹带、漏液、液面落差等项的验算。（浮阀塔的液面落差一般较小，可以忽略）

① 气体通过浮阀塔板的压强降　气体通过塔板时的压强降的大小是影响板式塔操作性能的

重要因素。对于一定的分离任务，$E_T\uparrow$，$\Delta p\downarrow$，从而可以降低能耗及改善塔的操作性能。

压降包括：通过一层塔板时的压降 h_c（干板阻力）；

每一块塔板的压降：克服板上液层所产生的压降 h_L；

克服液体表面张力的压力降 h_σ；

即：$\Delta p = h_c + h_L + h_\sigma$。

对于 $F1$ 浮阀有以下经验式，

干板阻力：

$$h_c = 5.34\frac{u_0^2}{2g}\times\frac{\rho_v}{\rho_L}\quad \text{m 液柱} \tag{1-42}$$

克服板上液层所产生的压力降：

$$h_L = 0.4h_W + h_{oW}\quad \text{m 液柱} \tag{1-43}$$

克服液体表面张力所产生的压力降（h_σ 一般都很小，可以忽略）：

$$h_\sigma = \frac{2\sigma}{h\rho_L g}\quad \text{m 液柱} \tag{1-44}$$

式中　h——浮阀的开度，全开 8.5mm，静止 2.5mm。

一般浮阀塔的常压和加压塔：$\Delta p = 27\sim54$mm 水柱；减压塔：$\Delta p\leqslant20$mm 水柱（1mm 水柱＝9.80665Pa）。

② 液泛验算（夹带液泛和溢流液泛）　为了使液体能从上一层塔板稳定地流向下一层塔板，降液管内必须维持一定高度的液柱，用于克服液体由上一层塔板流至下一层塔板所遇到的阻力。

如图 1-63 所示，在 1—1 与 2—2 面间

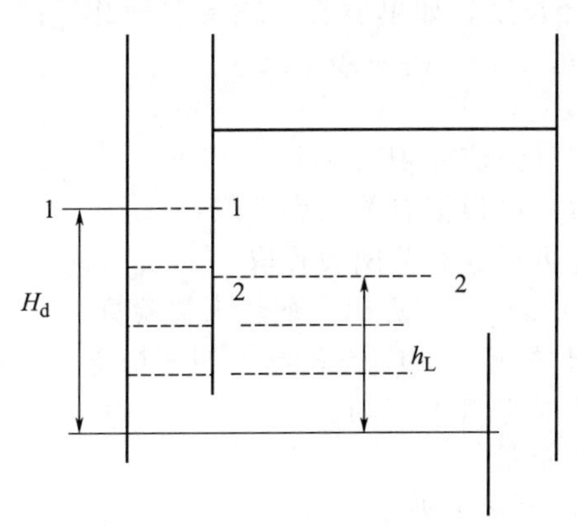

图 1-63　塔板示意图

列伯努利方程：

$$H_d + \frac{p_1}{\rho_L g} = h_L + h + \frac{p_2}{\rho_L g}$$

$$H_d = h_L + h' + \frac{p_2 - p_1}{\rho_L g}$$

$$H_d = h_L + h' + h_c$$

式中　h_c——气体通过塔板时的阻力；

h_L——板上液层厚度；

h'——液体通过降液管时的阻力损失。

$$h' = 0.153\left(\frac{L}{l_W h_0}\right)^2\quad \text{m 液柱(无进口堰)} \tag{1-45}$$

$$h'=0.2\left(\frac{L}{l_W h_0}\right)^2 \quad \text{m 液柱(有进口堰)} \tag{1-46}$$

式中，h_0 为降液管底隙高度。

算出 H_d，但在实际降液管中或多或少要存在一些气泡。由于气泡的存在，溢流管中有可能液体会满至上一层塔板，以致产生液泛现象。为了防止液泛现象的产生，降液管应有一个足够的高度。

$H_d \leqslant \phi(H+h_w)$。其中：$\phi$ 为系数。一般 $\phi=0.5$；发泡严重 $\phi=0.3\sim0.4$；不易发泡 $\phi=0.6\sim0.7$。

③ 雾沫夹带验算　由于过多的雾沫夹带将会导致塔板效率严重下降，为了保证塔板能维持正常的操作效果，控制每千克上升蒸气夹带到上一层塔板的液体量不超过 0.1kg。其主要影响因素为：空塔气速和板间距。

在设计时间接地用“泛点率”来验算，即操作时的空塔气速与发生液泛时的空塔气速的比值。

$$F_t=\frac{V\sqrt{\dfrac{\rho_v}{\rho_L-\rho_v}}+1.36LE_L}{KC_FA_b}\times100\% \tag{1-47}$$

或：

$$F_t=\frac{V\sqrt{\dfrac{\rho_v}{\rho_L-\rho_v}}}{0.78KC_FA_b}\times100\% \tag{1-48}$$

式中　E_L——板上液层流径长度，如单溢流：$E_L=D-2W_d$；

A_b——板上液流面积，$A_b=A_T-A_f$；

A_T——塔截面积；

A_f——降液管的面积（溢流面积）；

C_F——泛点负荷系数，可根据有关图表查取；

K——物性系数，也可根据有关图表查取。

把式(1-47) 与式(1-48) 的 F_t 都算出，取较大值验算。

大塔：$D>800$mm 常压塔 $F_t\leqslant80\%\sim82\%$；减压塔 $F_t\leqslant75\%\sim77\%$；

小塔：$D\leqslant800$mm，$F_t\leqslant65\%\sim75\%$。

(8) 浮阀塔板的负荷性能图

① 雾沫夹带上限线　表示雾沫夹带量为 0.1kg 液/kg 气时的气、液相关系。塔板的适宜操作应在此线之下，超过此线，塔板的效率会大大下降。

就以雾沫夹带的极限：0.1kg 液/kg 气为例进行计算。

$$F_t=\frac{V\sqrt{\dfrac{\rho_v}{\rho_L-\rho_v}}}{0.78KC_FA_b}\times100\%=80\% \text{（以大的常压塔为例）}$$

或：$$F_t=\frac{V\sqrt{\dfrac{\rho_v}{\rho_L-\rho_v}}+1.36LE_L}{KC_FA_b}\times100\%=80\%。$$

表示出 V-L 的函数关系式，作出曲线“2”。

② 液泛线　表示降液管内泡沫层高度达到的最大允许值。

即：$H_d=\phi(H+h_w)$时 V-L 之间的关系。超过此线即引起液泛现象。即：

以无进口堰为例：

$$0.5(H+h_w)=5.34\times\frac{u_0^2}{2g}\times\frac{\rho_v}{\rho_L}+1.4h_w+2\times\frac{2.84E}{1000}\left(\frac{L}{l_w}\right)^{2/3}+0.2\left(\frac{L}{l_wh_0}\right)^2$$

换算成 V-L 的关系，绘出液泛线“5”。

③ 液相负荷上限线　表示液体在降液管内的停留时间不小于 3～5s 时板上最大液体流量，超过此线就会产生液泛现象，板效率就会大大降低。

$\theta=\dfrac{A_fH}{L}=5\text{s}$，取 5s 算出 L 为一条垂直线，即为液相负荷上限线“4”。

④ 液相负荷下限线　表示堰上液层高度 $h_{ow}=6\text{mm}$ 时的最小液体流量。

$h_{ow}=\dfrac{2.84E}{1000}\left(\dfrac{L}{l_w}\right)^{2/3}=6\text{mm}$。算出 L_{min}，即为 $L=L_{min}$，即得一条垂直线“3”，为液相负荷下限线。

⑤ 气相负荷下限线　表示不发生严重漏液现象时的最低气体负荷，是一条平行于横轴的直线。$F=5$～6 时，泄漏量接近于 10%，作为确定气相负荷下限线的依据。

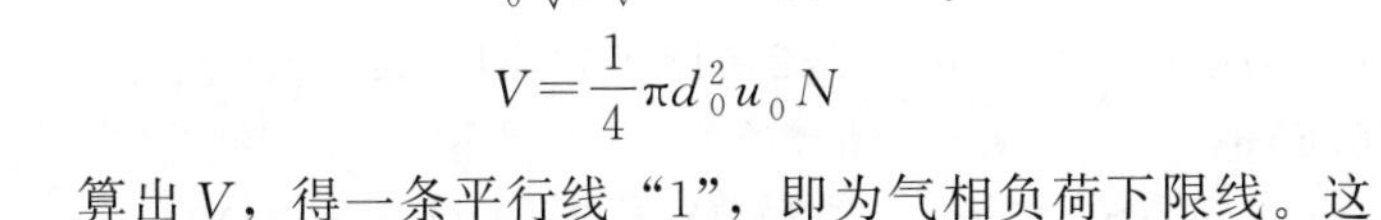

$$F=u_0\sqrt{\rho_v}=5\quad \text{算出 } u_0$$

$$V=\frac{1}{4}\pi d_0^2u_0N$$

算出 V，得一条平行线“1”，即为气相负荷下限线。这样，性能图 1-64 中即有这 5 条线所围成的一个区域，如图 1-64 所示，即为我们设计的适宜操作区。在此区域内，塔板上的流体力学状态是正常的。设计点应落在该区域内，以获得良好的操作效果。

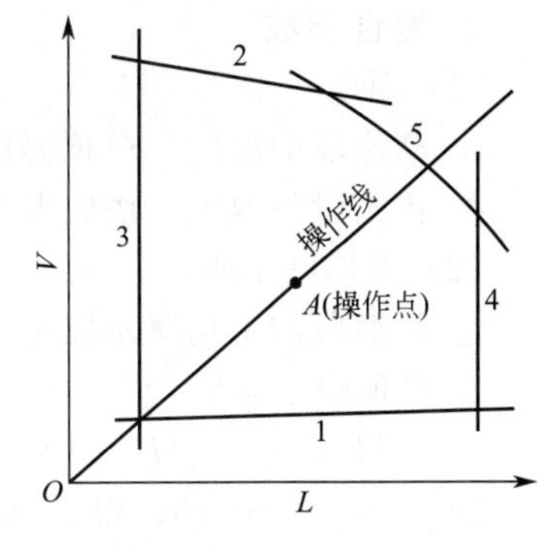

图 1-64　塔的负荷性能图

⑥ 操作弹性　要求塔的操作弹性在 3～4。

即：$\dfrac{V_{上}}{V_{下}}=3$～4（气相负荷上、下限）。

（9）热量衡算

① 塔顶冷凝器的冷却水量的计算

塔顶蒸气量 V

塔顶蒸气的平均冷凝潜热为：$R=R_Ay_A+R_By_B$

或 $R=R_Ax_D+R_B\times(1-x_D)$

其中 R_A、R_B 分别表示组分 A 和 B 在塔顶温度下的冷凝潜热。

选取冷却水的进口温度为 t_1，一般以夏天温度来进行计算，可取 $t_1=30℃$

进出口温差在 $\Delta t=(5$～$10)℃$

冷却水的用量 $RV=GC(t_2-t_1)$

式中　G——冷却水的消耗量，kg/h（s）；

　　C——冷却水的比热容，kJ/(kg·K)。

计算出冷却水量。

② 塔底再沸器的加热蒸汽消耗量的计算

塔底液体的平均汽化潜热为：$r=r_Ay_A+r_By_B$

或为 $r=r_Ax_W+r_B(1-x_W)$

式中，r_A、r_B 分别表示组分 A 和 B 在塔底温度下的汽化潜热。

加热蒸汽的消耗量

$$DR(1-\eta)=V'r$$

式中，R 为加热蒸汽的冷凝潜热；η 为热损失量的百分数。

任务实施

以前面的塔的工艺计算为例进行塔的结构尺寸的计算。

东方化工集团回收生产过程的乙醇和水的混合物中的乙醇。已知：处理量为50000t/a，物料中乙醇含量为18%（质量分数，下同），要求回收的乙醇和水的混合物中的乙醇含量不得小于90%，塔釜产品中乙醇含量不高于5%，沸点下进料，塔釜间接蒸汽加热；蒸汽压力为200kPa（绝压）。塔顶冷凝器为全凝器，塔的热损失为加热蒸汽供给热量的10%计。年生产时间为300天，做相关的工艺计算。

1. 物性参数

（1）温度

① 精馏段的温度　塔顶温度：$t=78℃$；加料板的温度 $t=86℃$；平均温度 $t=82℃$。

② 提馏段的温度　塔底温度：$t=96℃$；加料板的温度 $t=86℃$；平均温度 $t=91℃$。

（2）平均摩尔质量

① 精馏段的平均摩尔质量

a. 塔顶摩尔质量

$$M_{VDM}=x_D M_A+(1-x_D)M_B=0.78\times46+0.22\times18=39.81\ (kg/kmol)$$

查 $y_1=x_D=0.78$；得 $x_1=0.68$；

$$M_{LDM}=x_1 M_A+(1-x_1)M_B=0.68\times46+0.32\times18=37.04\ (kg/kmol)$$

b. 进料位置摩尔质量

$$M_{LFM}=x_F M_A+(1-x_F)M_B=0.08\times46+0.92\times18=20.24\ (kg/kmol)$$

查 $x_F=0.08$；得 $y_F=0.43$；

$$M_{VFM}=y_F M_A+(1-y_F)M_B=0.43\times46+0.57\times18=30.04\ (kg/kmol)$$

精馏段的气相平均摩尔质量　$M_{VM}=34.93kg/kmol$

精馏段的液相平均摩尔质量　$M_{LM}=28.64kg/kmol$

② 提馏段的平均摩尔质量

塔底摩尔质量

$$M_{LWM}=x_W M_A+(1-x_W)M_B=0.02\times46+0.98\times18=18.57\ (kg/kmol)$$

查 $x_W=0.02$，得 $y_W=0.26$；

$$M_{VWM}=y_W M_A+(1-y_W)M_B=0.26\times46+0.74\times18=25.28\ (kg/mol)$$

提馏段的气相平均摩尔质量　$M_{VM}=27.66kg/kmol$

提馏段的液相平均摩尔质量　$M_{LM}=19.41kg/kmol$

（3）密度

① 精馏段的密度

a. 气相平均密度

$$\rho_{VD}=\frac{pM}{RT}=\frac{101.3\times34.93}{8.314\times(82+273)}=1.2\ (kg/m^3)$$

b. 液相密度

塔顶液相平均密度：

$\frac{1}{\rho}=\Sigma\frac{x_{Mi}}{\rho_i}$查得塔顶 $t=82℃$时的$\rho_A=740kg/m^3$；$\rho_B=970kg/m^3$

$$\frac{1}{\rho}=\Sigma\frac{x_{Mi}}{\rho_i}=\frac{0.9}{740}+\frac{0.1}{970}；\rho=770\ (kg/m^3)$$

进料位置液相平均密度：

$t=86°$时的$\rho_A=735\text{kg/m}^3$；$\rho_B=965\text{kg/m}^3$

$$\frac{1}{\rho}=\sum\frac{x_{Mi}}{\rho_i}=\frac{0.18}{735}+\frac{0.82}{965};\ \rho=917\ (\text{kg/m}^3)$$

液相密度：

$$\rho=844\text{kg/m}^3$$

② 提馏段的密度

a. 气相平均密度

$$\rho_{VD}=\frac{pM}{RT}=\frac{(101.3+16\times0.8)\times27.66}{8.314\times(91+273)}=1.07\ (\text{kg/m}^3)$$

b. 液相密度

塔底液相平均密度：

$\frac{1}{\rho}=\sum\frac{x_{Mi}}{\rho_i}$查得塔顶$t=96℃$时的$\rho_A=725\text{kg/m}^3$；$\rho_B=960\text{kg/m}^3$

$$\frac{1}{\rho}=\sum\frac{x_{Mi}}{\rho_i}=\frac{0.05}{725}+\frac{0.95}{960};\ \rho=944\ (\text{kg/m}^3)$$

液相密度：

$$\rho=930\text{kg/m}^3$$

（4）体积流量

① 精馏段的体积流量

上升蒸气量 $V_m=L+D=RD+D=1.8\times27+27=75.6\ (\text{kmol/h})$

$$V=\frac{V_mM_{VM}}{3600\rho_{Vm}}=\frac{75.6\times34.93}{3600\times1.2}=0.611\ (\text{m}^3/\text{s})$$

回流液体量 $L=\frac{L_mM_{LM}}{3600\rho_{Lm}}=\frac{1.8\times27\times28.64}{3600\times844}=0.00046\ (\text{m}^3/\text{s})$

② 提馏段的体积流量

上升蒸气量 $V=\frac{V_mM_{VM}}{3600\rho_{Vm}}=\frac{75.6\times27.66}{3600\times1.07}=0.543\ (\text{m}^3/\text{s})$

回流液体量 $L=\frac{L_mM_{LM}}{3600\rho_{Lm}}=\frac{(1.8\times27+343)\times19.41}{3600\times844}=0.0022(\text{m}^3/\text{s})$

2. 塔径

液体的表面张力为$\sigma=20\text{mN/m}$

史密斯关联图上：以精馏段为例来计算

$$\frac{L}{V}\left(\frac{\rho_L}{\rho_V}\right)^{1/2}=\frac{0.00046}{0.611}\left(\frac{844}{1.2}\right)=0.02$$

塔板间距取 $H_T=400\text{mm}$

板上清液层高度取 $h_L=75\text{mm}$

则 $H_T-h_L=325\text{mm}=0.325\text{m}$

查史密斯关联图得 $C=0.07$

$$U_{max}=C\sqrt{\frac{\rho_L-\rho_V}{\rho_V}}=0.07\sqrt{\frac{844-1.2}{1.2}}=1.86\ (\text{m/s})$$

取安全系数 0.65；则：$U=0.65U_{max}=1.209\text{m/s}$

$$D=\sqrt{\frac{4V}{\pi U}}=\sqrt{\frac{4\times0.611}{3.14\times1.209}}=0.8\ (\mathrm{m})$$

圆整为整数值，则塔径为 0.8m

实际空塔气速：$U=\frac{4V}{\pi D^2}=\frac{4\times0.611}{3.14\times0.8^2}=1.22\ (\mathrm{m/s})$。

3. 塔高

$$Z=(N-S-2)H_T+H_F+H_D+H_W+SH_S$$

式中，塔板数为 $N=22$；人孔数，精馏段和提馏段各开一个即可，$S=2$；板间距 $H_T=0.4\mathrm{m}$；

加料位置的间距取 $H_F=0.6\mathrm{m}$；塔顶和塔底间距都取 $H_D=H_W=1.3\mathrm{m}$；人孔间距也取 0.6m。

则塔高为：

$$\begin{aligned}Z&=(N-S-2)H_T+H_F+H_D+H_W+SH_S\\&=(22-2-2)\times0.4+0.6+1.3+1.3+0.6\times2=11.6\ (\mathrm{m})\end{aligned}$$

4. 溢流装置

选用单溢流、弓形降液管、平形受液盘。

(1) 堰长 l_W　选取 $l_W=(0.6\sim0.8)D=0.6D=0.48\mathrm{m}$

(2) 溢流堰高度 h_W

$$h_W=h_L-h_{ow}$$

其中，h_{ow}称为堰上堰高，不得小于 6mm；其数学计算式为：

(E 为收缩因数，可取 1)

$$h_{ow}=\frac{2.84E}{1000}\left(\frac{L}{l_w}\right)^{2/3}=\frac{2.84\times1}{1000}\left(\frac{0.00046\times3600}{0.48}\right)^{2/3}=0.007\ (\mathrm{m})$$

则：$h_W=h_L-h_{ow}=0.075-0.007=0.068\ (\mathrm{m})$

(3) 弓形降液管的宽度 W_d 和截面积 A_f　查图表。由 $l_W/D=0.6$；查得：$A_f/A_T=0.055$；$W_d/D=0.12$；A_T 为塔截面积。

则：$A_f=0.055A_T=0.055\times\frac{1}{4}\times\pi\times0.8^2=0.028\mathrm{m}^2$

$W_d=0.12D=0.096\mathrm{m}$。

(4) 降液管底隙高度 h_0

$$h_0=\frac{L}{l_w u'_0}\qquad h=\frac{L}{l_w u'_0}=\frac{0.00046}{0.48\times0.05}=0.019\ (\mathrm{m})$$

取为 20mm。

式中，u'_0为液体通过降液管底隙时的流速，一般可取：$u'_0=(0.07\sim0.25)\mathrm{m/s}$。

5. 液体在降液管中的停留时间

$$\theta=\frac{A_fH_T}{L}\geqslant3\sim5\mathrm{s}$$

$$\theta=\frac{A_fH_T}{L}=\frac{0.028\times0.4}{0.00046}=24\ (\mathrm{s})$$

6. 塔板布置

(1) 区域尺寸确定　因塔径只有 0.8m，故采用整块式塔板布置，选取无效区的尺寸

$W_c=0.06$m；溢流区的尺寸为 $W_s=0.06$m，而降液管的宽度 $W_d=0.0096$m。

（2）理论浮阀数　选取 F1 型浮阀，其阀孔直径为 $d_0=0.039$m，初选取浮阀的动能因子为 $F=9$；则阀孔气速为

$$u=F/\sqrt{\rho_V}$$

$$u_0=F/\sqrt{\rho_V}=9/\sqrt{1.2}=8\ (\text{m/s})$$

$$n=\frac{V}{\frac{1}{4}\pi d_0^2 u_0}$$

$$n=\frac{V}{\frac{1}{4}\pi d_0^2 u_0}=\frac{0.611\times 4}{3.14\times 0.039^2\times 8}=65$$

（3）塔板布置图　从图 1-65 中可以得知实际浮阀数为 64。

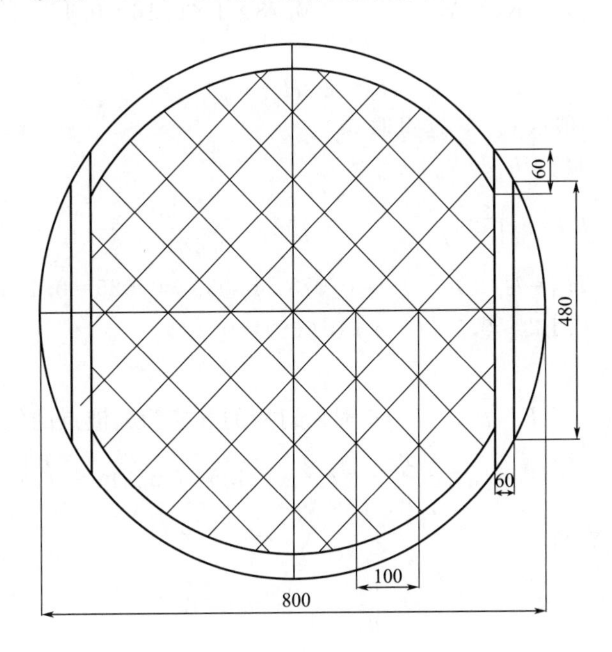

图 1-65　塔板布置图

7. 流体力学验算

（1）塔板阻力

$$h=h_c+h_L+h_\sigma$$

干板阻力 h_c

$$h_c=5.34\frac{u_0^2}{2g}\times\frac{\rho_v}{\rho_L}=5.34\times\frac{8^2\times 1.2}{2\times 9.81\times 844}=0.025\ (\text{m})$$

板上清液层阻力 h_L

$$h_L=0.5h_L=0.5\times 0.075=0.038\ (\text{m})$$

表面张力阻力 h_σ

$$h_\sigma=\frac{4\times10^{-3}\sigma}{\rho_L g d_0}=\frac{4\times10^{-3}\times20}{844\times9.81\times0.039}=0.0002\ (m)$$

即：塔板阻力 $h=h_c+h_L+h_\sigma=0.025+0.038+0.0002=0.063$ (m)

(2) 夹带

$$F_t=\frac{V\sqrt{\frac{\rho_v}{\rho_L-\rho_v}}+1.36LE_L}{KC_FA_b}\times100\%\quad 或\quad F_t=\frac{V\sqrt{\frac{\rho_v}{\rho_L-\rho_v}}}{0.78KC_FA_b}\times100\%$$

$$E_L=D-2W_d=0.8-2\times0.096=0.608\ (m)$$

$$A_b=A_T-A_f=\frac{1}{4}\pi D^2-0.055A_T=0.945\times\frac{1}{4}\times3.14\times0.8^2=0.47\ (m^2)$$

C_F 为泛点负荷系数，查取为 0.16；K 取 1。

$$F_t=\frac{V\sqrt{\frac{\rho_v}{\rho_L-\rho_v}}}{0.78KC_FA_b}\times100\%=\frac{0.611\times\sqrt{\frac{1.2}{844-1.2}}}{0.78\times1\times0.16\times0.47}=0.41$$

(3) 液泛

$$H_d\leqslant\phi(H+h_w)$$

ϕ 为发泡系数，一般取 0.5，这里取 0.5。

$$H_d=h_L+h'+h_c$$

$$h'=0.153\left(\frac{L}{l_Wh_0}\right)^2=0.153\times\left(\frac{0.00046}{0.48\times0.020}\right)^2=0.033$$

$$H_d=h_L+h'+h_c=0.075+0.033+0.025=0.133$$

$$0.133\leqslant0.5\times(0.4+0.068)=0.234$$

(4) 漏液

对于浮阀塔，当 $u_0=F/\sqrt{\rho_V}$，$F=5$ 时所对应的气速为漏液点的气速。

$$u_0'=\frac{F}{\sqrt{\rho_V}}=\frac{5}{\sqrt{1.2}}=4.54\ (m/s)$$

校核漏液的稳定系数

$$k=\frac{u_0}{u_0'}=\frac{8}{4.54}=1.76$$

要求 $k>1.5\sim2$。符合要求。

8. 塔的负荷性能图

(1) 雾沫夹带上限线　选取泛点率为 80%。

$$F_t=\frac{V\sqrt{\frac{\rho_v}{\rho_L-\rho_v}}+1.36LE_L}{KC_FA_b}\times100\%=80\%$$

$$\frac{V\sqrt{\frac{1.2}{844-1.2}}+1.36\times L\times0.608}{1\times0.16\times0.47}\times100\%=80\%$$

选取点：

0.0006	0.0010	0.0014	0.0018	0.0022
1.57	1.56	1.55	1.54	1.53

（2）液泛线

$$H_d=\phi(H+h_w)$$

$$0.5(H+h_w)=5.34\times\frac{u_0^2}{2g}\times\frac{\rho_v}{\rho_L}+1.4h_w+2\times\frac{2.84E}{1000}\left(\frac{L}{l_w}\right)^{2/3}+0.2\left(\frac{L}{l_w h_0}\right)^2$$

整理得：

$$0.5(H+h_w)=0.5\times(0.4+0.068)=0.234$$

$$n=\frac{V}{\frac{1}{4}\pi d_0^2 u_0}\quad u_0=\frac{4\times V}{64\times3.14\times0.039^2}=13.086V$$

$$5.34\times\frac{u_0^2}{2g}\times\frac{\rho_v}{\rho_L}+1.4h_w+2\times\frac{2.84E}{1000}\left(\frac{L}{l_w}\right)^{2/3}+0.2\left(\frac{L}{l_w h_0}\right)^2=$$

$$5.34\times\frac{171.248V^2}{2\times9.81}\times\frac{1.2}{844}+1.4\times0\sim068+2\times\frac{2.84\times1}{1000}\times\left(\frac{L}{0.48}\right)^{2/3}+0.2\times\left(\frac{L}{0.48\times0.02}\right)^2$$

整理得：$0.066V^2+0.009L^{2/3}+217L^2=0.1388$

选取点：

0.0006	0.0010	0.0014	0.0018	0.0022
1.44	1.43	1.42	1.41	1.39

（3）液相负荷上限线

$$\theta=\frac{A_f H_T}{L}=5(\text{s})$$

$$\frac{0.028\times0.4}{L}=5$$

$$L=0.00224\ (\text{m}^3/\text{s})$$

（4）液相负荷下限

$$h_{ow}=\frac{2.84E}{1000}\left(\frac{L}{l_w}\right)^{2/3}=6\ (\text{mm})$$

$$L=0.0004\ (\text{m}^3/\text{s})$$

（5）气相负荷下限线

$$F=u_0\sqrt{\rho_v}=5$$

$$u_0=F/\sqrt{\rho_V}=5/\sqrt{1.2}=4.57\ (\text{m/s})$$

9. 操作弹性

从图 1-66 中得出：

$$V_{max}=1.44\text{m}^3/\text{s};\ V_{min}=0.47\text{m}^3/\text{s};$$

操作弹性为：$V_{max}/V_{min}=3.01$

10. 热量衡算

（1）塔顶冷凝器冷却水量

塔顶蒸汽量 $V=0.611\text{m}^3/\text{s}$；摩尔流量为：$V=75.6\text{kmol/h}$

塔顶蒸汽的冷凝潜热为：

塔顶温度：$t=78$℃；加料板的温度 $t=86$℃；平均温度 $t=82$℃。

乙醇的冷凝潜热 $r=840\text{kJ/kmol}$

水蒸气的冷凝潜热：$r=2300\text{kJ/kmol}$

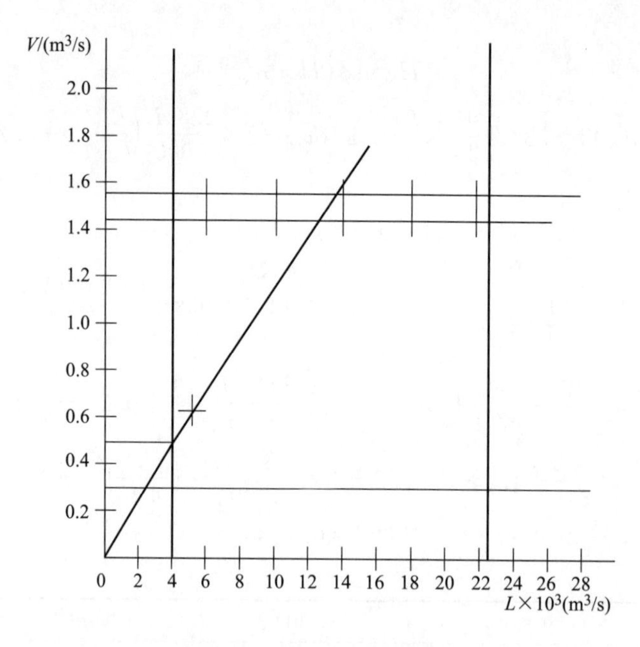

图 1-66 塔的负荷性能图

塔顶蒸汽的平均冷凝潜热为：

$$R=r_A\times y_A+r_B\times y_B=840\times7788+2300\times(1-0.7788)=1163\ (\text{kJ/kmol})$$

选取冷却水的进口温度为 $t_1=30℃$

进出口温差在 $\Delta t=5\sim10℃$；选取温差 $\Delta t=8℃$；出口温度为 $t_2=38℃$

则冷却水的用量为：$RV=GC(t_2-t_1)$

$$G=\frac{1163\times75.6}{4.187\times(38-30)}=2625\ (\text{kg/h})=0.73\ (\text{kg/s})$$

(2) 塔底再沸器加热蒸汽量

塔底温度：$t_1=96℃$；加料板的温度 $t=86℃$；平均温度 $t=91℃$

塔底液体的汽化潜热为：

乙醇的汽化潜热 $r=815\text{kJ/kmol}$

水的汽化潜热 $r=2280\text{kJ/kmol}$

塔底液体的平均汽化潜热为：

$$R=r_Ay_A+r_By_B=840\times0.0202+2300\times(1-0.0202)=2270\ (\text{kJ/kmol})$$

蒸汽压力为 200kPa 的饱和水蒸气的冷凝潜热为 $r=2204\text{kJ/kmol}$

加热蒸汽的消耗量

$$Dr(1-10\%)=VR$$

$$D\times2204\times(1-10\%)=75.6\times2270$$

$$D=851\text{kmol/h}=15322\text{kg/h}$$

任务评估

1. 资讯

在教师指导下让学生解读工作任务及要求，了解完成项目任务需要的知识：板式塔的流体力学性能、板式塔的工艺计算。

2. 决策、计划

根据工作任务要求和生产特点，在给定的工作情景下完成相关板式塔的工艺计算。再通过分组讨论、学习、查阅相关资料，完成任务。

3. 检查

教师可通过检查各小组的工作方案与听取小组研讨汇报，及时掌握学生的工作进展，适时地归纳讲解相关知识与理论，并提出建议与意见。

4. 实施与评估

学生在教师的检查指点下继续修订与完善项目实施初步方案，并最终完成板式塔的工艺计算。教师对各小组完成情况进行检查与评估，及时进行点评、归纳与总结。

任务五　精馏塔的操作、调节及安全技术

工作任务要求

在图 1-67、图 1-68 的流程中，是利用精馏方法，在脱丁烷塔中将丁烷从脱丁烷塔釜混合物中分离出来。脱丁烷塔全塔共 32 块板，原料为 67.8℃ 的混合物（主要有C_4、C_5、C_6、C_7等），由于丁烷的沸点较低，即其挥发度较高，故丁烷易于从液相中汽化出来，再将汽化的蒸气冷凝，可得到丁烷组成高于原料的混合物，经过多次汽化冷凝，即可达到分离混合物中丁烷的目的。塔顶得到丁烷，塔釜液产品主要为C_5以上馏分。从此工艺中做出操作、调节等方面的工作。

技术理论与必备知识

一、连续精馏塔的稳定操作

1. 精馏塔的开工准备

在精馏塔的装置安装完成后，需经历一系列投运准备工作后，才能开车投产。精馏塔首次开工或改造后的装置开工，在操作前必须做到设备检查、试压、吹（清）扫、冲洗、脱水及电气、仪表、公用工程处于备用状态，盲板拆装无误，然后才能转入化工投料阶段。

（1）设备检查　设备检查是依据技术规范、标准要求，检查每台设备安装部件。设备安装质量好坏直接影响开工过程和开工后能否正常运行。

① 塔设备　首次运行的塔设备，必须逐层检查所有塔盘，确认安装正确。检查溢流口尺寸、堰高等，应符合要求。所有阀也要进行检查，确认清洁，像浮阀要活动自如。舌型塔板，舌口要清洁无损坏。所有塔盘紧固件正确安装，能起到良好的紧固作用。所有分布器安装定位正确，分布孔畅通。每层塔板和降液管清洁无杂物。

所有设备检查工作完成后，马上安装人孔。

② 机泵、空冷风机　机泵经过检修和仔细检查，可以备用；泵，冷却水畅通，润滑油加至规定位置，检查合格；空冷风机，润滑油或润滑脂按规定加好，空冷风叶调节灵活。

③ 换热器　换热器安装到位，试压合格，对于检修换热器，抽芯、清扫、疏通后，达到管束外表面清洁和管束畅通，保证开工后换热效果，换热器所有盲板拆除。

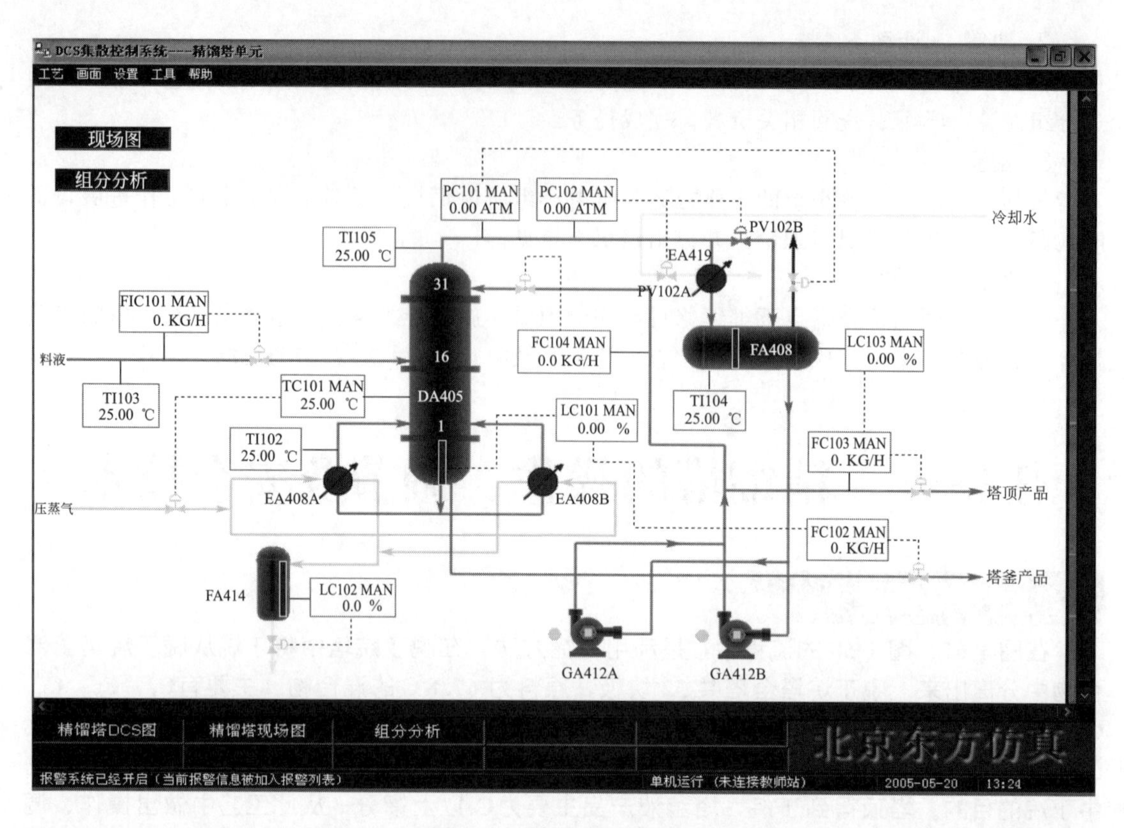

图 1-67 脱丁烷塔的 DCS

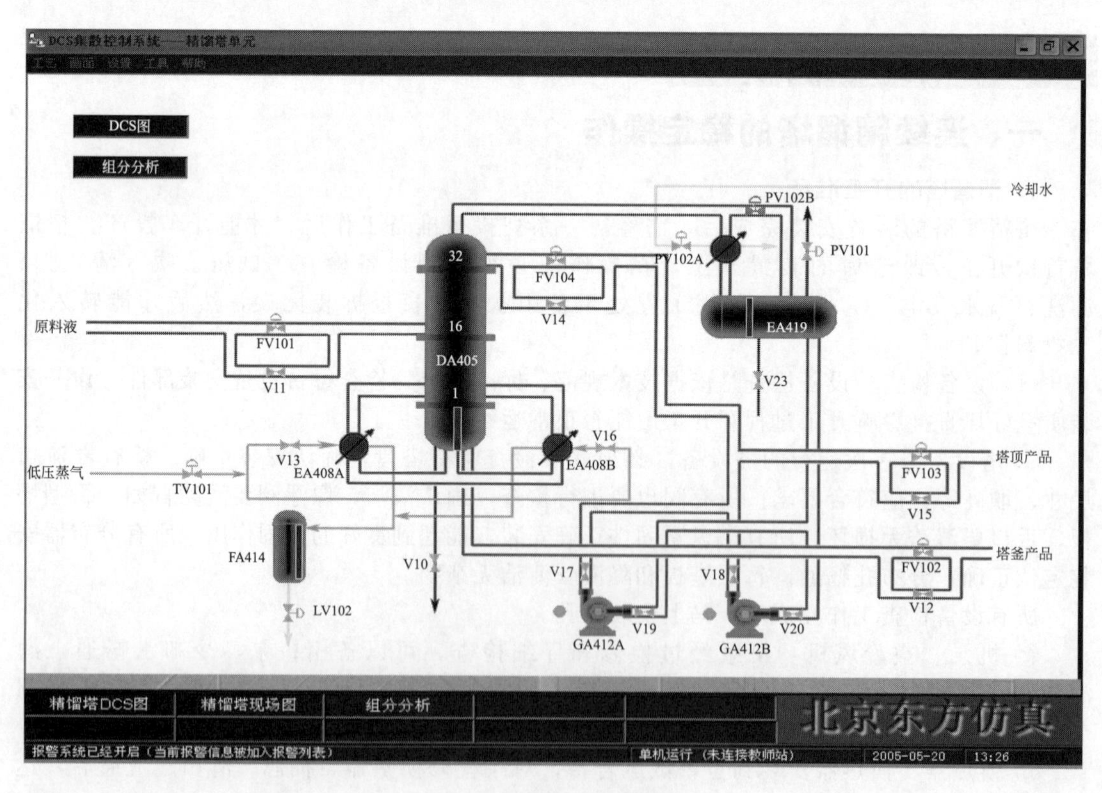

图 1-68 精馏塔的现场图

(2) 试压 精馏塔设备本身在制造厂做过强度试验，到工厂安装就位后，为了检查设备焊缝的致密性和机械强度，在使用前要进行压力试验。一般使用清洁水做静液压试验。试压一般按设计图上的要求进行，如果设计无要求，则按系统的操作压力进行，若系统的操作压力在5×101.3kPa以下，则试验压力为操作压力的1.5倍；操作压力在5×101.3kPa以上，则试验压力为操作压力的1.25倍；若操作压力不到2×101.3kPa，则试验压力为2×101.3kPa即可。一般塔的最高部位和最低部位应各装一个压力表，塔设备上还应有压力记录仪表，可用于记录试验过程并长期保存。

首先需关闭全部放空和排液阀，试压系统与其他部分连接管线上的阀门当然也关死。打开高位放空口，向待试验系统注水，直到系统充满水，关闭所有放空和排凝阀，利用试验泵将系统压力升至规定值。关闭试验泵及出口阀，观察，系统压力应在1h内保持不变。试压结束后，打开系统排凝阀放水，同时打开高位通气口，防止系统形成真空损坏设备。还应注意检验设备对水压的承受能力。静水试压以后，开工前还必须用空气、氮气或蒸汽对塔设备进行气体压力试验，以保证法兰等静密封点的气密性，并检查静液压试验以后设备存在的泄漏点。加压完毕后，注意监测系统压力的下降速度，并对各法兰、人孔、焊口等处，用肥皂水等检查，观察有无鼓泡现象，有泡处即泄漏处。注意当检查出渗漏时，小漏大多可通过拧紧螺栓来消除，或对系统进行减压，针对缺陷进行修复。在加压试验时，发现问题，修理人员应事先了解试验介质的性质，像氮气对人有窒息作用，需做好相应的防范措施。同时也要注意超压的危险。用水蒸气试压就需注意水蒸气引入设备的入口位置，注意防止系统停蒸汽后造成负压而损害设备。

对于减压精馏系统，一般可先按上述方法加压，因为加压时容易发现。随后再对系统抽真空，抽至正常操作真空度后关闭真空发生设备，监控压力的回升速度，判断是否达到要求。在抽真空试验前，应将设备中积液和残留水排除，否则在真空下汽化升压，影响判断。

(3) 吹(清)扫 试压合格后，需对新配管及新配件进行吹扫等清洁工作，以免设备内的铁锈、焊渣等杂物对设备、管道、管件、仪表造成堵塞。

管线清扫一般从塔向外吹扫，首先将各管线与塔相连接处的阀门关死，将仪表管线拆除，接管处阀门关死，只将指示清扫所需的仪表保留。开始向塔内充以清扫用的空气或氮气，塔作为一个“气柜”，当达到一定压力后停止充气，接着对各连接管路逐根进行清扫。清扫时需注意如下一些问题：

① 将管线中的调节阀和流量计等拆除，临时用短管代替；

② 管线中的清扫气速应足够大，才能有效地实现清扫，有人推荐气速为60m/s；

③ 扫线时要防止塔压下降过快，塔都有一定的设计气速，过大的气速将引起过大的压降，过大的压降可能会造成塔板等变形；

④ 仪表管线在物料和水、气等管线清扫完毕后，先将接口清扫，再接上仪表管进行清扫。

塔的清扫，一般用称为“加压和卸压”的方法，即通过多次重复对设备加压和卸压来实现清扫。开车前的清扫先用水蒸气，再用氮气清扫；在停车的清扫时，由于水蒸气易产生静电有危险，故先吹氮气再吹水蒸气。清扫排气应通过特设的清扫管；在进行塔的加压和卸压时，要注意控制压力的变化速度。清扫时需注意如下一些问题：

① 用于清扫的惰性气体的纯度，其中含氧或可燃物都是十分不利的；

② 清扫时，管路的阀门应打开，排液阀也打开，使排液阀和放空阀能排放，以防塔中存在未清扫到的死角；

③ 用水蒸气清扫前，应将冷凝器和各换热器中积有的冷却水排掉，以节省蒸汽用量和清扫时间，一般情况下，水蒸气清扫时，当放空阀排放干气半小时左右，可认为此清扫已

完成；

④ 在塔中有水会发生严重腐蚀的场合，应避免水蒸气清扫；

⑤ 向塔内吹扫时应打开塔顶、塔底放空，缓慢给汽，防止冲翻塔盘；

⑥ 注意安全，防止烫伤或杂物飞溅伤人。

（4）盲板　盲板是用于管线、设备间相互隔离的一种装置。塔停车期间，为了防止物料经连接管线漏入塔中而造成危险，一般在清扫后于各连接管线上加装盲板。在试运行和开车前，这些加装的盲板又需拆除。有时试运行仅在流程部分范围内进行，为防止试运行物料漏入其余部分，在与试运行部分相连的管线上也需加装盲板，全流程开车之前再拆除。还有那些专用的冲洗水蒸气、水等管线，在正常操作时塔中不能有水漏入或塔中物料倒漏入这种管线，否则将会出现危险，在塔开车前对这些管线则需加上盲板，在清扫或试运行中用到它们时则又需拆除这些盲板。总之，在该堵绝连接管线与设备之间的物流流动时，不能依靠阀门关闭来完成，因为很可能阀有渗漏，这时需加装盲板，当要恢复物流流动时，又应拆除盲板。在实际操作时，可以利用醒目彩色油漆或盲板标记牌帮助提醒已安装的盲板位置。

（5）塔的水冲洗、水联运

① 水冲洗　塔的冲洗主要用来清除塔中污垢、泥浆、腐蚀物等固体物质，也有用于塔的冷却或为入塔检修而冲洗的。在塔的停车阶段，往往利用轻组分产物来冲洗，例如催化裂化分馏系统的分馏塔，其进料中含有少量催化剂粉末，随塔底油浆排出塔外。冲洗液大多数情况下用水，有的需用专用清洗液。

装置吹扫试压工作已完成，设备、管道、仪表达到生产要求；装置排水系统通畅，应拆法兰、调节阀、仪表等均已拆完；应加的盲板均已加好；与冲洗管道连接的蒸汽、风、瓦斯等与系统有关的阀门关闭。有关放空阀都打开，没有放空阀的系统拆开法兰以便排水。

一般从泵入口引入新鲜水，经塔顶进入塔内，当水位到达后，最高水位为最上抽出口（也可将最上一个人孔打开以限水位），自上而下逐条管线由塔内向塔外进行冲洗，并在设备进出口、调节阀处及流程末端放水。必须经过的设备如换热器、机泵、容器等，应打开入口放空阀或拆开入口法兰排水冲洗，待水干净后再引入设备。冲洗应严格按流程冲洗，冲洗干净一段流程或设备，才能进入下一段流程或设备。冲洗过程尽量利用系统建立冲洗循环，以节约用水，在滤网持续 12h 保持清洁时，可判断冲洗已完成。需要注意的问题如下：

在对塔进行冲洗前，应尽量排出塔中的酸碱残液；

冲洗水需不含泥沙和固体杂物；

冲洗液不会对设备有腐蚀作用；

仪表引线在工艺管道冲洗干净后才能引水冲洗；

在冲洗连接塔设备的管线以前，安装法兰连接短管和折流板，这种办法能够防止异物冲洗进塔；

冲洗水的水管系统应先用水高速循环冲洗，以除去管壁上的腐蚀物、水垢等杂物，当冲洗泥浆、固体沉淀等堵塞物时，宜从塔顶蒸气出口管处向塔中冲洗，使固体杂物从上冲向下由塔底排出，当塔壁上黏着铁锈、固体沉淀等时，应注意反复冲洗，直至冲洗掉为止；

当处理有害物的塔停车时，为了塔的检修必须进行冲洗时，注意冲洗彻底，不能有未冲洗到的死区，所有的阀门、排液口全部打开；

冲洗液在冲洗完成后一般要彻底清除。

② 水联运　水联运主要是为了暴露工艺、设备缺陷及问题，对设备的管道进行水压试验，打通流程。考察机泵、测量仪表和调节仪表性能。

水冲洗完毕，孔板、调节阀、法兰等安装好，泵入口过滤器清洗干净重新安装好，塔顶放空打开，改好水联运流程，关闭设备安全阀前闸阀，关闭气压机出入口阀及气封阀、排凝阀。从泵入口处引入新鲜水，经塔顶冷回流线进入塔内，试运过程中对塔、管道进行详细检查，无水珠、水雾、水流出为合格；机泵连续运转 8h 以上，检查轴承温度、振动情况，运行平稳无杂音为合格；仪表尽量投用，调节阀经常活动，有卡住现象及时处理；水联运要达 2 次以上，每次运行完毕都要打开低点排凝把水排净，清理泵入口过滤器，加水再次联运；水联运完毕后，放净存水，拆除泵入口过滤网，用压缩空气吹净存水。还应注意控制好泵出口阀门开度，防止电流超负荷烧坏电机。严禁水窜入余热锅炉体、加热炉体、冷热催化剂罐、蒸汽、风、瓦斯及反应再生系统。

(6) 脱水操作（干燥）　对于低温操作的精馏塔，塔中有水会影响产品质量，造成设备腐蚀，低温下水结冰还可造成堵塞，产生固体水合物，或由于高温塔中水存在，会引起压力大的波动，因此需在开车前进行脱水操作。

① 液体循环　液体循环可分为热循环和冷循环，所用液体可以是系统加工处理的物料，也可以是水。在进行水循环时要求各管线系统尽可能参与循环，有水经过的仪表要尽可能启动，并进行调试，为了防冻，必要时加热升温。水循环结束后要彻底排净设备中的积水，对于机泵应打开底部旋塞排水，或者用风吹干。

② 全回流脱水　应用于与水不互溶的物料，它可以是正式运行的物料，也可以是特选的试验物料，随后再改为正式生产中物料，最好其沸点比水高。水蒸气到塔顶经冷凝器冷凝到回流罐，水从回流罐的最低位处的排液阀排走。

③ 热气体吹扫　用热气体吹扫将管线或设备中某些部位的积水吹走，从排液口排出。开始时排液口开放，当连续吹出热气体时关闭，随后周期性地开启排放。热气体吹扫除水速度快，但很难彻底清除。

④ 干燥气体吹扫　靠干燥气体带走塔内汽化的水分。该方法一般用于低温塔的脱水，并在装置中有产生干燥气体的设备。为了加快脱水，干燥气体温度应尽量高些，干吹扫气循环方法可以是开环的，也可以是闭环的。

⑤ 吸水性溶剂循环　应用乙二醇、丙醇等一类吸湿性溶剂在塔系统中循环，吸取水分，达到脱水的目的。此法费用较高。

(7) 置换　在工业生产中，被分离的物质绝大部分为有机物，它们具有易燃、易爆的性质，在正式生产前，如果不排出设备内的空气，就容易与有机物形成爆炸混合物。因此，先用氮气将系统内的空气置换出去，使系统内含氧量达到安全规定（0.2%）以下，即对精馏塔及附属设备、管道、管件、仪表凡能连通的都连在一起，再从一处或几处向里充氮气，充到指定压力，关氮气阀，排掉系统内空气，再重新充气，反复 3～5 次，直到分析结果含氧量合格为止。

(8) 电、仪表、公用工程

① 电气动力，新安装（或检修后）电机试车完成，电缆绝缘、电机转向、轴承润滑、过流保护、与主机匹配等均要符合要求。新鲜水、蒸汽等引进装置正常运行，蒸汽管线各疏水器正常运行，工业风、仪表风、氮气等引进装置正常运行。

② 仪表，仪表调校对每台、每件、每个参数都重要，所有调节阀经过调试，全程动作灵活，动作方向正确。热电偶经过校验检查，测量偏差在规定范围内，流量、压力和液位测量单元检测正常。其中特别要注意塔压力、塔釜温、回流、塔釜液面等调节阀阀位核对，投料前全部仪表处于备用状态。

③ 公用工程，精馏塔所涉及的公用工程主要是冷却剂、加热剂，冷却水可以循环使用，加热剂接到进再沸器调节阀前备用。

所有的消防、灭火器材均配备到位，所有的安全阀处于投运状态，各种安全设备备好待用。

2. 精馏塔的开停车

(1) 精馏塔的开车　一般包括下列步骤。

① 制订出合理的开车步骤、时间表和必需的预防措施，准备好必要的原材料和水电汽供应，配备好人员编制，并完成相应的培训工作等，编妥有关的操作手册、操作记录表格。

② 完成相关的开车准备工作，此时塔的结构必须符合设计要求，塔中整洁，无固体杂物，无堵塞，并清除了一切不应存在的物质。例如，塔中含氧量和水分含量需符合要求，机泵和仪表调试正常，安全设施已调试好。

③ 对塔进行加压或减压，达到正常操作压力。

④ 对塔进行加热或冷却，使其接近操作温度。

⑤ 向塔中加入原料。

⑥ 开启再沸器和各加热器的热源，开启塔顶冷凝器和各冷却器的冷源。

⑦ 对塔的操作条件和参数逐步调整，使塔的负荷、产品质量逐步又尽快地达到正常操作值，转入正常操作。

对于停车后的开车，一般是指检修后的开车，需检查各设备、管道、阀门、各取样点、电气及仪表等是否完好正常；然后对系统进行吹扫、冲洗、试压及对系统置换，一切正常合格后，按开车操作步骤进行。

精馏塔开车时，进料要平稳，当塔釜中见到液位后，开始通入加热蒸汽使塔釜升温，同时开启塔顶冷凝器的冷却水。升温一定要缓慢，因为这时塔的上部分开始还是空的，没有回流，塔板上没有液体，如果蒸汽上升太快，没有气液接触，就可能把过量的难挥发组分带到塔顶，塔顶产品会很长时间达不到要求，造成开车时间过长，要逐渐将釜温升到工艺指标。随着塔内压力的升高，应当开启塔顶通气口，排除塔内空气或惰性气体，进行压力调节。等到回流液槽中的液面达到二分之一以上，开始回流，并保持回流液槽中的液面。当塔釜液面维持二分之一到三分之二时，可停止进料，进行全回流操作。同时对塔顶、塔釜产品进行分析，待达到预定的分离要求，就可以逐渐加料，从塔顶和塔釜采出馏出液和釜残液，调节回流量选择适宜的回流比，调节好加热蒸汽量，使塔的操作在一平衡状态下稳定而正常地进行，即可转入正常的生产。

(2) 精馏塔的停车　一般步骤如下：

① 制订一个降负荷计划，逐步降低塔的负荷，相应地减少加热剂和冷却剂用量，直至完全停止；如果塔中通有直接蒸汽，为避免塔板漏液、多出合格产品，降负荷时也可先适当增加些直接蒸汽量；

② 停止加料；

③ 排放塔中存液；

④ 实施塔的降压或升压、降温或加温，用惰性气体清扫或水冲洗等，使塔接近常温常压，打开人孔通大气，为检修作好准备。

紧急停车：生产中一些想象不到的特殊情况下的停车称为紧急停车。如某些设备损坏、某部分电气设备的电源发生故障、某一个或多个仪表失灵等，都会造成生产装置的紧急停车。发生紧急停车时，首先停止加料，调节塔釜加热蒸汽和凝液采出量，使操作处于待生产的状态，及时抢修，排除故障，待停车原因消除后，按开车的程序恢复生产。

全面紧急停车：当生产过程中突然发生停电、停水、停汽或发生重大事故时，则要全面紧急停车。这种停车，操作者事前是不知道的，一定要尽力保护好设备，防止事故的发生和扩大。有些自动化程度较高的生产装置，在车间内备有紧急停车按钮，当发生紧急停车时，以最快的速度按下此按钮。

二、精馏塔的控制与调节

1. 精馏塔控制系统设计的基本思路

(1) 精馏塔控制的基本目标 一个精馏塔的控制系统有四个基本目标。

① 使塔的产品质量符合规定要求。在馏出液和残液中，对纯度的要求一般总有主次之分，两者的经济价值也不一样。对主要产品，应保证质量合格，纯度达到或超过规定要求。对另一出料，纯度也应保证在一定幅度之内，使产品损失不超过规定。

② 保持整个塔的物料和热量平衡，使塔的操作达到稳定。

③ 塔的整个操作必须处在容许的界线之内。

④ 达到上述目标的同时经济上要有效。例如，x_D 是主要产品塔顶馏出液的纯度，则应将 x_D 尽可能保持其规定的要求，既不应不合格，也不应超规格，这就是所谓的卡边控制。假若要求 $x_D \geqslant 95\%$，如果控制精度为±0.01，那么设定值可设定为 0.96，就可充分保证全部产品合格；但是如果控制精度仅能达到±0.03，那么 x_D 的设定值应取 0.98，结果使能耗增大，主要产品产量减少等，不利于经济效益的提高。同样可知超规格控制也不利于经济效益的提高。

(2) 精馏塔的控制变量 从精馏过程要达到的目标来看，应控制的变量主要有五个，即塔顶产品浓度（馏出液浓度）、塔底产品浓度（残液浓度）、塔的操作压力、贮罐液位和塔底液位。又称这五个变量为被控变量。塔顶和塔底产品浓度是反映产品质量的变量，控制它们是为了达到上述的第一个目标，即产品符合规定。控制压力、贮罐液位和塔底液位是为了达到上述的第二个目标，即保持塔的平衡操作。控制贮罐液位和塔底液位恒定可避免物料的积累，使整个塔的操作保持物料平衡；控制压力恒定可避免蒸汽的积累，使整个塔的热量保持平衡。精馏塔的控制变量有操纵变量和干扰变量。

操纵变量是通过改变调节阀开度而对介质进行调节的，这个介质变量称为操纵变量。控制系统是通过操纵变量来控制被控变量的，通常操纵变量是流量。对于一个典型的精馏塔，操纵变量也有五个，即塔顶馏出液流量 D、塔底流出液流量 W、回流液量 L、冷却量和塔釜加热蒸汽量。

在精馏过程控制中，干扰变量可分为可控干扰变量和不可控干扰变量。

塔的进料流量、进料温度等，对它们可设置相应的流量和温度控制回路，使其保持恒定，也可不加控制，这就是可控干扰变量。

温度（进料、环境、冷却水）、大气压力等，即为不可控干扰变量。

① 进料流量、成分和温度的变化 进料量的波动通常是难免的，因为精馏塔的进料往往是由上一工段提供的，进料成分也是由上一工段的出料或原料情况决定的。所以，对于塔系统而言，进料成分属于不可控变量。至于进料的温度，则可以通过控制使其稳定。

② 塔压的波动 塔压的波动会影响到塔内的气液平衡和物料平衡，进而影响操作的稳定和产品的质量。

③ 再沸器加热剂热量的变化 当加热剂是蒸汽时，加入热量的变化往往是由蒸汽压力变化引起的，这种热量变化会导致塔内温度变化，直接影响到产品的纯度。

④ 冷却剂吸收热量的变化 该热量的变化会影响到回流量或回流温度。其变化主要是由冷却剂的压力或温度变化引起的。

⑤ 环境温度的变化 在一般情况下，环境温度的变化影响较小。但如果采用风冷器作为冷凝器，气温的骤变与昼夜温差，对塔的操作影响较大，它会使回流量或回流温度发生变化。

在上述的一系列扰动中，以进料流量和进料成分的变化影响为最大。

2. 精馏塔的控制

（1）物料平衡控制

① 直接物料平衡控制　操纵 D 或 W，而 V 固定不变的控制称为直接物料平衡控制。控制器直接控制一股产品物流，另一股产品物流则由液位或压力控制。成分控制的是馏出量的称为精馏段直接物料平衡控制；成分控制的是塔底采出量称为提馏段直接物料平衡控制。例如，回流过冷突然增大（暴风雨冷却了回流罐），则塔压下降，压力控制器将减少冷凝速率，贮罐液位将下降，从而通过液位控制器使回流减少，就维持了塔的正常操作。需要注意的是气液两相接触和质量交换是在塔内各塔板上进行的，调整 D 或 W 的流量，并不能立即影响到塔内，只有在 D 或 W 的变化影响了塔釜或贮罐液位时，才会调整载热体流量，从而影响上升蒸气量或回流液量，使塔内的情况发生变化。如果液位响应不快或液位控制回路的响应不迅速，塔内的物料平衡关系不能迅速有所调整，整个控制方案就不能奏效。

② 间接物料平衡控制　操纵 V，而 L 固定不变的控制称为间接物料平衡控制。间接物料平衡控制时，成分控制器不是直接调节产品流量，而是用回流量、蒸发量或冷凝速率作用操纵变量，产品流量由液位或压力来控制。物料平衡的调整是通过液位或压力间接实现的。

（2）能量平衡控制　由能量平衡的变化控制产品成分。操纵 V，而 W 或 D 固定不变的控制称为能量平衡控制。例如，原料液中轻组分浓度升高，塔底部温度将下降，温度控制器将增大蒸发量以使温度上升，于是塔压升高，压力控制器增大冷凝速率，贮罐液位上升，液位控制器使流入塔内的回流增加。这样又引起控制板温度的下降，再增大蒸发量，即物料平衡变化与控制相互影响。如此继续直到回流和蒸发量升高后的综合效应，使控制板上温度升高，而保持原控制点温度为止。同时在整个调整过程中系统中的轻组分会产生积累，这将引起回流和蒸发量的进一步加大，此时操作人员将人工干预放出更多的产品，制止回流和蒸发量的上升，就成为半连续方式操作。

能量平衡控制方案是不推荐的，仅用于不能得到一个满意的物料平衡控制方案时，或者与高级控制或计算机控制相结合时。三种方案的比较见表 1-8。

表 1-8　三种方案的比较（要求 x_W 由 0.05 降至 0.04）

基本要求	直接物料平衡控制 固定 V，操纵 D 或 W	间接物料平衡控制 固定 L，操纵 V	能量输入控制 固定 W 或 D，操纵 V
$x_D=0.95$	0.9377	0.9390	0.96
$x_W=0.04$	0.04	0.04	0.04
$V/F=3.00$	3.00	3.012	3.235
$W/F=0.50$	0.4876	0.4883	0.50
$L/F=2.50$	2.488	2.50	2.735

从表 1-8 中可以看出，物料平衡控制比能量平衡控制所消耗的能量少得多。所以在生产的过程中常采用改变采出率（D/F 或 W/F）来满足要求，比改变回流比灵敏度要高好几倍。

（3）成分或温度控制　精馏塔最直接的质量指标是产品的成分。产品成分控制是通过成分控制器调节产品流量、蒸发量或回流量来达到的。成分控制有三种基本方法，即分析仪控制、温度控制和软测量推断控制。这里只讨论温度控制。

温度控制是简易又廉价的产品成分控制方法。它利用温度来代替产品成分分析，控制温度的变化表示产品中关键组分的相应的浓度变化。

① 确定温度检测点位置的原则

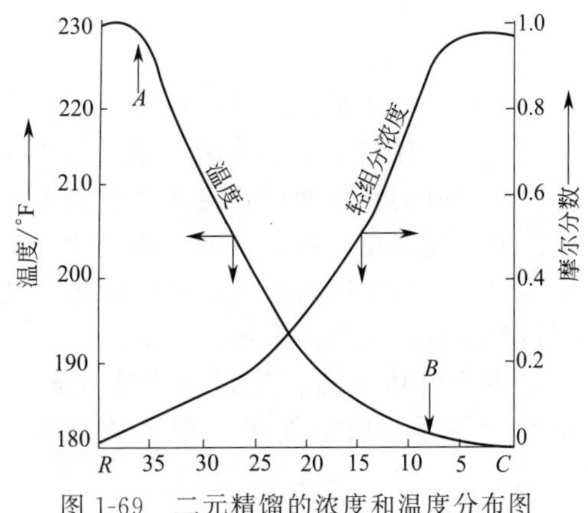

图 1-69　二元精馏的浓度和温度分布图

a. 灵敏板　是当塔的操作受干扰或控制作用后，塔内各板的浓度都将发生变化，温度也将同时变化，但变化程度各板是不相同的，当达到新的稳态后，温度变化最大的那块板。灵敏板的位置可以通过静态模型逐板仿真计算确定。粗看起来，塔顶或塔底的温度似乎最能代表塔顶或塔底产品的质量，其实当分离的产品较纯时，在邻近塔顶或塔底的各板之间，温度差已经很小，产品质量可能已超出容许范围。因此，对温度检测仪表的灵敏度和控制精度都提出了很高的要求，但实际上却很难满足。为了解决这个问题，通常在提馏段或精馏段中，选择灵敏度较高的板（又称灵敏板）上的温度作为产品的质量指标。

b. 产品成分和塔板成分间的对应关系　温度控制点的位置与产品位置越接近，产品成分和塔灵敏板成分之间的对应关系越好。从图 1-69 的二元精馏的浓度和温度分布关系中可以看出，塔中 A 点以下和 B 点以上位置温度对成分不敏感。因此，第 8 块塔板以上和第 36 块塔板以下各板从灵敏度来看，是不适宜用作温度控制点的。可选用第 8 块塔板作为塔顶产品控制，第 36 块塔板作为塔底产品控制的灵敏板位置。

c. 动态响应　动态响应包括两个方面。一方面是操作变量上升蒸气量与回流量对温度控制点的动态影响，精馏塔内上升蒸气量变化对温度的响应是相当快的，从塔顶向下流的回流量却有相当大的滞后。另一方面是进料组分扰动的影响，如果温度控制点位置远离进料板，则扰动传播时间比较长，如果很接近进料板，很可能引起不稳定。当进料变化频繁时，这种考虑尤为重要。

② 非关键组分对温度控制的影响　当非关键组分进入塔内，轻非关键组分升至塔顶，重非关键组分降至塔底，除了在塔顶、塔底和进料板附近，非关键组分的浓度逐板几乎没有变化。因此，温度控制点的位置应选在上述区域之外，这样只要进料中非关键组分浓度恒定，温度控制将不会受非关键组分的不利影响。

③ 压力对温度控制的影响　塔压影响沸点，从而影响控制温度。一般塔的压力比较高时，压力变化对温度的影响要比低压时小；低压操作时，即使很小的压力变化也会引起塔温较大的变化。因此为满足产品成分控制，大多数塔都设置压力控制。但是温度控制点和压力控制点在两个不同位置测量时，温度控制会受到这两个测量位置间的压差变化的影响，而温度控制点和压力控制点之间的压差变化，与塔压变化相比还是比较小的。只要不是低压操作，塔的温度变化对压差的变化是不灵敏的，不过温度控制点与压力控制点接近，总能使压差的影响减小，是有利的。

④ 检测点安装位置　当检测点安装的塔板位置确定后，检测元件具体装在气相还是液相也应考虑。对于温度检测点以插入液相为宜，这样可以提高响应速度，且能保证检测可靠；对于成分为检测点以插入气相为宜，这样可使测量可靠。

(4) 塔压的控制　塔压是精馏控制中的重要被控变量，它将影响冷凝、蒸发、温度、成分、挥发度等过程。对于常压塔，只要在塔顶（一般在冷凝器出口），塔内压力等于大气压，不需另设控制回路；对于大多数加压塔和减压塔，常取温度作被控变量，设置塔压控制。

① 塔压的扰动　由于塔的热量平衡受到干扰，例如供热量增加，会使塔压上升；不凝性气体的积累，压力也将上升。

② 塔压的控制

a. 调节冷凝器

改变冷却水用量：调节冷凝器的冷却器流量可以控制塔压，取冷却剂流量作为操纵变量，它是塔压控制的基本控制方案。一般使用冷却水作为冷却剂。

改变冷凝的传热面积：对于生产液体产品的全凝器，这是一种最通用的方法。调节冷凝器排出的冷凝液量，可直接或间接地改变冷凝器浸没区域。例如，当冷凝器排出的冷凝液流量减小时，可增大冷凝器中浸没的区域，使暴露在蒸汽中进行冷凝传热的面积减小，从而减小了冷凝速度，使塔压升高。

采用热气体旁路：通过改变冷凝器旁路的热气体量来控制塔压。当采用冷却剂为空气的空冷器时，因空气量一般不作调节，这种方案成为空冷器控制塔压的最常用的控制方式。

b. 调节气相出料的比例控制塔压　当产品是汽相时，可采用此方案控制塔压。

改变产品流量（加压塔）：当塔有蒸气产品时，最简单又直接的方法是压力控制器直接调节蒸气产品流量，从而控制塔压。有时也可增加汽相产品流量副回路，并和塔压控制构成串级控制，会有更好的效果。

改变蒸汽量（减压塔）：对于减压精馏塔可利用压力控制器来改变流向喷射泵的蒸汽量，从而达到控制压力的目的。

c. 具有汽液两相产品时塔压的控制　当进料中存在不凝性组分时，采用全凝器生产液相产品时，不凝性气体会在塔内积聚，使塔压不断升高。当不冷凝气体量较少时，可在冷凝器出口处直接排放。当不凝性气体含量大时，可把它看成气相出料来处理，这时必须增加一个被控变量冷凝液温度，其目的是适当分割气相产品，测量点应尽量接近冷凝器。塔压和冷凝温度可分别用冷却剂流量和气相出料来控制。

3. 精馏塔的控制方案

精馏塔的控制方案众多，但总体上分成两大部分进行控制，即提馏段的控制和精馏段的控制。其中大多以间接反映产品纯度的温度作为被控变量来设计控制方案。

(1) 精馏塔提馏段的温度控制　采用以提馏段温度作为衡量质量指标的间接变量，以改变加热量作为控制手段的方案，就称为提馏段温度控制。

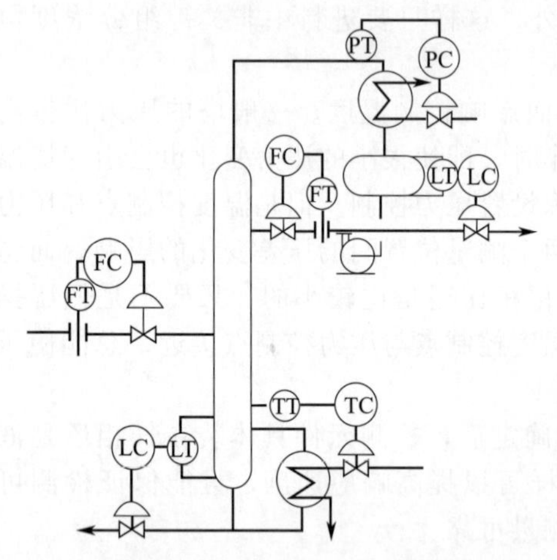

图 1-70　提馏段温度控制方案

图 1-70 所示是精馏塔提馏段温度控制方案之一。该方案以提馏段塔板温度为被控变量，以再沸器的加热蒸汽量为操纵变量，进行温度的定值控制。除了这一主要控制系统外，还有五个辅助控制回路：

① 塔釜的液位控制回路　通过改变塔底采出量的流量，实现塔釜的液位定值控制；

② 回流罐的液位控制回路　通过改变塔顶馏出物的流量，实现回流罐液位的定值控制；

③ 塔顶压力控制回路　通过控制冷凝器的冷却剂量维持塔压的恒定；

④ 回流量控制回路　对塔顶的回流量进行定值控制，设计时应使回流量足够大，即使在塔的负荷最大时，也能使塔顶产品的质量符合要求；

⑤ 进料量控制回路　对进塔物料的流量进行定值控制，若进料量不可控，可采用均匀控制系统。

上述的提馏段温度控制方案，由于采用提馏段的温度作为间接质量指标，因此，它主要反映的是提馏段的产品情况。将提馏段的温度恒定后，就能较好地保证塔底产品的质量，所以这种控制方案常用于以塔底采出物为主要产品，对塔釜成分比塔顶馏出物成分要求高的场合。另外，由于采用大回流量，也可保证塔顶馏出物的品质。

提馏段温度控制还有一个优点，那就是在液相进料时，控制及时，动态过程较快。因为进料量变化或进料成分变化的扰动，首先进入提馏段，采用这种控制方案，就能够及时有效地克服干扰的影响。

(2) 精馏塔的精馏段温度控制　采用以精馏段温度作为衡量质量指标的间接变量，以改变回流量作为控制手段的方案，就称为精馏段温度控制。

图 1-71 所示为常见的精馏段温控方案之一。它以精馏段塔板温度为被控变量，以回流量为操纵变量，实现精馏段温度的定值控制。除了这一主要控制系统以外，该方案还有五个辅助控制回路。对进料量、塔压、塔底采出量与塔顶馏出液的四个控制方案和提馏段温控方案基本相同；不同的是对再沸器加热蒸汽流量进行了定值控制，且要求有足够的蒸汽量供应，以使精馏塔在最大负荷时仍能保证塔顶产品符合规定的质量指标。

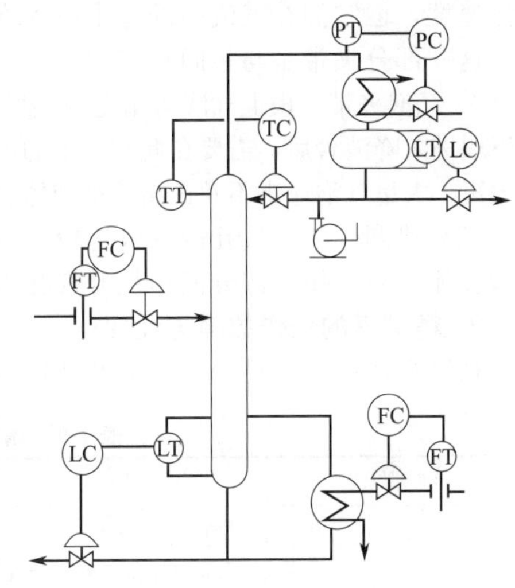

图 1-71　精馏段温度控制方案

上述的精馏段温控系统，由于采用了精馏段温度作为间接质量指标，它直接影响了精馏段产品的质量状况。因此，当塔顶产品的纯度要求比塔底产品更为严格时，精馏段温控无疑是最佳选择。另外，精馏段温控对于气相进料引入的扰动，控制及时，过渡过程短，可以获得较为满意的控制质量。

提馏段和精馏段温控方案，在精密精馏时，由于对产品的纯度要求非常高，往往就难以满足产品质量要求，这时我们常常采用温差控制。温差控制是以某两块塔板上的温度差作为衡量质量指标的间接变量，其目的是为了消除塔压波动对产品质量的影响。

三、精馏塔的操作故障及处理

1. 精馏塔的不正常操作现象

(1) 液泛现象（又称“淹塔”）　塔内出现积液，直至整个塔内充满液体的现象，有溢流液泛和夹带液泛。

① 溢流液泛　塔内液体流量超过降液管的最大液体通过能力而产生的液泛。当液体从降液管中流入到下一层塔板时，为了克服上、下两层塔板之间的压差和本身的流体阻力。降液管内的液层与板上液层必须有一个高度差。当降液管内的液层高度低于出口堰时，随着液流量的增加，降液管内的液层与板上液层差亦会增加，能保证液体通过降液管，即有自动达到平衡的能力。但当降液管内液层高度到达出口堰上缘时，再增加液流量，降液管内的液层与板上液层差将同时增加，此时通过降液管的液流量达到了最大值。如果液流量超过了此最大值，液体将来不及从降液管内流至下一块塔板，而在塔板上开始积液，最终使这块塔板以上各塔板空间充满液体，形成溢流液泛。降液管内夹带的气泡过多或气速过大都会造成溢流液泛。

② 夹带液泛　由于过量雾沫夹带引起的液泛。由于上升蒸气中夹带的液体量过多时，使板上实际液流量增加较多，板上液层厚度明显增加，液层上方的空间高度明显减少，进而

导致雾沫夹带量再上升，板上液层厚度再继续增加，从而产生了恶性循环，形成液泛。常把产生夹带液泛时的气速称为“液泛气速”。

（2）夹带

① 液沫夹带　当气体以一定速度通过板上液层时，必定将部分液体分散成液滴，这些液滴的一部分被上升气流带入空间，液滴来不及沉降分离，而随气体进入上一层塔板的现象就称为液沫夹带。被夹带至上一层板的液滴有两种情况：一是小液滴的沉降速度小于液层上方空间上升气流的速度，这一部分夹带量与板间距无关；二是较大的液滴其沉降速度虽大于气流速度，但它们在气流中的冲击或气泡破裂时获得了足够的向上初速度而被溅到上一层塔板，这一部分夹带量与板间距有关。

② 气泡夹带　板上气液两相充分接触传质、传热后，液体内必含有大量的气泡。液体越过溢流堰进入降液管后，需要在此有一定的停留时间以便气泡逸出。如果液体在降液管内的停留时间太短，大量气泡还来不及逸出就被液体卷进下一层塔板，这种现象称为气泡夹带。

（3）泄漏　当升气孔内的气速较小时，致使气体通过阀孔时的动压不足，不能阻止液体经阀孔流下时，使一部分液体从升气孔内流入到下一层塔板。

2. 精馏塔的操作故障与处理

精馏操作中，常见操作故障及处理方法归纳于表 1-9 中。

表 1-9　精馏塔的操作故障与处理

异常现象	原　因	处 理 方 法
液泛	①负荷高 ②液体下降不畅，降液管局部被污垢物堵塞 ③加热过猛，釜温突然升高 ④回流比大 ⑤塔板及其他流道冻堵	①调整负荷 ②加热 ③调加料量，降釜温 ④降回流，加大采出 ⑤注入适量解冻剂，停车检查
釜温及压力不稳	①蒸汽压力不稳 ②疏水器不畅通 ③加热器漏液	①调整蒸汽压力至稳定 ②检查疏水器 ③停车检查漏液处
釜温突然下降而提不起温度	①疏水器失灵 ②扬水站回水阀未开 ③再沸器内冷凝液未排除，蒸汽加不进去 ④再沸器内水不溶物多 ⑤循环管堵塞，列管堵塞 ⑥排水阻气阀失灵 ⑦塔板堵，液体回不到塔釜	①检查疏水器 ②打开回水阀 ③吹凝液 ④清理再沸器 ⑤通循环管，通列管 ⑥检查阀 ⑦停车检查情况
塔顶温度不稳定	①釜温太高 ②回流液温度不稳 ③回流管不畅通 ④操作压力波动 ⑤回流比小	①调节釜温至规定值 ②检查冷凝液温度和用量 ③疏通回流管 ④稳定操作压力 ⑤调节回流比
系统压力增高	①冷凝液温度高或冷凝液量少 ②采出量少 ③塔釜温度突然上升 ④设备有损或有堵塞	①检查冷凝液温度和用量 ②增大采出量 ③调节加热蒸汽 ④检查设备
塔釜液面不稳定	①塔釜排出量不稳 ②塔釜温度不稳 ③加料成分有变化	①稳定釜液排出量 ②稳定釜温 ③稳定加料成分

续表

异常现象	原　因	处　理　方　法
加热故障	①加热剂的压力低 ②加热剂中含有不凝性气体 ③加热剂中的冷凝液排出不畅	①调整加热剂的压力 ②排出加热剂中含有的不凝性气体 ③排除加热剂中冷凝液排出不畅故障
	①再沸器泄漏 ②再沸器的液面不稳（过高或过低） ③再沸器堵塞 ④再沸器的循环量不足	①检查再沸器 ②调整再沸器的液面 ③疏通再沸器 ④调整再沸器的循环量
泵的流量不正常	①过滤器堵塞 ②液面太低 ③出口阀开得过小 ④轻组分太多	①清洁过滤器 ②调整液位 ③打开阀门 ④控制轻组分量
塔压差增高	①负荷升高 ②回流量不稳 ③冻塔或堵塞 ④液泛	①减负荷 ②调节回流比 ③解冻或疏通 ④按液泛情况处理
夹带	①气速太大 ②塔板间距过小 ③液体在降液管内的停留时间过长或过短 ④破沫区过大或过小	①调节气速 ②增大板间距 ③调整停留时间 ④调整破沫区的大小
漏液	①气速太小 ②气流的不均匀分布 ③液面落差 ④人孔和管口等连接处焊缝裂纹、腐蚀、松动 ⑤气体密封圈不牢固或腐蚀	①调节气速 ②流体阻力的结构均匀 ③减少液面落差 ④保证焊缝质量、采取防腐措施、重新拧紧、固定 ⑤修复或更换
污染	①灰尘、锈、污垢沉积 ②反应生成物、腐蚀生成物积存于塔内	①进料塔板堰和降液管之间要留有一定的间隙，以防积垢 ②停工时彻底清理塔板
腐蚀	①高温腐蚀 ②磨损腐蚀 ③高温、腐蚀性介质引起设备焊缝处产生裂纹和腐蚀	①严格控制操作温度 ②定期进行腐蚀检查和测量壁厚 ③流体内加入防腐剂，器壁包括衬里涂防腐层

四、精馏塔的日常维护和检修

1. 精馏塔的日常维护

为了确保塔设备安全稳定运行，必须做好日常检查，并记录检查结果，以作为定期停车检查、检修的资料。日常维护和检查内容有：原料、成品及回流液的流量、温度、纯度、公用工程流体（如水蒸气、冷却水、压缩空气等）的流量、温度及压力；塔顶、塔底等处的压力及塔的压力降；塔底的温度；安全装置、压力表、温度计、液面计等仪表；保温、保冷材料；检查连接部位有无松动的情况；检查紧固面处有无泄漏，必要时采取增加夹紧力等措施。

2. 精馏塔的停车检修

塔设备在一般情况下，每年定期停车检查 1～2 次，将设备打开，对其内构件及壳体上大的损坏进行检查、检修。通常停车检查项目有：检查塔盘水平度、支持件、连接件的腐蚀、松动等情况，必要时取出塔外进行清洗或更换；检查塔底腐蚀、变形及各部位焊缝的情况，对塔壁、封头、进料口处筒体、出入口接管等处进行超声波探伤仪探测，判断设备的使用寿命；全面检查安全阀、压力表、液面计有无发生堵塞现象，是否在规定的压力下动作，必要时重新进行调整和校验；检查塔板的磨损和破坏情况；如在运行中发现异常振动现象，停车检查时一定要查明原因，并妥善处理。应当注意的是，为防止垫片和紧固用配件之类的损坏和遗失，有必要准备一些备用品；当从板式塔内拆出塔板时，应将塔板一一做上标记，这样在复原时就不至于装错。

五、精馏操作的安全技术

化工生具有易燃、易爆、易中毒、高温、高压、有腐蚀性等特点，生产工艺复杂多样，生产过程中潜在的不安全因素很多，危险性很大，因此对安全生产的要求很严格。

1. 生产安全技术

就蒸馏操作来说，应注意以下几点。

（1）常压操作

① 正确选择再沸器　蒸馏操作一般不采用明火作为热源，采用水蒸气或过热蒸汽等较为安全。

② 注意防腐和密闭　为了防止易燃液体或蒸气泄漏，引起火灾爆炸，应保持系统的密闭性。对于蒸馏具有腐蚀性的液体，应防止塔壁、塔板等被腐蚀，以免泄漏。

③ 防止冷却水进入塔内　对于高温蒸馏系统，一定要防止塔顶冷凝器的冷却水突然漏入蒸馏塔内，否则水会汽化导致塔压增加而发生冲料，甚至引起火灾爆炸。

④ 防止堵塔　防止因液体所含高沸物或聚合物凝结造成堵塞，使塔压升高引起爆炸。

⑤ 防止塔顶冷凝　塔顶冷凝器中的冷却水不能中断，否则，未凝易燃蒸气逸出可能引起爆炸。

（2）减压操作

① 保证系统密闭　在减压操作中，系统的密闭性十分重要，蒸馏过程中，一旦吸入空气，很容易引起燃烧爆炸事故。因此，真空泵一定要安装单向阀，防止突然停泵造成空气倒吸进入塔内。

② 保证开车安全　减压操作开车时，应先开真空泵，然后开塔顶冷却水，最后开再沸蒸汽。否则，液体会被吸入真空泵，可能引起冲料，引起爆炸。

③ 保证停车安全　减压操作停车时，应先冷却，然后通入氮气吹扫置换，再停真空泵。若先停真空泵，空气将吸入高温蒸馏塔，引起燃烧爆炸。

（3）加压操作

① 保证系统密闭　加压操作中，气体或蒸气容易向外泄漏，引起火灾、中毒和爆炸等事故。设备必须保证很好的密闭性。

② 严格控制压力和温度　由于加压蒸馏处理的液体沸点都比较低，危险性很大，因此，为了防止冲料等事故发生，必须严格控制蒸馏的压力和温度，并应安装安全阀。

2. 开车与停车安全技术

（1）开车安全技术

生产装置的开车过程，是保证装置正常运行的关键，为保证开车成功，必须遵循以下安全制度：

① 生产辅助部门和公用工程部门在开车前必须符合开车要求，投料前要严格检查各种泵、材料及公用工程的供应是否齐备、合格。

② 开车前严格检查阀门开闭情况，盲板抽加情况，要保证装置流程通畅。

③ 开车前要严格检查各种机电设备及电器仪表等，保证处于完好状态。

④ 开车前要检查落实安全、消防措施完好，保证开车过程中的通讯联络畅通，危险性较大的生产装置及过程开车，应通知安全、消防等相关部门到现场。

⑤ 开车过程中各岗位要严格按开车方案的步骤进行操作，要严格遵守升降温、升降压、投料等速度与幅度要求。

⑥ 开车过程中应停止一切不相关作业和检修作业，禁止一切无关人员进入现场。

⑦ 开车过程中要严密注意工艺条件的变化和设备运行情况，发现异常要及时处理，紧急情况时应中止开车，严禁强行开车。

(2) 停车安全技术

① 停车　执行停车时，必须按上级指令，并与上下工序取得联系，按停车方案规定的停车程序进行。

② 泄压　若该设备是加压操作，就必须进行泄压操作，泄压时应缓慢进行，在压力未泄尽排空前，不得拆动设备。

③ 排放　在排放残留物料时，不能使易燃、易爆、有毒、有腐蚀性的物料任意排入下水道或排放到地面上，以免发生事故或造成污染。

④ 降温　降温的速度应按工艺要求的速率进行，要缓慢，以防设备变形、损坏等事故发生，不能用冷水等直接降温，以强制通风、自然降温为宜。

3. 检修的安全技术

化工设备及其管道、阀门等附件在运行过程中腐蚀、磨损等严重，要进行日常的维护保养和停车检修，化工生产的危险性决定了化工检修的危险性，因此必须加强检修的安全管理，具体要注意以下几点：

(1) 安全用具的准备　为了保证检修的安全，检修前必须准备好安全及消防用具，如安全帽、安全带、防毒面具、测氧、测爆等分析化学仪器和消防器材、消防设施等。

(2) 抽堵盲板　抽堵盲板属危险性作业，应办理作业许可证和审批手续，并指定专人制定作业方案和检查落实相应的安全措施。抽堵多个盲板时，按盲板位置图和编号作业。严禁在一条管路上同时进行两处或两处以上抽堵盲板作业。

(3) 置换和中和　为了保证检修的安全，设备内的易燃、易爆、有毒气体应进行置换，酸、碱等腐蚀性液体应进行中和处理。

(4) 吹扫　对可能积附易燃易爆、有毒介质残留物、油垢或沉淀物的设备，用置换方法不能彻底清除时，还应进一步进行吹扫作业，以便清除彻底。

(5) 清洗和铲除　经置换和吹扫无法清除的沉积物，采用清洗的方法，若清洗无效时，可采用人工铲除的方法予以清除。

(6) 检验分析　清洗后的设备必须进行检验分析，以保证安全要求。

(7) 切断电源　对一切需要检修的设备，要切断电源，并在启动开关上挂上“禁止合闸”的标志牌。

(8) 整理场地和通道　凡是与检修无关的、妨碍通行的物体都要挪开，无用的坑沟要填平，地面上、楼梯上的积雪、冰层、油污等都要清除，不牢构筑物旁要设置标志，孔、井、无拦平台要加标志。

任务实施

图 1-72 及图 1-73 分别为精馏操作的现场图及精馏塔岗位带控制点的工艺流程图。

在流程中，是利用精馏方法在脱丁烷塔中将丁烷从脱丁烷塔釜混合物中分离出来。脱丁

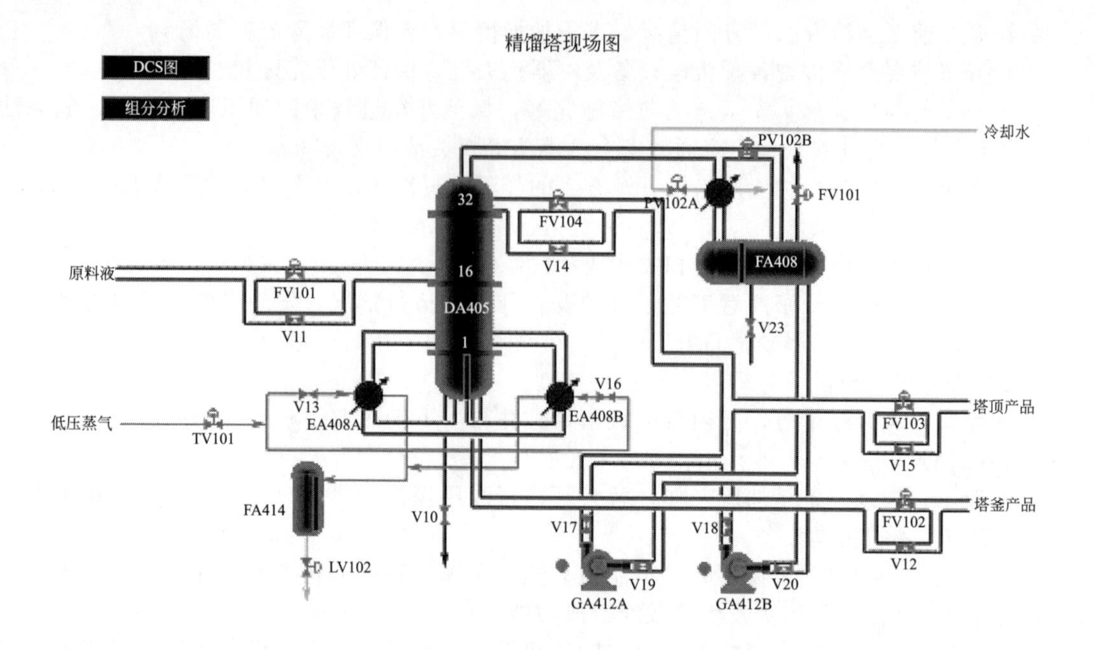

图 1-72 精馏操作的现场图

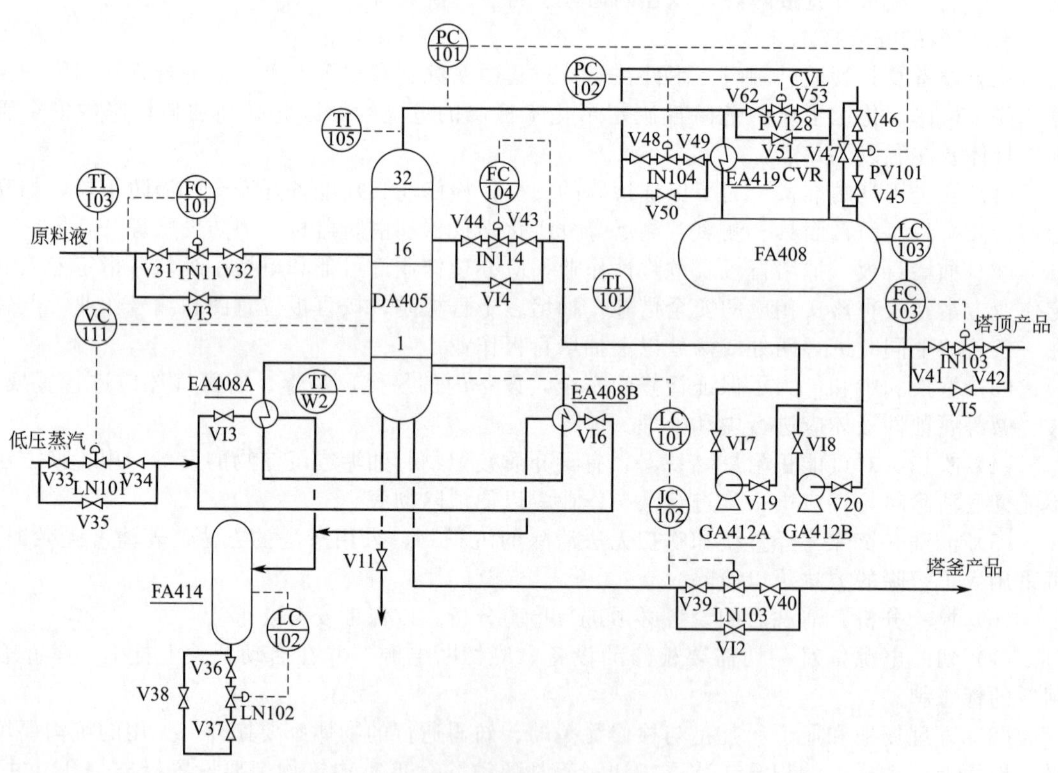

图 1-73 精馏塔岗位带控制点的工艺流程图

烷塔全塔共 32 块板，原料为 67.8℃的混合物（主要有 C_4、C_5、C_6、C_7 等），由于丁烷的沸点较低，即其挥发度较高，故丁烷易于从液相中汽化出来，再将汽化的蒸气冷凝，可得到丁烷组成高于原料的混合物，经过多次汽化冷凝，即可达到分离混合物中丁烷的目的。塔顶得到丁烷，塔釜液（主要为 C_5 以上馏分）产品调节至正常的操作。

1. 开车操作

装置冷态开工状态为精馏塔单元处于常温、常压氮吹扫完毕后的氮封状态，所有阀门、机泵处于关停状态。

(1) 进料过程　开 FA408 顶部放空阀 PC101 排放不凝气，稍开 FIC101 调节阀（不超过 20%），向精馏塔进料；进料后，塔内温度略升，压力升高。当压力 PC101 升至 0.5atm 时，关闭 PC101 调节阀投自动，并控制塔压不超过 4.25atm（如果塔内压力大幅波动，改回手动调节稳定压力）。

(2) 启动再沸器　当压力 PC101 升至 0.5atm 时，打开冷凝水 PC102 调节阀至 50%；塔压基本稳定在 4.25atm 后，可加大塔进料（FIC101 开至 50%左右）；待塔釜液位 LC101 升至 20%以上时，开加热蒸汽入口阀 V13，再稍开 TC101 调节阀，给再沸器缓慢加热，并调节 TC101 阀开度使塔釜液位 LC101 维持在 40%～60%；待 FA414 液位 LC102 升至 50%时，并投自动，设定值为 50%。

(3) 建立回流　随着塔进料增加和再沸器、冷凝器投用，塔压会有所升高；回流罐逐渐积液。塔压升高时，通过开大 PC102 的输出，改变塔顶冷凝器冷却水量和旁路量来控制塔压稳定；当回流罐液位 LC103 升至 20%以上时，先开回流泵 GA412A/B 的入口阀 V19，再启动泵，再开出口阀 V17，启动回流泵；通过 FC104 的阀开度控制回流量，维持回流罐液位不超高，同时逐渐关闭进料、回流操作。

(4) 调整至正常　当各项操作指标趋近正常值时，打开进料阀 FIC101；逐步调整进料量 FIC101 至正常值；通过 TC101 调节再沸器加热量使灵敏板温度 TC101 达到正常值；逐步调整回流量 FC104 至正常值；开 FC103 和 FC102 出料，注意塔釜、回流罐液位；将各控制回路投自动，各参数稳定并与工艺设计值吻合后，投产品采出串级。

精馏塔的 DCS 图见图 1-74。

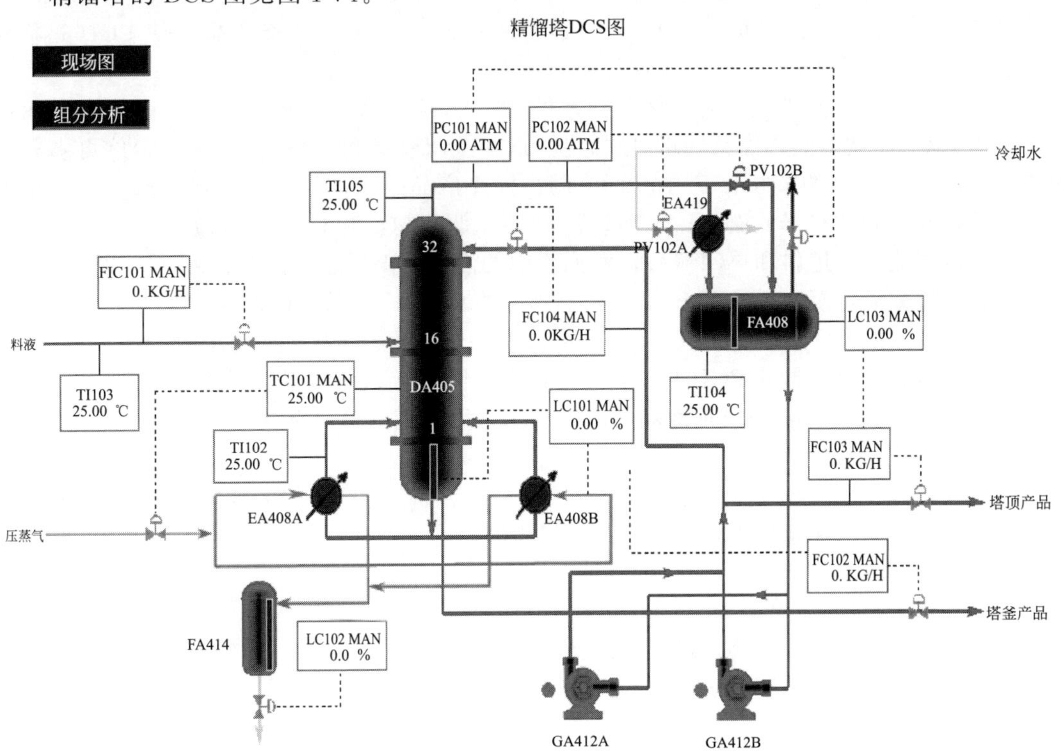

图 1-74　精馏塔的 DCS 图

（5）正常操作规程

① 正常工况下的工艺参数　进料流量 FIC101 设为自动，设定值为 14056kg/h；塔釜采出量 FC102 设为串级，设定值为 7349kg/h，LC101 设自动，设定值为 50%；塔顶采出量 FC103 设为串级，设定值为 6707kg/h；塔顶回流量 FC104 设为自动，设定值为 9664kg/h；塔顶压力 PC102 设为自动，设定值为 4.25atm，PC101 设自动，设定值为 5.0atm；灵敏板温度 TC101 设为自动，设定值为 89.3℃；FA414 液位 LC102 设为自动，设定值为 50%；回流罐液位 LC103 设为自动，设定值为 50%。

② 主要工艺生产指标的调整方法

a. 质量调节　本系统的质量调节采用以提馏段灵敏板温度作为主参数，以再沸器的加热蒸汽流量为辅参数的调节系统，以实现对塔的分离质量控制。

b. 压力控制　在正常的压力情况下，由塔顶冷凝器的冷却水量来调节压力，当压力高于操作压力 4.25atm（表压）时，压力报警系统发出报警信号，同时调节器 PC101 将调节回流罐的气相出料，为了保持同气相出料的相对平衡，该系统采用压力分程调节。

c. 液位调节　塔釜液位由调节塔釜产品采出量来维持恒定，设有高低液位报警。回流罐液位由调节塔顶产品采出量来维持恒定，设有高低液位报警。

d. 流量调节　进料量和回流量都采用单回路的流量控制；再沸器加热介质流量由灵敏板温度调节控制。

2. 停车操作

（1）降负荷　逐步关小 FIC101 调节阀，降低进料至正常进料量的 70%；在降负荷过程中，保持灵敏板温度 TC101 的稳定性和塔压 PC102 的稳定性，使精馏塔分离出合格产品；在降负荷过程中，尽量通过 FC103 排出回流罐中的液体产品，至回流罐液位 LC104 在 20%左右；在降负荷过程中，尽量通过 FC102 排出塔釜产品，使 LC101 降至 30%左右。

（2）停进料和再沸器　在负荷降至正常的 70%，且产品已大部分采出后，停进料和再沸器；关 FIC101 调节阀，停精馏塔进料；关 TC101 调节阀和 V13 或 V16 阀，停再沸器的加热蒸汽；关 FC102 调节阀和 FC103 调节阀，停止产品采出；打开塔釜泄液阀 V10，排不合格产品，并控制塔釜降低液位；手动打开 LC102 调节阀，对 FA114 泄液。

（3）停回流　停进料和再沸器后，回流罐中的液体全部通过回流泵打入塔，以降低塔内温度；当回流罐液位至 0 时，关 FC104 调节阀，关泵出口阀 V17（或 V18），停泵 GA412A（或 GA412B），关入口阀 V19（或 V20），停回流；开泄液阀 V10 排净塔内液体。

（4）降压、降温　打开 PC101 调节阀，将塔压降至接近常压后，关 PC101 调节阀；全塔温度降至 50℃左右时，关塔顶冷凝器的冷却水（PC102 的输出至 0）。

3. 事故与事故排除

（1）加热蒸汽压力过高

现象：加热蒸汽流量增大，塔釜温度持续上升；

解决：适当减小调节阀 TV101 的开度。

（2）加热蒸汽压力过低

现象：加热蒸汽流量减小，塔釜温度持续下降；

解决：适当增大调节阀 TV101 的开度。

（3）冷凝水中断

现象：塔顶温度上升，塔顶压力升高；

解决：打开回流罐放空阀 PV101 保压；手动关闭 FV101 停止进料；手动关闭 TV101

停止加热蒸汽；手动关闭FV103和FV102，停止产品采出；打开塔釜泄液阀V10排不合格产品；手动打开LV102，对FA414泄液；当回流罐液位为0，关闭FV104；关闭回流泵GA412A出口阀V17，停泵GA412，关回流泵入口阀V19；当塔釜液位为0，关闭V10；当塔顶压力降至常压，关闭冷凝器。

（4）停电

现象：回流泵GA414A停止，回流中断；

解决：打开回流罐放空阀PV101保压；手动关闭FV101停止进料；手动关闭FV103和FV102，停止产品采出；手动关闭FV101，停止加热蒸汽；打开塔釜泄液阀V10排不合格产品；手动打开LV102，对FA414泄液；当回流罐液位为0，关闭FV104；关闭回流泵GA412A出口阀V17，停泵，关回流泵入口阀V19；当塔釜液位为0，关闭V10；当塔顶压力降至常压，关闭冷凝器。

（5）回流泵GA412A故障

现象：回流中断，塔顶温度、压力上升；

解决：按照泵的切换顺序启动备用泵GA412B。

（6）回流量调节阀FV104阀卡

现象：回流量无法调节；

解决：打开旁通阀V14，保持回流。

任务评估

1. 资讯

在教师指导下让学生解读工作任务及要求，了解完成项目任务需要的知识：精馏塔的稳定操作、精馏操作的控制与调节、精馏塔的操作故障与处理、精馏塔的日常维护与检修、精馏操作的安全技术。

2. 决策、计划

根据工作任务要求和生产特点，在给定的工作情景下完成精馏塔正常而稳定的操作。再通过分组讨论、学习、查阅相关资料，完成任务。

3. 检查

教师可通过检查各小组的工作方案与听取小组研讨汇报，及时掌握学生的工作进展，适时地归纳讲解相关知识与理论，并提出建议与意见。

4. 实施与评估

学生在教师的检查指点下继续修订与完善项目实施初步方案，并最终完成教师对各小组完成情况进行检查与评估，及时进行点评、归纳与总结。

蒸馏操作的工业应用实例

一、白酒蒸馏

如图1-75所示，乙醇含量为10%左右的成熟醪液被送入粗馏段上部，塔底部用蒸汽直接加热，成熟醪液受热后乙醇蒸气被初步蒸出，然后乙醇蒸气直接进入精馏段。在精馏段，乙醇蒸气中乙醇含量进一步提高，上升到第一冷凝器、第二冷凝器，冷凝下来的液体中乙醇含量为70%左右，部分返回塔内。从精馏段上部可得到成品酒，精馏段下部取出一些沸点高的杂质，称为杂醇酒。被蒸尽乙醇的成熟醪液称为酒糟，由塔底部排糟器自动排出。

二、甲基叔丁基醚的生产

甲基叔丁基醚是（简称 MTBE）是优良的汽油高辛烷值添加剂和抗爆剂。常用甲醇和 C_4 合成反应而得到。反应式如下；

$$CH_3-\underset{}{\overset{CH_3}{\overset{|}{C}}}=CH_2+CH_3OH \longrightarrow CH_3-O-\underset{CH_3}{\underset{|}{\overset{CH_3}{\overset{|}{C}}}}-CH_3+36.52kJ/kmol$$

生产的工艺流程如下：

从图 1-76 中可知，从反应器 4、反应器 5 出来的物料，经预热器预热后，进入分馏塔 6，重组分甲基叔丁基醚在塔底获得，经冷却后进入成品槽。轻组分包括未反应的 C_4 组分和甲醇经塔顶冷凝冷却后入回流罐，一部分打回流，一部分入水洗塔。

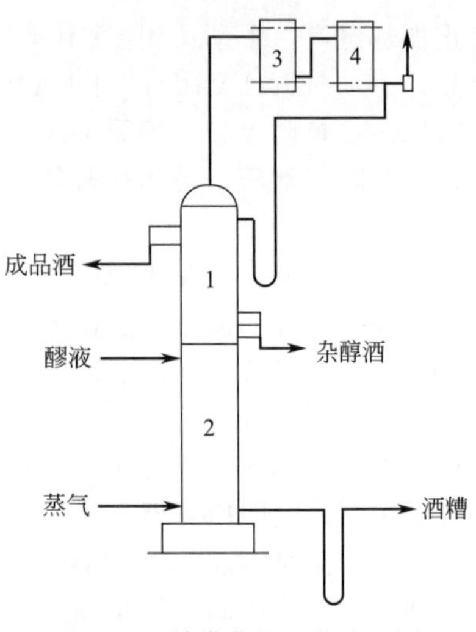

图 1-75 单塔蒸馏工艺流程图

1—精馏段；2—粗馏段；3—第一冷凝器；4—第二冷凝器

三、芳烃分离

由溶剂抽提所得的混合芳烃中含有苯、甲苯、二甲苯、乙苯及少量较重的芳烃，可将混合芳烃通过精馏的方法分离成高纯度的单体芳烃，其工艺流程如下：

如图 1-77 所示，混合芳烃依次送入苯塔、甲苯塔、二甲苯塔，精馏得到苯、甲苯、二甲苯等单一组分，其纯度为苯 99.9%、甲苯 99%、二甲苯 96%。

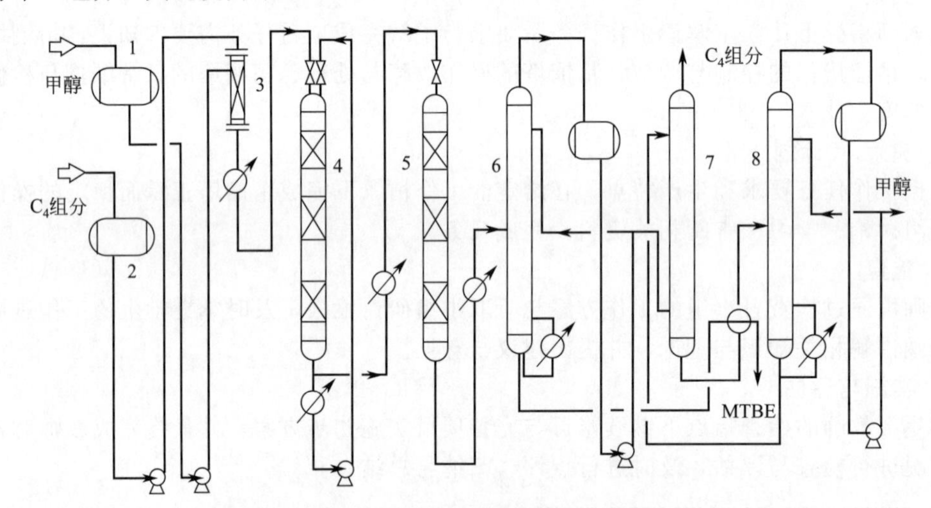

图 1-76 甲基叔丁基醚的生产工艺流程图

1—甲醇贮罐；2—原料罐；3—混合器；4—第一反应器；5—第二反应器；6—分馏塔；7—水洗塔；8—醇回收塔

四、甲醇生产

甲醇的合成生产方法有很多种，以低压法合成反应为例，反应式如下；

$$CO+2H_2 \longrightarrow CH_3OH$$

生产的工艺流程图如图 1-78 所示。

在甲醇合成塔 10 出来的含有甲醇的甲醇气，与原料气进行热交换并降温后，进入甲醇分离器 13，之后进入粗甲醇槽 14。

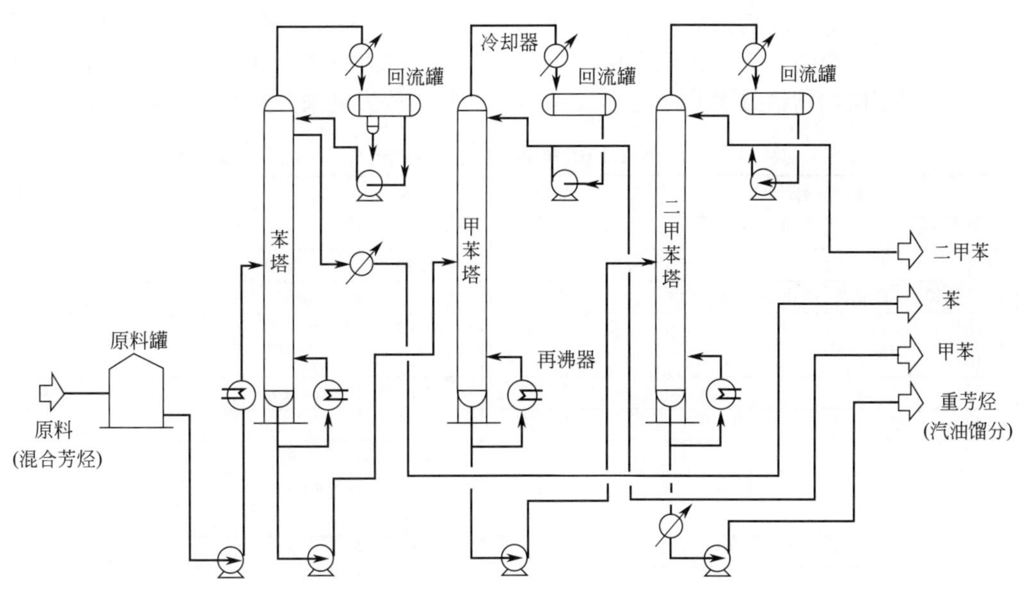

图 1-77　催化重整装置芳烃精馏过程的工艺流程（三塔流程）

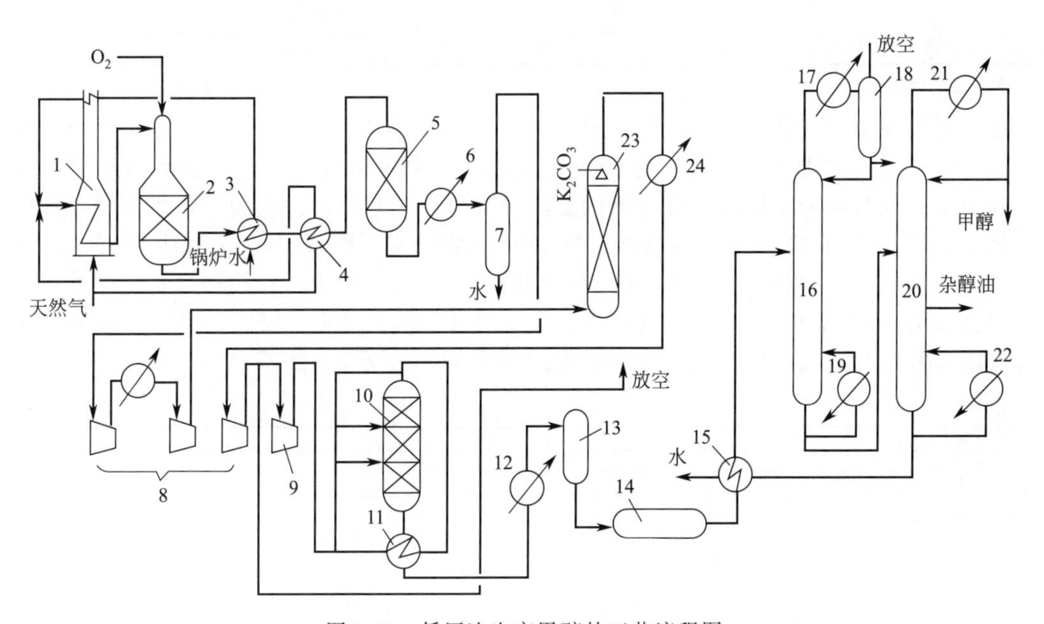

图 1-78　低压法生产甲醇的工艺流程图

1—蒸气转化炉；2—部分氧化转化器；3—废热锅炉；4—加热器；5—脱硫器；
6，12，17，21，24—水冷器；7—气液分离器；8—合成气压缩机；9—循环气压缩机；
10—甲醇合成塔；11，15—热交换器；13—甲醇分离器；14—粗甲醇槽；
16—脱轻组分塔；18—分离器；19，22—再沸器；20—甲醇产品塔；23—CO_2 吸收塔。

粗甲醇的分离一般采用两塔分离，图中 16 为脱轻组分塔，塔顶分出轻组分，经冷凝后回收其中所含甲醇，不凝气放空；塔釜液进入甲醇产品塔 20，塔顶采出产品甲醇，其纯度可达 99.85%。乙醇、高级醇等杂质醇油在塔的加料板下 6～14 块板处侧线采出。水由塔釜分出。

五、石油裂解分离

以裂解气的精馏为例加以说明。

石油经过裂解等处理后的裂解气的主要成分见表1-10。可见裂解气是含有酸性气体和水等杂质的烃类混合物，为了得到合格的产品，必须对其进行净化和精馏分离。由于其组分较多，可采用不同的精馏方案和净化方案。以其中的一种为例来分析精馏分离过程。

表1-10　裂解气的主要成分

裂解原料		乙烷	轻烃	石脑油	轻柴油	粗柴油
转化率/%		65				
组成/%	氢	34.00	18.20	14.09	13.18	11.1
	一氧化碳、二氧化碳、硫化氢	0.19	0.33	0.32	0.27	
	甲烷	4.39	19.83	26.78	21.24	25.1
	乙炔	0.19	0.46	0.41	29.34	4.6
	乙烯	31.51	28.81	26.10	29.34	33.8
	乙烷	24.35	9.27	5.78	7.58	0.3
	丙炔		0.52	0.48	0.54	0.6
	丙烯	0.76	7.68	10.30	11.42	0.5
	丙烷		1.55	0.34	0.36	13.2
	C_4馏分	0.18	3.44	4.85	5.21	8.0
	C_5馏分	0.09	0.95	1.04	0.51	2.8
	C_6～204℃馏分		2.70	4.53	4.58	
	水	4.36	6.26	4.98	5.40	
平均摩尔质量/(g/mol)		18.89	24.90	26.83	28.01	

1. 脱甲烷

进入脱甲烷塔的裂解气除了含有氢和甲烷外，还含有C_2至C_5以上的各种烃类。脱甲烷塔的主要作用是除去氢和甲烷。操作压力有高压、中压和低压之分。裂解气经干燥脱水后，经冷凝，经气液分离器后，分离器的凝液冷凝至－70℃左右进入脱甲烷塔，脱甲烷的塔顶气体用大约－101℃冷级的乙烯制冷，冷凝液全部回流。塔顶甲烷-氢气中含有一部分乙烯，进入冷箱进一步回收。先将其中的乙烯冷凝下来（温度约为－103℃），再将甲烷冷凝下来（温度约为－140℃），分离后的气体即为富氢气体（大约含氢70%），可作为加氢工序的氢源。塔釜液进入脱乙烷塔。工艺流程示意图如图1-79所示。

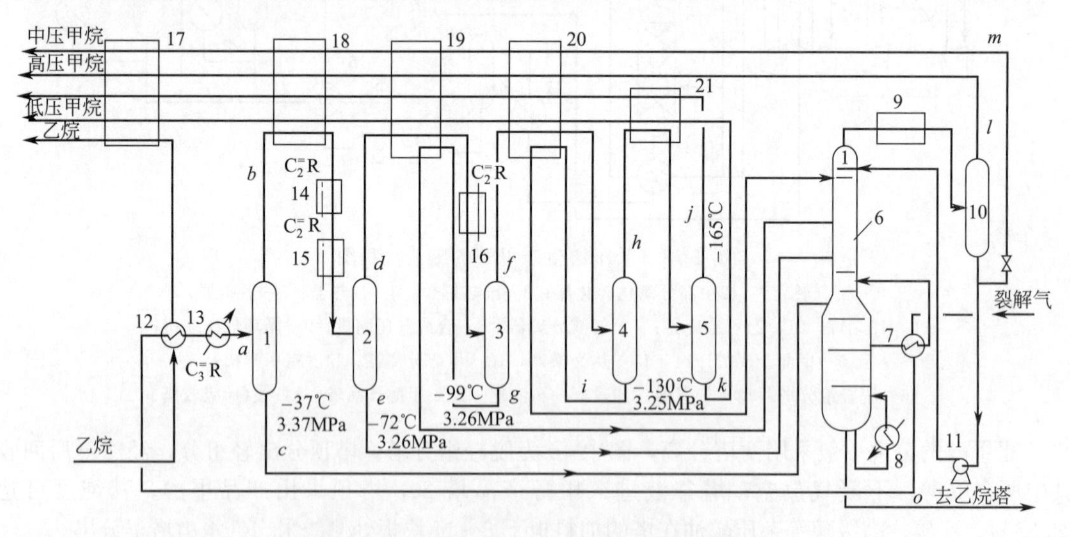

图1-79　前脱氢高压脱甲烷工艺流程示意图

1—第一气液分离罐；2—第二气液分离罐；3—第三气液分离罐；4—第四气液分离罐；5—第五气液分离罐；6—脱甲烷塔；7—中间再沸器；8—再沸器；9—塔顶冷凝器；10—回流罐；11—回流泵；12—裂解气-乙烷换热器；13—丙烯冷却器；14～16—乙烯冷却器；17～21—冷箱

2. 脱乙烷

脱乙烷可以分一个塔进行或分两个塔进行。脱乙烷塔采用高压操作。塔顶物料为乙烯和乙烷及乙炔馏分，经冷凝器冷凝后，冷凝液作为脱乙烷塔的回流液回流至脱乙烷塔，未冷凝的气体进入乙炔转化器，经过选择性加氢反应，乙炔转化为乙烯和乙烷。加氢脱炔后的塔顶产物进入吸收塔，以脱除绿油，吸收塔的塔顶产物经干燥后输入乙烯精馏塔，塔釜产物回送至脱乙烷塔。脱乙烷塔的塔釜产物为 C_3 及 C_3 以上馏分，去脱丙烷塔。工艺流程如图 1-80 所示。

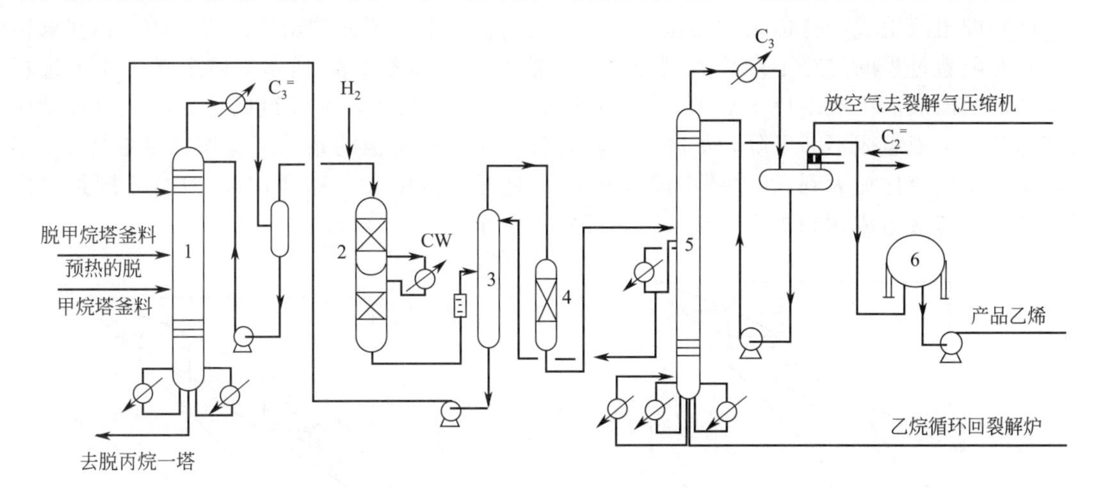

图 1-80　脱乙烷、乙炔加氢和乙烯精馏流程示意图

1—脱乙烷塔；2—乙炔转化器；3—绿油吸收塔；4—乙烯干燥器；
5—乙烯精馏塔；6—乙烯球罐

3. 脱丙烷

脱丙烷主要将丙烷和丁烯分开。一部分是丙烷和比丙烷更轻的组分，就是轻馏分；一部分是 C_4 和比 C_4 更重的组分，就是重馏分。为了节省冷量，也为了避免因塔釜温度过高而产生聚合物结垢和堵塞问题，脱丙烷流程采用双塔脱丙烷工艺。物料首先进入高压脱丙烷塔，塔顶蒸气经水冷凝后，一部分作为塔的回流，另一部分经分子筛干燥后进入丙炔转化器（又称 MAPD 转化器）进行加氢脱炔处理，除炔后的物料进入汽提塔除去氢和甲烷，汽提塔的塔釜物料进入丙烯精馏塔。高压脱丙烷塔的塔釜物料进入低压脱丙烷塔，低压脱丙烷塔的塔顶物料输入高压脱丙烷塔，塔釜物料作为脱丁烷的进料。

4. 脱丁烷

脱丁烷塔的塔顶可得到混合 C_4 产品，送至贮罐贮存。塔釜物料送至裂解汽油加氢装置。

知识拓展

一、间歇精馏

在化工生产和科学研究中，常采用间歇精馏操作。

化工生产中，若化学反应是分批进行的，反应产物的分离也要求分批进行，或者欲分离的混合物种类或组成经常变动，或者要求用一个塔把多组分混合物切割成几个馏分，或者欲处理的量很小时，采用间歇精馏比用连续精馏更为恰当。

1. 间歇精馏与连续精馏

（1）原料在操作前一次性加入釜中，其浓度随着操作的进行而不断降低，待釜液组成降至规定值后一次排出。因此，各层板上气液相的浓度也相应地随时在改变，所以间歇精馏属于非稳定操作。

（2）间歇精馏只有精馏段没有提馏段。间歇精馏操作可以采用两种方式进行：

① 保持馏出液组成恒定而不断地改变回流比；

② 保持回流比恒定，而馏出液组成不断下降。

2. 间歇精馏操作

（1）馏出液组成维持恒定的操作　在一定的塔板数下，要使馏出液组成不变，在间歇精馏中只有随着过程的进行不断增大回流比，才能实现。如图 1-81 所示，假定在 4 块理论板下操作，馏出液的组成维持 x_D 时，在回流比 R_1 下进行操作，釜液组成为 x_{W1}。随着操作时间增长，釜液组成不断下降，如降到 x_{W2}，仍在 4 块理论板的条件下操作，要维持 x_D 不变，需要将回流比加大到 R_2（图中虚线所示），使操作线由 ab_1 移到 ab_2。这样不断加大回流比，直到釜液组成达到规定组成 x_{We}，即停止操作。

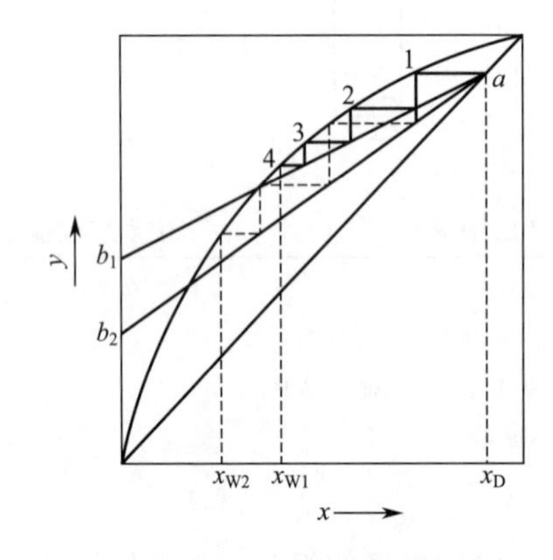

图 1-81　恒馏出液组成时间歇精馏理论塔板数的确定

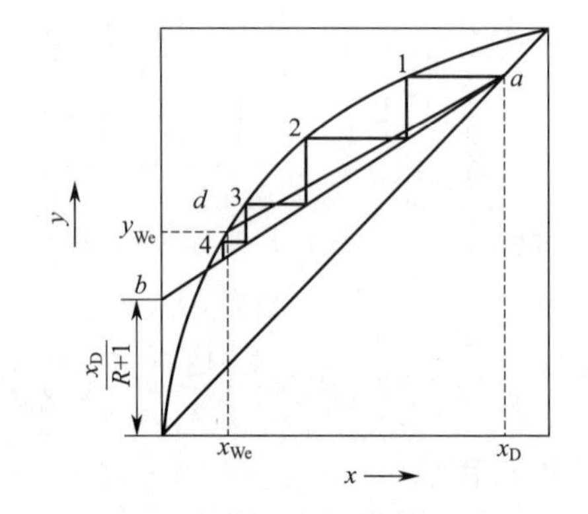

图 1-82　恒馏出液组成时间歇精馏的 R 与 x_W 的关系

确定理论塔板数时应以最终精馏阶段釜液的组成 x_{We} 为计算基准。

如上图 1-82 所示，根据 x_D 确定 a 点，作 $x=x_{We}$ 的直线与平衡线交于 d，直线 ad 即为操作终了时，在最小回流比下的操作线。

$R_{min}=\dfrac{x_D-y_{We}}{y_{We}-x_{We}}$，算出 R_{min} 后，取适当倍数求取操作回流比 R，再算出操作线在 y 轴上的截距 $\dfrac{x_D}{R+1}$，就可按一般作图法求取所需的理论塔板数。

在间歇精馏操作中，每批精馏的后期，由于釜液浓度太低，所需的回流比很大，馏出液量又少。为了经济上更合理，常在回流比要急剧增大时终止，收集原定浓度的馏分，继续操作，再蒸出一部分中间馏分，直到釜液达到规定的组成为止。

（2）回流比维持恒定的操作　因塔板数及回流比不变，在精馏过程中釜液组成 x_W 和馏出液组成 x_D 会降低。见图 1-83 所示，当馏出液组成为 x_{D1} 时，相应的釜液组成为 x_{W1}；当馏出液组成为 x_{D2} 时，相应的釜液组成为 x_{W2}，直到釜液组成达到规定值，操作即可终止。一般将所得馏出液组成中各瞬间组成取平均值。因此只有使操作初期的馏出液组成适当提高，馏出液的平均浓度才能符合产品的质量要求。

若料液组成为 x_F，初时馏出液组成为 x_{D1}，以三块理论板为例，最终釜液浓度为 x_{W3}，见图 1-83。而最小回流比可用下式计算：

$$R_{min}=\frac{x_{D1}-y_F}{y_F-x_F}$$

式中　y_F——与原料液相平衡的气相组成。

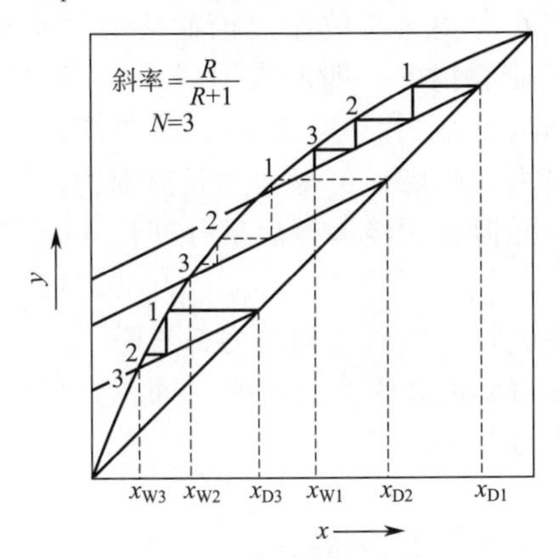

图 1-83　恒回流比间歇精馏 x_D 和 R 的关系

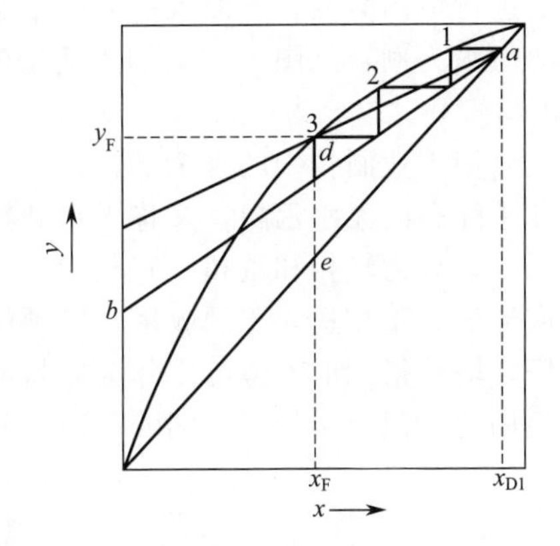

图 1-84　恒回流比间歇精馏时理论塔板数的确定

确定了最小回流比后，取适当的倍数可得操作回流比，然后按一般作图法即可求得理论塔板数。如图 1-84 所示。实际操作时，以上两种操作方式常结合使用。

二、特殊蒸馏

用普通蒸馏方法分离混合物并非在任何情况下都经济合理，当分离的混合物为恒沸混合物或易被高温分解时，就必须采用特殊蒸馏的方法来分离。工业上应用较广的特殊蒸馏方法有水蒸气蒸馏、恒沸蒸馏、萃取蒸馏等。

1. 水蒸气蒸馏

若混合物在常压下沸点较高或在沸点时要分解，即可采用水蒸气蒸馏。水蒸气蒸馏是将水蒸气直接加热置于蒸馏釜中，从而降低了被蒸馏产物的沸点，使被蒸馏物中的组分得以分离的操作（被蒸馏物与水蒸气完全或几乎不互溶）。

有一个 A-B 混合物，组分 A 与水不互溶，由于组分互不相溶，混合物便分为二层。当它们受热汽化时，其中各组分的蒸气分压分别与在同温度下纯态时各自的蒸气压相等，而且只要混合物的液层存在，水和被分离组分 A 分压的大小仅受温度的影响，而与其混合物的组成无关。根据道尔顿分压定律，混合物上方的蒸气总压则等于该温度下各组分蒸气压之和。

进行水蒸气蒸馏时，将混合物放在蒸馏釜中加热，并通入直接蒸汽。当水汽和被蒸馏液的蒸气分压之和等于釜内总压时，即达到沸点。水蒸气和被蒸馏的蒸气各按其分压的比率逸出。将此蒸气冷凝，所得馏出液分为二层，除去水即得产品 A。例如硝化苯、松节油、苯胺类及脂肪酸类物质的分离等都可使用水蒸气蒸馏的方法，一般水蒸气蒸馏都在减压条件下进行，以降低其沸点。

例如，常压下水的沸点为 373K，松节油的沸点高达 458K，若采用水蒸气蒸馏，在 368K 时溶液就沸腾了，此时，水的饱和蒸气压为 85.3kPa，松节油的蒸气压为 16kPa，总压正好为 101.3kPa。把蒸出的松节油蒸气和水蒸气冷凝，静置分层，就可以得到纯度很高的松节油了。

2. 恒沸蒸馏

在混合物中，若它们的沸点相近或互相重叠，可以利用恒沸蒸馏的方法来分离它们。在恒沸物中加入专门选择的溶剂，使溶剂与被分离混合物中的一个或几个组分形成新的恒沸混合物，从而使各组分间沸点差增加，达到分离的目的。而所组成的新的混合物（恒沸物），一般较原来任一组分的沸点为低。则蒸馏时，新的恒沸物从塔顶蒸出，塔底则为另一纯组分。要进行恒沸蒸馏，所加入的溶剂量必须保证塔内在分离过程终结之前始终有溶剂存在。以乙醇与水为例，见图 1-85，加入适量的溶剂苯于工业酒精中，即形成了三元恒沸物。（沸点为 64.85℃，组成为：$x_{C_6H_6}=0.539$，$x_{H_2O}=0.233$，$x_{C_2H_5OH}=0.288$）。只要加入适量的苯，就可使工业酒精中的水全部转移到三元恒沸物中去，则塔顶可得到三元恒沸物，塔底可得到几乎纯态的无水乙醇，又称无水酒精。塔顶的三元混合物经冷凝后部分回流，余下的引入分层器，分为轻相和重相。轻相为 $x_{C_6H_6}=0.745$，$x_{H_2O}=0.038$，$x_{C_2H_5OH}=0.217$，全部作为回流液。重相送入苯回收塔，塔顶仍得到三元混合物，塔底得到的为稀乙醇，进入乙醇回收塔，塔顶得到的乙醇与水作为原料液加入，塔底得到的几乎为纯的水。而苯在操作中是循环使用的。但由于损耗，间隔一段时间后，还需进行补充。

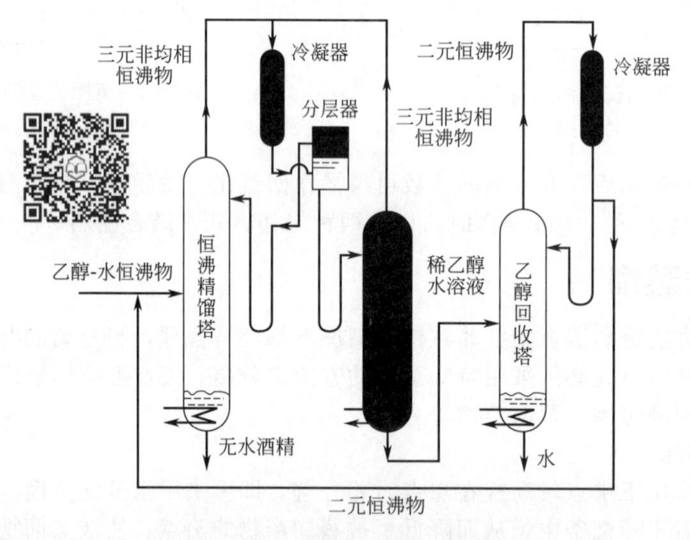

图 1-85　恒沸蒸馏流程示意图

这种恒沸蒸馏，溶剂的选择很重要，有以下几点要求：

① 溶剂应能与被分离组分形成新的恒沸物，其恒沸点要比纯组分的沸点低，一般沸点差不小于 10℃。

② 新的恒沸物所含溶剂用量愈低愈好，以便减少溶剂用量及汽化回收时所需的热量。

③ 新的恒沸物最好为非均相混合物，以便用分层的方法来分离。

④ 无毒性、无腐蚀性、热稳定性好。

⑤ 来源容易、价格低廉。

3. 萃取精馏

萃取精馏与恒沸蒸馏相似，在被分离的混合物中加入专门选择的第三组分—萃取剂，而此萃取剂有选择地与混合物中的某一组分完全互溶，所形成的互溶混合物的相对挥发度要比被分离混合物中所含组分的相对挥发度小得多。即增大了被分离的各组分的相对挥发度，从而使混合物得以分离的操作。

以甲苯和甲基环乙烷为例加以说明，如图 1-86 所示。

蒸馏时，将甲苯和甲基环乙烷混合物与萃取剂糠醛经预热后送入精馏塔（甲苯和甲基环乙烷由加料板进入，而苯酚则由顶部进入）。所用的第三组分都是沸点高的物质，被它溶解后的某一组分将形成难挥发的混合物，要保证这一组分被全部溶解，就需要塔中每一块塔板

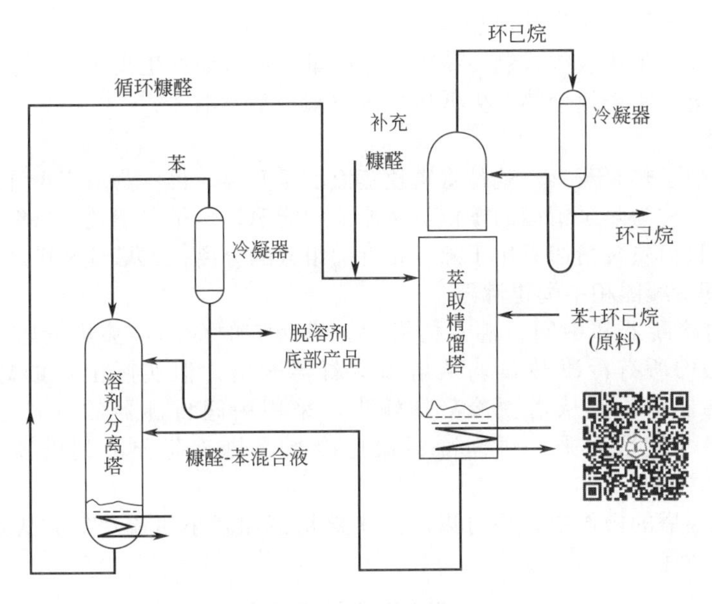

图 1-86　萃取精馏的流程示意图

上都有第三组分存在，则第三组分由塔顶引入。这样甲苯和苯酚就形成了难挥发组分，由塔顶得到甲基环乙烷，塔底得到甲苯和糠醛的混合物。再送入苯回收塔，塔顶得到甲苯，塔底得到糠醛。

同理对于萃取剂的选择也有以下几点要求：

① 萃取剂应使原组分之间相对挥发度发生显著变化。

② 萃取剂的挥发度应低些，使沸点较纯组分为高，且不与原组分形成恒沸物。

三、精馏塔的节能

由于精馏工艺和操作比较复杂，干扰影响因素多，在一般塔的操作中，通常为了获得合格的产品，大多数都是以牺牲过多的能量进行“过分离”操作，以换取在一个较宽的操作范围内获得合格的产品，这就使精馏塔消耗能量过大。在精馏塔中涉及的能量有：再沸器的加热量、料液带进的热量、塔顶产品带出去的热量、塔顶冷凝器中的冷却量、塔底产品带出去的热量。精馏过程的主要能量损失是流体阻力、不同温度的流体间的传热和混合及不同浓度的流体间的传质与混合。精馏塔的节能就是如何回收带出去的热量和减少精馏塔的能量损失。

近年来，人们对精馏过程节能问题进行了大量的研究，大致可归纳为两大类：一是通过改进工艺设备达到节能；二是通过合理操作与改进精馏塔的控制方案达到节能。

1. 预热进料

精馏塔的馏出液、侧线馏分和塔釜液在其相应组成的沸点下由塔内采出，作为产品或排出液，但在送往后道工序使用、产品贮存或排弃处理之前常常需要冷却，利用这些液体所放出的热量对进料或其他工艺流股进行预热，是最简单的节能方法之一。

2. 塔釜液余热的利用

塔釜液的余热除了可以直接利用其显热预热进料外，还可将塔釜液的显热变为潜热来利用。例如，将塔釜液送入减压罐，利用蒸汽喷射泵，把一部分塔釜液变为蒸气作为他用。

3. 塔顶蒸汽的余热回收利用

塔顶蒸汽的冷凝热的量比较大，通常用以下几种方法回收。

(1) 直接热利用　在高温精馏、加压精馏中，用蒸汽发生器代替冷凝器把塔顶蒸汽冷凝，可以得到低压蒸汽，作为其他热源。

（2）余热制冷　采用吸收式制冷装置产生冷量，通常能产生高于0℃的冷量。

（3）余热发电　用塔顶余热产生低压蒸汽驱动透平发电。

4. 热泵精馏

热泵精馏类似于热泵蒸汽，就是将塔顶蒸汽加压升温，再作为塔底再沸器的热源，回收其冷凝潜热。这种称为热泵精馏的操作虽然能节约能源，但是以消耗机械能来达到的，未能得到广泛采用。目前热泵精馏只用于沸点相近的组分的分离，其塔顶和塔底温差不大。

5. 增设中间冷凝器和中间再沸器

在没有中间冷凝器和中间再沸器的塔中，塔所需的全部再沸热量均从塔底再沸器输入，塔所需移去的所有冷凝热量均从塔顶冷凝器输出。但实际上塔的总热负荷不一定非得从塔底再沸器输入，从塔顶冷凝器输出，采用中间再沸器的方式把再沸器加热量分配到塔底和塔中间段，采用中间冷凝器把冷凝器热负荷分配到塔顶和塔的中间段，这就是节能的措施。

此外，在精馏塔的操作中，还可以通过多效精馏和减小回流比等方式来达到节能的目的，这里就不再叙述。

项目测试题

思　考　题

1. 说明下列各名词的意义。

（1）简单蒸馏、平衡蒸馏、精馏、水蒸气蒸馏、恒沸蒸馏、萃取蒸馏

（2）操作线、平衡线、q线、精馏段、提馏段

（3）挥发度及相对挥发度

（4）恒摩尔流、理论板、实际板

（5）回流比、最小回流比、全回流

（6）单板效率、全塔效率

（7）溢流塔板、穿流塔板

（8）液泛、夹带、漏液

2. 最适宜回流比的确定需要考虑哪些因素？

3. 叙述精馏的原理。

4. 适宜的进料位置是如何确定的？

5. 理论塔板数的求取有哪几种方法？各自的优缺点是什么？

6. 叙述精馏操作过程中温度和压力的影响。

7. 分析精馏操作过程中回流比的影响。

8. 精馏过程中有哪些节能方式？

9. 精馏操作的开车停车步骤如何？需注意哪些安全问题？

10. 当精馏操作中出现压力过高时，该如何调节？

11. 当精馏操作中出现釜温过高时，该如何调节？

12. 精馏塔的液泛、漏液现象如何避免？

13. 精馏塔中可能出现的设备故障有哪些？如何处理？

14. 精馏塔在操作前为什么要进行清扫？清扫时要注意什么？

15. 精馏塔操作前、检修时为什么要装拆盲板?

16. 精馏塔操作前为什么要进行试压、冲洗、干燥、置换等操作?

测　试　题

1. 含乙醇12%的水溶液，试求：

(1) 乙醇的摩尔分数；

(2) 乙醇水溶液的平均分子量。

2. 正庚烷（C_7H_{16}）和正辛烷（C_8H_{18}）混合物中，正庚烷的质量分数是0.40，试求其摩尔分数。

3. 苯和甲苯的混合液，在318K下沸腾，外界压力为20.3kPa，已知在此条件下纯苯的饱和蒸气压为22.7kPa，纯甲苯的饱和蒸气压为7.6kPa，试求平衡时苯和甲苯的气、液相组成。

4. 乙苯和异丙苯的混合液，其质量相等，纯乙苯的饱和蒸气压为33kPa，纯异丙苯的饱和蒸气压为20kPa。乙苯的千摩尔质量为106kg/kmol，异丙苯的千摩尔质量120kg/kmol。求当气液平衡时两组分的蒸气压和总压。

5. 今有苯酚和对苯酚的混合液。已知在390K，总压101.3kPa下，苯酚的饱和蒸气压为11.58kPa，对苯酚的饱和蒸气压为8.76kPa，试求苯酚的相对挥发度。

6. 在连续精馏塔中分离含苯50%（质量分数，下同）的苯-甲苯混合液。要求馏出液组成为98%，釜残液组成为1%。试求苯的回收率。

7. 每小时将15000kg含苯40%和甲苯60%的溶液在连续精馏塔中进行分离，要求釜残液中含苯不高于2%（以上均为质量分数)，塔顶馏出液的回收率为97.1%。操作压力为常压，试求馏出液和釜残液的流量和组成（用摩尔流量和摩尔分数来表示）

8. 将乙醇水溶液进行连续精馏，原料液的流量是100kmol/h，乙醇在原料液中的摩尔分数为0.30，馏出液中的摩尔分数为0.80，残液中的摩尔分数为0.05。求馏出液流量和残液流量。若此精馏过程的回流比为3，原料液为泡点进料，试求精馏段操作线方程和提馏段操作线方程。

9. 精馏段：$y=0.8x+0.205$；提馏段 $y=1.25x-0.08$。求泡点进料时，原料液、馏出液、釜液组成及回流比。

10. 在连续精馏塔中分离含苯0.4（摩尔分数，下同）的苯-甲苯混合液，要求馏出液组成为0.95，苯的回收率不低于90%，试求：

(1) 馏出液的采出率 D/F；(2) 残液组成。

11. 在连续精馏塔中分离两组分混合液，已知进料量为100kmol/h，组成为0.45（摩尔分数，下同)，饱和液体进料，操作回流比为2.6，馏出液组成0.96，残液组成为0.02，试求：

(1) 易挥发组分的回收率；(2) 精馏段操作线方程；(3) 提馏段操作线方程。

12. 在连续精馏塔中分离两组分理想溶液，原料液的组成为0.35（摩尔分数，下同)，馏出液的组成为0.95，回流比取最小回流比的1.3倍，物系的平均相对挥发度为2.0，试求饱和液体进料时的操作回流比。

13. 某连续精馏塔分离苯-甲苯混合液，已知操作条件下气液平衡方程为 $y=\dfrac{2.41x}{1+1.41x}$，精馏段操作线方程为 $y=0.60x+0.38$，塔顶采用全凝器，液体泡点回流。求自塔顶向下数的第二块理论板上升的蒸气组成。

14. 用一精馏塔分离二元理想混合物，已知 $\alpha=3$，进料浓度为 $x_F=0.3$，进料量为 2000kmol/h，泡点进料。要求塔顶浓度为 0.9，塔釜浓度为 0.1（以上均为摩尔分数）。求塔顶、塔釜的采出量，若 $R=2R_{min}$，写出精馏段和提馏段的操作线方程。

15. 连续操作的精馏塔，精馏段操作线方程为 $y=0.75x+0.2075$，q 线方程为 $y=-0.5x+1.5x_F$，相对挥发度为 2.5，试求：回流比；馏出液的组成；判断进料热状态。当进料组成为 $x_F=0.44$，两操作线交点的 x 值为多少？回流比为最小回流比的多少倍？

16. 某二元混合物在连续精馏塔中分离，饱和液体进料，组成为$x_F=0.5$，塔顶馏出液组成为 0.9，釜液组成为 0.05，（以上均为易挥发组分的摩尔分数），相对挥发度为 3，回流比为最小回流比的 2 倍。塔顶设全凝器，泡点回流，塔釜为间接蒸汽加热。试求：进入第一块理论板的气相浓度；离开最后一块理论板的液相浓度。

17. 在苯-甲苯精馏系统中，已知物料中易挥发组分的相对挥发度为 2.41，各部分料液组成为：$x_F=0.5$，$x_D=0.95$，$x_W=0.05$，实际采用回流比为 2，沸点进料，试用逐板计算法求精馏段的理论塔板数。

18. 已知苯-甲苯连续精馏塔中，原料液中苯的摩尔分数为 0.40，馏出液中是 0.90，残液中是 0.05，操作回流比为 2.5，泡点进料，试求理论塔板数和加料板位置。

项目二

萃取操作与控制

项目学习目标

知识目标

掌握萃取操作的基本知识、三角形相图、相平衡关系、单级萃取操作的工艺计算；掌握萃取操作的适用场合；掌握萃取操作、常见事故及其处理方法；理解萃取过程的基本原理，理解萃取操作过程的控制与调节；了解各种萃取操作的基本流程，了解各种萃取设备的结构、特点及其选择方法。

能力目标

能够用三角形相图表示萃取操作过程，分析萃取操作过程的影响因素，并能够进行萃取剂的选择，液-液萃取操作的选择；能够了解萃取操作的开停车、常见事故及其处理方法。

素质目标

培养学生工程技术的观念；培养学生独立思考的能力，逻辑思维的能力；培养学生应用所学知识解决工程实际问题的能力。

主要符号说明

英文字母

B——原溶剂（稀释剂）流量，kg/h；

E——萃取相的流量，kg/h；

E'——萃取液的流量，kg/h；

F——原料液的流量，kg/h；

k——分配系数；

M——混合物的流量，kg/h；

R——萃余相的流量，kg/h；

R'——萃余液的质量，kg/h；

S——萃取剂的质量，kg；

x——组分 A 在萃余相 R 中的质量分数；

y——组分 A 在萃取相 E 中的质量分数。

下标

A——溶质；

B——稀释剂；

F——原料液；

m——混合物；

S——萃取剂。

项目导言

萃取是有机化学实验室中用来提纯和纯化化合物的手段之一。通过萃取，能从固体或液体混合物中提取出所需要的化合物。这里介绍常用的液-液萃取。液-液萃取也称溶剂萃取，是一种简单、快速，易于操作和自动化的单元操作。萃取指溶于水相的溶质与有机溶剂接触后，经过物理或化学作用，部分或几乎全部转移到有机相的过程。它是一种分离技术，主要用于物质的分离和提纯。

萃取一般在常温下操作，采用加入质量分离剂的方法来分离液相混合物，主要用于不适宜采用蒸馏操作的场合（待分离两组分的相对挥发度在1.0～1.2，或需要分离的组分浓度低，采用液液萃取比蒸馏更为经济、有效），也特别适用于热敏性物质（如抗生素）或不挥发物质（如矿物盐类）的分离。

这种分离方法具有装置简单、操作容易的特点，既能用来分离、提纯大量的物质，更适合于微量或痕量物质的分离、富集，是分析化学经常使用的分离技术。溶剂萃取可与光度法、原子吸收法、电化学方法、X射线荧光光谱法、发射光谱法等结合，提高分离和测定的选择性和灵敏度，也广泛用于原子能、冶金、电子、环境保护、生物化学和医药等领域。

1. 溶剂萃取的发展历史

（1）19世纪，用于无机物和有机物的分离，1842年Peligot首先用二乙醚萃取硝酸铀酰。用乙酸乙酯类的物质分离水溶液中的乙酸等。

（2）1863年Braun又将二乙醚用于硫氰酸盐的萃取。

（3）1872年Berthelot首先提出了萃取平衡的定量关系式。

（4）1891年Nernst从热力学观点进行了研究，后来许多科学工作者对多种萃取剂的萃取平衡体系进行了深入、系统和广泛的研究，使理论和实践得到迅速的发展，甚至在不少情况下可以预测分离和富集的条件及效果。

（5）1892年Rothe等又推广了乙醚从浓盐酸溶液中萃取Fe，此后相继用于多种金属离子的分离。随着核技术及材料科学的发展和需要，溶剂萃取才在工业和分析化学中得到广泛应用。

（6）1920年人们发现双硫腙可以萃取多种金属离子，从而使溶剂萃取在分析化学中获得了应用。

（7）1930年人们开始研究应用溶剂萃取法分离稀土，由于当时萃取剂种类还不多，加之稀土元素彼此间性质十分相近，因而未获得有实际应用价值的成果。

（8）1940年美国首先将溶剂萃取用于核燃料工业，建立了第一座萃取精铀工厂。

（9）在采矿和冶炼工业中第一个被商业运营的萃取剂是用于铀矿石的处理。20世纪60年代，科学家设计出了铜萃取工艺（CuSX），世界上第一个铜溶剂萃取厂在1968年投产，Ranchers Exploration Bluebirdmine，使用的是LIX 64N。今天世界上大约有1/4的铜是通过溶剂萃取的方法生产的，而世界上大约有3/4的铀是通过溶剂萃取的方法生产的。

2. 溶剂萃取的最新进展

（1）合成毒性小而萃取性能优异的萃取剂，结合现代方法深入进行萃取动力学的研究；

（2）进一步与其他分离和测定方法相结合，建立新的分离和测定体系及新技术；

（3）结合IR、NMR等研究萃取机理；

（4）用于湿法冶金，尤其对铂族、稀土元素、铀、钍、钪及其他稀有元素的湿法冶金，具有广泛的应用前景；

(5) 研究固体萃取机理、动力学和应用等。

任务一　分离方案的选择

工作任务要求

根据需分离的化工物料的要求和特点合理地选择分离方法。

以工业应用实例来说明生产过程分离方案的选择。

工作任务情景

1. 东方化工集团生产丙酮，产生的丙酮-水溶液，最终产品需要回收丙酮。生产力为3t/d，其中丙酮的质量分数为35%。

2. 东方化工集团醋酸生产中，从醋酸水溶液中回收醋酸，其中醋酸含量为40%（质量分数）。

3. 东方化工集团开发煤液化所产生的水相副产物，从含有乙酸、丙酸、丁酸的水溶液（乙酸含量8.3%，丙酸1.4%，丁酸0.5%，质量分数）中回收有机酸的操作。几种羧酸的基本物理性质见表2-1。

表2-1　几种羧酸的基本物理性质

羧酸物性 名称	密度/(kg/cm^3)	分子量	闪点/℃	沸点/℃	水溶性/(g/100mL)
乙酸	1.0492	60.0524	40	117.9	可互溶
丙酸	0.99336	74.0792	51	140.7	37
丁酸	0.958	88.106	69	163.5	≥10

4. 东方化工集团生产某种硫酸盐，从硫酸盐溶液中回收铁、锌、锰，其中溶液中含铁12.73g/L，锌24g/L，锰40g/L。

5. 东方化工集团生产双氧水，产生氧化液（双氧水、三甲苯、硫酸三辛酯、烷基蒽醌、四氢烷基蒽醌），流量为470m^3/h，双氧水的浓度为7.3g/L，回收双氧水。

技术理论与必备知识

一、萃取操作

"萃取"就是在液体混合物（原料液）中加入一个与其基本不相混溶的液体作为溶剂，形成第二相，利用原料液中各组分在两个液相中的溶解度不同而使原料液混合物得以分离的单元操作，亦称溶剂萃取，简称萃取或抽提。简单地说，萃取——利用混合物各组分对某溶剂具有不同的溶解度，从而使混合物各组分得到分离与提纯的操作过程。

例如用醋酸乙酯萃取醋酸水溶液中的醋酸，如图2-1所示。

液-液萃取，它是20世纪30年代用于工业生产的新的液体混合物分离技术。随着萃取应用领域的扩展，回流萃取、双溶剂萃取、反应萃取、超临界萃取及液膜分离技术相继问世，使得萃取成为分离液体混合物时很有生命力的操作单元之一。

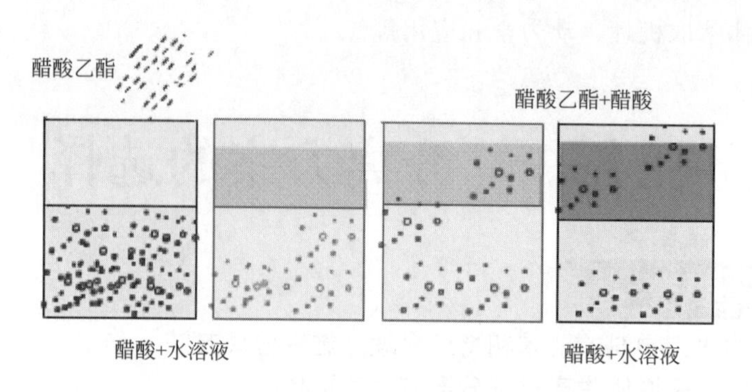

图 2-1 萃取示意图

液-液萃取是指向液体混合物（稀释剂）中加入某种适当溶剂（萃取剂），两者混合后分成两层，上层为萃取相，下层为萃余相。由于溶质在两相间的溶解度不同，料液中的溶质逐渐向萃取相扩散，其浓度不断降低，而萃取相中溶质浓度不断升高。在萃取过程中，萃取剂应对溶质具有较大的溶解能力，与稀释剂应不互溶或部分互溶。

一般来说，要实现液-液萃取过程，进行接触的两种液体必须是单独的两相，即它们必须是不互溶或部分互溶的，因此可以把萃取过程定义为物质从一液相转入与该液相不互溶的另一液相的传质过程。包含被分离组分的溶液称为液-液萃取的原料液，用 F 表示；原混合物中与萃取剂不互溶或仅部分互溶的组分称为原溶剂，以 B 表示；用于从原料剂中萃取一种或多种溶质的与原料液不互溶的液体称为萃取剂，以 S 表示；混合物中被分离出的组分是溶质，以 A 表示。萃取相用 E 表示，萃余相用 R 来表示。

如图 2-2 所示，一定量萃取剂加入原料液中，形成两液相，两液相因密度不同而分层：一层以溶剂 S 为主，并溶有较多的溶质，称为萃取相，以 E 表示；另一层以原溶剂（稀释剂）B 为主，且含有未被萃取完的溶质，称为萃余相，以 R 表示。但萃取操作并没有得到纯净的组分，而是新的混合液：萃取相 E 和萃余相 R。为了得到产品 A，并回收溶剂以供循环使用，尚需对这两相分别进行分离。通常采用蒸馏或蒸发的方法，有时也可采用结晶等其他方法。脱除溶剂后的萃取相和萃余相分别称为萃取液和萃余液，以 E′和 R′表示。

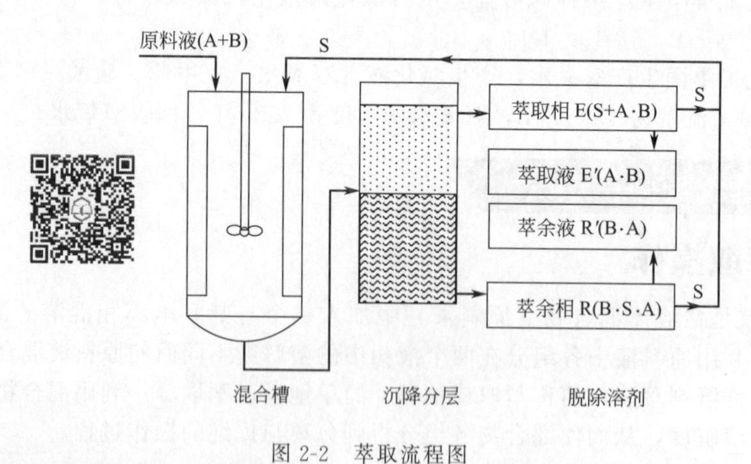

图 2-2 萃取流程图

二、萃取的概述

为使萃取操作得以进行，一方面溶剂 S 对稀释剂 B、溶质 A 要具有不同的溶解度，另一方面S与B必须具有密度差，便于萃取相与萃余相的分离。当然，溶剂S具有化学性质稳定、回收容易等特点，则将为萃取操作带来更多的经济效益。

用萃取法分离液体混合物时，混合液中的溶质既可以是挥发性物质，也可以是非挥发性物质（如无机盐类）。当用于分离挥发性混合物时，与精馏比较，整个萃取过程比较复杂，譬如萃取相中萃取剂的回收往往还要应用精馏操作。但萃取过程本身具有常温操作、无相变以及选择适当溶剂可以获得较高分离系数等优点，在很多的情况下，仍显示出技术经济上的优势。一般来说，在以下几种情况下采取萃取过程较为有利。

（1）溶液中各组分的沸点非常接近，或者说组分之间的相对挥发度接近于1。

（2）混合液中的组分能形成恒沸物，用一般的精馏方法不能得到所需的纯度。

（3）混合液需要回收的组分是热敏性物质，受热易于分解、聚合或发生其他化学变化。

（4）需分离的组分浓度很低且沸点比稀释剂高，用精馏方法需蒸馏出大量稀释剂，耗能量很多。

当分离溶液中的非挥发性物质时，与吸附离子交换等方法比较，萃取过程处理的是两流体，操作比较方便，常常是优先考虑的方法。

三、萃取分离的特点

萃取分离相对于其他操作，具有自身的特点。

（1）混合物的相对挥发度小或形成恒沸物，用一般精馏方法不能分离或很不经济，比蒸馏法能耗低，生产能力大，周期短，连续操作，可以自动化控制；

（2）混合物浓度很稀，采用精馏方法必须将大量稀释剂汽化，能耗过大；

（3）混合液含热敏性物质（如药物等），采用萃取方法精制可避免物料受热破坏；

（4）比化学沉淀法分离程度高，比离子交换法选择性好、传质快；

（5）和其他新型分离技术相结合，产生了一系列新型分离技术。

四、萃取操作的分类

1．萃取的方法很复杂，主要有以下几种

（1）根据萃取剂和原料的物理状态分，以液体为萃取剂的，如果含有目标产物的原料也为液体，则称为液液萃取；如果含有目标产物的原料为固体，则称液固萃取；以超临界流体为萃取剂时，含有目标产物的原料可以是液体，也可以是固体，称此操作为超临界流体萃取。在液液萃取中，根据萃取剂的种类和形式的不同又分为有机溶剂萃取、双水相萃取、液膜萃取和反胶束萃取等。

（2）根据萃取原理，在萃取操作中，萃取剂与溶质之间不发生化学反应的萃取称为物理萃取；萃取剂和溶质之间发生化学反应的萃取称为化学萃取。根据溶质与萃取剂之间发生的化学反应机理，化学萃取还可大致分为五类：络合反应、阳离子交换反应、离子缔合反应、加合反应和协同萃取反应等。

（3）根据操作方式，萃取可分为分批式萃取和连续式萃取。

（4）根据萃取流程，可分为单级萃取、多级萃取，其中多级萃取又分为多级错流萃取、多级逆流萃取和微分萃取。

2．一些萃取方法的原理介绍

（1）液液萃取　是指向液体混合物（稀释剂）中加入某种适当溶剂（萃取剂），两者混合后分成两层，上层为萃取相，下层为萃余相。由于溶质在两相间的溶解度不同，料液中的溶质逐渐向萃取相扩散，其浓度不断降低，而萃取相中溶质浓度不断升高。在萃取过程中，萃取剂应对溶质具有较大的溶解能力，与稀释剂应不互溶或部分互溶。

(2) 双水相萃取　近年来，基因工程、蛋白质工程、细胞培养工程、代谢工程等高新生物技术研究工作的广泛展开，各种高附加值的生化新产品不断涌现，对生化分离技术也提出了越来越高的要求。与上游过程相比，目前作为下游过程的生化分离纯化技术往往存在步骤多、收得率低、处理时间长、重复性差等缺点，这样便严重阻碍了生物技术的工业化发展。因此，就迫切需要一种分离步骤少、收率高、处理时间短、易于放大的生化分离纯化技术，双水相萃取技术就满足了这一需要。特别是基因工程技术的发展，需要从细胞中提取高质量的遗传物质，由于细胞破碎后，在溶液中存在大量的轻质细胞碎片，给遗传物质的提取形成了很大的干扰，通常通过离心分离和溶剂萃取难以得到高纯度高活性的遗传物质，而通过双水相初步提取，可以使目标物和轻质碎片得到很好的分离，且目标物的活性几乎没有损失。因此双水相萃取技术得到了很大的重视，并且在近 20 年里取得了较大的发展。

某些亲水性高分子聚合物的水溶液超过一定浓度后可以形成两相，并且在两相中水分均占很大比例，即形成双水相系统。利用亲水性高分子聚合物的水溶液可形成双水相的性质，Albertsson 于 20 世纪 50 年代后期开发了双水相萃取法，又称双水相分配法。双水相萃取的聚合物不相溶性：根据热力学第二定律，混合是熵增过程，可以自发进行，但分子间存在相互作用力，这种分子间作用力随分子量增大而增大。当两种高分子聚合物之间存在相互排斥作用时，由于分子量较大的分子间的排斥作用与混合熵相比占主导地位，即一种聚合物分子的周围将聚集同种分子而排斥异种分子，当达到平衡时，即形成分别富含不同聚合物的两相。这种含有聚合物分子的溶液发生分相的现象称为聚合物的不相溶性。可形成双水相的双聚合物体系很多，如聚乙二醇（PEG）/葡聚糖（Dx）、聚丙二醇/聚乙二醇、甲基纤维素/葡聚糖。

聚乙二醇-葡萄糖和聚乙二醇-无机盐两种体系由于水溶性高聚物难以挥发，使反萃取必不可少，且盐进入反萃取剂中，对随后的分析测定带来很大的影响。另外水溶性高聚物大多黏度较大，不易定量操作，也给后续研究带来麻烦。事实上，普通的能与水互溶的有机溶剂在无机盐的存在下也可生成双水相体系，并已用于血清铜和血浆铬的形态分析。基于与水互溶的有机溶剂和盐水相的双水相萃取体系具有价廉、低毒、较易挥发而无需反萃取和避免使用黏稠水溶性高聚物等特点。

(3) 反胶束萃取　反胶束是分散于连续有机相中的、由表面活性剂所稳定的纳米尺度的聚集体。在反胶束溶液中，构成反胶束的表面活性剂的非极性尾向外伸入非极性溶剂中，而极性头则向内排列形成一个极性核。蛋白质及其他亲水物质能够进入反胶束的极性核内，由于周围水层和极性头的保护，保持了蛋白质的天然构象。

(4) 液固萃取　液固萃取是用溶剂分离固体混合物中的组分，又称溶剂浸取。利用固体物质在液体溶剂中的溶解度不同来达到分离提取的目的。进行浸取的原料是溶质与不溶性固体的混合物，其中溶质是可溶组分，而不溶固体称为载体或惰性物质。

利用填充了细颗粒吸附剂的小柱作液-固萃取（LSE）的方法很快就把液-液萃取方法比了下去，在样品基质的简化和痕量样品的富集等方面建立起了自己的地位。液-液萃取有这样的一些问题：劳动力密集；经常受到乳化等实际问题的困扰；倾向于消耗大量的高纯度溶剂，这些溶剂往往对操作者健康和环境造成危害；在排放的时候带来额外的费用。液-固萃取则有廉价、省时、溶剂消耗和处理的步骤简单等优点。液-固萃取用于现场采样很方便，它使人们不必把大量样品送到实验室中去处理，最大限度地减少样品运输和贮存的问题。液-固萃取技术不是没有它的问题，但这些问题和在液-液萃取中遇到的问题是不一样的，这两种技术可以看作是互补的。

(5) 液膜萃取　液膜萃取是一项新的萃取技术。以水为连续相，分散有表面活性剂和有机相包覆水相内核的液滴，形成一乳状液。在外水相中某些组分被液滴外的有机相萃取后进入液滴内的水相，实现萃取分离。由于液滴的直径只有几微米，液膜的比表面积大，被萃取组分很快从有机相转入内水相，传质推动力大，传质不受外水相与有机相平衡浓度的限制，故萃取效率很高。技术的难点是破乳，目前在高压静电场下破乳是最有效的。可用在金属离子分离、生物产品分离以及污水处理等方面。

（6）固相萃取　固相萃取（SPE）是 19 世纪 70 年代后期发展起来的样品前处理技术。它发展迅速，广泛应用于环境、制药、临床医学、食品等领域。

固相萃取法是色谱法的一个重要应用。在此方法中，使一定体积的样品溶液通过装有固体吸附剂的小柱，样品中与吸附剂有强作用的组分被完全吸附；然后，用强洗脱溶剂将被吸附的组分洗脱出来，定容成小体积被测样品溶液。使用固相萃取法，可以使样品中的组分得到浓缩，同时可初步除去对感兴趣组分有干扰的成分，从而提高了分析的灵敏度。固相萃取不仅可用于色谱分析中的样品预处理，而且可用于红外光谱、质谱、核磁共振、紫外和原子吸收等各种分析方法的样品预处理。C_{18}固相萃取小柱具有疏水作用，对非极性的组分有吸附作用，因此可以从水中将多核芳烃萃取出来，起到浓缩样品的作用。固相萃取小柱还有其他类型，如极性、离子交换等。

与液液萃取相比，固相萃取具有如下优点：回收率和富集倍数高；有机溶剂消耗量低，可减少对环境的污染；采用高效、高选择性的吸附剂，能更有效地将分析物与干扰组分分离；无相分离操作过程，容易收集分析物；能处理小体积试样；操作简便、快速，费用低；简单、快速和简化了样品预处理操作步骤，缩短了预处理时间；处理过的样品易于贮藏、运输，便于实验室间进行质控；仅用少量的有机溶剂，降低了成本；易于与其他仪器联用，实现自动化在线分析。

固相萃取在环境分析的应用：多环芳烃、农药残留等有机污染物的检测。固相萃取在生物样品分析中的应用：生物检材中毒物和药物残留分析、血液中药物分析和药物动力学研究。

（7）超临界流体萃取　超临界流体萃取是目前国际上最先进的物理萃取技术。在较低温度下，不断增加气体的压力时，气体会转化成液体，当温度增高时，液体的体积增大，对于某一特定的物质而言，总存在一个临界温度（T_c）和临界压力（p_c），高于临界温度和临界压力后，物质不会成为液体或气体，这一点就是临界点。在临界点以上的范围内，物质状态处于气体和液体之间，这个范围之内的流体称为超临界流体（SF）。超临界流体萃取过程如图 2-3 所示。

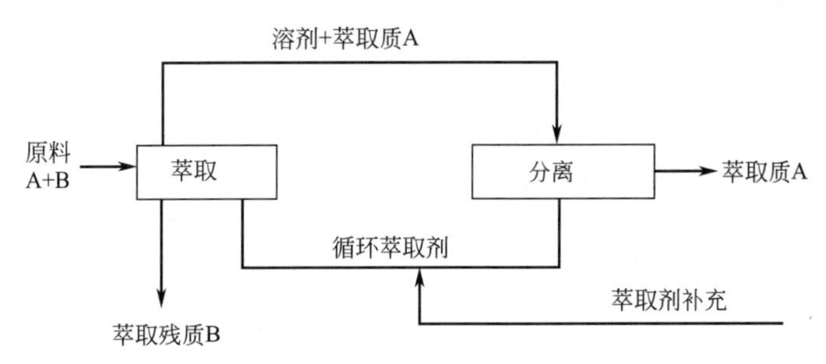

图 2-3　超临界流体萃取过程

超临界流体萃取是近代化工分离中出现的高新技术，将传统的蒸馏和有机溶剂萃取结合一体，如利用超临界 CO_2 优良的溶剂能力，将基质与萃取物有效分离、提取和纯化。CO_2 是安全、无毒、廉价的气体，超临界 CO_2 具有类似气体的扩散系数，液体的溶解力，表面张力为零，能迅速渗透进固体物质之中，提取其精华，具有高效、不易氧化、纯天然、无化学污染等特点。

超临界萃取所用的萃取剂为超临界流体，超临界流体是介于气液之间的一种既非气态又非液态的物态，这种物质只能在其温度和压力超过临界点时才能存在。超临界流体的密度较大，与液体相仿，而它的黏度又较接近于气体。因此超临界流体是一种十分理想的萃取剂。超临界流体具有类似气体的较强穿透力和类似于液体的较大密度和溶解度，具有良好的溶剂特性，可作为溶剂进行萃取、分离单体。

(8) 单级萃取　单级萃取是液液萃取中最简单的操作流程，或被称为混合-澄清式萃取。单级萃取只包括一个混合器和一个分离器，一般用于分批式操作，也可以进行连续操作。料液与萃取剂一起加入混合器内，通过搅拌使其混合均匀，达到平衡后溶液流入分离器中，溶剂与产物进一步分离，而溶剂则可循环使用，产物即为萃取产品。

(9) 多级错流萃取　指将几个萃取单元（混合-澄清器）串联起来，料液经第一级萃取后分成两相，其中萃余相流入下一个萃取单元中的混合器作为第二级萃取的料液，并通过新鲜萃取剂继续进行萃取，同样第二级的萃余相作为第三级的料液。萃取相经多级萃取单元的分离器排出后，混合在一起再进入回收器中回收溶剂，循环使用。

(10) 多级逆流萃取　多级逆流萃取流程是指将多个萃取单元（混合-澄清器）串联起来，料液和萃取剂分别从左右两端萃取单元（第一级和最后一级）中的混合器中连续通入，料液移动方向和萃取剂移动方向相反，形成多级逆流接触。

任务实施

液体均相混合物的分离方法有多种，对于液液萃取而言，是利用溶液中各组分在两个完全不互溶或部分互溶的液相之间分配性质的不同或溶解度的差异来实现分离的过程。选择的场合主要是不适宜采用蒸馏操作或采用蒸馏操作成本太高的场合（如待分离两组分的相对挥发度 $\alpha=1.0\sim1.2$），或需要分离组分的浓度太低，采用液液萃取比蒸馏更为经济有效。

在萃取过程中，分离不受物系组分相对挥发度的限制，可根据分离对象和分离要求选择适当的萃取剂和萃取流程，具有较大的适应性。

萃取操作过程包括：原料液与溶剂之间的充分接触传质，萃取相与萃余相两相的分离及回收溶剂得到产品。其生产成本很大程度上取决于所选溶剂的性质。通常在考虑液液萃取的同时，应用精馏操作与之比较，当精馏与萃取方法均可用时，用成本核算来定。

任务评估

1. 资讯

在教师指导下让学生解读工作任务及要求，了解完成项目任务需要的知识：萃取操作、萃取操作的特点、萃取操作的适用场合。

2. 决策、计划

根据工作任务要求和生产特点初定分离方案。通过分组讨论、学习、查阅相关资料，也可了解其他的液液混合物的分离方法，进行比较，完成初步方案的确定。

3. 检查

教师可通过检查各小组的工作方案与听取小组研讨汇报，及时掌握学生的工作进展，适时地归纳讲解相关知识与理论，并提出建议与意见。

4. 实施与评估

学生在教师的检查指点下继续修订与完善项目实施初步方案，并最终完成初步方案的编制。教师对各小组完成情况进行检查与评估，及时进行点评、归纳与总结。

任务二　分离设备的选择

工作任务要求

根据合适的分离要求，选用合适的萃取方式，选择合适的萃取设备及各种萃取设备的参数。

工作任务情景

1. 磺胺类药物以及其他药物的生产过程。
2. 从发酵液中提取抗生素。
3. 脱除废水中的酚类。
4. 用有机溶剂从药用植物中提取生物碱。
5. 东方化工集团生产双氧水，产生氧化液（双氧水、三甲苯、硫酸三辛酯、烷基蒽醌、四氢烷基蒽醌），流量为500m^3/h，双氧水的浓度为7.3g/L，回收双氧水。要求双氧水和水占总萃取液组成的99.99%以上，萃余相中含双氧水小于0.1mg/L，含水小于25mg/L。
6. 东方化工集团生产中，产生醋酸-氯仿溶液，需要从混合液中萃取回收醋酸。已知原料液量为1000kg/h，醋酸浓度为35%，要求萃取后萃余相中含醋酸不超过7%。

技术理论与必备知识

一、萃取设备

和气-液传质过程类似，在液-液萃取过程中，要求在萃取设备内能使两相密切接触并伴有较高程度的湍动，以实现两相之间的质量传递；而后，又能较快地分离。但是，由于液液萃取中两相间的密度差较小，实现两相的密切接触和快速分离要比气液系统困难得多。为了适应这种特点，出现了多种结构形式的萃取设备。目前，工业上所采用的各种类型设备已超过30种，而且还在不断开发出新型萃取设备。根据两相的接触方式，萃取设备可分为逐级接触式和微分接触式两大类；根据有无外功输入，又可分为有外能量和无外能量两种。

萃取设备系溶剂萃取过程中实现两相接触与分离的装置。早在20世纪30～40年代，在煤焦油脱酚及铀的分离和富集等领域就使用了简单的混合-澄清器、填料塔、无搅拌多层塔。50年代开始，采取各种形式的机械搅拌输入能量和提高传质速率的各种萃取设备如脉冲塔、搅拌塔、泵混式混合-澄清器都有了更大的发展。近十年来一批效率高、能力大、节省溶剂的大型萃取设备正在一些国家开发应用。表2-2为工业上常用萃取设备的分类情况。

工业萃取设备按照两相接触方式和产生对流的方法分成两大类。一类是通过两相的密度差产生的重力作用实现两相接触的设备，这类萃取设备又依其输入机械能的形式分为若干种；另一类则是借助离心力的作用来实现两相混合与分离的设备。

液-液萃取设备应包括三个部分：混合设备、分离设备和溶剂回收设备。混合设备是真正进行萃取的设备，它要求料液与萃取剂充分混合形成乳浊液，欲分离的生物产品自料液转入萃取剂中。分离设备是将萃取后形成的萃取相和萃余相进行分离。溶剂回收设备需要把萃取液中的生物产品与萃取溶剂分离并加以回收。

表 2-2 萃取设备的分类

搅拌形式	逐级接触萃取设备	连续接触萃取设备
无搅拌装置(两相靠密度差逆向流动)	筛板塔	喷洒塔 填料塔
有旋转式搅拌装置或靠离心力作用	单级混合澄清槽 多级混合澄清槽 离心萃取塔	转盘塔 偏心转盘塔 夏贝乐塔 库尼塔 POD 离心萃取塔 芦威离心萃取塔
有往复式搅拌装置		往复筛板塔
有产生脉动装置	脉冲混合澄清槽	脉冲填料塔 液体脉动筛板塔

1. 混合-澄清萃取桶

混合-澄清萃取桶是混合-澄清器最简单的一种形式（见图 2-4），在混合-澄清萃取桶设备内，混合和澄清两个过程按先后顺序间歇进行。为改善两相接触状况，桶底多做成盘形和半球形，使之在搅拌过程中没有死角，并且多在桶壁上装置挡板。在处理腐蚀性液体时，容器可以用有机玻璃、聚氯乙烯或玻璃钢等材料制成。

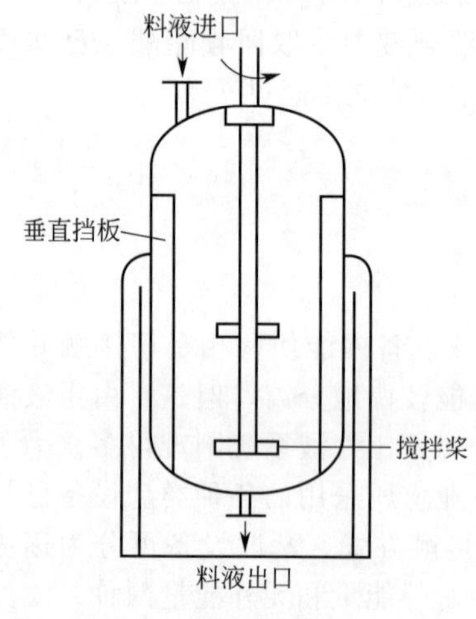

图 2-4 混合-澄清萃取桶

向桶内加入进行萃取的水相和有机相，开动搅拌桨，即可进行两相的混合传质。接近和达到萃取平衡后，停止搅拌，静置分相，然后分别放出两相即可。

2. 混合-澄清器

为了实现多级逆流萃取的连续操作过程，在单级混合-澄清桶的基础上，发展了多级的混合-澄清设备。最原始的形式就是把多组混合槽和澄清槽串联起来操作，各级之间用管线连接，液流输送一相可借助重力，另一相则需要用泵输送，或者两相都用泵输送。

（1）箱式混合-澄清器　混合-澄清器是最早应用而且目前仍广泛使用于工业生产的一种萃取设备。它把混合室和澄清室连成一个整体，从外观来看，就像一个长长的箱子，内部用隔板分隔成一定数目的进行混合和澄清的小室，即混合室和澄清室。

在箱式混合-澄清器中，利用水力平衡关系并借助于搅拌器的抽吸作用，水相由次一级澄清室经过重相口进入混合室，而有机相由上一级澄清室自行流入混合室，在混合室中，经搅拌使两相充分接触而进行传质，然后两相混合液进入该级澄清室，在澄清室中轻重两相依靠密度差进行重力沉降，并在界面张力的作用下进行分相（图 2-5），形成萃取相和萃余相进行分离。就混合-澄清槽的同一级而言，两相是并流的，但是就整个箱式混合-澄清器来讲，两相的流动是逆流的。混合-澄清器可以单独使用，也可多级串联使用。

（2）全逆流混合-澄清萃取器　全逆流混合-澄清萃取器是由付子忠等人研制的，其结构和操作特点是混合室开有两个相口，上相口进有机相和出混合相（出混合相的目的是出水相），下相口进水相和出混合相（出混合相的目的是出有机相），从而两相在混合室与澄清室中是全逆流流动的，此种装置的结构和物流走向分别如图 2-6 和图 2-7 所示，特点是结构简单、设备紧凑、级效率高、能耗低、溶剂损失少、污物不积累、操作简单、运行稳定。

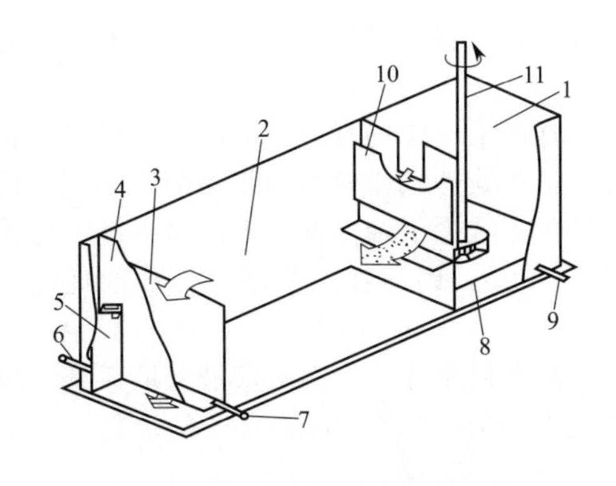

图 2-5 箱式混合-澄清器的结构

1—混合室；2—澄清室；3—有机相堰；4—水相室挡板；5—水相堰；6,9—水相出口；7—有机相出口；8—假底；10—混合相挡板；11—搅拌器

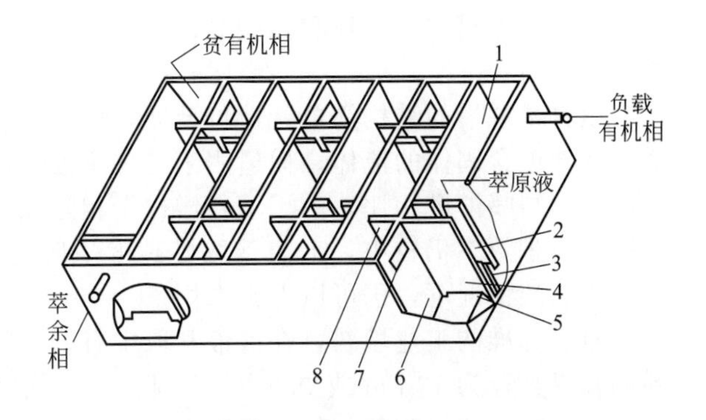

图 2-6 全逆流混合-澄清萃取器结构

1—澄清室；2—轻相堰；3—重相堰；4—隔板；5—下相口；6—混合室；7—上相口；8—挡流板

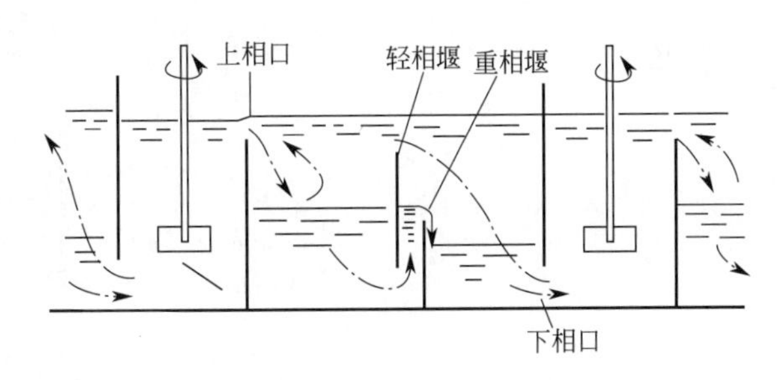

图 2-7 全逆流混合-澄清槽内液流流向示意图

—— 重相；---- 轻相；-·-·- 混合相

3. 萃取塔

(1) 无搅拌塔

① 喷雾塔 喷雾塔是结构最简单的一种萃取设备，塔内无任何部件，运转时，塔内先充满连续相（轻相），而后喷入分散相（重相），实现相的接触（图 2-8）。喷雾塔操作简单，但是效率非常低，通常1～2 个理论级就需要 6～15m 的塔高：目前最大的喷雾塔直径 2m，高 24m，只有3～3.5 个理论级，用于丙烷脱沥青工艺中。喷雾塔由于结构简单，几十年来一直用于工业生产，不过多用于一些简单的操作过程，如洗涤、净化与中和，因为这些单元过程只需要 1～2 个理论级就可以了。近年来，喷雾塔还用在液-液热交换过程中。轻、重两相分别从塔的底部和顶部进入。其中一相经分散装置分散为液滴后沿轴向流动，流动中与另一相接触进行传质。分散相流至塔另一端后凝聚形成液层排出塔。

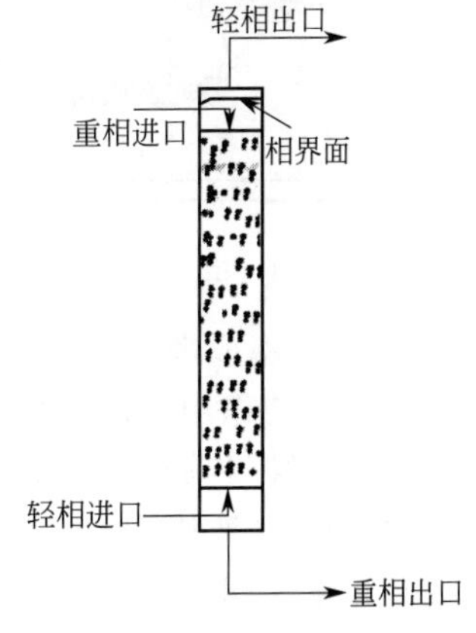

图 2-8 无搅拌喷雾塔

② 填料萃取塔 填料萃取塔的结构与气-液传质过程所用填料塔的结构一样，如图 2-9 所示。塔内充填适宜的填料，塔两端装有两相进、出口管。重相由上部进入，下端排出，而轻相由下端进入，从顶部排出。连续相充满整个塔，分散相由分布器分散成液滴进入填料层，在与连续相逆流接触中进行萃取。在塔内，流经填料表面的分散相液滴不断地破裂与再生。当离开填料时，分散相液滴又重新混合，促使表面不断更新。此外，还能抑制轴向返混。填料萃取塔结构简单、造价低廉、操作方便，故在工业上有一定的应用。

常用的填料有拉西环和弧鞍等，材料有陶瓷、塑料和金属，以易为连续相湿润而不为分散相润湿为宜。

填料萃取塔的结构简单，造价低廉，操作方便，故在工业中仍有一定的应用。虽然填料塔不宜处理含固体的流体，但适用于处理腐蚀性流体。在处理量比较小的物系中，应用仍比较广泛。与喷淋塔相比，由于填料增进了相际间的接触，减少了轴向混合，因而提高了传质速率，但是效率仍较小，工业萃取塔高度一般为 20～30m，因而在工艺条件所需的理论级数小于三的情况下，仍可以考虑选用。

对于标准的工业填料，在液液萃取中有一个临界的填料尺寸。大多数液液萃取系统，填料的临界直径为 12mm 或更大些。工业上，一般可选用 15mm 或 25mm 直径的填料，以保证适当的传质速率和两相的流通能力。

各种填料的处理能力和传质性能各有不同，对于一个新的萃取过程，最适宜的填料形式，应由实验决定。

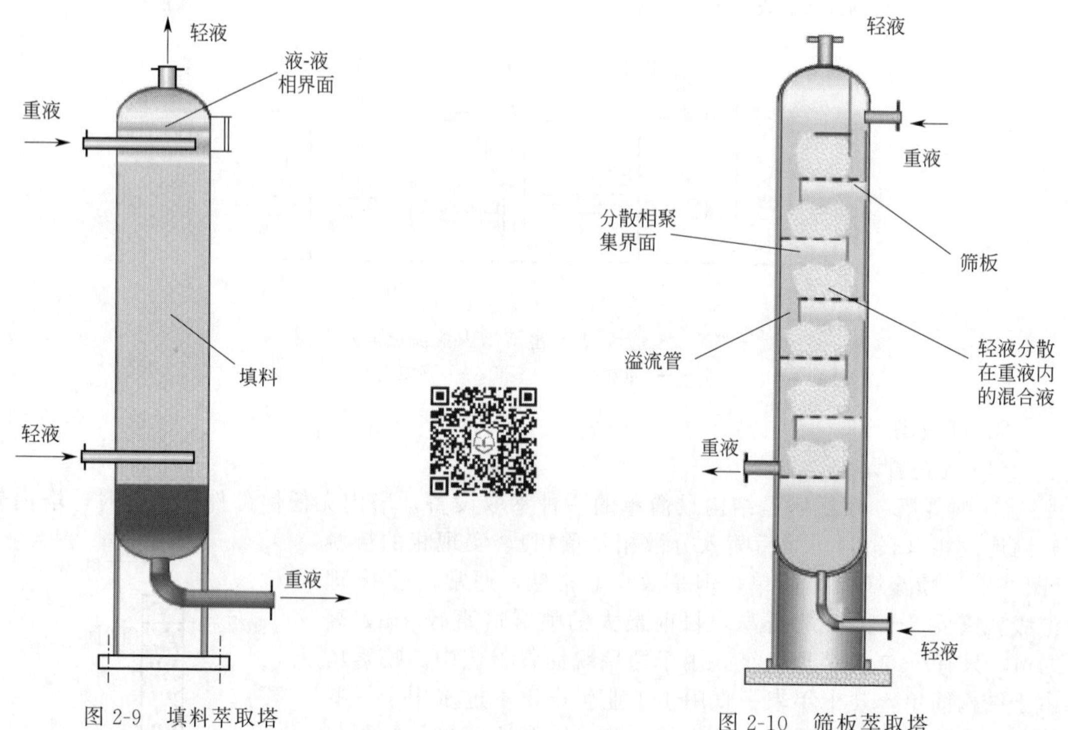

图 2-9　填料萃取塔　　图 2-10　筛板萃取塔

③ 筛板萃取塔　筛板萃取塔是逐级接触式萃取设备，如图 2-10 所示，依靠两相的密度差，在重力的作用下，使得两相进行分散和逆向流动。若以轻相为分散相，则轻相从塔下部进入。轻相穿过筛板分散成细小的液滴进入筛板上的连续相——重相层。液滴在重相内浮升过程中进行液-液传质过程。穿过重相层的轻相液滴开始合并凝聚，聚集在上层筛板的下侧，实现轻、重两相的分离，并进行轻相的自身混合。当轻相再一次穿过筛板时，轻相再次分散，液滴表面得到更新。这样分散、凝聚交替进行，直至塔顶澄清、分层、排出。而连续相重相进入塔内，则横向流过塔板，在筛板上与分散相即轻相液滴接触和萃取后，由降液管流至下一层板。这样重复以上过程，直至塔底与轻相分离形成重液相层排出。适用于所需理论级数较少，处理量较大，而且物系具有腐蚀性的场合。国内在芳烃抽提中应用筛板塔获得了良好的效果。

若选择重液作为分散相，则需使塔身倒转，即溢流管位于筛板之上作为轻液的升液管，重液则经过筛孔而被分散，如图 2-11 所示。

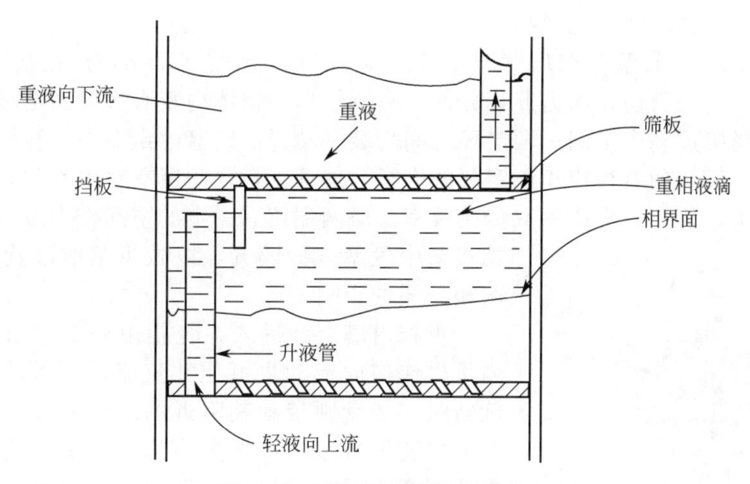

图 2-11　重液为分散相的筛板

筛孔直径一般为 3～6mm，对界面张力较大的物系宜取小值；孔间距为孔径的 3～4 倍；塔板间距为 150～600mm。筛板萃取塔结构简单，生产能力大，在工业上应用广泛。

(2) 机械搅拌塔　机械搅拌塔根据机械运动的形式可分为旋转搅拌塔和往复（或振动）孔板塔，典型形式如图 2-12 所示。

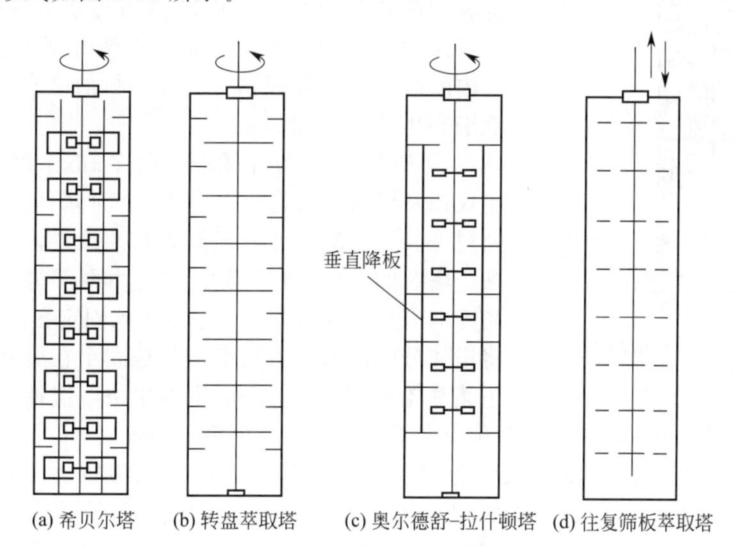

图 2-12　几种典型的机械搅拌塔

由于旋转搅拌有许多优点，现代的微分萃取器大多采用这种结构，它可以增加塔内单位容积的界面积，提高两相接触效率，而且在塔内安装隔板，使返混的不良影响减至最小。在众多的旋转搅拌塔中，最有名的是希贝尔（Scheibet）塔、转盘塔和奥尔德舒-拉什顿（Oldshue Rushton）多级混合塔，它们已为许多工业部门所应用。

① 希贝尔塔　希贝尔塔［图 2-12(a)］有几种设计类型。第一种是 1948 年出现的。这种塔是由只有涡轮叶片搅拌器的混合室与孔隙率为 97%的多孔波纹网充填室交错排列组成，是化学工业中广泛应用的第一种搅拌塔。这种塔的处理能力与所处理溶液体系的性质有关，处理能力范围是 $14～24m^3/(m^2 \cdot h)$。

1956 年发展了一种新型的希贝尔塔，该塔采用水平障碍板，改善了大直径塔放大时的

HETS（理论级当量高度）并可以获得更大的效率。这种新型萃取塔又有两种形式：一种有丝网充填物；另一种级间无充填物。

② 转盘萃取塔　转盘萃取塔（图 2-13）是 1951 年勒曼（Reman）在欧洲发展起来的，利用旋转转盘产生的剪切作用力使相分散。在圆柱形的塔体内装有多层固定环形挡板，称为定环。定环将塔隔成多个空间，两定环之间均装一转盘。转盘固定在中心转轴上，转轴由塔顶的电机驱动。转盘的直径应小于定环的内径，使环、盘之间留有自由空间，以便安装和检修，增加塔内流通能力，提高萃取传质效率。塔两端留有一定的空间作为澄清室，并以栅型挡板与中段萃取段隔开，以减少萃取段扰动对澄清室内两相分层的影响。

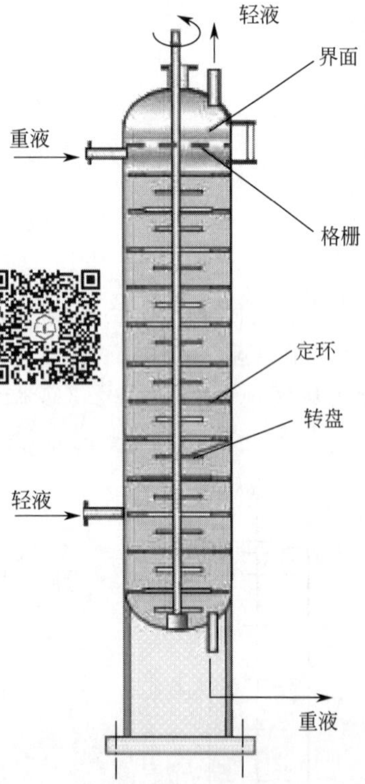

图 2-13　转盘萃取塔

重相由塔上部进入，轻相由塔下部进入。两相在塔内可以作逆向流动也可作并流流动。当转盘以较高转速旋转时，转盘则带动其附近的液体一起转动，使液体内部形成速度梯度，产生剪应力。在剪应力的作用下，使连续相产生涡流，处于湍动的状态，而使分散相液滴变形，以致破裂或合并，以增加相际传质面积，促进表面更新。而其定环则将旋涡运动限制在由定环分割的若干个小空间内，抑制了轴向返混。由于转盘及定环均较薄而光滑，不至于使局部的剪应力过高，避免了乳化现象，有利于两相的分离，因此转盘塔传质效率较高。转盘塔已广泛用在石油化工上。如用于糠醛萃取、丙烷脱沥青、己内酰胺提纯以及镍钴分离等。目前已有直径 4.8m 的转盘塔在生产中使用。

③ 奥尔德舒-拉什顿塔　也称 mixco 塔，是 20 世纪 50 年代初发展起来的旋转搅拌塔。工业塔体由金属焊接而成，内衬橡胶、聚酯纤维或其他耐腐蚀涂料，以防止液体的腐蚀。塔芯的结构比较简单，主要由两部分组成。一是沿塔高方向有一些环形隔板，呈水平状固定在四根垂直障板上，将塔体分隔成若干个隔室；二是固定在旋转轴上的若干个平桨油轮分别位于每个隔室的中央，搅拌轴由安装在塔顶的电机驱动。从根本上说，奥氏塔就像单个平桨搅拌容器堆叠成的多室萃取器。

奥氏塔主要用在液体黏度低或中等黏度的生产场合，适用的液体黏度可达 0.5Pa·s，密度差至少要有 50kg/m^3。它可以处理有悬浮物的液体。除用作液-液萃取外，还可作气体吸收、固体传质或作为化学反应器用。据报道，直径 2.7m 的奥氏塔已用于萃取生产。

④ 往复筛板萃取塔　将若干层筛板按一定间距固定在中心轴上，由塔顶的传动机构驱动而作往复运动。往复振幅一般为 3～50mm，频率可达 100min^{-1}。往复筛板的孔径要比脉动筛板的孔径大，一般为 7～16mm。当筛板向上运动时，迫使筛板上侧的液体经筛孔向下喷射；反之，当筛板向下运动时，又迫使筛板下侧的液体向上喷射，为防止液体沿筛板与塔壁间的缝隙走短路，应每隔若干块筛板在塔内壁设置一块环形挡板。虽然往复筛板萃取塔是第一个利用脉冲进行两相接触的脉冲萃取塔，但由于它的放大效率和运动部件的腐蚀问题，而使它的发展落后于其他脉冲塔。直到 1959 年后卡尔的和罗德城等人在板堆中加入障板提高了塔的放大效率后，人们才对这种塔重视起来。大量研究工作表明，改进后的往复筛板萃取塔具有较高的容积效率，所需要的脉冲能量低于通过液体传送脉

冲能的脉冲塔，它的这些优点在大型工业塔中更加明显。

目前在工业中广泛使用的往复筛板塔主要有两种形式，其差别在于塔板的形状和功能。第一种板为多孔型结构，具有大孔径、大孔隙度（约 58%）；第二种板型是小孔径，孔的有效面积少，或设有孔板的排液管，或没有。往复板式塔的应用范围正在扩大，主要用于制药、石油化工、化学工业、湿法冶金和工业废水处理等部门，这种塔特别适用于容易乳化的体系和处理含有固体悬浮物的溶液。

（3）脉冲塔　筛板塔或填料塔由于采用脉冲发生器输入正弦脉冲，改善了塔内流体的流动特性，增加了湍流和相界面积从而大大地提高了塔的传质效率。脉冲塔的轴向混合比机械旋转塔小，因此可以较大幅度地降低 HETS 的高度。

脉冲塔的设想是由范迪杰克（Van Dijck）提出来的，并于 1935 年取得了专利权。当时的脉冲塔是将筛板固定在垂直往复轴上，由轴的往复运动产生脉冲，后来发展了多种脉冲发生器，这些脉冲发生器在塔外产生脉冲能，传输入塔内。现在的脉冲塔内大多无运动部件，特别适合于防护和耐腐蚀要求较高的原子能工业和强硬介质的萃取体系。近年来脉冲塔的应用在明显增加。

① 脉冲筛板塔　脉冲筛板塔亦称液体脉动筛板塔，是指由于外力作用使液体在塔内产生脉冲运动的筛板塔，其结构与气-液传质过程中无降液管的筛板塔类似。塔两端直径较大部分为上澄清段和下澄清段，中间为两相传质段，其中装有若干层具有小孔的筛板，板间距较小，一般为 50mm。在塔的下澄清段装有脉冲管，萃取操作时，由脉冲发生器提供的脉冲使塔内液体做上下往复运动，迫使液体经过筛板上的小孔使分散相破碎成较小的液滴分散在连续相中，并形成强烈的湍动，从而促进传质过程的进行（图 2-14）。

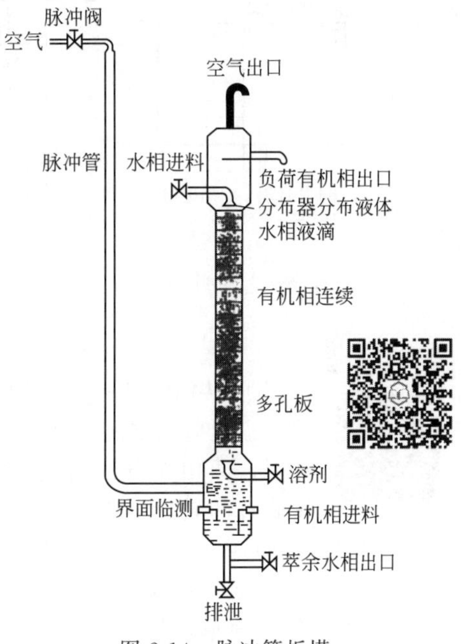

图 2-14　脉冲筛板塔

脉冲发生器的类型有多种，如活塞型、膜片型、风箱型等。

在脉冲萃取塔内，一般脉冲振幅的范围为 9～50mm，频率为 30～200min^{-1}。实验研究和生产实践表明，萃取效率受脉冲频率影响较大，受振幅影响较小。一般认为频率较高、振幅较小时，萃取效果较好。如脉冲过于激烈，将导致严重的轴向返混，传质效率反而下降。其优点是结构简单，传质效率高，但其生产能力一般有所下降，在化工生产中的应用受到一定限制。

② 脉冲填料塔　脉冲填料塔的构造与无搅拌填料塔相似，都由垂直塔体和充填料组成。填料可以用各种各样的普通材料，但所选择的填料必须是为连续相所润湿的材料，以保证分散相的液滴不会在充填段内发生聚结。两相逆流通过塔体，分别从塔的两端排出。相界面位于分散相的澄清区，当水相为连续相、有机相为分散相时，澄清区就在塔的顶部；反之，相界面位于塔底。塔内液体的上、下湍动是由脉冲发生器输入脉冲能产生的。脉冲发生器的脉冲管与塔的底部连接。

荷兰的 DSM 发展了直径大于 2.7m 的脉冲填料塔，并用于石油化工工业上，这是唯一用旋转阀作为脉冲机构的塔。

③ RTL 萃取塔　与以上介绍的萃取塔不同，RTL 塔是一种卧式萃取器，如图 2-15 所示。它的外壳为一固定圆筒（即塔体），内部装有一个支撑在水平轴上的转鼓，转鼓与塔壁

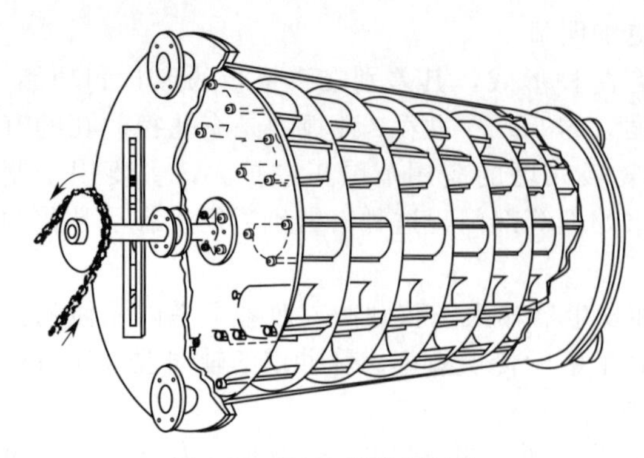

图 2-15 RTL 萃取塔结构

保持一段间隙。转鼓由许多圆形挡板组成，圆形挡板之间装有若干半圆筒状的小提桶，这些提桶沿旋转方向开口。在正常操作条件下两相充满萃取器，相界面控制在萃取器的中间位置。转鼓缓慢地运动，每一相成为一个个的小瀑布通过另一相，实现相的接触。两相从轴的两端通过转鼓和固定塔壁之间的环形空隙，呈逆流流动。

(4) 离心萃取器　离心萃取器由于转速高、混合效果好，所以能大大缩短混合停留时间。又因为离心萃取器以离心力取代重力作用，因而又可加速两相的分离。其操作原理见图 2-16。离心萃取器结构紧凑，单位容积通量大，所以特别适用于化学稳定性差（如抗生素）、需要接触时间短、产品保留时间短、易于乳化、分离困难等体系的萃取。缺点是因其精密的结构，造价和维修费用都比其他类型萃取器的高。

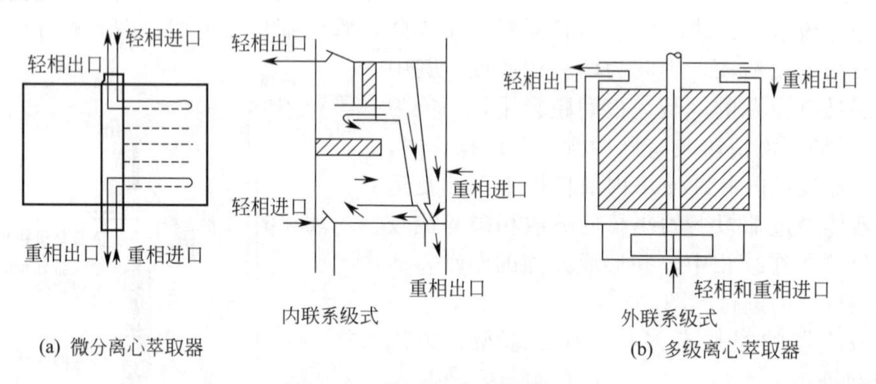

图 2-16　离心萃取器作用原理

① 转筒式离心萃取器　转筒式离心萃取器为单级接触式。重液和轻液由底部的三通管并流进入混合室，在搅拌桨的剧烈搅拌下，两相充分混合进行传质，然后共同进入高速旋转的转筒。在转筒中，混合液在离心力的作用下，重相被甩向转鼓外缘，而轻相则被挤向转鼓的中心。两相分别经轻、重相堰，流至相应的收集室，并经各自的排出口排出。特点：结构简单，效率高，易于控制，运行可靠。

② 路威斯特离心萃取器　路威斯特（Luwesta）离心萃取器是一种多级逆流萃取器，如图 2-17 所示，为立式逐级接触式。主体是固定在壳体上并随之作高速旋转的环形盘。壳体中央有固定不动的垂直空心轴，轴上也装有圆形盘，盘上开有若干个喷出孔。空心轴由一个固定机壳和一根有通道的转轴组成，轴内的流通通道与固定在轴上的分配器和集液环相连。分配器和集液环分别装在轴和机壳的斜盘和挡板上，使两相离心并泵送，两相均在压力下从顶部给入，轻相与重相一起流入分配器，排出的混合相呈放射状运动，分成两相。各相的入口都有集液环，使其流下或流上至相邻的分配器，直至两相都从顶部排出。

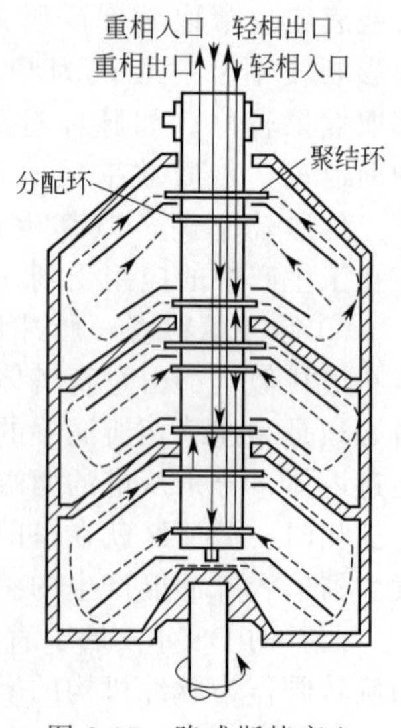

图 2-17　路威斯特离心萃取器示意图

操作：原料液与萃取剂均由空心轴的顶部加入。重液沿空心轴的通道流下至器底而进入第三级的外壳内，轻液由空心轴的通道流入第一级。在空心轴内，轻液与来自下一级的重液相混合，再经空心轴上的喷嘴沿转盘与上方固定盘之间的通道被甩至外壳的四周。重液由外部沿转盘与下方固定盘之间的通道而进入轴的中心，并由顶部排出，其流向为由第三级经第二级再到第一级。然后进入空心轴的排出通道，如图 2-17 中实线所示；轻液则由第一级经第二级再到第三级，然后进入空心轴的排出通道，如图 2-17 中虚线所示。两相均由器顶排出。路威斯特离心萃取器主要用于制药工业，处理能力 7～49m^3/h，在一定条件下，级效率可达 100%。

二、萃取操作流程

1. 单级萃取流程

单级萃取是液-液萃取中最简单的操作形式，一般用于间歇操作，也可以进行连续操作，如图 2-18 所示。原料液 F 与萃取剂 S 一起加入混合器 1 内，并用搅拌器加以搅拌，使两种液体充分混合，然后将混合液 M 引入分层器 2，经静置后分层，萃取相进入分离器 3，经分离后获得萃取剂 S 和萃取液 E′，萃余相进入分离器 4，经分离后获得萃取剂 S 和萃余液 R′，分离器 3 和分离器 4 的萃取剂 S 循环使用。

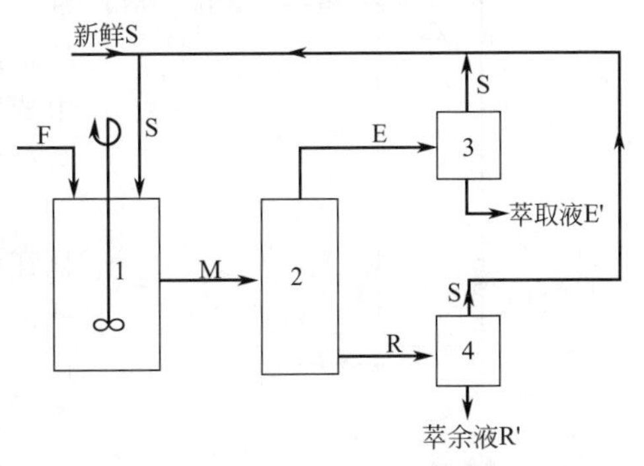

图 2-18　单级萃取流程图
1—混合器；2—分层器；
3—萃取相分离器；4—萃余相分离器

单级萃取操作不能对原料液进行较完全的分离，萃取液 E′浓度不高，萃余液 R′中仍含有较多的溶质 A，流程简单，操作可以间歇也可以连续，在化工生产中仍广泛采用，特别是当萃取剂分离能力大，分离效果好，或工艺对分离要求不高时，采用此种流程更为合适。

2. 多级错流萃取的流程

多级错流接触萃取流程示意图如图 2-19 所示。多级错流接触萃取操作中，每级都加入新鲜溶剂，前级的萃余相为后级的原料，这种操作方式的传质推动力大，只要级数足够多，最终可得到溶质组成很低的萃余相，但溶剂的用量很多。图 2-19 中，S_1，S_2，…，S_n 表示加入每一级的萃取剂用量；X_1，X_2，…，X_n 表示每一级中萃余相的溶质组分的浓度（质量分数）；Y_1，Y_2，…，Y_n 表示每一级中萃取相的溶质组分的浓度（质量分数）。

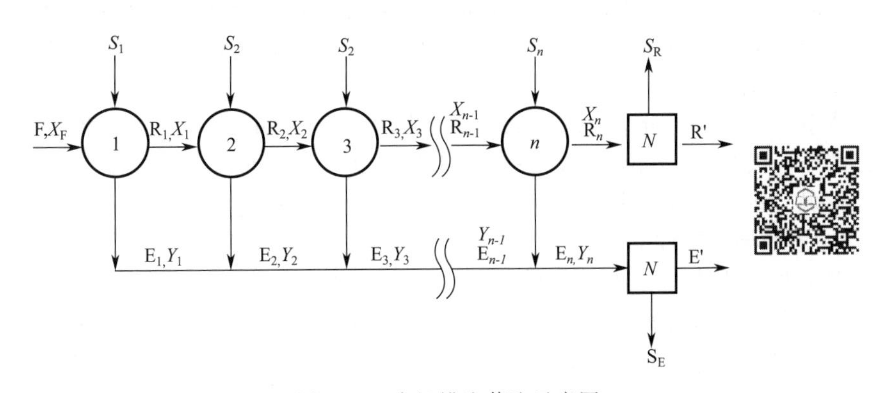

图 2-19　多级错流萃取示意图

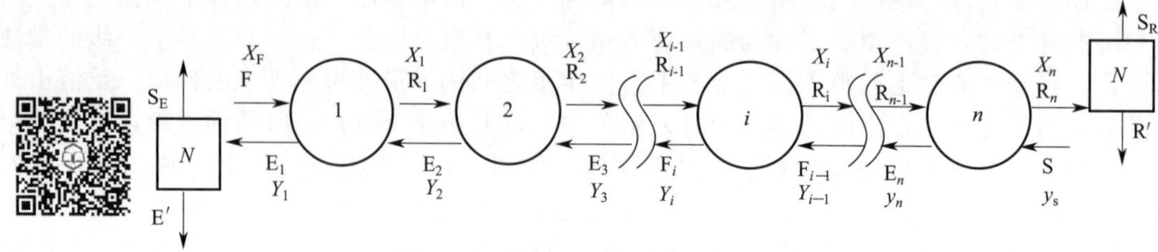

图 2-20　多级逆流萃取操作流程图

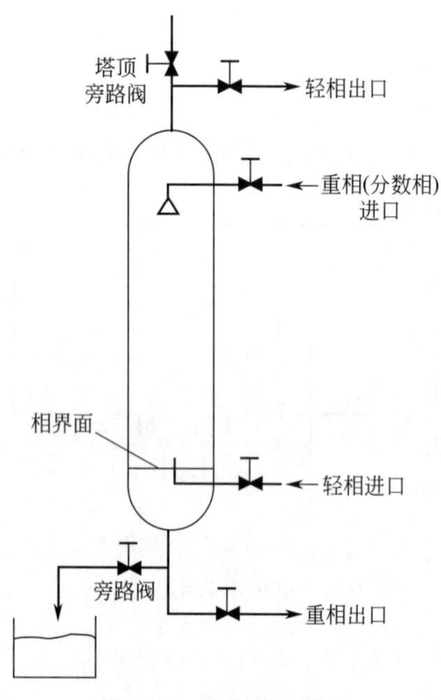

图 2-21　微分逆流萃取

3. 多级逆流接触萃取的流程

多级逆流接触萃取操作一般是连续的，其分离效率高，溶剂用量少，故在工业中得到了广泛的应用。如图 2-20 所示为多级逆流萃取操作流程示意图。萃取剂一般是循环使用的，其中常含有少量的组分 A 和 B，故最终萃余相中可达到的溶质最低组成受溶剂中溶质组成限制，最终萃取相中溶质的最高组成受原料液中溶质组成的制约。

多级逆流萃取特点：料液走向和萃取剂走向相反，只在最后一级中加入萃取剂，和错流萃取相比，萃取剂消耗少，萃取液产物平均浓度高，产物收率最高。在工业上除非有特殊理由，否则应采用多级逆流萃取流程。

4. 微分逆流萃取

微分接触逆流萃取主要是在塔式设备（填料塔、振动筛板塔）内进行。塔式萃取设备内，料液和萃取剂逆流流动，并在连续逆流过程中进行萃取。两相的分离是在塔的两端实现的。操作示意图如图 2-21 所示。

任务实施

萃取过程的因素较多，如体系的性质、操作条件及设备结构等，故针对某一体系，在一定条件下，选择一适宜的萃取设备以满足生产要求是十分必要的。萃取设备选择可以从以下几个方面考虑。

1. 稳定性及停留时间

有些体系的稳定性较差，要求物流停留时间尽可能短，则选择离心萃取器比较适宜。反之，在萃取过程中伴随较慢化学反应需要足够的停留时间，则选择混合-澄清槽较为有利。

2. 所需理论级数

对某些体系，达到一定分离要求所需的理论级数较少，如 2～3 级，则各级萃取设备均可满足；若需理论级数为 4～5 级时，一般可选取转盘塔、脉冲塔以及振动筛板塔；如果所需理论级数更多一些，则可选择离心萃取器或多组混合-澄清槽。

3. 体系的分散与凝聚性

液滴的大小及运动状态与体系的界面张力 σ 与两相密度差 $\Delta\rho$ 的比值有关。若比值较大，则可能 σ 较大，形成液滴较大，不易分散；或 $\Delta\rho$ 较小，则相对运动的速度较小，导致接触面积减少，湍动程度减缓，不利于传质。为此，该类萃取应选择外加能量输入设备。若体系易产生乳化，不易分相，则选择离心萃取器。反之，$\sigma/\Delta\rho$ 比值较小，或由于 σ 较小，

或由于 $\Delta\rho$ 较大的原因，则选择重力流动式设备。

4. 生产能力

若生产处理量小或通量较小时，则选择填料塔或脉冲塔；反之则可考虑筛板塔、转盘塔、混合-澄清槽及离心萃取器等。

5. 防腐蚀及防污染要求

有些物料有腐蚀性，可选择结果简单的填料塔，其填料可选用耐腐蚀的材料制作。对于有污染的物料，如有放射性的物料，为防止外泄污染环境，应选择屏蔽性较好的设备，如脉冲塔等。

6. 占地面积

从建筑场地考虑，若空间有限，宜选择混合-澄清槽，若占地面积有限，则应选择塔式萃取设备。

在选用设备时，还需考虑其他一些因素，如：能源供应状况，在缺电的地区应尽可能选用依重力流动的设备。萃取设备种类繁多，但萃取设备研究至今还不够成熟，目前尚不存在各种性能都比较优越的设备，因此设计时，慎重地选择适宜的设备是十分必要的。表 2-3 列出了一些萃取设备选型的一般原则。若系统性质未知时，最好通过实验研究确定，然后进行放大设计。

表 2-3　萃取器的选型

比较内容	喷洒塔	填料塔	脉冲填料塔	转盘塔	振动筛板塔	脉冲筛板塔	筛板塔	搅拌填料塔	不对称转盘塔	混合-澄清槽（水平）	混合-澄清槽（垂直）	离心式萃取塔
通过能力 q_v/[L/(m³/h)]												
<0.25	3	3	3	3	3	3	3	3	3	1	1	0
0.25～2.5	3	3	3	3	3	3	3	3	3	3	3	1
2.5～25	3	3	3	3	3	3	3	3	3	3	3	3
25～250	3	3	3	3	1	3	3	1	1	3	1	0
>250	1	1	1	1	0	1	1	0	0	5	1	0
理论级数 N												
≤1.0	5	3	3	3	3	3	3	3	3	3	3	3
1～5	1	3	3	3	3	3	3	3	3	3	3	0
5～10	0	3	3	3	3	3	3	3	3	3	3	0
10～15	0	1	3	1	3	3	1	3	1	3	1	0
>15	0	1	1	1	1	1	1	1	1	3	1	0
物理性质 $(\sigma/\Delta\rho g)^{1/2}$												
>0.60	1	1	3	3	3	3	1	3	3	3	3	5
密度差 $\Delta\rho$/(g/m³)												
0.03～0.05	3	3	0	0	0	0	1	0	1	1	1	5
黏度 μ_c 和 μ_d/(Pa・s)												
>0.02	1	1	1	1	1	1	1	1	1	1	1	1
两液相比 F_d/F_c												
<0.2 或>5	1	1	1	1	1	1	3	1	1	5	5	3
停留时间	长	长	较短	较短	较短	较短	长	长	长	长	长	短
处理含固体物料，料液含固体量（质量分数）												
<0.15%	3	1	1	3	3	3	1	1	1	3	3	1
0.1%～1%	1	1	1	3	3	3	0	0	0	1	1	1
>1%	1	0	0	1	1	1	0	0	0	1	1	1

续表

比较内容	喷洒塔	填料塔	脉冲填料塔	转盘塔	振动筛板塔	脉冲筛板塔	筛板塔	搅拌填料塔	不对称转盘塔	混合-澄清槽（水平）	混合-澄清槽（垂直）	离心式萃取塔
乳化状态												
轻微	3	1	1	1	1	1	3	1	1	1	1	5
较严重	1	1	0	0	0	0	1	1	0	0	0	3
设备材质												
金属	5	5	5	3	3	3	3	3	3	3	3	5
非金属	5	5	1	0	0	1	1	0	0	5	1	0
设备清洗	容易	不易	不易	较易	较易	较易	不易	不易	较易	较易	较易	较易
运转周期	长	长	较长	较长	较长	较长	长	较长	较长	较长	较长	较短

注：0—不适合，1—可能适合，3—适用，5—最合适。

任务评估

1．资讯

在教师指导下让学生解读工作任务及要求，了解完成项目任务需要的知识：混合-澄清萃取设备、萃取塔以及萃取操作流程。

2．决策、计划

根据工作任务要求和生产特点初定分离设备，通过分组讨论、学习、查阅相关资料，合理地选择萃取塔设备。

3．检查

教师可通过检查各小组的工作方案与听取小组研讨汇报，及时掌握学生的工作进展，适时地归纳讲解相关知识与理论，并提出建议与意见。

4．实施与评估

学生在教师的检查指点下继续修订与完善项目实施方案，并最终完成按分离任务要求所需的塔设备。教师对各小组完成情况进行检查与评估，及时进行点评、归纳与总结。

任务三　分离操作的工艺参数

工作任务要求

选用合适的萃取剂，计算萃取剂用量，得到萃取相的质量和萃余相的质量。

工作任务情景

东方化工集团生产丙酮，得到丙酮-水溶液，从丙酮-水溶液中萃取丙酮回收。若原料液总量为100kg，其中丙酮的质量分数为45%，萃取后所得萃余相中丙酮的质量分数为10%。

（1）选择合适的萃取剂及其理由；

（2）如用三氯甲烷萃取，所需三氯甲烷的量以及加入萃取剂后得到的三元混合液中水和丙酮的质量分数；

（3）所得萃取相E的量及其含丙酮的质量分数；

（4）若将萃取相E中的萃取剂S全部回收，所得萃取液E′的量及其含丙酮的质量分数。

技术理论与必备知识

一、三元物系的组成相图

1. 三元物系组成的表示方法

三角形坐标图通常有等边三角形坐标图、等腰直角三角形坐标图、非等腰直角三角形坐标图三种，如图 2-22 所示。

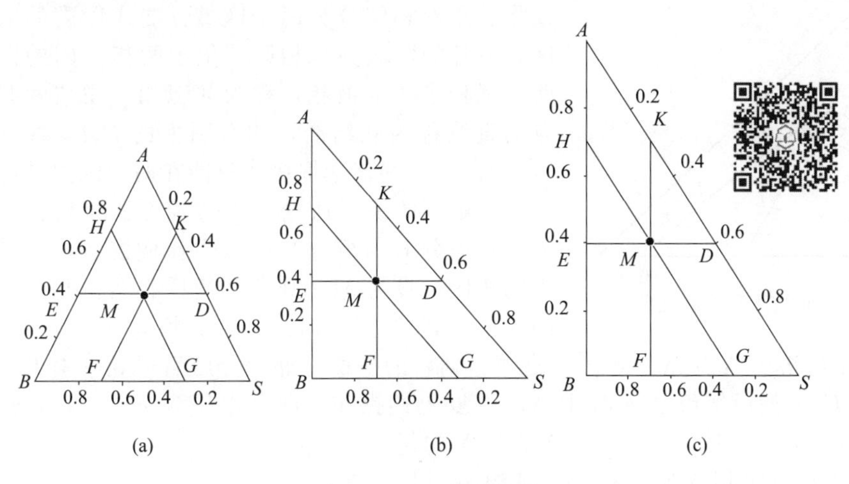

图 2-22　三角形相图

在三角形坐标图中混合物的组成常用质量分数表示。习惯上，在三角形坐标图中，*AB* 边以 A 的质量分数作为标度，*BS* 边以 B 的质量分数作为标度，*SA* 边以 S 的质量分数作为标度。三角形坐标图的每个顶点分别代表一个纯组分，即顶点 *A* 表示纯溶质 A，顶点 *B* 表示纯原溶剂（稀释剂）B，顶点 *S* 表示纯萃取剂 S。三角形坐标图三条边上的任一点代表一个二元混合物系，第三组分的组成为零。例如 *AB* 边上的 *E* 点，表示由 A、B 组成的二元混合物系，由图可读得：A 的组成为 0.40，则 B 的组成为（1.0−0.40）=0.60，*S* 的组成为零。

三角形坐标图内任一点代表一个三元混合物系。例如 *M* 点即表示由 A、B、S 三个组分组成的混合物系。其组成可按下法确定：过物系点 *M* 分别作对边的平行线 *ED*、*HG*、*KF*，则由点 *E*、*G*、*K* 可直接读得 A、B、S 的组成分别为：$x_A=0.4$、$x_B=0.3$、$x_S=0.3$；也可由点 *D*、*H*、*F* 读得 A、B、S 的组成。在诸三角形坐标图中，等腰直角三角形坐标图可直接在普通直角坐标纸上进行标绘，且读数较为方便，故目前多采用等腰直角三角形坐标图。在实际应用时，一般首先由两直角边的标度读得 A、S 的组成 x_A 及 x_S，再根据归一化条件求得 x_B。

2. 三角形相图

根据萃取操作中各组分的互溶性，可将三元物系分为以下三种情况，即

（1）溶质 A 可完全溶于 B 及 S，但 B 与 S 不互溶；

（2）溶质 A 可完全溶于 B 及 S，但 B 与 S 部分互溶；

（3）溶质 A 可完全溶于 B，但 A 与 S 及 B 与 S 部分互溶。

习惯上，将（1）、（2）两种情况的物系称为第Ⅰ类物系，而将（3）情况的物系称为第Ⅱ类物系。工业上常见的第Ⅰ类物系有丙酮（A）-水（B）-甲基异丁基酮（S）、醋酸（A）-水（B）-苯（S）及丙酮（A）-氯仿（B）-水（S）等；第Ⅱ类物系有甲基环己烷（A）-正庚烷（B）-苯胺（S）、苯乙烯（A）-乙苯（B）-二甘醇（S）等。在萃取操作中，第Ⅰ类物系较为常

见，以下主要讨论这类物系的相平衡关系。

二、萃取过程的相平衡

1. 溶解度曲线及联结线

以溶质 A 可完全溶于 B 及 S，但 B 与 S 为部分互溶为例说明其溶解过程。其平衡相图如图 2-23 所示。此图是在一定温度下绘制的，图中曲线 $R_0R_1R_2R_iR_nKE_nE_iE_2E_1E_0$ 称为溶解度曲线，这些曲线将三角形相图分为两个区域：曲线以内的区域为两相区，以外的区域为均相区。位于两相区内的混合物分成两个互相平衡的液相，称为共轭相，联结两共轭液相相点的直线称为联结线，如右图中的 R_iE_i 线（$i=0$，1，2，…，n）。显然萃取操作只能在两相区内进行。

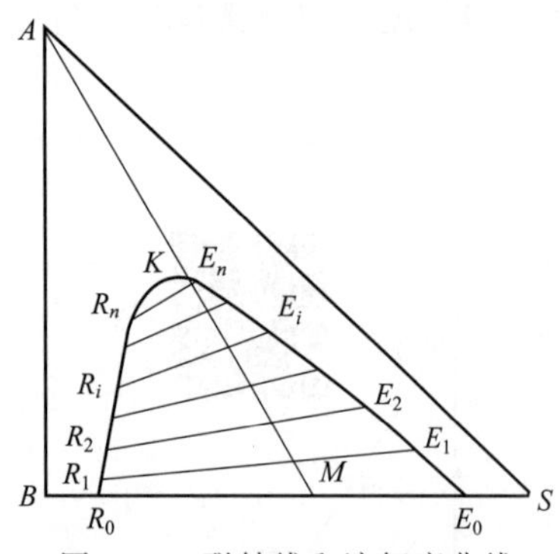

图 2-23　联结线和溶解度曲线

溶解度曲线可通过下述实验方法得到：在一定温度下，将组分 B 与组分 S 以适当比例混合，使其总组成位于两相区，设为 M，则达平衡后必然得到两个互不相溶的液层，其相点为 R_0、E_0。在恒温下，向此二元混合液中加入适量的溶质 A 并充分混合，使之达到新的平衡，静置分层后得到一对共轭相，其相点为 R_1、E_1，然后继续加入溶质 A，重复上述操作，即可以得到 $n+1$ 对共轭相的相点 R_i、E_i（$i=0$，1，2，…，n），当加入 A 的量使混合液恰好由两相变为一相时，其组成点用 K 表示，K 点称为混溶点或分层点。联结各共轭相的相点及 K 点的曲线即为实验温度下该三元物系的溶解度曲线。一定温度下第Ⅱ类物系的溶解度曲线和联结线见图 2-24。

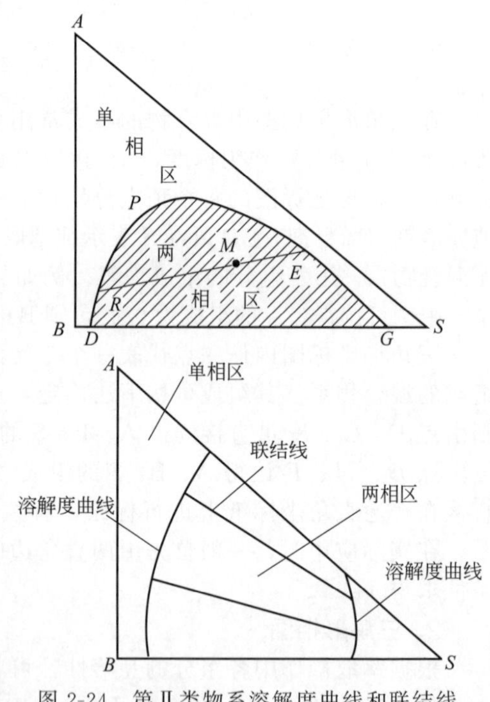

图 2-24　第Ⅱ类物系溶解度曲线和联结线

2. 辅助曲线和临界混溶点

一定温度下，测定体系的溶解度曲线时，实验测出的联结线的条数（即共轭相的对数）总是有限的，此时为了得到任何已知平衡液相的共轭相的数据，常借助辅助曲线（亦称共轭曲线）。

辅助曲线的做法如图 2-25 所示，通过已知点 R_1，R_2…分别作 BS 边的平行线，再通过相应联结线的另一端点 E_1、E_2 分别作 AB 边的平行线，各线分别相交于点 F，G，…，联结这些交点所得的平滑曲线即为辅助曲线。利用辅助曲线可求任何已知平衡液相的共轭相。如图 2-25 所示，设 R 为已知平衡液相，自点 R 作 BS 边的平行线交辅助曲线于点 J，自点 J 作 AB 边的平行线，交溶解度曲线于点 E，则点 E 即为 R 的共轭相点。

辅助曲线与溶解度曲线的交点为 P，显然通过 P 点的联结线无限短，即该点所代表的平衡液相无共轭相，相当于该系统的临界状态，故称点 P 为临界混溶点。临界混溶点由实验测得，仅当已知的联结线很短即共轭相接近临界混溶点时，才可用外延辅助曲线的方法确定临界混溶点。通常，一定温度下的三元物系溶解度曲线、联结线、辅助曲线及临界混溶点的数据均由实验测得，有时也可从手册或有关专著中查得。

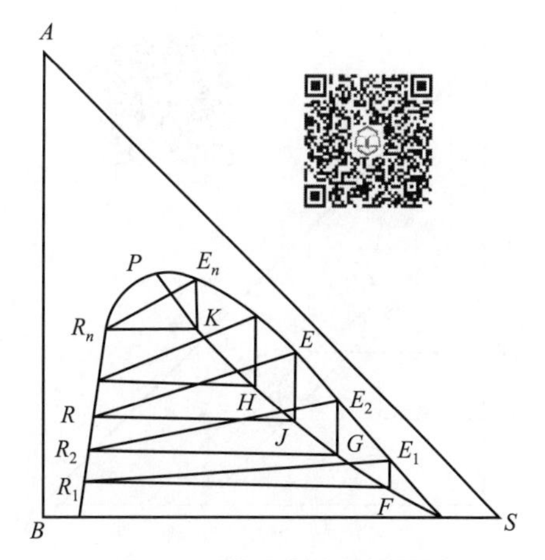

图 2-25　辅助曲线的做法图

3. 分配系数

在一定温度下，当三元混合液的两个液相达平衡时，溶质在 E 相与 R 相中的组成之比称为分配系数，以 K_A 表示，同样，对于组分 B 也可写出相应的表达式，即：

$$K_A=\frac{\text{组分 A 在 E 相中的组成}}{\text{组分 A 在 R 相中的组成}}=\frac{y_A}{x_A} \tag{2-1}$$

$$K_B=\frac{y_B}{x_B} \tag{2-1a}$$

式中　y_A——萃取相 E 中组分 A 的质量分数；

x_A——萃余相 R 中组分 A 的质量分数。

式中，分配系数表达了组分在两个平衡液相中的分配关系。显然，K_A 愈大，萃取分离的效果愈好。K_A 值与联结线的斜率有关。不同物系具有不同的分配系数 K_A 值；同一物系 K_A 值随温度而变；在恒定温度下，K_A 值随溶质 A 的组成而变。只有在温度变化不大或恒温条件下的 K_A 值才可近似视为常数。

4. 分配曲线

如图 2-26 所示，若以 x_A 为横坐标，以 y_A 为纵坐标，则可在 x-y 直角坐标图上得到表示这一对共轭相组成的点 N。每一对共轭相可得一个点，将这些点联结起来即可得到曲线 ONP，称为分配曲线，曲线上的 P 点即为临界混溶点。分配曲线表达了溶质 A 在互成平衡的 E 相与 R 相中的分配关系。若已知某液相组成，则可由分配曲线求出其共轭相的组成。

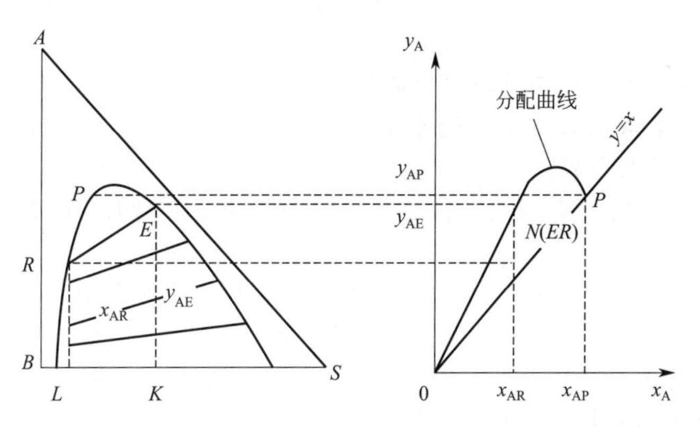

图 2-26　联结线与分配曲线对应图

5. 萃取杠杆原理

萃取操作可在分级接触式或连续接触式设备中进行。在分级式接触萃取过程计算中，无论是单级还是多级萃取操作，均假设各级为理论级，即离开每级的 E 相和 R 相互为平衡。

在萃取操作计算中，经常需要确定平衡各相之间的相对数量，这就需要利用杠杆规则。如图 2-27 所示，将质量为 r（kg），组成为 x_A、x_B、x_S 的混合物系 R 与质量为 e（kg），组成为 y_A、y_B、y_S 的混合物系 E 相混合，得到一个质量为 m（kg），组成为 z_A、z_B、z_S 的新混合物系 M，其在三角形坐标图中分别以点 R、E 和 M 表示。M 点称为 R 点与 E 点的和点，R 点与 E 点称为差点。点 M 与差点 E、R 之间的关系可用杠杆规则描述，即根据杠

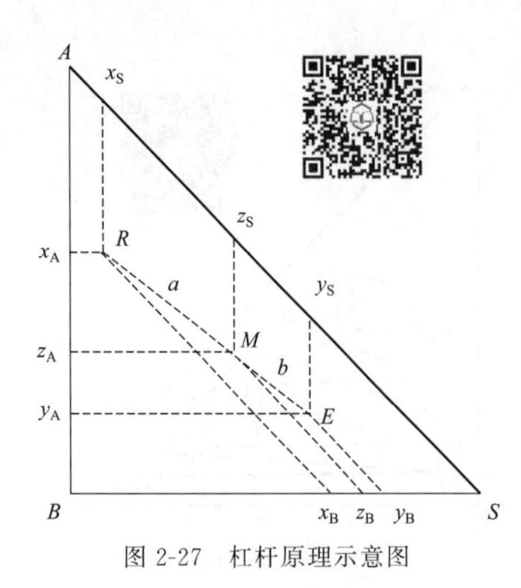

图 2-27　杠杆原理示意图

杆规则，若已知两个差点，则可确定和点；若已知和点和一个差点，则可确定另一个差点，即：

$$\frac{E}{M}=\frac{\overline{MR}}{\overline{ER}} \tag{2-2}$$

杠杆规则是物料衡算的图解表示方法，是以后将要讨论的萃取操作中物料衡算的基础。

三、萃取剂的选择

萃取剂的选择是萃取操作分离效果和经济性的关键。萃取剂的性能主要由以下几个方面衡量。

1. 萃取剂的选择和选择性系数

选择性是指萃取剂 S 对原料液中两组分溶解能力的差异。若 S 对溶质 A 的溶解能力比对稀释剂 B 的溶解能力大得多，即萃取相中 y_A 比 y_B 大得多，萃余相中 x_B 比 x_A 大得多，那么这种萃取剂的选择性就好。

萃取剂的选择性可用选择性系数表示，即：

$$\beta=\frac{\text{组分 A 在 E 相中的质量分数}}{\text{组分 B 在 E 相中的质量分数}}\Big/\frac{\text{组分 A 在萃余相中的质量分数}}{\text{组分 B 在萃余相中的质量分数}}=\frac{y_A/y_B}{x_A/x_B} \tag{2-3}$$

将式(2-1) 代入式(2-3)

$$\beta=\frac{K_A x_B}{y_B} \tag{2-3a}$$

或

$$\beta=\frac{K_A}{K_B} \tag{2-3b}$$

式中　β——选择性系数；

y——组分在萃余相 E 中的质量分数；

x——组分在萃余相 R 中的质量分数；

K——组分的分配系数。

β 值直接与 K_A 有关，K_A 值愈大，β 值也愈大。凡是影响 K_A 的因素（如温度、浓度）也同样影响 β 值。

一般情况下，B 在萃余相中总是比萃取相中高，所以萃取操作中，β 值均应大于 1。β 值越大，越有利于组分的分离；若 $\beta=1$，由式(2-2) 可知 $K_A=K_B$，萃取相和萃余相在脱溶剂 S 后，将具有相同的组成，并且等于原料液组成，故无分离能力，说明所选择的溶剂是不适宜的。萃取剂的选择性高，对溶质的溶解能力大，对于一定的分离任务，可减少萃取剂用量，降低回收溶剂操作的能量消耗，并且可获得高纯度的产品 A。

选择性系数 β 类似于蒸馏中的相对挥发度 α，所以溶质 A 在萃取液与萃余液中的组成关系也可用类似于蒸馏中的气-液平衡方程来表示。

表 2-4 列出了几种常见萃取剂的 K_A 值，从表中数据可以看出，碳数少的溶剂 K_A 值高，随着碳数的增加，K_A 值下降。由于醇类容易与醋酸发生酯化反应，用量很少，酮类的 K_A 值虽较大，但它在共沸精馏中脱水性能不理想。因此，萃取容量较小的醋酸异丙酯、醋酸乙酯、苯更具优势。

2. 萃取剂 S 与稀释剂 B 的互溶度

组分 B 与 S 的互溶度影响溶解度曲线的形状和分层区面积。

表 2-4　常用低沸点萃取剂及其分配系数

萃取剂	K_A 值的范围
正醇类(C_4～C_8)	1.68～0.64
酮类(C_4～C_{10})	1.20～0.61
醋酸酯类(C_4～C_{10})	0.89～0.17
醚类(C_4～C_8)	0.63～0.14

图 2-28 表示在相同温度下，同一种 A、B 二元料液与不同性能萃取剂 S_1、S_2 所构成的相平衡关系图。图 2-28 表明 B、S_1 互溶度小，分层区面积大，可能得到的萃取液的最高浓度 E'_{max} 较高。所以 B、S 互溶度愈小，愈有利于萃取分离。

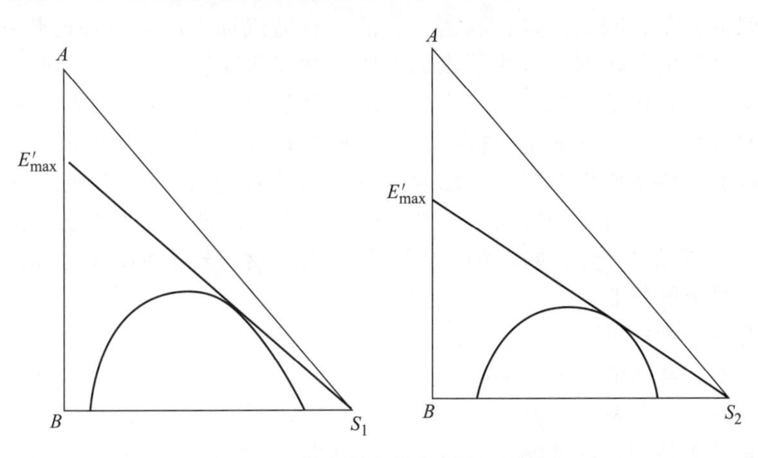

图 2-28　萃取剂和稀释剂的互溶度

3. 萃取剂回收的难易与经济性

萃取后的 E 相和 R 相，通常以蒸馏的方法进行分离。萃取剂回收的难易直接影响萃取操作的费用，在很大程度上决定了萃取过程的经济性。因此，要求溶剂 S 与原料液组分的相对挥发度要大，不应形成恒沸物，并且最好是组成低的组分为易挥发组分。若被萃取的溶质不挥发或挥发度很低，而 S 为易挥发组分时，则 S 的汽化热要小，以节省能耗。被分离体系相对挥发度 α 大，用蒸馏方法分离；如果 α 接近 1，可用反萃取、结晶分离等方法。

溶剂的萃取能力大，可减少溶剂的循环量，降低 E 相溶剂回收费用；溶剂在被分离混合物中的溶解度小，也可减少 R 相中溶剂回收的费用。

4. 萃取剂的其他物性

为使 E 相和 R 相能较快地分层以加速分离，要求萃取剂与被分离混合物有较大的浓度差，特别是对没有外加能量的萃取设备，较大的浓度差可加速分层，以提高设备的生产能力。

两液相间的张力对分离效果也有重要影响。物系界面张力较大，分散相液滴易聚结，有利于分层，但界面张力太大，液体不易分散，接触不良，降低分离效果；若界面张力过小，易产生乳化现象，使两相难以分层。所以，界面张力要适中。首要考虑的还是满足分层的要求。一般不选界面张力过小的萃取剂。

此外，选择萃取剂时还应考虑其他一些因素，诸如：萃取剂与被分离混合物应有较大的密度差，萃取剂应具有比较低的黏度凝固点，具有化学稳定性和热稳定性，不易聚合、分解，有阻垢的热稳定性，抗氧化的稳定性，对设备腐蚀性小，无毒，来源充分，价格低廉等。

一般来说，很难找到满足上述所有要求的溶剂。在选用萃取剂时要根据实际情况加以权衡，以满足要求。

5. 常见萃取剂

萃取剂的种类繁多，至今没有统一的分类方法。鉴于它是一类有机化合物，因此，通常根据质子理论按有机化合物酸碱性的划分，分为中性萃取剂、酸性萃取剂和碱性萃取剂；此外，有一类萃取剂多数为质子酸，通常具有螯合剂的性质，故归属为螯合萃取剂。醇、醚、酮、酯、酰胺、硫醚、亚砜和冠醚等中性有机化合物属中性萃取剂。在这一类的酯中还包括羧酸酯（如乙酸乙酯）和磷（膦）酸酯（如磷酸三丁酯），它们在水中一般都呈中性。羧酸、磺酸和有机磷（膦）酸等属酸性萃取剂，它们在水中呈现酸性，可电离出氢离子。伯胺、仲胺、叔胺和季铵等属碱性萃取剂，这些有机胺在水中能加合氢离子，显示碱性，其碱性一般强于无机氨，而季铵则有强碱性质。

常见的萃取剂：苯、四氯化碳、酒精、煤油、直馏汽油、己烷、环己烷……不要忘记，水是最廉价、最易得的萃取剂。这些萃取剂主要为物理萃取剂。在现代工业中，特别是冶金工业中，大量使用的是化学萃取剂，它广泛应用于除杂净化、分离、产品制备等过程中。

工业中的萃取剂，大多溶解于有机溶剂，常见的有机溶剂是磺化煤油。因为它易得、廉价，并且对萃取剂有协萃作用（因为里面含有少量的芳香烃），溶于有机溶剂还能提高萃取剂的萃取能力，增强其金属萃合物的溶解性、降低黏度，降低其挥发性能，降低其在水中的溶解性。萃取剂主要在有色金属湿法冶金行业应用广泛，比如铜、锌、钴、镍、镉、金、银、铂系金属、稀土等行业。

常用的工业萃取剂如下：

醇类：异戊醇、仲辛醇、取代伯醇

醚类：二异丙醚、乙基己基醚

酮类：甲基异丁基酮、环己酮

酯类：乙酸乙酯、乙酸戊酯、乙酸丁酯

磷酸酯类：己基磷酸二（2-乙基己基）酯、二辛基磷酸辛酯、磷酸三丁酯

亚砜类：二辛基亚砜、二苯基亚砜、烃基亚砜

羧酸类：肉桂酸、脂肪酸、月桂酸、环烷酸

磺酸类：十二烷基苯磺酸、三壬基萘磺酸

有机胺类：三烷基甲胺、二癸胺、三辛胺、三壬胺等

四、单级萃取过程的计算

以单级萃取过程的计算为例，仅对连续接触萃取过程作简要介绍。

单级萃取操作可以连续，也可以间歇。为了简便起见，萃取相中溶质组分的组成用 y 表示，萃余相中溶质组分的组成用 x 表示。

下面以常见的第Ⅰ类物系为例介绍计算步骤。

（1）由已知相平衡数据在三角相图中做出溶解度曲线及辅助曲线，如图 2-29 所示。

（2）已知原料液 F 的组成 x_F，在三角相图的 AB 边上确定点 F。根据萃取剂的组成确定点 S（若萃取剂是纯溶剂，则点 S 为三角形的顶点）。连接点 F、S，则代表原料液与萃取剂的三元混合液的组成点 M 必在 FS 线上。

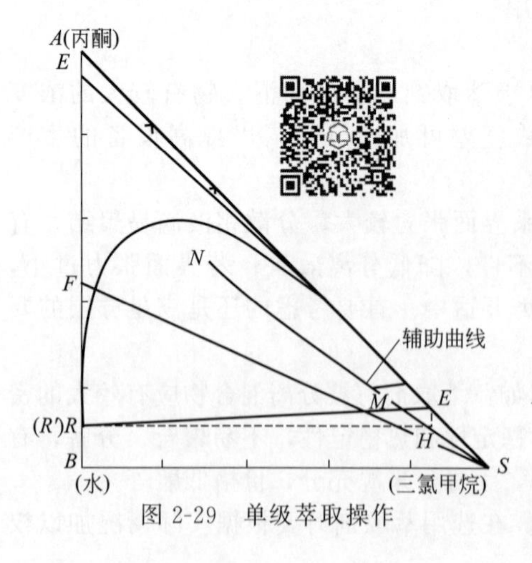

图 2-29 单级萃取操作

(3) 由已知的萃余相的组成 x_R，在相图上确定点 R，再由点 R 利用辅助曲线求出点 E，读出萃取相 E 的组成 x_E，连接点 R、E，RE 线与 FS 线的交点即为三元混合液的组成点 M。

(4) 由物料衡算和杠杆规则求出 F、E、S 的量。

由总物料衡算：$F+S=E+R=M$

按照杠杆规则得：$\frac{S}{F}=\frac{\overline{MF}}{\overline{MS}}$

即 $S=F\frac{\overline{MF}}{\overline{MS}}$；$E=M\frac{\overline{RM}}{\overline{RE}}$；$R=M-E$

若从萃取相 E 和萃余相 R 中脱除全部萃取剂 S，则得到萃取液 E′和萃余液 R′。其组成点分别为 SE、SR 的延长线与 AB 边的交点 E' 和 R'，其组成可由相图中读出。E′和 R′的量也可由杠杆规则求得：

$$E'=F\frac{\overline{FR'}}{\overline{E'R'}},\ R'=F-E'$$

任务实施

25℃时，从丙酮-水溶液中萃取丙酮。若原料液总量为 100kg，其中丙酮的质量分数为 45%，萃取后所得萃余相中丙酮的质量分数为 10%。

(1) 选择合适萃取剂及其理由；

(2) 若萃取剂为三氯甲烷，所需三氯甲烷的量以及加入萃取剂后得到的三元混合液中水和丙酮的质量分数；

(3) 所得萃取相 E 的量及其含丙酮的质量分数；

(4) 若将萃取相 E 中的萃取剂 S 全部回收，所得萃取液 E′的量及其含丙酮的质量分数。

25℃时，丙酮-水-三氯甲烷系统的联结线数据见表 2-5。

表 2-5　丙酮-水-三氯甲烷联结线数据表（质量分数/%）

水相			三氯乙烷相		
三氯甲烷(S)	水(B)	丙酮(A)	三氯甲烷(S)	水(B)	丙酮(A)
0.44	99.56	0	99.89	0.11	0
0.52	93.58	5.96	90.93	0.32	8.75
0.60	89.40	10.0	84.40	0.60	15.00
0.68	85.35	13.97	78.32	0.90	20.78
0.79	80.16	19.05	71.01	1.33	27.66
1.04	71.33	27.63	58.21	2.40	39.39
1.60	62.67	35.73	47.53	4.26	48.21
3.75	50.20	46.05	33.70	8.90	57.40

依据题给的数据绘出溶解度曲线和辅助曲线，如图 2-29 所示。

(1) 丙酮-水溶液，根据萃取剂的要求，可选取的萃取剂有：乙醚、异丙醚、三氯甲烷、三正辛胺、乙酸乙酯、苯等。最终需要根据生产要求、投资费用、生产设备等来确定。

(2) 求三氯甲烷的量及混合液 M 的组成　在图 2-29 上根据原料液的组成在 AB 边上标绘出 F 点，连接 SF。再依据萃余相中丙酮的质量分数为 10%，在溶解度曲线上标出 R 点（R 点与 R' 点可视为重合）。由 R 点利用辅助曲线做出 E 点。连接 E、R 两点的直线与 SF

点交于M点，点M即为混合液的组成点。

由
$$\frac{S}{F}=\frac{\overline{FM}}{\overline{MS}}$$

得
$$S=F\frac{\overline{FM}}{\overline{MS}}=100\times\frac{15.2}{6.85}=222\ (\text{kg})$$

由图2-29读出混合液中水的含量为84%，丙酮的含量为15%。

(3) 求萃取相E的量及其丙酮的含量

由$M=F+S=E+R$得$M=F+S=100+222=322$ (kg)

$$E=M\frac{\overline{RM}}{\overline{RE}}=322\times\frac{13.6}{16.9}=178.6\ (\text{kg})$$

(4) 求萃取液E′的量及其丙酮的含量　连接点S、E并延长，与AB边交于E'点，在图2-29中可读出萃取液E′中丙酮的含量。

$$E'=F\frac{\overline{FR'}}{\overline{E'R'}}=100\times\frac{7}{17}=41.2\ (\text{kg})$$

$$R'=F-E'=100-41.2=58.8\ (\text{kg})$$

在实际生产中，由于萃取剂一般是循环使用的，其中会含有少量的组分A与B，萃取液E′和萃余液R′中也会有少量的萃取剂S，此时图解计算的原则仍然适用，但点S、E′、R′的位置均在三角相图中的均相区内。

任务评估

1. 资讯

在教师指导下让学生解读工作任务及要求，了解完成项目任务需要的知识：三元物系的相平衡关系、相组成图、溶解度曲线与连接线、辅助曲线与临界混溶点、分配曲线与分配系数、萃取剂的选择、单级萃取操作的计算。

2. 决策、计划

根据工作任务要求和生产特点，在给定的工作情况下完成相关工艺参数的确定，再通过分组讨论、学习、查阅相关资料，完成任务。

3. 检查

教师可通过检查各小组的工作方案与听取小组研讨汇报，及时掌握学生的工作进展，适时地归纳讲解相关知识与理论，并提出建议与意见。

4. 实施与评估

学生在教师的检查指点下继续修订与完善项目实施初步方案，并最终完成塔的工艺计算。教师对各小组完成情况进行检查与评估，及时进行点评、归纳与总结。

任务四　萃取的操作、调节及安全技术

工作任务要求

能针对工作任务，对萃取过程进行操作和自动调节。

技术理论与必备知识

一、萃取塔的操作

在进入正式生产之前通常要进行以下准备工作。

1．设备检查与调试

萃取装置及其辅助装置的运转调试主要观察设备性能是否符合设计要求，辅助设施是否连接合理。关键是考察萃取装置两相流通情况及相的混合和分散能力能否满足工艺要求。

2．管线试压与试漏检查

试压的目的是及时发现并处理设备隐患，检查施工质量，扫除管线、塔及容器内的脏物。气密性试验（试漏）主要检验容器和管道系统各连接部位的密封性能，以保证容器和管道系统在使用压力下保持严密不漏。为了保证容器和管道系统不会在气密性试验中发生破裂爆炸引起大的危害，气密性试验应在水压试验后进行。

3．电器及仪表确认

必须按系统对继电保护装置、备用电源自动投入装置、自动重合闸装置、报警及预报信号系统等进行模拟试验，并在中控室进行图上核实各种颜色开关或开闭显示。对于内藏计算机、可编程控制器的保护装置，在对软件进行检查及测试后，还应逐项模拟联锁及报警参数，验证逻辑的准确性和联锁报警值的准确性。启动电机时，记录启动时间、电流，并做好变、配电运行操作及运转的记录，观察电机启动停车状态和中控室流程图显示应相一致。

在开车前做好准备后，进行开车、正常操作和停车。对于不同的萃取过程，其操作过程也不相同。

4．开车操作

萃取塔开车时，应将连续相注满塔中，再开启分散相进口阀门。分散相又必须经凝聚后才能自塔内排除。因此，当重相为连续相时，液面应在重相入口高度处为宜，关闭重相进口阀，开启分散相，使分散相不断在塔顶分层段内凝聚，当两相界面维持在重相入口与轻相出口之间时，再开启分散相出口阀和连续相出口阀。当重相为分散相时，则分散相在塔底的分散段内不断凝聚，两相界面将维持在塔底分层段内的某一位置上。同理，在两相界面维持一定高度后，才能开启分散相出口阀。

5．停车操作

萃取塔停车时，对重相为连续相的，首先关闭重相的进出口阀门，再关闭轻相进出口阀，使两相在塔内静止分层后，慢慢打开重相的进出口阀，让轻相流出，当两相界面上升至轻相全部从塔顶排出时，关闭重相进口阀，使重相全部从塔底排出。

对轻相为连续相的，停车时先关闭重相的进出口阀，再关闭轻相的进出口阀，两相在塔内静止分层后，打开塔顶旁路阀，接通大气，然后慢慢打开重相出口阀，让重相流出。当相界面下移至塔底旁路阀高处时，关闭重相出口阀，打开旁路阀，让轻相流出。

二、萃取塔的故障及处理

萃取塔的故障常见的有液泛、相界面波动太大、冒槽、非正常乳化层的增厚等。

1．液泛

液泛的定义不十分明确，通常是指萃取器内混合的两相还未来得及分离，即液流从相反的方向带出的反常操作。对萃取塔来说，是分散相被连续相带出塔外；对于混合-澄清萃取器，是末级分离的水相从有机相口排出或有机相由水相口排出的反过程，这种现象常常是由萃取器的通量过大引起的。各种萃取器都以液泛速度为其极速，即极限处理能力。实际生产都应在液泛流速水平以下作业。据经验，设备的最佳处理能力约在液泛流速的79%～80%下操作。

产生液泛的另一原因是萃取过程中两相物性发生变化。如黏度增大，界面张力下降，界面絮凝物增多引起分散带过厚，局部形成稳定的乳化层夹带着分散相排出。所以一旦出现液泛，首先要考虑降低总流量，如果因后一原因造成的液泛，可适当提高萃取器内液体的温度，加强料液过滤，减少乳化层厚度，必要时将界面絮凝物抽出。

2. 相界面波动太大

处在正常作业的萃取器，其相界面基本稳定在一定水平上。一旦界面上、下波动幅度增大，说明萃取器内正常的力学平衡遭受破坏，严重时可能导致萃取作业无法进行，即产生相的倒流，造成料液溢流进反萃段或反萃剂灌入萃取段的事故。萃取器内的相界面以两相密度差来维持，界面位置变化反映了萃取器内的液体流速发生了变化或级间流通口的不畅。前者或因流量控制系统发生故障而使供入液相流增大，或因为级间泵送抽力波动（常常由于电压波动或传动皮带松动引起搅拌转速变化）使某级两相流比分配发生变化。流通口不畅除了设计上的原因外，主要是由搅拌叶轮抽力过低、流通口的液封效应或异物堵塞引起的。流通口不畅故障对混合-澄清器尤为明显。遇到相界面波动厉害时，可以检查供液流量控制系统，看供液量是否符合要求；调整叶轮转速到规定的搅拌速度，排除水相口堵塞异物或采用抽吸法排除水相流通口的液封（见冒槽故障处理）。

3. 冒槽

液泛也是一种冒槽形式，不过液体的溢出不超过萃取器的实际高度。本节所指的冒槽是液体液面水平超过箱体高度而漫出。有时候像液泛那样两相未及分离就外溢；有时候即使分离很好，由于相界面上升，将轻相顶出箱外。这是萃取过程最严重的事故，它不仅破坏了萃取平衡，而且直接造成有机相流失。产生冒槽除操作流速过大（与液泛一样）外，还有排液流通口堵塞、局部泵送抽力不足等原因。如泵混式混合-澄清器各级流体输送是靠泵混叶轮完成，由于机械方面的原因，某级叶轮转速变慢或突然停止，无法吸入相邻级的两相，这两级的液面就有增加的趋势，直至发生冒槽。如第 n 级搅拌器转速下降或停止转动，则水相入口 $n-1$ 级的水相因 $n-2$ 级不断供入而又未能进入 n 级，故 $n-1$ 级的水相不断积累，相界面逐渐抬高。而 $n+1$ 级的有机相则因 $n+2$ 级有机相不断供入而又不能排往 n 级，有机层逐渐增加，但该级的水相又被 $n+2$ 级（假定该级和 $n+1$ 级的搅拌器都正常运转）抽走，相界面就将急剧下降，乃至于整个澄清器全部充满有机相。一般 $n+1$ 级的冒槽趋势较慢，其总液面水平逐渐抬高，波及 $n+2$、$n+3$…各级，甚至全面冒槽。所以一旦发现一级搅拌器转速显著减慢或突然停止，则应全部（或某一段）停车处理，把各级搅拌器调整到大致相同的转速。

流通口液封堵塞有两种情况：一是有机相排液管被水相封堵；二是水相流通口被密度更大的水相封堵。第一种情形常常由于水相充入有机相管内（开、停车时最容易发生），有机相密度小，当搅拌器油力不足时，有机相的通道被水相堵死，无法流出，而邻级有机相源源不断地进入，最后导致冒槽。主要在管道设计时设法避免这种冒槽事故，尽量减少U形管的配置，实在必要时，应在U形管下安装排水阀，定期将积水排除。此外，有机相流通管与下一级混合室连接时，最好在进入混合室的管口附近装上阀门，停车前先关闭阀门，尽量减少有机相管道的充水。第二种情形大多发生在分馏萃取时洗涤段与萃取段相连接的两级之间。由于开、停车时，料液通过洗液进口管由萃取混合室倒灌入洗涤级，而料液的密度大于洗涤液，当它在洗涤级的澄清室底部积累，直到将水相导流管充满，此时洗涤水相的静压力不足以克服重水相液柱阻力，形成如同水相对有机相封堵（这里为水相积累）那样的状况，使洗涤段的水相不能流入萃取段，最后导致洗涤段发生冒槽。遇到这种事故必须将水相口导流筒内充满的料液抽出，直至洗涤液充入为止。为了避免冒槽事故的发生，应适当提高毗邻萃取段的洗涤级的界面高度，即增加该级水相溢流堰的高度，减少料液通过堰口的倒灌。

4. 非正常乳化层的增厚

如前所述，在大型萃取生产中难以避免形成乳化层（由分散带和絮凝物组成），一般情况下，其增长速度及它在萃取器中的位置是相对稳定的，只要定期抽出界面絮凝物就不会影响操作，但当出现乳化层的增长速度过快，甚至很快充斥整个萃取箱而无法分相的情况时，就成为一种严重事故，应立即停车处理。这类事故可能由以下几方面原因引起。

（1）输入功率突然增大 这种情况一般在供电不太稳定的地区容易发生，由于电网电压突然增大，混合过于激烈，一时难以分相造成。所以在这些地区，搅拌马达应有过电压保护装置，并将转速控制在适宜的范围。

（2）料液过滤（事故或暴雨）的影响 大多数萃取料液都要经过过滤，固体悬浮物一般控制在 10×10^{-6}左右。一旦悬浮物高于 100×10^{-6}，就容易产生稳定乳化物。如果过滤器发生故障，或出现暴雨，料液中悬浮物急剧增加，大大超过上述极限含量，就会产生稳定的乳化物。

三、萃取塔的日常维护和检修

萃取塔（槽）装置内的流体温度、压力以及腐蚀之间的组合是相当严格的，要充分认识其设计条件和材质结构的允许极限，在运转条件内对其进行检查。塔（槽）日常检查的内容与方法以及各种检查要点见表 2-6。

表 2-6 萃取塔（槽）日常检查的内容与方法以及检查要点

检查内容	检查方法	要点
内部腐蚀	①用超声波厚度测定器检查可以测定的最高温度为 400～600℃ ②使用铱 192 射线检查 ③腐蚀测定器 ④液体组成分析和 pH 值测定	①气、液腐蚀情况不同，即使塔顶部与塔底部，其腐蚀情况也有很多不同 ②液体进入侧接管口正面对流体冲击的部位与接管口周围产生流体搅拌现象的部位腐蚀性大 ③小口径接管口厚度比主体薄的先穿孔的情况较多，另外，其顶端由于直接管凝聚作用而产生加速腐蚀 ④因保温条件的差异产生腐蚀的差别 ⑤衬里部分的母材腐蚀
外部腐蚀	①肉眼检查 ②工具检查 ③使用铱 192 射线检查	①屋外保温施工的机器在温度 100℃以下，由于雨水的浸入容易受外部腐蚀；另外，即使是高温但更换频率剧烈的部件也容易腐蚀 ②保温材料变质会带来腐蚀 ③长期经受外来微量腐蚀性流体的影响亦会促进腐蚀（例如从坑升起的腐蚀性流体的蒸气）
有无裂痕	①肉眼检查 ②渗漏探伤检查 ③磕角探伤检查 ④敲打检查 ⑤超声波斜角探伤检查	①压缩机周围振动大的部分的接管口根部等容易产生应力集中的部分 ②高温机器支架固定部位、管架加强部位等容易产生热应力集中的部分 ③高强度钢焊接部位氧气滞后裂缝
内部部件异常	①听声音（听音棒） ②显示稳定的涂料，显示温度的标签 ③使用钴 60 射线检查	①因耐火砖脱落所产生的异常声音以及壁温上升 ②固定点的脱落而发生的振动异常声音 ③塔盘的脱落、洞眼阻塞、填密片的劣化而引起的液面变动
有无泄漏	①发泡剂（肥皂水，其他） ②气体检测器	①热应力和热膨胀等引起显著变形的地方 ②装上、拆下频度大的接管口法兰 ③塔、槽回路中有接火的场合容易成为漏洞

续表

检查内容	检 查 方 法	要 点
外部附属品有无异常	肉眼检查	①绝缘材料的安装状态(主体厚度由于绝热不良而产生热应力) ②安全阀启动时由于反作用而使管架变形 ③由于塔、槽不均匀沉降而管架变形 ④支架的变形、劣化 ⑤法兰类的紧固螺栓的腐蚀、变形 ⑥人孔的腐蚀、变形,是否良好

四、萃取操作的仪表及自动控制

以芳烃萃取为例，装置涉及的控制仪表设备很多，大致可分为气动Ⅱ型半表、电Ⅲ型表两种，以下将介绍其操作方法。

1. 气动Ⅱ型半表的操作

(1) 手动控制　将切换开关置于“手动”位置，手操器输出即是调节阀的给定。由自动切换手动控制时，只要将切换开关直接扳到“手动”位置，此时的输出即是切换“自动”位置的输出信号。

(2) 自动控制　将调节器的给定与仪表记录（反馈）信号（指针）对齐，切换开关由“手动”扳到“自动”位置，调整给定使输出分压保持在“手动”位置的大小，此时的输出按照给定的信号作相应的调整。

进入自动调节时，应调整好比例、积分、微分时间。

(3) 串级调节系统　串级调节系统有主、副两个回路，对应有主、副两个调节器，即两个二次表；将主回路二次表称为主表，副回路二次表称为副表。

串级调节系统中，主、副两个回路的关系是：主回路的输出作为副回路的给定，而副回路的输出直接去调节阀。所以在一般情况下，先投副回路，后投主回路，也就是先把副表投自动，然后在整个系统比较稳定的情况下再把主表投自动。

① 遥控　副线板的“手动”-“自动”考克置于“手动”位置；副表的切换柄处于“手动”位置；拧副线板的定值器旋钮，此时副线板的红针与副表的给定针和输出针同步，且为所需的输出值。

② 遥控转单参数自动　副表的调节器参数置于所需位置；副表的切换柄从“手动”扳到“自动”位置；拧副线板的定值器旋钮，使副表的给定针与测量针重合；将切换柄从“切换”位置扳到“自动”位置；当发现输出与测量值在切换过程中稍微有变化时，应微调副线板的定值器旋钮，使之恢复原位；根据曲线变化关系趋势，调整调节器参数，使之处于最佳的调节状态。

③ 单参数自动转串级　主表改为自动，并调节给定，使之输出与副线板的红针对齐，即主表输出、副线板红针和黑针与副表的给定针对齐；副线板的“手动”-“自动”考克由“手动”扳到“自动”位置；在切换过程中，若输出和测量值稍有变化，应微调节主表的给定值；根据曲线变化关系趋势，调整主、副表的调节参数，使之处于最佳的调节状态。

④ 串级转单参数自动　拧副线板的定值器旋钮，使副线板的红针与黑针对齐；副线板的“手动”-“自动”考克由“自动”扳到“手动”位置；在切换过程中，若输出和测量值稍有变化，应微调节副线板的定值器旋钮，使之恢复原位。

⑤ 单参数自动转遥控　将副表的切换柄由“自动”扳到“切换”位置；拧副线板的定值器旋钮，使副表的给定针与输出针重合；将副表的切换柄由“切换”扳到“手动”位置，即可任意拧副线板的定值器旋钮，使之达到所需的输出值。

2. 电Ⅲ型表的操作

(1) 仪表启用　联系仪表工进行启动（打开一次表引压阀排气、排液、灌封液、调零位、供风、送电等），检查调节器的正反作用开关是否正确，选择合适的比例度（P）、积分时间（I）和微分时间（D）。

仪表初启用时，一般采用手动遥控，操作稳定后，再改为自动控制。

(2) 手动调节　准备条件：弄清楚调节阀是风开还是风关，将调节器切换开关扳至“MAN”到“H”位置，使调节阀全关，先打开调节阀下游阀，再打开上游阀，缓慢关闭副线阀，用手操开关逐渐开启调节阀，使流量保持不变。

① 软手动操作　“MAN”切换开关置于软手动“MAN”；拨动手操作开关调整输出信号的大小；调节给定轮使给定针（黑色）指在所需要的给定值上；用手操开关调整调节器的输出使测量针（红色）渐渐接近给定针（黑色），直到测量针与给定针对齐。

② 硬手动操作　“H”切换开关置于硬手动“H”；调节硬手操给定杆，改变输出信号的大小；调节给定轮使给定针（黑色）指在所需要的给定值上；用手操给定杆调整调节器的输出信号，直到测量针与给定针对齐为止。

注意：调节器在软手动“MAN”位置能保持特性0.5%/h，因此调节器不能长时间置于“MAN”位置；在硬手动“H”位置上，没有漂移，适合长期操作。

③ 自动调节　在刚开始使用调节器时，应先进行手动调节，手动调节较平稳以后，才考虑改用自动调节；进入自动调节，应确定 P、I、D（由仪表工进行参数调整）。

④ 手动、自动调节相互间的转换

a. 手动（H或MAN)-自动（AUTO）转换　调节硬手操给定杆或手操开关，使测量针与给定针对齐；把 P、I、D 放到所需的给定值上（第一次开工由仪表工进行参数设定与调整）；将切换开关由“H”拨至“AUTO”或由“MAN”拨至“AUTO”。

b. 自动（AUTO)-手动（H或MAN）转换　从自动（AUTO）到软手动（MAN)：可以一步切换，无平衡、无扰动。从自动（AUTO）到硬手动（H)：先将硬手操给定杆与输出信号对齐，然后把切换开关从“AUTO”拨至“H”。

⑤ 串级仪表操作法

a. 主表单回路控制　把手动开关扳至“单回路”，此时主调节器输出接到去电气转换器。调节阀回路，即主表输出信号经电气转换直接控制调节阀；主调节器置“反”作用位置；先用手动调节温度达到给定值，在切换到自动前，把 P、I、D 放到合适的位置上。主调节器用“AUTO”“MAN”“H”控制均可。

b. 副表单回路控制　把手动开关扳至“串联”位置；副表置“内给定”“正作用”，此时主表只起显示作用；手动调节流量，使主表指示稳定在给定值上。

c. 串级调节的投入　把手动开关置于“串级”位置，主调节（温控）置于“正作用”位置，P、I、D 放到合适的位置上，自动-手动切换开关放在硬手动“H”位置，内、外给定开关在“内”给定位置；副调节器（流量）置“正作用”，P、I、D 放到合适的位置上，内、外给定开关在“外”给定位置，自动-手动切换开关放在硬手动“H”位置；用副调节器（流量）的硬手操给定杆进行遥控；当主参数（T）接近给定值，副参数（F）也较平稳时，调节主表的硬手动给定杆，使副表的给定针与测量针对齐（即外给定＝副表测量），将副表由手动“H”改为自动“AUTO”，至此副表实现了外给定值的自动调节；调节主表给定轮，使主表给定针与测量针对齐；将主表由手动“H”位置切换至自动“AUTO”，至此实现了串级调节系统的投运工作。

d. 由副表单回路控制-串级调节的转换　副表单回路控制一段时间后，流量较平稳时，切换到自动，此时考虑采用串级调节；把主表置于“内”给定位置，自动—手动切换开关切换在“AUTO”，P、I、D 放到合适的位置上；调节主表的给定轮，使主表的给定针与测量针对齐，然后把副表置于“外”给定位置。

e. 由主表单回路控制-串级调节的转换　主表自动控制切换到硬手动“H”；主表正-反作用开关置于“正作用”；副表置于“正作用”，外给定，硬手动“H”，P、I、D 适当，调硬手操拨杆等于主表输出针（即主表与副表输出信号相同），再将手动开关扳到“串级”位置，观察主参数“T”的变化情况，若波动太大，要将副表硬手操拨杆增加或减少，稳定后，调主表硬手操拨杆，使副表的外给定＝副表的测量值时，将副表的“H”拨至“AUTO”；主参数“T”和副参数“F”波动太大时，调主表由“AUTO”改为“H”。

五、萃取操作的温度控制与调节

萃取塔的温度控制包括两部分，一部分是萃取塔的顶部温度控制，另一部分是萃取塔的中部温度控制。

萃取塔顶部温度控制正常调节手段主要通过调节蒸汽的用量改变萃取剂温度，以便控制萃取塔的顶部温度。萃取塔顶部温度主要的影响因素是换热器中萃取剂出口温度降低，使得萃取塔顶部温度降低；另外顶部抽余液量增大，也会使得塔顶温度降低。调节方法主要是通过换热器蒸汽入口及出口手阀调节蒸汽用量，将萃取剂温度提至合适范围，保证塔顶温度控制在指标范围内，另外还需要按照生产要求调整好抽余液及抽出液的比例。

萃取塔中部温度正常调节手段主要通过原料油进料温度来控制。萃取塔中部温度主要的影响因素是由于原料出口温度升高，使得塔中部温度升高；另外萃取剂进塔的温度升高，中部温度液随之升高。调节方法主要是通过调节原料油出口温度至正常，萃取剂进料温度调整至合适值。

六、萃取操作的压力控制与调节

萃取塔操作中主要是通过压控阀调节塔顶排出量来控制塔的压力。萃取塔压力影响因素有：

（1）塔顶排出量减少，萃取塔的压力上升；

（2）进入萃取塔的原料油、萃取剂及二次溶剂任何一项增大（减少），压力均上升（降低）；

（3）塔底抽出量减少，萃取塔压力上升；

（4）设备或仪表故障。

对应的解决办法有：

（1）调节压控阀，将塔底压力控制在指标内；

（2）将溶剂比按指标进行控制；

（3）按生产要求调整好塔底抽出量；

（4）联系有关单位及时处理。

七、萃取过程控制工艺参数的调整与优化

1. 相型的选择

采用哪一相为连续相或分散相，对于生产过程具有一定的实际意义。一般规律是：以水相为连续相的，萃取率比以有机相为连续相要高些，但水相夹带有机相的量也大。所以实际生产时（指混合-澄清萃取箱），常常控制料液进口级为水相连续相，这样一方面可以提高萃取率，另一方面还可减少有机相对水相的夹带。萃余液的出口级经常控制有机相为连续相，这样可以降低有机相被夹带的损失。

可以通过开车前使溶液浸没叶轮来形成所选定的相型，叶轮启动前，浸没叶轮的相即为连续相，如图2-30所示。萃取塔在启动前充满塔体的相即是连续相。以上情况只是两相流比接近时才能维持，否则在萃取过程会发生转相。通常流量大的一相容易造成连续相。所以若用少数相为连续相时，必须增加该相的循环装置，使混合室的流比接近1的水平。叶轮位置对于相型的作用有时候也会失败，比如当转速低时，水相形成分散相，逐渐加大叶轮转速，有机相即使其体积为90%，仍有可能形成分散相。

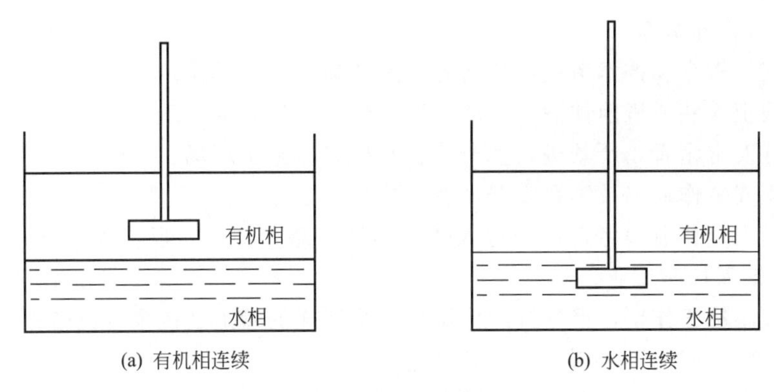

(a) 有机相连续　　(b) 水相连续

图2-30　产生连续相的叶轮位置

2. 回流比

回流比是一项必须控制而又难以精确控制的操作条件。它一方面影响萃取率，同时又影响设备的处理能力。各相流比是根据料液组成、对产品质量要求以及萃取设备的澄清速率来确定的。虽然这些因素早已在试验和设计中考虑到了，但实际生产的料液成分往往很复杂，并常有变化，加上设备放大的不可预见因素影响，为了在实际生产中获得合格的产品，就要经常注意流比的变化，并做适当的调整。目前国内大多冶金萃取工厂所用的流量计（如转子流量计、涡轮流量计、孔板流量计、电磁流量计等）只限于测量指示，仍未能根据料液组分变化实现流量调节，故两相流比仍需通过人工调节来加以控制。

3. 固体悬浮物与界面凝絮物的处理

一般萃取工厂的萃取设备或多或少都存有絮凝物，絮凝物可以被压缩，在正常情况下不会影响萃取过程的进行。当它的厚度达到影响相的分离，甚至随有机相漂浮流入下一级时，就应将其吸出处理。清除出来的絮凝物含有大量的有机相，可以用离心机分离回收。

加强料液澄清过滤是防止絮凝物产生的有效方法。通常在第一个溶解池涡流进入砂滤器之前，最好还有一个中间澄清池，使悬浮物进一步聚结沉淀，以保证料液中悬浮物的含量均匀。一般要求从砂滤器进入萃取设备的悬浮物不多于10×10^{-6}。当然，搅拌浸出液的固体悬浮物含量比就地浸出的浸出液高，因而生成界面絮凝物也多。SiO_2和黏土的存在也会加速絮凝物的形成。当SiO_2含量少于0.7g/L时，分相没有困难；大于此值，界面絮凝物形成的倾向增大。界面絮凝物是一种水包油的稳定乳化物，若采用有机相为连续相，可以抑制它的生成。

4. 有机添加剂使用的控制

在浸出、萃取、淀积流程中，常常要添加絮凝剂、光亮剂和酸雾抑制剂等有机试剂。使用之前必须经过试验，选择与萃取过程相适应的试剂。如阳离子絮凝剂一般都与Lix64N的煤油溶液不相溶，因此选用非离子或阴离子聚丙烯酰胺比较好。非离子型聚丙烯酰胺絮凝剂已在浸出工序中使用。目前还未找到一种很满意的电积酸雾抑制剂，因为这种抑制酸雾的起泡剂是通过降低空气和水的表面张力来形成泡沫的。与此同时，它还会降低水和有机相的界面张力，结果导致稳定乳化物的形成。

八、萃取操作安全技术

1. 总则

安全规程认真贯彻“安全第一，预防为主，全员动手，综合治理”的方针，减少和消灭各类事故，保障职工的健康和安全，确保国家和人民生命财产不受损失。

2. 安全规程

(1) 人身安全十大禁令

① 未经安全教育和技术考核不合格者，严禁独立顶岗操作；

② 不按规定着装或班前饮酒者，严禁进入生产岗位和施工现场；

③ 不戴好安全帽者，严禁进入生产装置和检修、施工现场；

④ 未办理安全作业票及不系安全带者，严禁高处作业；

⑤ 未办理安全作业票者，严禁进入塔、容器、罐、油舱、反应器、下水井、电缆沟等有毒、有害、缺氧场所作业；

⑥ 未办理维修工作票，严禁拆卸停用与系统连通的管道、机泵等设备；

⑦ 未办理施工破土工作票，严禁破土施工；

⑧ 未办理电气作业“三票”，严禁电气施工作业；

⑨ 机动设备或受压容器的安全附件、防护装置不齐全，严禁启动使用；

⑩ 机动设备的转动部件在运转中严禁擦洗和拆卸。

(2) 防火防爆十大禁令

① 严禁在厂内吸烟及携带火种和易燃、易爆、有毒、易腐蚀物品入厂；

② 严禁未按规定办理用火手续，在厂内进行施工用火或生活用火；

③ 严禁穿易产生静电的服装进入油气区工作；

④ 严禁穿带铁钉的鞋进入油气区及易燃、易爆装置；

⑤ 严禁用汽油和易挥发溶剂擦洗设备、衣物、工具及地面等；

⑥ 严禁未经批准的各种机动车辆进入生产装置、罐区及易燃易爆区；

⑦ 严禁就地排放易燃、易爆物料及化学危险品；

⑧ 严禁在各种油气区内用黑色金属工具敲打；

⑨ 严禁堵塞消防通道及随意挪用或损坏消防设施；

⑩ 严禁损坏厂内各类防爆设施。

(3) 防止中毒窒息十大规定

① 对从事有毒作业、有窒息危险作业人员，必须进行防毒急救安全知识教育；

② 工作环境（设备、容器、井下、地沟等）氧含量必须达到20%以上，毒害物质浓度符合国家规定时，方能进行工作；

③ 在有毒场所作业时，必须佩戴防护面具，必须有人监护；

④ 进行缺氧或有毒气体设备内作业时，应将与其相通的管道加盲板隔绝；

⑤ 在有毒或有窒息危险的岗位，要制定防救措施和设置相应的防护用器具；

⑥ 对有毒、有害场所的有害物浓度要定期检测，使之符合国家标准；

⑦ 对各类有毒物品和防毒器具必须有专人管理，并定期检查；

⑧ 涉及和监测毒害物质的设备、仪器要定期检查，保持完好；

⑨ 发现中毒、窒息时，处理及救护要及时、正确；

⑩ 健全有毒、有害物质管理制度，并严格执行，长期达不到规定卫生标准的作业场所，

应停止作业。

(4) 防冻防凝安全规定

① 冬季来临前，应组织做好防冻防凝检查工作，对查出的问题，应逐条处理，不留后患。对冬季装置开工、停工、检修等作业，应制定防冻防凝相应措施。

② 易冻易凝设备、管线、阀门、仪表均需采取防冻防凝措施，各类保温保持良好，伴热线畅通。

③ 重质油品的采样应先用蒸汽缓慢加热后，再缓慢开阀采样，不得盲目开大阀门采样以免介质喷出伤人。

④ 重质油线及仪表要开伴热线，防止凝线凝表，发现凝表时，应及时处理；发现凝线时，应开伴热蒸汽或开启胶带蒸汽直接暖管。瓦斯系统及其死角要经常检查，及时脱水，防止管线、阀门冻裂造成漏气事故。

⑤ 备用机泵必须保持冷却水畅通，冷油泵和热油泵一样要做预热处理，定期盘车以防凝死。无法预热的，要用石棉布盖好，吹入少量蒸汽防冻。

⑥ 水线、风线、蒸汽线的排放口和导淋口要保持适当开度，排除存水，做到既节约又防冻；蒸汽排凝必须装好疏水器。水、汽死角处没有排水和排汽阀门的管线，冬季必须采取有效措施，以防冻坏设备。

⑦ 重油管线及冷换设备停用后，及时用蒸汽吹扫，打开低点排凝，排尽存水，能用风、N_2 吹扫的，再用风、N_2 吹扫一遍；打开冷却水连通阀，使冷却水保持流动；管线及设备停用，又不能扫线时，可每小时用热油活线一次以防冻防凝，每次以顶出冷油为止。

⑧ 设备、管线、阀门冻凝时，应用蒸汽或热水缓慢加温融化，不许急剧加温或硬砸硬敲，严禁明火烘烤。

⑨ 扫线、冷凝水应导入地沟和下水道，不得任其流淌，清扫地面、平台积水、积雪、冰块，必要时加铺草垫防滑，高空冰溜子应及时打掉，以防掉落时砸坏设备或伤人。

⑩ 各类消防器材做好防冻工作，以防冻结失效。

3. 装置生产安全要点

(1) 安全管理要点

① 各项工艺操作指标符合“生产操作规程”和“工艺卡片”的要求，不得超温、超压、超负荷运行。

② 各类动、静设备必须达到完好标准，静密封点泄漏率小于 0.5‰。压力容器、管道及其安全附件齐全好用，符合《压力容器安全监察规程》。

③ 仪表管理符合制度要求，定期检验仪表上下限报警、可燃气体报警，仪表完好率和使用率达 95%以上；仪表工在处理一、二次表之前，需与操作人员联系，操作人员采取措施后方可处理。

④ 各类安全设施、消防设施、气防设备等配备齐全，灵敏完好，并定期检验。

⑤ 建立并执行安全检查及事故隐患整改制度，对设备、仪表和生产过程存在的问题应及时填写上报职能部门，暂不能整改又要投入运行的，要有车间主任、分管厂长签字，制定包括隐患内容、危害防范措施、监控手段、治理计划、负责人等内容的可靠安全防范措施。

⑥ 设备的处理、投用，工艺的调整必须有严密的操作方案和可靠的安全措施，现场应有专人监护，分工协作，层层把关。

⑦ 进行定期安全监督检查，督促班组及各岗位加强对关键危险点的监控力度，明确监

控内容，合理制定巡检路线，把各级巡检制度落到实处。

⑧ 执行异常情况报告制度，发现问题，及时汇报，及时处理；装置开、停车及正常生产的设备处理、投用要有严密的方案和安全措施，并经审核。

⑨ 岗位操作人员应不低于定员人数，严格岗位考核并执行持证上岗有关规定；制定、完善并落实岗位安全生产责任制，做到各司其职，各负其责；非本岗位操作人员严禁调节或动用本岗位的仪表、阀门、电气设备和安全设施；工作中不得串岗、脱岗。

⑩ 装置的各类压力容器建立技术档案，制定定期检测制度，各部门应落实压力容器安全管理责任制，贯彻分级管理原则，做好普查、立卡、建档、维护、检修等基础工作。

⑪ 操作人员必须按规定劳保着装，装置内作业必须戴安全帽，班前、班中不饮酒；严禁穿容易产生静电的服装进入易燃易爆区，尤其不得在易燃易爆区脱、穿衣服和用化纤织物擦拭设备；各项防静电措施和设备要指定专人定期进行检查并建卡登记存档。

⑫ 动火作业必须按相应的用火级别办理动火手续，严格执行企业《安全用火管理制度》要求；交底清楚，各项安全防范措施落实到位，现场派专人监护。

(2) 安全操作要点

① 严格监控各塔、容器、油罐的界位和液位，防止出现跑油或冒罐而引起火灾及中毒事故。

② 按操作规程要求，搞好物料平衡、热平衡，杜绝因误操作造成生产、设备事故。

③ 高温重油部位的小管线，如机泵预热线、排凝阀、压力表接口等部位因管壁薄，最容易腐蚀穿孔，生产中要加强检查；高温部位管线保温应完好，不得裸露管皮。

④ 保证两炉的“三门一板”灵活好用，保持炉膛负压 1～3mmH_2O (1mmH_2O＝9.80665Pa)，防止炉火扑管或外喷伤人；炉火熄灭重新点炉时，一定要用蒸汽赶尽炉内瓦斯，防止火灾、爆炸事故的发生，点火时必须有两人在现场，火把放置的火嘴要与所开的瓦斯火嘴一致。

⑤ 对使用的燃料油和瓦斯，要勤检查、勤调节，防止缩火、熄火、损坏设备或发生爆炸。

⑥ 加热炉瓦斯点火前，氧含量必须达到1%；点火时，人不可站在炉底及看火窗正面，以免回火伤人。

⑦ 对运转机泵清扫卫生时，防止抹布被卷入伤人，严禁用水冲洗运转电机，以防触电或损坏电机。

⑧ 冷换设备的使用应按程序操作，防止出现水击或因热膨胀而损坏设备。

⑨ 保持机泵“三态”，备用泵定期盘车，冷却水畅通，热油泵应处于热态。

⑩ 安全阀起跳后，必须按规定重新校验、铅封，安装后，其手阀应开到位，并加铅封以防误动；巡回检查时，要加强对高温部位及易腐蚀部位的检查。

⑪ 消防蒸汽带需按正确方式绑扎牢固，使用时开启要缓慢，固定好带头，防止“甩龙”伤人；进入塔器、容器、地下油井、地下井水前，要进行含毒、含氧分析，并有专人监护。

⑫ 设备的停用、投用、处理，或其他临时项目施工、投用，应严格按照方案执行；热油泵检修时，要通知车间，解体时，要有专人在场。

4. 开车与停车安全技术

(1) 装置开、停车由厂部统一安排，厂长下达指令，车间主任执行，不允许随意开停。

(2) 装置正常开、停车必须在车间主任直接主持下，由当班班长具体指挥。开、停车必须严格按照开、停车方案和有关规定进行。厂长和各职能部门人员均不得直接向班长或操作人员发布指令，更不准非在岗人员擅自动手操作。

(3) 装置开、停车前，由车间主任组织有关人员制定开、停车方案和实施细则，报技术科审核后向全体人员进行详细交底和安排。

(4) 装置开、停车前，应事先与有关单位联系，通报情况，以便互相配合协助，避免发生意外事故。

5. 开车安全注意事项

(1) 检修现场全部打扫干净，脚手架、跳板拆除，没有油污、废料和垃圾。临时电源线拆除，井、沟盖板全部盖好。盲板拆装完毕，并由专人按原登记表逐项检查销号。

(2) 检修后的压力。容器及贮罐等设备必须按规定进行试压，机动设备单体试车，安全阀手阀在吹扫前必须打开。

(3) 根据开车方案中的要求，检查工艺流程及阀门开关情况。在改好流程之后，必须经操作员、班长、车间人员三级检查后，方可向装置内进油，重要步骤的进行和流程也应三级检查，严防跑油、漏油、串油等事故发生。

(4) 加热炉应严格按照升温曲线进行升温。

(5) 接受介质时，应缓慢进行，注意排凝。接受蒸汽时，先预热、放水，逐渐升温、升压。

(6) 在引油建立循环过程中，应及时排除管线内的空气和水分，要做到油到哪里人到哪里，见油即关排空阀。

(7) 在向塔和容器装油、静止脱水、循环升温脱水时，都必须严格监视界位、液位，防止跑油、冒塔、冒罐、超温、超压、突沸等事故发生。

6. 停车安全注意事项

(1) 严格按照停车方案进行降温、降量、切断进料、吹扫、蒸塔、拆装盲板等各项工作。

(2) 对装置所应处理的设备、容器、管线，应按规定时间进行彻底的蒸汽吹扫、水洗，尽可能除尽存油。禁止向地面、下水井或空中大量排放油或瓦斯，以防爆炸、着火。

(3) 在吹扫过程中，禁止装置内的一切用火工作，机动车辆严禁驶入。

(4) 设备处理要干净、彻底，防止其中存有油、气。

(5) 交付检修前，含油污水下水井在充分蒸井后要用湿土覆盖严实。

(6) 安排好停工期间值班人员，规定好检查路线，明确职责范围和注意事项。

7. 检修安全技术

(1) 凡进入检修现场的一切人员都必须戴安全帽，现场作业人员都应按劳保着装，未经主管部门许可，谢绝外人参观。

(2) 装置内所有设备、管线等需按规定方案处理后，用蒸汽或水吹扫、冲洗干净，并指定专人做好拆、加盲板工作，盲板应符合工艺压力等级要求，其规格、数量和位置应编号登记，防止遗漏；当装置内所有设备、管线等经吹扫冲洗后，所有含油污水井和地漏均应用蒸汽吹扫或用水冲洗干净，用湿土覆盖严实；沟、坑、地面及平台的油污应冲洗干净。

(3) 塔、容器等设备经吹扫泄压后，需使内部温度降至100℃以下后，由上而下依次打开人孔盖，在人孔盖松动前，不得把螺栓全部卸掉，严防残气（液）冲出伤人；进入塔、炉、容器及油、水井检修（查）前，要采样分析，确保达到安全要求并办理《进入设备作业票》后方可进入。在含有毒和有害气、液部位作业，应配备适用的防毒面具等防护用品，禁止单人进入，并派专人监护，严格执行集团公司《进设备作业安全管理规定》；塔、罐、容器、管道等检修动火前，必须严格进行吹扫、置换等工作，经测爆取样分析合格，取得《动火许可证》后，方可动火，并严格执行集团公司《安全用火管理制度》。

(4) 禁止从上往下或从下往上抛物件或杂物，必要时应设警戒区，专人守护，2m 以上高处作业必须系安全带；进行射线探伤作业，应充分做好各项准备，并向安全部门办理《探伤许可证》，作业中要有严密的操作制度，作业区应拉警戒线，派人监护，防止非作业人员误入。

(5) 监火人在动火过程中不得擅离现场。发现不按火票要求作业或有异常情况时，有权制止动火。动火结束或中间离开现场时，监火人与动火人要共同检查现场，不得留有余火。

(6) 溶解乙炔气瓶在使用中必须装设防止回火器，不得靠近热源和电气设备，与明火距离不少于 10m。不准放在室内或卧倒使用；检修中不得随意排放残油（气）或倒废油，不得使用汽油洗刷机件、工具。

(7) 吊车和其他起重机械必须由专职人员操作，禁止其他人员动用。起吊中起钩、落钩和行走均应给以信号，警告地面人员避让；吊装所有机具（如滑车、吊钩、钢丝绳等）不得超负荷使用，不得以非专用物品代替，不得利用电杆、设备、管道或管架等作吊装锚点；吊装作业起重臂、绳索、起吊物与设备、建（构）筑物及带电线路必须保持规定的距离。吊装绳索不得影响交通，必要时应设醒目标志或派人监护，严格执行集团公司《起重作业安全管理规定》；起吊物件前，要掌握被吊物件重量，严禁超重起吊。埋地或与其他物件连接的物件不得起吊。长大物件起吊时，必须有“溜绳”控制被吊物平稳不摇摆。电气设备检修要严格执行《电业安全工作规定》和“三票”制度。

(8) 检修现场设置临时电动设备（如电焊机、空压机、起重机具、照明灯等），必须向电气车间办理《临时用电票》，必须由专职电工按指定临时电源进行接、挂线工作。属禁火区的临时用电必须符合防火要求，并征得所属单位许可，在易燃、易爆部位应同时办理《动火许可证》，严格执行集团公司《临时用电安全管理规定》；检修现场的临时电源线路必须符合电气安全要求，电缆绝缘良好，架设安全可靠，不影响人车通行。闸刀开关应完好无损，避免水浇雨淋，收工时应及时拉电闸断电。

(9) 照明灯电压等级必须符合国家标准规定的电压要求，采用橡皮套双套绝缘软电缆，灯头有铁丝护罩，使用手持式电动工具，必须配置独立的漏电保护器；临时用电必须要有防止影响生产电源的措施。

任务实施

以丙烯酸甲酯的生产过程为例，丙烯酸与甲醇反应，生成丙烯酸甲酯，磺酸型离子交换树脂被用作催化剂。

丙烯酸与醇的酯化反应是一种生产有机酯的反应。其反应方程式如下：

$$CH_2=CHCOOH+CH_3OH \rightleftharpoons CH_2=CHCOOCH_3+H_2O$$

如图 2-31 中的丙烯酸甲酯的生产工艺流程中，未反应的甲醇通过醇萃取塔利用醇易溶于水的物性，用水将甲酯从主物流中萃取出来，同时萃取液夹带了一些甲酯，再经过醇回收塔，经过精馏，大部分水从塔底排出，甲醇和甲酯从塔顶蒸出，返回反应器循环使用。

以醇萃取塔的操作为例，进行萃取操作。醇萃取塔的工艺流程图及现场图分别见图 2-32及图 2-33。

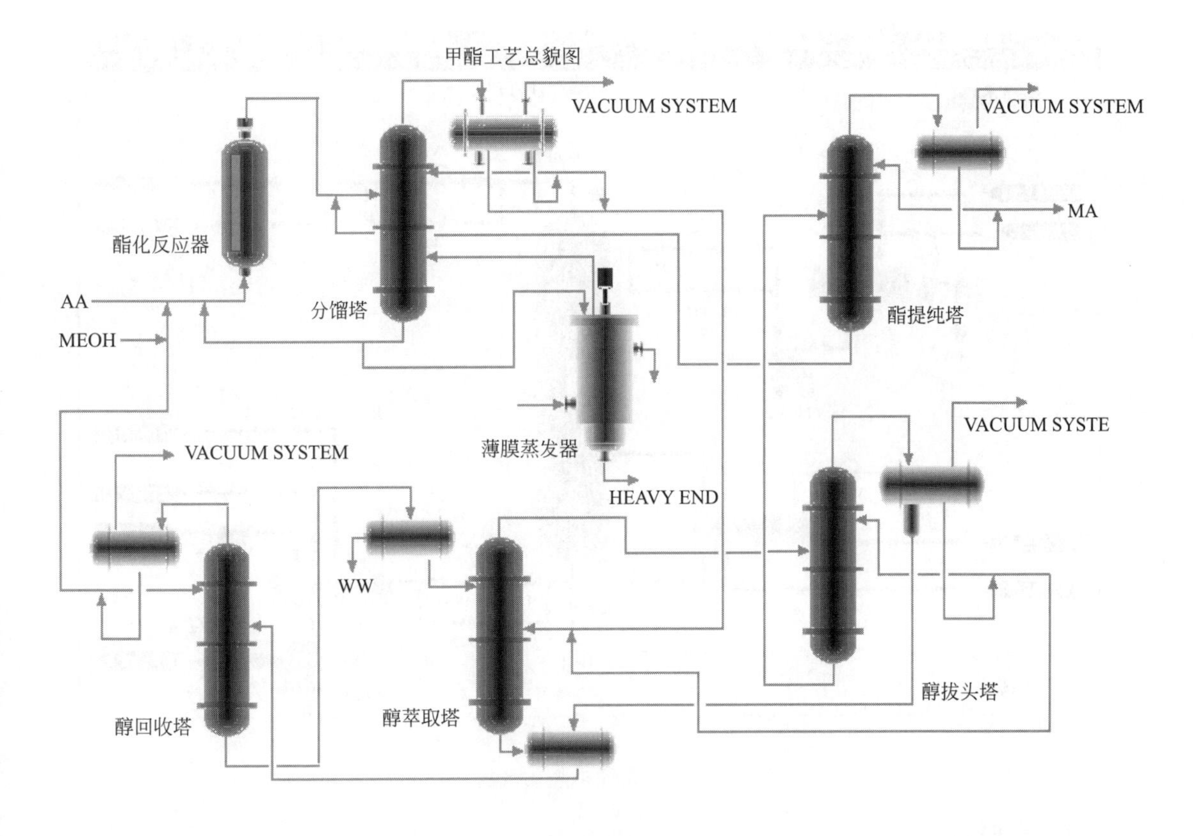

图 2-31 丙烯酸甲酯的生产工艺流程图

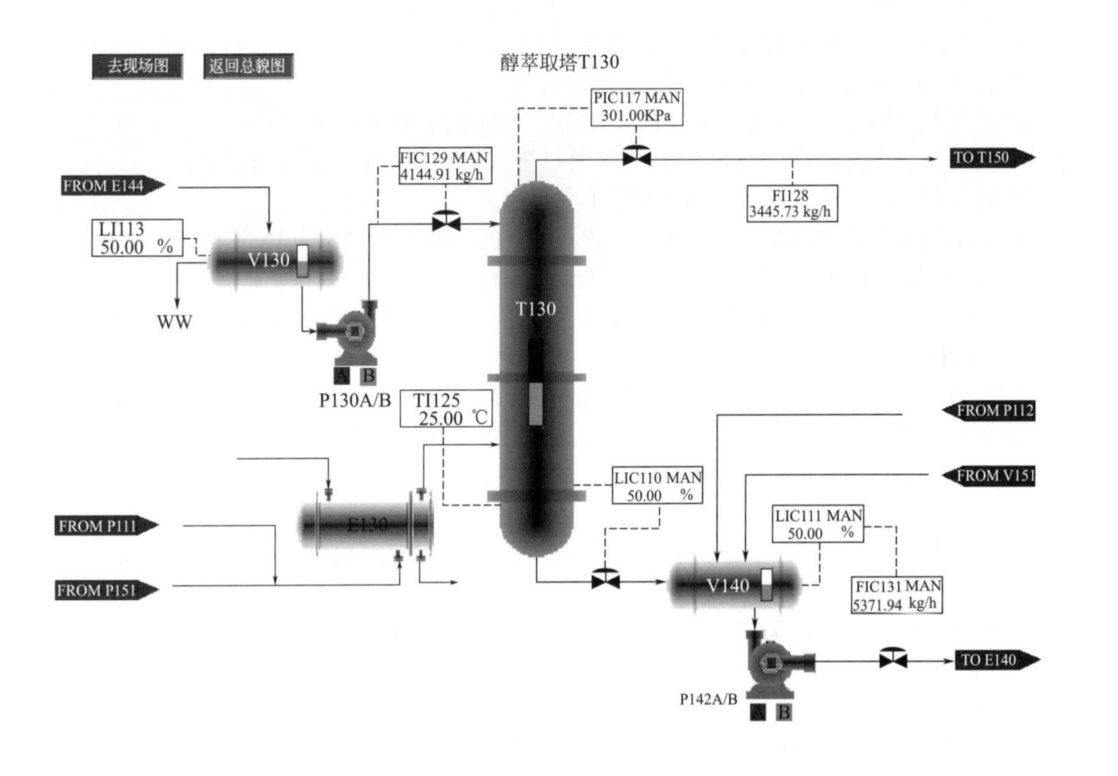

图 2-32 醇萃取塔的工艺流程图

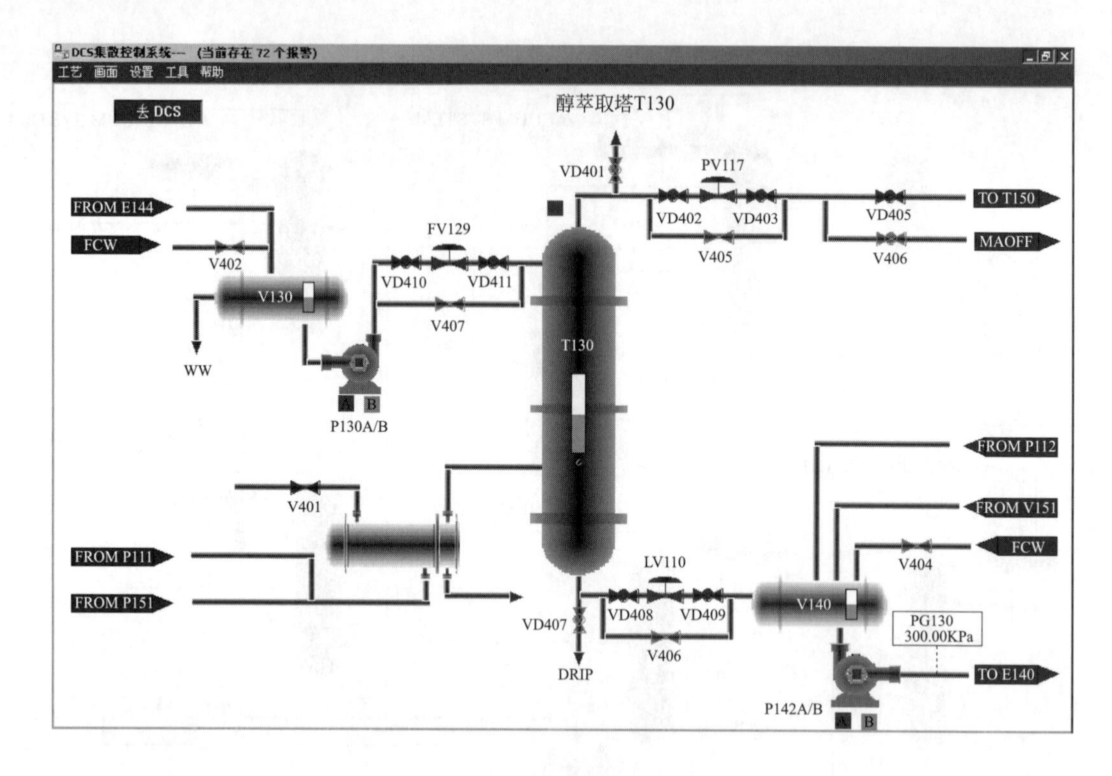

图 2-33　醇萃取塔的现场图

1. 开车操作

(1) 建立水循环

① 打开 V130 顶部手阀 V402，引 FCW 到 V130；

② 待 V130 达到一定液位后，启动 P130A/B；

③ 打开控制阀 FV129 及其前后阀 VD410、VD411，将水引入 T130；

④ 打开 T130 顶部排气阀 VD401，并通过排气阀观察 T130 是否装满水；

⑤ 待 T130 装满水后，关闭排气阀 VD401；

⑥ 同时打开控制阀 LV110 及其前后阀 VD408、VD409，向 V140 注水；

⑦ 打开控制阀 PV117 及其前后阀 VD402、VD403；

⑧ 同时打开阀 VD406，将 T130 顶部物流排至不合格罐，控制 T130 压力 301kPa。

(2) 进料

① 打开手阀 VD519，向 T140 输送阻聚剂；

② 关闭阀 VD213、打开阀 VD212，由至不合格罐改至 T130；

③ T130 打油后暂不排放，调整萃取水量，界位慢慢形成，控制界位 LIC110 在 50%；

④ 控制 V401 开度，调节 T130 温度为 25℃；

⑤ 界位稳定后，打开控制阀 PV117，控制 T130 压力为 301kPa；

⑥ 打开阀 VD406，将 T130 顶部物流排至不合格罐；

⑦ 待 T140 稳定后，关闭 V141 去不合格罐手阀 VD507；

⑧ 打开 VD508，将物流引向 R101。

2. 停车操作

① 关闭阀 VD519，即停止向 T140 供阻聚剂；

② 当 T130 顶油相全部排出后；

③ 关闭控制阀 FV129 及其前后阀，停 T130 萃取水，T130 内的水经 V140 全部去 T140；

④ 关闭控制阀 PV117；

⑤ 关闭控制阀 FV134 及其前后阀，停向 E141 供给蒸汽；

⑥ 当 T140 内的物料冷却到 40℃以下，打开 VD501，给 T140 排液；

⑦ 待 T140 物料全部排出后，停泵 P140A，关闭 VD501；

⑧ 打开阀 VD407，给 T130 排液；

⑨ 待 T130 物料全部排出后，关阀 VD407。

3. 事故及处理

(1) P142A 泵坏

现象：T140 塔进料流量显示 FIC131 逐渐下降至 0，引起 T140 整塔温度压力的波动，T140 液位降低，V140 液位上升。

原因：可能因为泵出现故障不能正常工作或是出口管路堵塞。

处理方法：先检查出口管路上各阀门是否工作正常，排除阀门故障后，迅速切换出口泵为 P142B。加大出口调节阀 FV131 开度，调整 V140 液位 LIC111 至正常工况下液位后，再恢复 FV131 开度 50。

(2) 流量调节阀 FIC129 阀卡

现象：流量不可调节。

原因：调节阀坏

处理方法：打开调节阀的旁路阀 V407，使其开度为 50%；调节其前阀 VD410，调节其后阀 VD411。

任务评估

1. 资讯

在教师指导下让学生解读工作任务及要求，了解完成项目任务需要的知识：萃取塔的稳定操作、萃取操作的控制与调节、萃取塔的操作故障与处理、萃取塔的日常维护与检修、萃取操作的安全技术。

2. 决策、 计划

根据工作任务要求和生产特点，在给定的工作情景下完成萃取塔正常而稳定的操作。再通过分组讨论、学习、查阅相关资料，完成任务。

3. 检查

教师可通过检查各小组的工作方案与听取小组研讨汇报，及时掌握学生的工作进展，适时地归纳讲解相关知识与理论，并提出建议与意见。

4. 实施与评估

学生在教师的检查指点下继续修订与完善项目实施初步方案，并最终完成。教师对各小组完成情况进行检查与评估，及时进行点评、归纳与总结。

萃取操作的工业应用实例

一、乙酸乙酯萃取醋酸

以醋酸乙酯为溶剂萃取稀醋酸水溶液中的醋酸，制取无水醋酸。由于萃取相中含有水，萃余相中含有醋酸乙酯，所以萃取后产品和溶剂均须通过精馏分离实现，如图 2-34 所示。

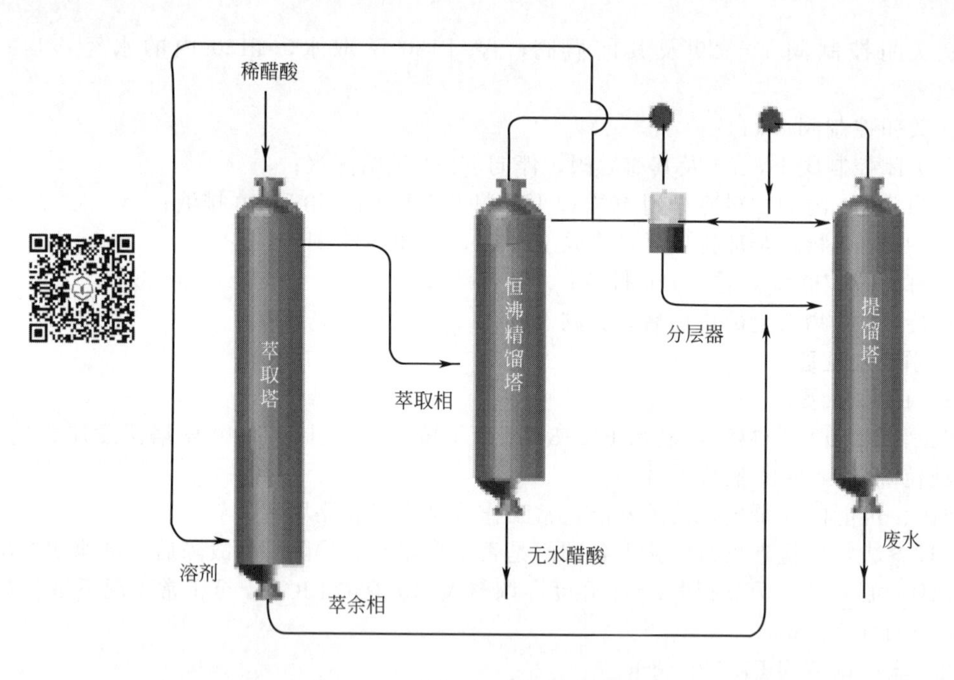

图 2-34　乙酸乙酯萃取醋酸溶液

二、青霉素的浓缩

青霉素的生产，用玉米发酵得到的含青霉素的发酵液，以乙酸戊酯为溶剂，经过多次萃取得到青霉素的浓溶液，如图 2-35 所示。

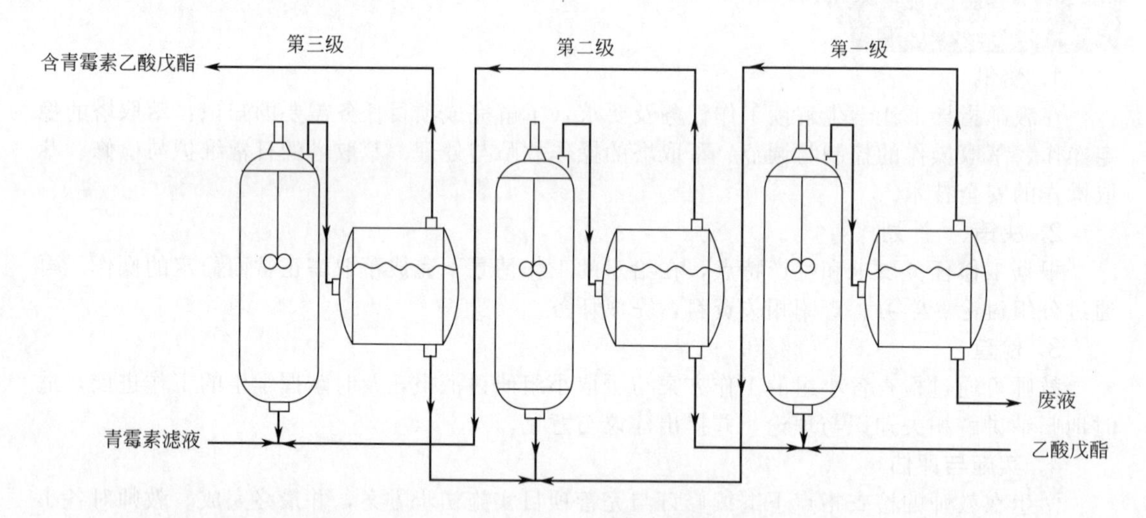

图 2-35　三级逆流萃取分离青霉素

三、芳烃的抽提

在重整生成油中，芳烃是以混合物状态与非芳混合物共存的。为获得高纯度的单体芳烃，首先必须把重整生成油中的芳烃与非芳烃分离。然而，芳烃与非芳烃分离用精馏方法难以实现，应用最广泛的是将重整生成油以溶剂进行萃取的方法提取出其中的芳烃。以二乙二醇醚类为溶剂的抽提工艺流程如图 2-36 所示。

来自重整部分的脱戊烷油经换热进入抽提塔中部，含水约 5%～8%（质量分数，下同）

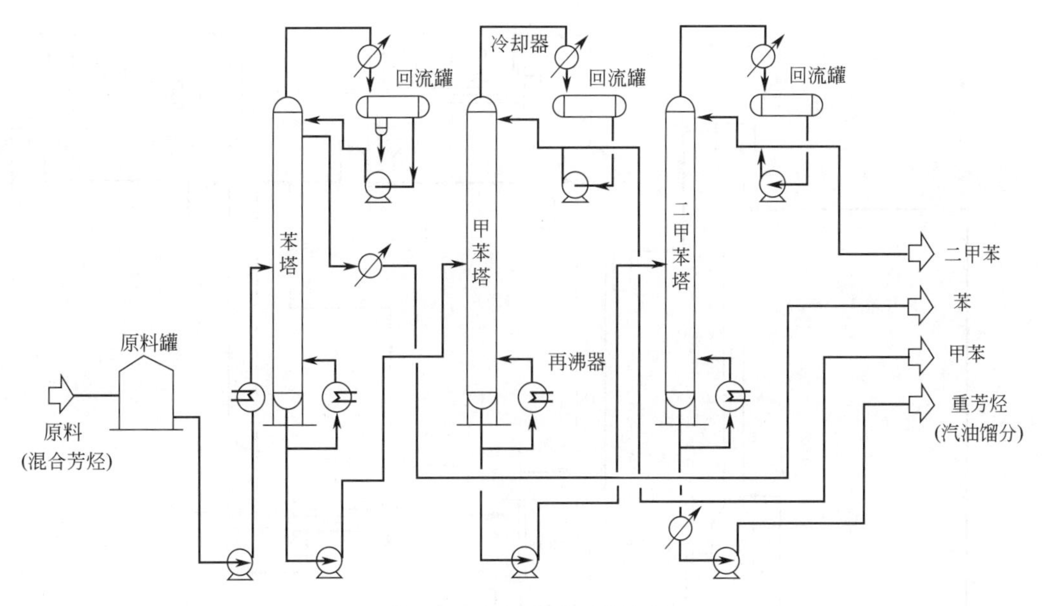

图 2-36　芳烃抽提工艺流程

的二乙二醇醚溶剂（贫溶剂）从抽提塔顶部喷入，塔底打入回流芳烃（含芳烃 70%～85%）。经逆向流动抽提后，塔顶引出提余液（非芳烃），塔底引出提取液（富溶剂）。提取液借本身的压力经换热流入汽提塔顶部的闪蒸罐，由于压力突然降低，使得提取液中的轻质非芳烃、部分芳烃和水蒸发出去，没有被蒸发的液体流入汽提塔上部进行蒸馏。在塔顶部蒸出的芳烃含有少量非芳烃，冷凝冷却后进入回流芳烃罐分出水，打入抽提塔底部作回流芳烃。汽提塔底部的贫溶剂绝大部分送回抽提塔循环使用，小部分送到水分分馏塔和减压再生塔进行溶剂再生。芳烃产品自塔上部侧线以气相引出（液相有可能带出过多的溶剂），经冷凝脱水后打入芳烃水洗塔，水洗除去残余溶剂。在水洗塔顶得到纯度合适的混合芳烃送至芳烃精馏部分进一步分离单体芳烃。抽提塔顶的提余液送入非芳烃水洗塔洗去少量溶剂，在塔顶得到非芳烃。芳烃水洗塔和非芳烃水洗塔均为筛板抽提塔。由于水能与二乙二醇醚无限互溶，从而用抽提方法从芳烃或非芳烃中提取溶剂。在水洗塔中，水是连续相，自上而下流动；芳烃或非烃是分散相，由下往上流动。

四、工业污水的脱酚处理

工业污水的脱酚处理——乙酸丁酯法：用乙酸丁酯从异丙苯法生产苯酚、丙酮过程中产生的含酚污水中回收酚，流程如图 2-37 所示。

含酚污水经预处理后由萃取塔顶加入，萃取剂乙酸丁酯从塔底加入，含酚污水和乙酸丁酯在塔内逆流操作，污水中酚从水相转移至乙酸丁酯中。离开塔顶的萃取相主要为乙酸和酚的混合物。为得到酚，并回收萃取剂，可将萃取相送入苯酚回收塔，在塔底可获得粗酚，从塔顶得到乙酸丁酯。离开萃取塔底的萃余相主要是脱酚后的污水，其中溶有少量萃取剂，将其送入溶剂回收汽提塔，回收其中的乙酸丁酯。初步净化后的污水从塔底排出，再送往生化处理系统，回收的乙酸丁酯可循环使用。

五、烷烃和甲苯的分离

如图 2-38 所示，在共沸精馏塔中，甲醇与烷烃形成均相最低共沸物从塔顶蒸出，经冷凝后部分回流入塔，部分进入甲醇萃取塔；共沸精馏塔的塔底出来的为甲醇和甲苯的混

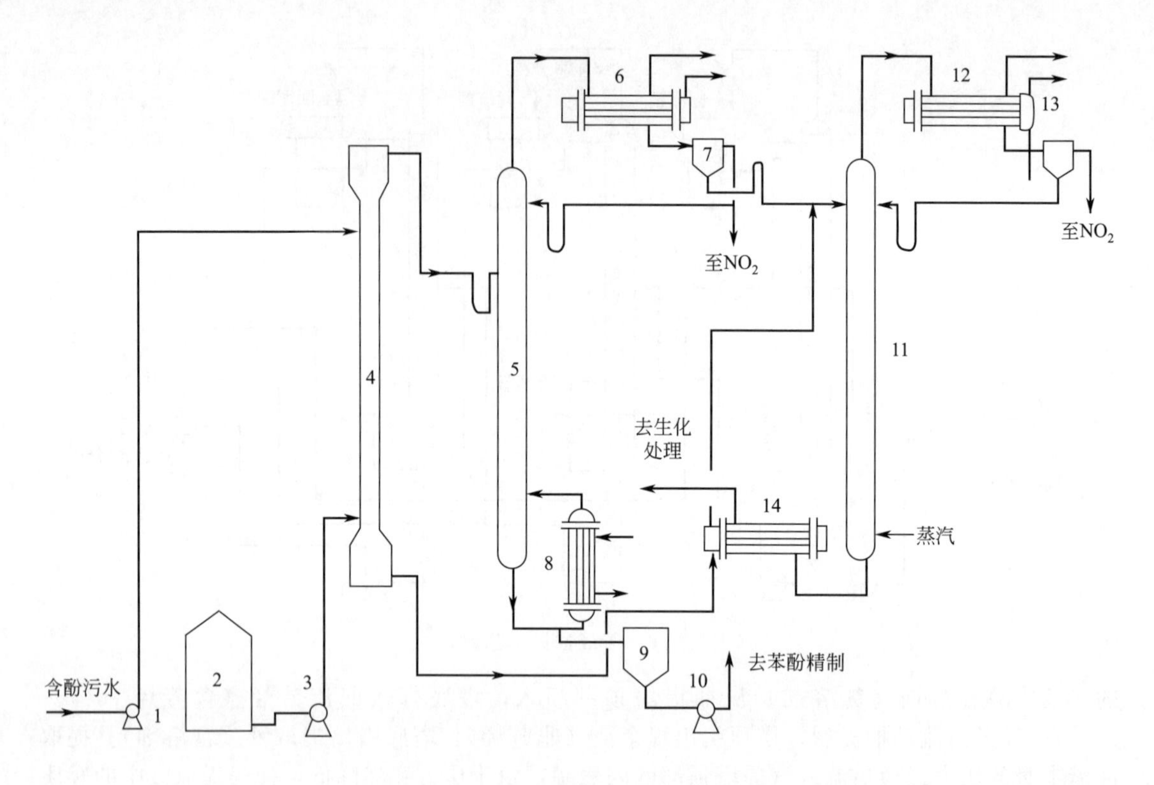

图 2-37 乙酸丁酯萃取脱酚工艺流程

1，3，10—泵；2—乙酸丁酯贮槽；4—萃取塔；5—苯酚回收塔；
6，12—冷凝冷却器；7，13—油水分离器；8—加热器；
9—接收槽；11—溶剂回收塔；14—换热器

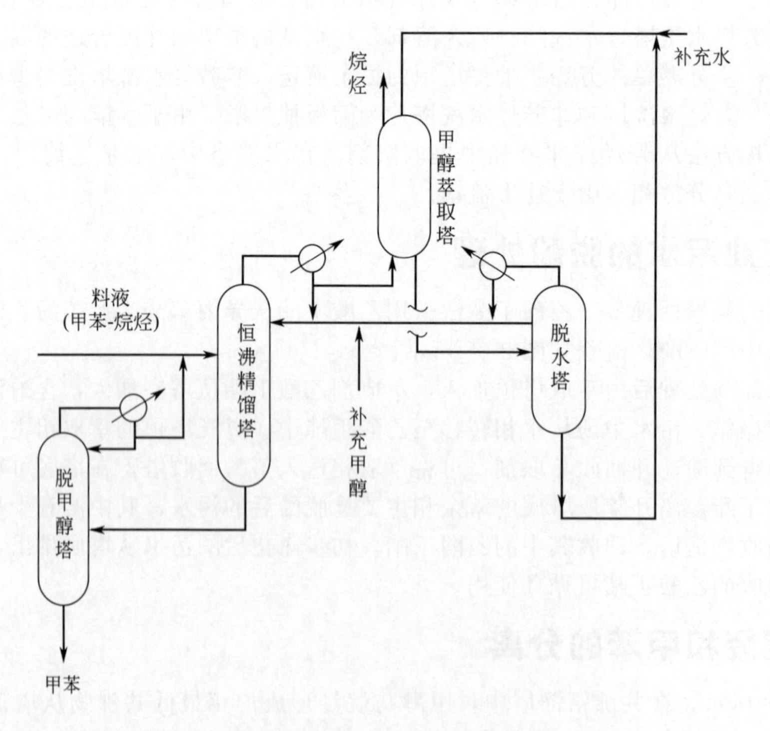

图 2-38 以甲醇为萃取剂分离烷烃和甲苯的流程

合物，进入脱甲醇塔，塔底得到的是甲苯，塔顶得到的为甲醇，进入恒沸精馏塔。在甲醇萃取塔中，以水为萃取剂，水和甲醇互溶作为萃取液从塔底流出；萃余液烷烃作为产品从塔顶流出。作为萃取液的水和甲醇互溶混合物进入脱水塔，塔顶得到甲醇，塔底得到水，均可循环使用。

知识拓展

一、微波萃取

微波萃取技术区别于传统的溶剂萃取，作为一种新型高效的萃取技术，是近年来研究的热门课题。微波可以穿透萃取介质，直接加热物料，能缩短萃取时间和提高萃取效率。

1. 微波萃取原理

微波是一种电磁波，以直线方式传播，并具有反射、折射、衍射等光学特性。微波遇到金属物质会被反射，但遇到非金属物质则能穿透或被吸收。微波的电场频率介于300MHz～300GHz之间，常用的微波频率为2450MHz。微波加热过程实质上是介质分子获得微波能并转化为热能的过程。微波萃取（ME），又称微波辅助提取（MAE），是微波和传统的溶剂萃取法相结合而成的一种萃取方法。1986年，匈牙利学者GanzlerK等首先在分析化学制样（天然产物成分的提取）技术中应用了微波萃取法。

微波萃取指在天然药物有效成分的提取过程中（或提取的前处理）加入微波场，利用微波场的特点来强化有效成分浸出的新型提取技术。利用吸收微波能力的差异可使基体物质的某些区域或萃取体系中的某些组分被选择性加热，从而使被萃取物质从基体或体系中分离出来，进入介电常数较小、微波吸收能力相对较差的萃取剂中。

微波萃取离不开合适的溶剂，因此微波萃取可作为溶剂提取的辅助措施。溶剂提取法是根据中草药中各种成分在溶剂中的溶解性能差异，选用对有效成分溶解度大，而对无效成分溶解度小的溶剂，将有效成分从药材组织内提取出来的方法。采用微波协助提取，可使溶剂提取过程更为有效。

2. 微波萃取特点

微波具有波动性、高频性、热特性和非热特性四大特点，这决定了微波萃取具有以下特点。

（1）试剂用量少，节能，污染小；

（2）加热均匀，且热效率较高。传统热萃取是以热传导、热辐射等方式自外向内传递热量，而微波萃取是一种“体加热”过程，即内外同时加热，因而加热均匀，热效率较高。微波萃取时没有高温热源，因而可消除温度梯度，且加热速度快，物料的受热时间短，因而有利于热敏性物质的萃取；

（3）微波萃取不存在热惯性，因而过程易于控制；

（4）微波萃取无需干燥等预处理，简化了工艺，减少了投资；

（5）微波萃取的处理批量较大，萃取效率高，省时，与传统的溶剂提取法相比，可节省50%～90%的时间；

（6）微波萃取的选择性较好，由于微波可对萃取物质中的不同组分进行选择性加热，因而可使目标组分与基体直接分离开来，从而可提高萃取效率和产品纯度；

（7）微波萃取的结果不受物质含水量的影响，回收率较高。

基于以上特点，微波萃取常被誉为“绿色提取工艺”。微波萃取也存在一定的局限性。例如，微波萃取仅适用于热稳定性物质的提取，对于热敏性物质，微波加热可能使其变性或失活。又如，微波萃取要求药材具有良好的吸水性，否则细胞难以吸收足够的微波能而将自身击破，产物也就难以释放出来。再如，微波萃取过程中细胞因受热而破裂，一些不希望得到的组分也会溶解于溶剂中，从而使微波萃取的选择性显著降低。

3. 微波萃取的选择性

微波萃取的选择性主要取决于目标物质和溶剂性质的相似性，必须根据被提取物的性质选择极性或非极性溶剂。极性溶剂可用水、醇等，非极性溶剂可用正己烷等。但由于非极性溶剂不能吸收微波，为加速萃取过程，可在非极性溶剂中加入极性溶剂。若样品和溶剂均不吸收微波，则微波萃取过程无法进行。

一般来说，微波萃取首先要求溶剂必须具有一定的极性，以利于吸收微波能，进行内部加热，其次所选溶剂对被萃取组分必须具有较强的溶解能力，溶剂的沸点及对后续测定的干扰也必须考虑。而控制萃取功率和萃取时间则是为了在选定萃取溶剂的前提下，选择最佳萃取温度。适宜的萃取温度既能使被萃取组分保持原有的化合物形态，又能获得最大的萃取效率。

由于微波对不同的植物细胞或组织有不同的作用，细胞内产物的释放也存在一定的选择性，因此在实际应用中应根据产物的特性及其在细胞内所处位置的不同选择适宜的萃取条件。

4. 微波萃取步骤

微波萃取一般按以下几个步骤进行：

(1) 挑选物料，然后进行预处理，清洗、切片或混合，以便充分地吸收微波能；

(2) 将物料和合适的萃取剂混合，放置于微波设备中，接受微波辐射；

(3) 从萃取相中分离滤去残渣；

(4) 获得目标产物。

总结流程如图 2-39 所示。

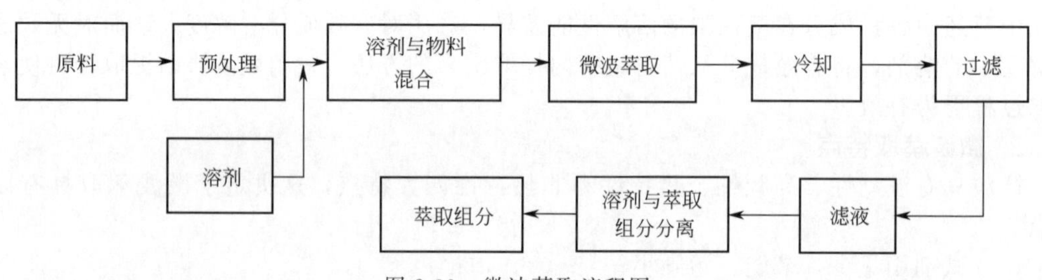

图 2-39 微波萃取流程图

5. 微波萃取的应用

目前，微波技术应用于中药与天然产物活性成分提取的报道不断出现，已涉及的天然产物主要有黄酮类、苷类、多糖类物质、萜类、挥发油、生物碱类、单宁、甾体及有机酸等。

(1) 黄酮类　黄酮类成分是植物中分布较广，几乎大部分中草药中都含有的。近年来，微波在黄酮类物质的提取上取得了良好的效果，在提取过程中具有高效性和强选择性等特点。

(2) 生物碱类　有学者利用微波技术萃取麻黄中的麻黄碱，用紫外分光光度法测定麻黄浸出液中麻黄碱含量，结果发现微波萃取方法的浸出量明显优于常规煎煮法。

(3) 苷类　微波对某些化合物有一定降解作用，且在短时间内可使药材中的酶灭活，因此在提取苷类等成分时具有更突出的优点。有学者采用微波破细胞与溶剂提取相结合的方法提取高山红景天苷，发现无论是从提取时间、提取效率还是萃取后杂质分离的难易情况看，微波萃取均优于乙醇溶液回流法和水作溶剂的加热蒸煮法。

(4) 多糖类物质　中药多糖是一类具有显著生物活性的生物大分子物质，许多多糖具有抗肿瘤、增强免疫力、抗衰老、抗病毒等作用，因此得到国内外科学工作者的重视。

目前，虽然国内外微波萃取技术的研究才刚刚起步，但发展非常地迅速，已经成为当前和今后新型提取技术研究的热点之一。尽管微波萃取设备还不能有效地防止微波泄漏，但作为一种新兴技术，MAE以其极大的优点和发展潜力，应用前景将是十分诱人的。

6. 微波萃取的前景

微波萃取技术是一种很有发展潜力的绿色萃取分离技术，它已经广泛应用到很多行业中，尽管该技术具有快速、高效、选择性强、能耗少、环境污染小、产品提取率高等优点，但还有很多方面还需要发展和完善。

首先，微波萃取技术的机制还没有完全形成定论，尚需要进一步进行大量的研究工作，形成统一完整的理论，只有这项技术形成了统一完整的理论，才能推动其更好的发展，使其应用领域更为广泛。

其次，开发一系列新型的绿色溶剂作为微波萃取溶剂（如离子液体）。离子液体是由离子组成，具有蒸气压低、挥发性小、溶解能力强、萃取能力好、液态范围宽等独特的物理化学性质，同时对微波具有强的吸收和热转换能力，非常适合做微波萃取的萃取溶剂。离子液体的使用可以减少易挥发性有机溶剂萃取分离过程中对环境的污染。随着化工新产品、新工艺的开发或为实现绿色化工生产，对物理过程提出了一些特殊要求，需要不断地发展出新的单元操作或化工技术。利用微波萃取技术的优点，结合其他新型分离技术的特点，以节约能耗、提高效率、洁净无污染生产为宗旨，开发集成化、微型化、自动化的化工技术将是未来的发展趋势。

最后，由于微波萃取法是利用物质在外加电场的作用下分子发生极化，快速定向转动而发生剧烈碰撞和相互摩擦引起发热，短时间内产生很大的能量，从而促使有效成分的快速溶出和释放，因此它对提取设备要求较高。故把微波萃取法应用于实际大生产还有待深入研究。

二、超临界萃取

1. 超临界萃取的原理

超临界流体萃取分离过程的原理是利用超临界流体的溶解能力与其密度的关系，即利用压力和温度对超临界流体溶解能力的影响而进行的。在超临界状态下，超临界流体具有很好的流动性和渗透性，将超临界流体与待分离的物质接触，使其有选择性地把极性大小、沸点高低和分子量大小的成分依次萃取出来。当然，对应各压力范围所得到的萃取物不可能是单一的，但可以控制条件得到最佳比例的混合成分，然后借助减压、升温的方法使超临界流体变成普通气体，被萃取物质则完全或基本析出，从而达到分离提纯的目的，所以超临界流体萃取过程是由萃取和分离组合而成的。

这种流体（SCF）兼有气液两重性的特点，它既有与气体相当的高渗透能力和低的黏度，又兼有与液体相近的密度和对许多物质优良的溶解能力。如表2-7所列。

表2-7　超临界流体性质

相	密度/(g/mL)	扩散系数/(cm^2/s)	黏度/[g/(cm·s)]
气体(G)	10^{-3}	10^{-1}	10^{-4}
超临界流(SCF)	0.3～0.9	10^{-3}～10^{-4}	10^{-4}～10^{-3}
液体(L)	1	10^{-5}	10^{-2}

超临界流体（SCF）的选取：溶质在某溶剂中的溶解度与溶剂的密度呈正相关，SCF也与此类似。因此，通过改变压力和温度，改变SCF的密度，便能溶解许多不同类型的物质，

达到选择性地提取各种类型化合物的目的。可作为 SCF 的物质很多，如二氧化碳、一氧化亚氮、六氟化硫、乙烷、甲醇、氨和水等。其中二氧化碳因其临界温度低（$T_c=31.3$℃），接近室温，临界压力小（$p_v=7.15$MPa），扩散系数为液体的 100 倍，因而具有惊人的溶解能力，且无色、无味、无毒、不易燃、化学惰性、低膨胀性、价廉、易制得高纯气体等特点，现在应用最为广泛。

二氧化碳超临界萃取的溶解作用：在超临界状态下，CO_2 对不同溶质的溶解能力差别很大，这与溶质的极性、沸点和分子量密切相关，一般来说有以下规律：亲脂性、低沸点成分可在 104kPa 以下萃取，如挥发油、烃、酯、内酯、醚、环氧化合物等，以及天然植物和果实中的香气成分，如桉树脑、麝香草酚、酒花中的低沸点酯类等；化合物的极性基团（如—OH、—COOH 等）愈多，则愈难萃取。强极性物质如糖、氨基酸的萃取压力则要在 4×10^4kPa 以上。化合物的分子量愈大，愈难萃取。分子量在 200～400 范围内的组分容易萃取，有些低分子量、易挥发成分甚至可直接用 CO_2 液体提取；高分子量物质（如蛋白质、树胶和蜡等）则很难萃取。超临界流体三相点如图 2-40 所示。

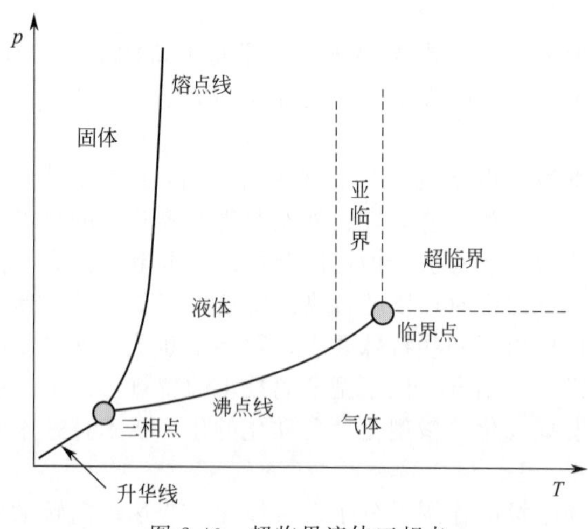

图 2-40　超临界流体三相点

超临界流体的溶剂强度取决于萃取的温度和压力。利用这种特性，只需改变萃取剂流体的压力和温度，就可以把样品中的不同组分按在流体中溶解度的大小，先后萃取出来，在低压下弱极性的物质先萃取，随着压力的增加，极性较大的物质萃取出来，所以在程序升压下进行超临界萃取不同萃取组分，同时还可以起到分离的作用。温度的变化体现在影响萃取剂的密度与溶质的蒸气压两个因素，在低温区（仍在临界温度以上），温度升高降低流体密度，而溶质蒸气压增加不多，因此，萃取剂的溶解能力下降，升温可以使溶质从流体萃取剂中析出，温度进一步升高到高温区时，虽然萃取剂的密度进一步降低，但溶质蒸气压增加，挥发度提高，萃取率不但不会减少反而有增大的趋势。除压力与温度外，在超临界流体中加入少量其他溶剂也可改变它对溶质的溶解能力。其作用机理至今尚未完全清楚。通常加入量不超过 10%，且以极性溶剂甲醇、异丙醇等居多。加入少量的极性溶剂，可以使超临界萃取技术的适用范围进一步扩大到极性较大的化合物。

2. 超临界 CO_2 萃取的特点

（1）可以在接近室温（35～40℃）及 CO_2 气体笼罩下进行提取，有效地防止了热敏性物质的氧化和逸散，完整保留生物活性，而且能把高沸点、低挥发度、易热解的物质在其沸点温度以下萃取出来；

（2）由于全过程不用有机溶剂，因此萃取物绝无残留溶媒，同时也防止了提取过程对人体的毒害和对环境的污染，100%的纯天然，符合当今"绿色环保"、"回归自然"的高品位追求；

（3）控制工艺参数可以分离得到不同的产物，可用来萃取多种产品，而且原料中的重金属、无机物、尘土等都不会被 CO_2 溶解带出；

（4）蒸馏和萃取合二为一，可以同时完成蒸馏和萃取两个过程，尤其适用于分离难分离的物质，如有机混合物、同系物的分离精制等；

(5) 能耗少，热水、冷水全都是闭路循环，无废水、废渣排放，CO_2 也是闭路循环，仅在排料时带出少许，不会污染环境。由于能耗少、用人少、物料消耗少，所以运行费用非常低。

因此，CO_2 特别适合天然产物有效成分的提取。对于天然物料的萃取，其产品真正称得上是100%纯天然的"绿色产品"。

溶剂萃取与超临界萃取比较见表2-8。

表2-8　溶剂萃取与超临界萃取比较

项目	溶剂萃取	超临界萃取
常用萃取剂	酯类、酮类、醇类	SC-CO_2
影响因素	pH、温度、盐析、带溶剂等	超临界流体的临界温度、压力，与溶质分子的相似性
乳化现象	有	无
优缺点	比化学沉淀法分离程度高，比离子交换法选择性好，传质快，比蒸馏法能耗低，生产能力大、周期短、便于连续操作。	兼有蒸馏和溶剂萃取的优点，能自由地改变萃取剂对物质的溶解能力，混合、分离、萃取剂回收都能在低温下进行
引用	大多数物质的提取	主要用于生物活性物质和生物制品的提取，超临界状态下的酶促反应、细胞破壁等

3. 超临界萃取流程

液体 CO_2 由高压泵加压到萃取工艺要求的压力并送到预热器，将 CO_2 流体加温到萃取工艺所需温度后进入萃取器，在此完成萃取过程。负载溶质的 CO_2 流体在分离器中改变温度、压力，溶解度降低使萃取物得以分离。分离萃取物后的 CO_2 流体再经过换热器液化后进入贮罐中循环使用。工艺流程如图2-41所示。

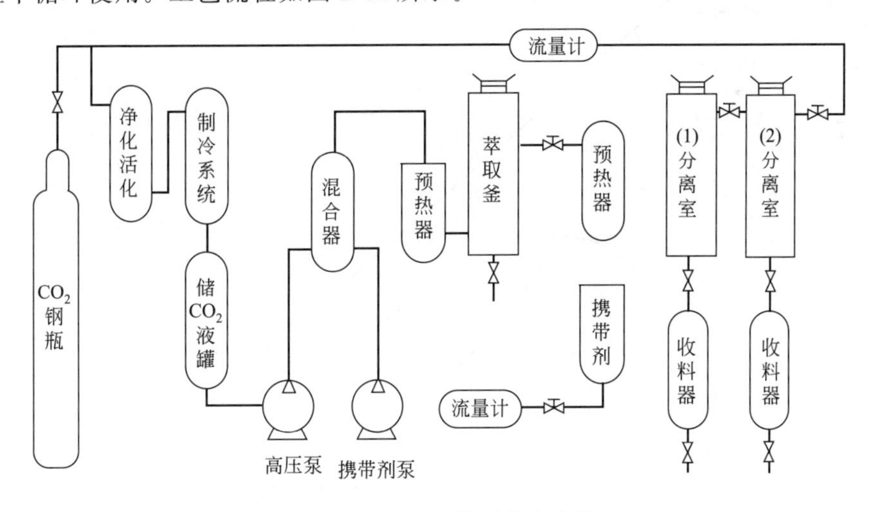

图2-41　CO_2 超临界萃取流程

4. 影响超临界萃取的主要因素

(1) 密度　溶剂强度与SCF的密度有关。温度一定时，密度（压力）增加，可使溶剂强度增加，溶质的溶解度增加。

(2) 夹带剂　适用于SFE的大多数溶剂是极性小的溶剂，这有利于选择性的提取，但限制了其对极性较大溶质的应用。因此可在这些SCF中加入少量夹带剂（如乙醇等）以改变溶剂的极性。加一定夹带剂的SFE-CO_2 可以创造一般溶剂达不到的萃取条件，大幅度提高收率。

（3）粒度　溶质在样品颗粒中的扩散，可用 Fick 第二定律加以描述。粒子的大小可影响萃取的收率。一般来说，粒度小有利于 SFE-CO_2 萃取。

（4）流体体积　提取物的分子结构与所需的 SCF 的体积有关。增大流体的体积能提高回收率。

5. 超临界萃取技术的应用及前景展望

（1）食品工业　植物、动物油脂的提取及脱色等。

（2）医药、化妆品　鱼油中的高级脂肪酸（EPA、DHA 等）的提取，药效成分（生物碱、苷等）的提取，化妆品原料（美肤效果剂、表面活性剂等）的提取。

（3）化学工业　石油残渣油的脱沥，原油的回收、润滑油的再生，烃的分离、煤液化油的提取，含有难分解物质的废液的处理，用超临界流体色谱仪进行分析和分离。

（4）医药工业　SFE-CO_2 技术在生物活性物质和天然药物提取中的应用，超临界流体技术在手性药物合成中的应用，超临界流体技术在药剂学中的应用，超临界流体技术在药物分析中的应用。

目前，有关超临界流体技术的基础理论研究正在加强，大规模的工业化还有一定的困难，但从这项技术的应用可以看出超临界萃取技术在未来具有极其广阔的发展前景。

项目测试题

1. 如题 1 附图所示，三角形相图中三个顶点分别代表什么物质？溶解度曲线将相图分成两个部分，这两个区域的名称是什么？萃取操作在哪个区域里进行？

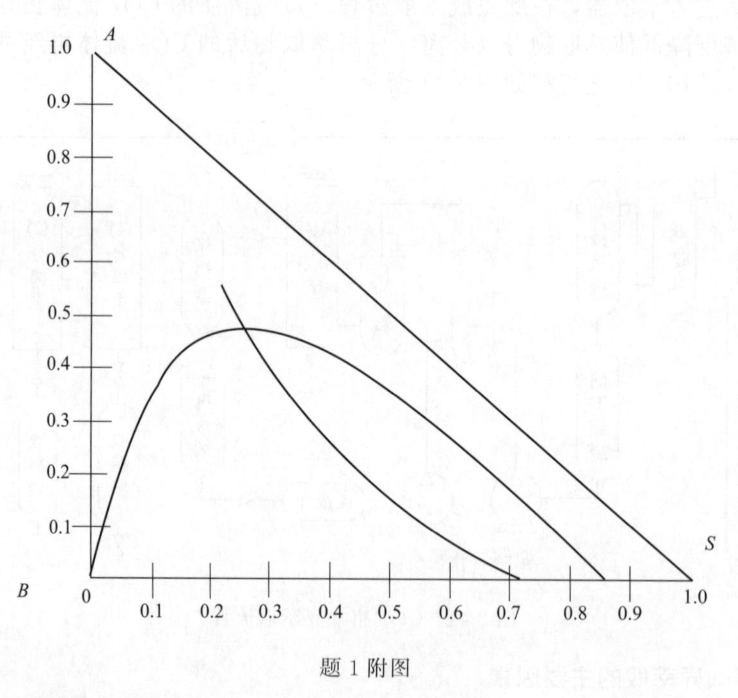

题 1 附图

2. 用纯萃取剂 S 单级萃取含 40％A 组分的 AB 混合物，要求萃取液的组成为 70％，试求：

（1）1kg 原料需加多少纯溶剂？

（2）该萃取过程萃取相的最高浓度？

3. 萃取剂必须满足的两个基本要求是什么？

4. 何谓溶解度曲线及辅助曲线？

5. 联结共轭液相组成坐标的直线称为联结线，举例说明联结线在萃取计算中的作用。

6. 以水为萃取剂，醋酸氯仿原料液中萃取醋酸。25℃时两液相（萃取相 E 和萃余相 R）以质量分数表示的三元平衡数据列于下表中。已知原料液量为 1000kg，醋酸浓度为 35%，要求萃取后萃余相中含醋酸不超过 7%。

（1）计算萃取剂用量。

（2）萃取后的水层和氯仿层的量以及水层中醋酸浓度。

（3）若水完全脱除，所得萃取液，萃余液的量及醋酸浓度。

氯仿层(R 相)		水层(E 相)	
醋酸	水	醋酸	水
0.00	0.99	0.00	99.16
6.77	1.38	25.10	73.69
17.22	2.24	44.12	48.58
25.72	4.15	50.18	34.71
27.65	5.20	50.56	31.11
32.08	7.93	49.41	25.39
34.16	10.03	47.87	23.28
42.5	16.5	42.50	16.50

7. 在单级萃取中以异丙醚为萃取剂，从醋酸组成为 0.5（质量分数）的醋酸水溶液中萃取醋酸。平衡数据如下表所示，醋酸水溶液量为 500kg，异丙醚量为 600kg，试做以下各项：

（1）在直角三角形相图上绘出溶解度曲线与辅助曲线。

（2）确定原料液与萃取剂混合后，混合液的坐标位置。

（3）萃取过程达平衡时萃取相与萃余相的组成与量。

（4）萃取相与萃余相间溶质（醋酸）的分配系数及溶剂的选择性系数。

（5）两相脱除溶剂后，萃取液与萃余液的组成与量。

在萃余相 R(水层)中			在萃取相 E(异丙醚层)中		
醋酸/%(A)	水/%(B)	异丙醚/%(S)	醋酸/%(A)	水/%(B)	异丙醚/%(S)
0.69	98.1	1.2	0.18	0.5	99.3
1.4	97.1	1.5	0.37	0.7	98.9
2.7	95.7	1.6	0.79	0.8	98.4
6.4	91.7	1.9	1.9	1.0	97.1
13.30	84.4	23	4.8	1.9	93.3
25.50	71.1	3.4	11.40	3.9	84.7
37.00	58.6	4.4	21.60	6.9	71.5
44.30	45.1	10.6	31.10	10.8	58.1
46.40	37.1	16.5	36.20	15.1	48.7

8. 分析萃取过程常见故障及其处理方式。

9. 萃取操作中仪表控制方法主要有哪些？

10. 如何调整与优化萃取过程控制过程及其工艺参数？

11. 萃取装置检修安全要点有哪些？

项目三

吸收操作与控制

项目学习目标

知识目标

掌握吸收操作的基本知识及吸收速率、吸收推动力、吸收塔的工艺计算，掌握吸收塔的操作、常见事故及其处理方法；理解吸收操作的机理，理解其他吸收与解吸过程，理解吸收塔的控制与调节，理解强化吸收的途径；了解吸收塔的塔高、塔径的计算，了解吸收装置的结构和特点，了解各种新型的填料及其应用。

能力目标

能根据生产任务对吸收塔进行操作，并能对其操作中的相关参数进行控制；能根据生产任务确定吸收剂的用量，计算出填料层高度，同时能根据生产的特点制定出安全操作规程；能够对吸收平衡和吸收速率影响因素进行分析，能正确判断吸收类型，选择正确的操作条件；能根据生产的需要正确查阅和使用一些常用的工程计算图表、手册、资料等，进行必要的工艺计算。

素质目标

培养学生严谨的科学态度，胆大心细，实事求是的工作作风。培养相互合作的意识，安全环保意识；培养理论联系实际的思维方式。

主要符号说明

英文字母

a——填料层的有效比表面积，m^2/m^3；

E——亨利系数，kPa；

H——传质单元高度（带有下标），m；

L——吸收剂摩尔流量，kmol/s；

N——吸收速率（带有下标），kmol/(m^2·s)；

T——温度，K；

R——通用气体常数，kN·m/(kmol·K)；

U——喷淋密度，$m^3/(m^2·h)$；

X——组分在液相中的摩尔比；

Y——组分在气相中的摩尔比；

k——吸收系数，kmol/(m^2·s·kPa)或kmol/(m^2·s)或m/s；

K——吸收总系数，kmol/(m^2·s·kPa)或kmol/(m^2·s)或m/s；

D——扩散系数，m^2/s；

H——溶解度系数，kmol/(m^3·kPa)；

p——压力，kPa；

m——相平衡常数；

N——气相传质单元数（带有下标），无量纲；

u——流体的速度，m/s；

z——填料层高度，m；

V——惰性气体的摩尔流量，kmol/s；

x——组分在液相中的摩尔分数；

y——组分在气相中的摩尔分数。

希腊字母

Ω——塔截面积，m^2；

ρ——密度，kg/m^3；

η——吸收率或回收率；

μ——黏度，Pa·s；

Φ——填料因子，1/m；

ε——填料层空隙率。

下标

A——溶质组分；

G——气相；

S——溶剂；

X或x——液相中的溶质组分；

max——最大的；

B——惰性气体；

L——液相；

i——界面；

Y或y——气相中的溶质组分；

min——最小的。

项目导言

在自然界和生产、生活中，存在许多气体及气体混合物，气体混合物的分离及气体从气相转移至液相的过程均可通过吸收操作来实现。为了分离混合气体中的各组分，通常将混合气体与选择的某种液体相接触，气体中的一种或几种组分便溶解于液体内而形成溶液，不能溶解的组分则保留在气相中，从而实现了气体混合物分离的目的。

如从天然气井中采出的天然气通常都含有一定量的酸性气体，后者以H_2S为主，只有将天然气中的酸性气体除掉，原料天然气才能转化为商品天然气。除去天然气中的酸性气体最常用的方法是醇胺法，其流程如下：

如图3-1所示，原料天然气由下而上与醇胺溶液逆流通过吸收塔，塔顶出来的为已净化的天然气；塔底出来的富液首先进入闪蒸釜至一定压力，以除去溶液内溶解和夹带的烃，再进入解析塔，与进入解析塔的蒸气接触，溶液中的酸性气体将会被释放出来，经冷凝后为水蒸气回到系统中。未冷凝的酸性气体送去处理，醇胺溶液继续循环使用。像这种利用各组分溶解度不同而分离气体混合物的操作称为吸收。

吸收在化学工业中的应用历史悠久。18世纪至19世纪初，伴随纯碱、硫酸、合成氨的工业化生产，吸收就得到了广泛的应用。生产中，一些产品需通过吸收制得，如水吸收HCl制盐酸、吸收SO_3制硫酸；一些产品在生产过程中要通过吸收对原料气进行净化，如合成气中H_2S、CO_2的脱除、焦炉气中苯的脱除、环保中要通过吸收处理废气中的SO_X、NO_X等有害杂质。

吸收过程通常在吸收塔中进行。为了使气液两相充分接触，可以采用板式塔和填料塔。填料塔是以塔内的填料作为气液两相间接触构件的传质设备。19世纪初，采用拉西环作填料，后不断改进，出现许多不同形状、不同性能的填料。20世纪70年代以前，在大型塔器中，板式塔占有绝对优势，出现过许多新型塔板。70年代初世界能源危机的出现，突出了节能问题。随着化学工业的发展，填料塔日益受到人们的重视，此后的20多年间，填料塔技术有了长足的进步，涌现出不少高效填料与新型塔内件，特别是新型高效规整填料的不断

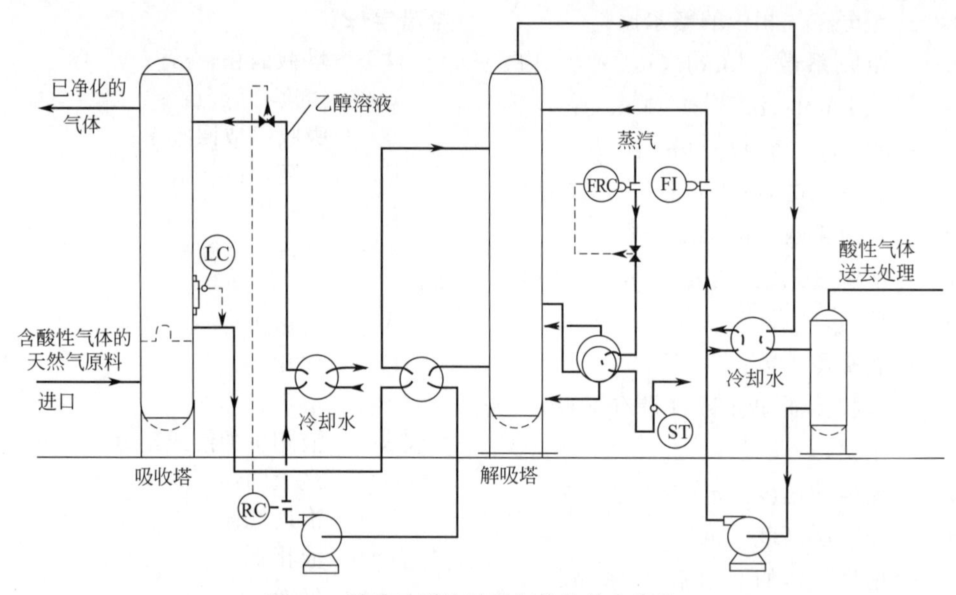

图 3-1 醇胺法脱除酸性气体的基本流程

LC—液位控制器；FRC—流量记录控制器；FI—流量指示器；ST—气水分离器

开发与应用，冲击了塔设备以板式塔为主的局面，且大有取代板式塔的趋势。

任务一　分离方案的选择

工作任务要求

根据需分离的混合物的要求和特点合理地选择分离方法。

以工业应用实例来说明生产过程分离方案的选择。

工作任务情景

1. 东方化工集团欲设计一填料吸收塔，用于脱除混于空气中的氨气。混合气的处理量为 2000～4000m^3/h，其中含有氨 5%（体积分数），要求塔顶排放出的气体中氨的含量不超过 0.05%（体积分数），采用清水进行吸收，已知氨在水中的溶解度系数为 $H=0.725kmol/(m^3 \cdot kPa)$，吸收剂的用量为最小用量的 1.5 倍。体积吸收总系数 $K_G a=0.0615G^{0.9}W^{0.39}$进行计算。

操作条件：常压，常温（20℃）。填料：自选。年生产时间：300 天，24 小时运行。相关物性数据自查，确定分离方案。

2. 东方化工集团欲设计一填料吸收塔，用于脱除混于空气中的丙酮。混合气的处理量 2000～4000m^3/h，其中含有丙酮 5%（体积分数），要求塔顶排放出的气体中丙酮的含量不超过 0.05%（体积分数），采用清水进行吸收，已知丙酮在水中的溶解度系数为 $H=0.313kmol/(m^3 \cdot kPa)$，吸收剂的用量为最小用量的 1.5 倍。体积吸收总系数 $K_Y a=1.2kmol/(m^3 \cdot s \cdot kPa)$。操作条件：常压，常温（20℃）。填料：自选。年生产时间：300 天，24 小时运行。相关物性数据自查，确定分离方案。

3. 某工厂的焙烧炉送出的气体经冷却后，欲用清水来洗涤以除去其中的二氧化硫

(H_2S)，已知流量为 $2400m^3/h$，其中 H_2S 的摩尔分数为 0.05，要求其吸收率为 95%。过程的吸收系数为 $K_{Ga}=1.195kmol/(m^3 \cdot h \cdot kPa)$。

操作条件：常压，常温（20℃）。填料：自选。年生产时间：300 天，24 小时运行。相关物性数据自查，确定分离方案。

技术理论与必备知识

一、吸收操作

工业生产中的吸收操作在吸收塔内进行，如图 3-2 所示，为从焦炉煤气中回收粗苯的吸收流程简图。

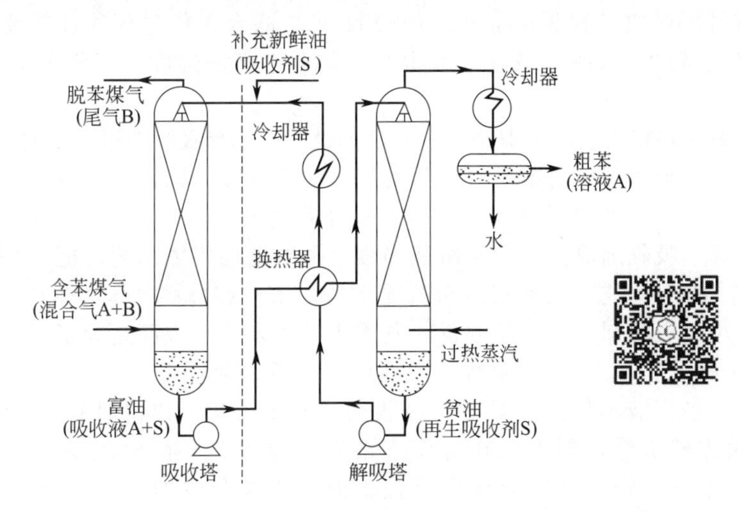

图 3-2　从焦炉煤气中回收粗苯的吸收流程简图

图中虚线左边为吸收部分，含苯煤气由底部进入吸收塔，洗油从顶部喷淋而下与气体呈逆流流动。在煤气和洗油的逆流接触中，苯类物质蒸气大量溶于洗油中，从塔顶引出的煤气中仅含少量的苯，溶有较多苯类物质的洗油（称为富油）则由塔底排出。为了回收富油中的苯并使洗油能循环使用，在另一个被称为解吸塔的设备中进行着与吸收相反的操作——解吸，图中虚线右边即为解吸部分。从吸收塔底排出的富油首先经换热器被加热后，由解吸塔顶引入，在与解吸塔底部通入的过热蒸汽的逆流接触过程中，粗苯由液相释放出来，并被水蒸气带出塔顶，再经冷凝分层后即可获得粗苯产品。脱除了大部分苯的洗油（称为贫油）由塔底引出，经冷却后再送回吸收塔顶循环使用。

在吸收操作中，吸收塔顶喷淋所用的液体称为吸收剂或溶剂，以 S 表示；混合气体中，能够溶解于液体的组分称为吸收质或溶质，以 A 表示；不能溶解的组分称为惰性气，以 B 表示；吸收塔顶排出的气体称为吸收尾气，其主要成分是惰性气 B，还含有残余的溶质 A；吸收塔底引出的溶液称为吸收液，其成分是溶剂 S 和溶质 A。

二、吸收的概述

吸收是利用混合气体中各组分在同一种溶剂（吸收剂）中溶解度的不同来分离气体混合物的单元操作。

吸收操作广泛地应用于气体混合物的分离，其在工业上的具体应用主要有：

(1) 原料气的净化　例如用水或碱液脱除合成氨原料气中的二氧化碳，用丙酮脱除裂解气中的乙炔等。

(2) 有用组分的回收　例如用硫酸处理焦炉气以回收其中的氨，用洗油处理焦炉气以回收其中的芳烃，用液态烃处理裂解气以回收其中的乙烯、丙烯等。

(3) 某些溶液产品的制取　例如用水吸收二氧化氮以制造硝酸，用水吸收氯化氢以制取盐酸，用水吸收甲醛以制备福尔马林溶液等。

(4) 废气的治理　如磷肥生产中，放出含氟的废气具有强烈的腐蚀性，用水制成氟硅酸；又如用碱吸收硝酸厂尾气中含氮的氧化物制成硝酸钠等。

三、吸收分离的特点

不同的气体在溶剂中的溶解度有的有较大的差异，吸收正是利用这种差异来实现气体混合物的分离。单纯的吸收过程无需加热，但吸收-再生联合操作过程往往需要加热，能耗较高。又由于受到溶解度的限制，吸收一般很难达到非常高的纯度，因而大多只用作气-气物系的初步分离。

吸收操作的好坏在很大程度上取决于吸收剂的性质。选择吸收剂时，主要考虑以下几点。

(1) 溶解度大　吸收剂应对溶质具有尽可能大的溶解度，以提高吸收率。对给定的分离任务，溶解度大意味着吸收剂的耗用量较少，操作费用较低。

(2) 选择性好　吸收剂对溶质的溶解能力强，而对惰性气体的溶解能力相对很小，即吸收剂的选择性高。显然，选择性越高，分离越彻底，溶质和惰性气体的分离越完全。

(3) 挥发性小　吸收剂的蒸气压要低，基本不易挥发。一方面是为了减少吸收剂在吸收和再生过程的损失，另一方面也是避免在气体中引入新的杂质。

(4) 再生易　当富液不作为产品时，吸收剂要易于再生，以降低操作费用。要求溶解度对温度的变化比较敏感，即不仅在低温下溶解度要大，平衡分压要小；而且随着温度升高，溶解度应迅速下降，平衡分压应迅速上升，则被吸收的气体容易解吸，吸收剂再生方便。

(5) 黏度低　吸收剂应具有较低的黏度，不易产生泡沫，以改善吸收塔内流动状况，提高吸收速率，实现吸收塔内良好的气液接触和塔顶的气液分离，还能降低输送能耗，减少传热、传质阻力。

(6) 其他　吸收剂应有较好的化学稳定性，以免使用过程中发生变质。吸收剂应尽可能满足价廉、易得、无毒、不易燃烧、无腐蚀、凝固点低等经济和安全条件。

实际生产中满足所有要求的吸收剂是不存在的。应从满足工艺要求出发，对可供选择的吸收剂作全面的评价，作出科学、经济、合理的选择。

如果吸收的目的是制取某种溶液作为成品，例如，用氯化氢气体生产盐酸，溶剂只能用水，没有选择的余地。如果目的在于把一部分气体从混合物中分离出来，便应考虑选择合适吸收剂的问题。

工业上的气体吸收，很多采用水作为吸收剂，难溶于水的气体才采用其他吸收剂。例如，烃类气体的吸收用液态烃。为了提高气体吸收的效果，也常采用与溶质气体发生化学反应的物质作为吸收剂。例如，二氧化碳的吸收可以用氢氧化钠溶液、碳酸钠溶液或乙醇胺溶液。一般吸收工业尾气多用化学吸收。

四、吸收操作的分类

根据吸收过程的特点，吸收操作可分为以下几类。

(1) 按吸收过程中被吸收组分的数目分为单组分吸收和多组分吸收　若混合气体中只有一个组分进入液相，其余组分皆可认为不溶解于吸收剂，这样的吸收过程称为单组分吸收，如用水吸收合成氨原料气中的CO_2；如果混合气中有两个或更多个组分进入液相，则称多组分吸收，如用洗油回收焦炉煤气中的粗苯（苯、甲苯、二甲苯等）。

（2）按吸收过程中有无显著的热效应分为等温吸收和非等温吸收　气体溶解于液体之中，常伴随着热效应，当发生化学反应时，还会有反应热，其结果是使液相温度逐渐升高，这样的过程称为非等温吸收。但若热效应很小，或被吸收的组分在气相中浓度很低而吸收剂的用量相对很大时，温度升高并不显著，可认为是等温吸收。如果吸收设备散热良好，能及时引出热量而维持液相温度大体不变，也按等温吸收处理。

（3）按吸收过程中有无显著的化学反应分为物理吸收和化学吸收　在吸收过程中，若吸收剂与吸收质之间不发生显著的化学反应，可以当作单纯的气体溶解于液体的物理过程，则称为物理吸收，如用水吸收二氧化碳、用洗油吸收芳烃等；若吸收剂与吸收质之间发生显著的化学反应，则称为化学吸收，如用硫酸吸收氨、用碱液吸收二氧化碳等。

（4）按混合气中溶质浓度的高低分为低浓度吸收和高浓度吸收　混合气中溶质浓度小于10%的吸收过程，称为低浓度吸收；混合气中溶质浓度大于10%的吸收过程，则称为高浓度吸收。

本项目只讨论低浓度、单组分、等温、物理吸收过程的计算。

任务实施

气体混合物的分离，同液体混合物的分类选择依据类似。也要从混合物的物性、目标产物的价值与处理规模、工艺要求分离产物的纯度和回收率、分离过程的经济性等方面来进行考虑。

对于气体混合物的分离方法中，如吸附，是利用分子筛对不同气体分子吸附性能的差异而将气体混合物分开；又如膜分离是根据混合物气体中各组分在压力的推动下透过膜的传递速率的不同，而达到分离的目的。吸收是利用组分在溶剂中的溶解度的差异来实现气体混合物的分离的目的。

工业生产中的吸收操作中，很多都是用水作为吸收剂，只有对于难溶于水的溶质才采用特殊的吸收剂，如洗油吸收苯和二甲苯。从吸收过程的工艺要求和设备要求等方面来考虑的话，可更好地做出经济合理的选择。

任务评估

1. 资讯

在教师指导下让学生解读工作任务及要求，了解完成项目任务需要的知识，吸收操作、吸收操作的特点、吸收操作的适用场合。

2. 决策、计划

根据工作任务要求和生产特点初定分离方案。通过分组讨论、学习、查阅相关资料，也可了解其他的气液混合物的分离方法，进行比较，完成初步方案的确定。

3. 检查

教师可通过检查各小组的工作方案与听取小组研讨汇报，及时掌握学生的工作进展，适时地归纳讲解相关知识与理论，并提出建议与意见。

4. 实施与评估

学生在教师的检查指点下继续修订与完善项目实施初步方案，并最终完成初步方案的编制。教师对各小组完成情况进行检查与评估，及时进行点评、归纳与总结。

任务二　分离设备的选择

工作任务要求

可根据需分离的化工物料的要求和特点选择合理的分离设备。

工作任务情景

1. 东方化工集团欲设计一填料吸收塔，用于脱除混于空气中的氨气。混合气的处理量为 2000～4000m^3/h，其中含有氨5%（体积分数），要求塔顶排放出的气体中氨的含量不超过0.05%（体积分数），采用清水进行吸收，已知氨在水中的溶解度系数为 $H=0.725kmol/(m^3 \cdot kPa)$，吸收剂的用量为最小用量的1.5倍。体积吸收总系数 $K_G a=0.0615G^{0.9}W^{0.39}$ 进行计算。操作条件：常压，常温（20℃）。填料：自选。年生产时间：300天，24小时运行，相关物性数据自查。若选择吸收分离操作，确定吸收设备。

2. 东方化工集团欲设计一填料吸收塔，用于脱除混于空气中的丙酮。混合气的处理量 2000～4000m^3/h，其中含有丙酮5%（体积分数），要求塔顶排放出的气体中丙酮的含量不超过0.05%（体积分数），采用清水进行吸收，已知丙酮在水中的溶解度系数为 $H=0.313kmol/(m^3 \cdot kPa)$，吸收剂的用量为最小用量的1.5倍。体积吸收总系数 $K_Y a=1.2kmol/(m^3 \cdot s \cdot kPa)$ 进行计算。操作条件：常压，常温（20℃）。填料：自选。年生产时间：300天，24小时运行，相关物性数据自查。若选择吸收分离操作，确定吸收设备。

技术理论与必备知识

一、填料塔

吸收既可以在填料塔中进行，也可以在板式塔中进行。本处只介绍填料塔。

1. 填料塔的构造及特点

图3-3所示为填料塔的结构示意图。填料塔的塔身是一直立式圆筒，底部装有填料支承板，填料以乱堆或整砌的方式放置在支承板上。填料的上方安装填料压板，以防被上升气流吹动。液体从塔顶经液体分布器喷淋到填料上，并沿填料表面流下。气体从塔底送入，经气体分布装置（小直径塔一般不设气体分布装置）分布后，与液体呈逆流连续通过填料层的空隙，在填料表面上，气液两相密切接触进行传质。填料塔属于连续接触式气液传质设备，两相组成沿塔高连续变化，在正常操作状态下，气相为连续相，液相为分散相。

液体在向下流动过程中有逐渐向塔壁集中的趋势，使塔壁附近液流量沿塔高逐渐增大，这种现象称为壁流。壁流会造成两相传质不均匀，传质效率下降。所以，当填料层较高时，填料需分段装填，段间设置液体再分布器。塔顶可安装除沫器以减少出口气体夹带液沫。塔体上开有人孔或手孔，便于安装、检修。

填料塔具有结构简单、生产能力大、分离效率高、压降小、持液量小、操作弹性大等优点。填料塔的不足在于总体造价较高；清洗检修比较麻烦；当液体负荷小到不能有效润湿填料表面时，吸收效率将下降；不能直接用于悬浮物或易聚合物料等。

2. 填料的类型及特性

填料的作用是为气、液两相提供充分的接触面，并为提高其湍动程度创造条件，以利于传质。

(1) 填料的类型　填料的种类很多，大致可分为实体填料和网体填料两大类。实体填料包括环形填料、鞍形填料以及栅板填料、波纹填料等由陶瓷、金属和塑料等材质制成的填料。网体填料主要是由金属丝网制成的各种填料。下面介绍几种常见的填料。

① 拉西环填料　拉西环填料为外径与高度相等的圆环，如图 3-4(a) 所示。拉西环填料的气液分布较差，传质效率低，阻力大，气体通量小，目前工业上已较少应用。

② 鲍尔环填料　如图 3-4(b) 所示，鲍尔环是对拉西环的改进，在拉西环的侧壁上开出两排长方形的窗孔，被切开的环壁的一侧仍与壁面相连，另一侧向环内弯曲，形成内伸的舌叶，诸舌叶的侧边在环中心相搭。鲍尔环由于环壁开孔，大大提高了环内空间及环内表面的利用率，气

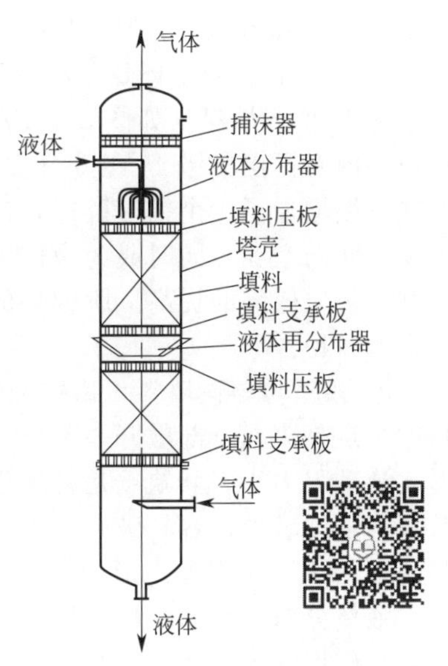

图 3-3　填料塔结构示意图

(a) 拉西环填料

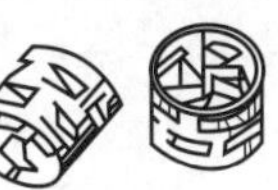
(b) 鲍尔环填料

(c) 阶梯环填料

(d) 弧鞍填料

(e) 矩鞍填料

(f) 金属环矩鞍填料

(g) 多面球形填料

(h) TRI球形填料

(i) 共轭环填料

(j) 海尔环填料

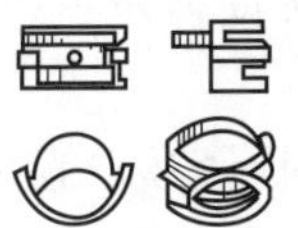
(k) 纳特环填料

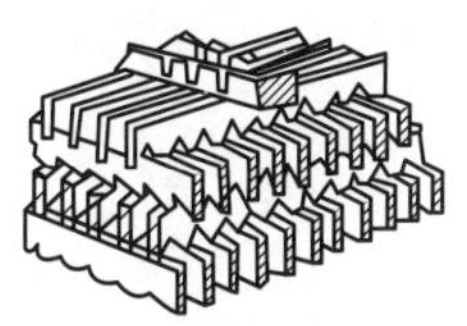
(l) 木格栅填料

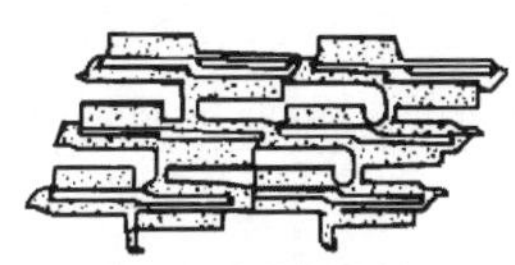
(m) 格里奇格栅填料

(n) 金属丝网波纹填料

(o) 金属板波纹填料

(p) 脉冲填料

图 3-4　几种常见填料

流阻力小，液体分布均匀。与拉西环相比，鲍尔环的气体通量可增加 50%以上，传质效率提高 30%左右。鲍尔环是一种应用较广的填料。

③ 阶梯环填料　如图 3-4(c) 所示，阶梯环是对鲍尔环的改进，在环壁上开有长方形孔，环内有两层交错 45°的十字形翅片。与鲍尔环相比，阶梯环高度通常只有直径的一半，并在一端增加了一个锥形翻边，使填料之间由线接触为主变成以点接触为主，这样不但增加了填料间的空隙，同时成为液体沿填料表面流动的汇集分散点，可以促进液膜的表面更新，有利于传质效率的提高。阶梯环的综合性能优于鲍尔环，成为目前所使用的环形填料中最为优良的一种。

④ 弧鞍与矩鞍填料　弧鞍和矩鞍填料属鞍形填料，如图 3-4(d) 所示弧鞍填料。弧鞍填料的特点是表面全部敞开，不分内外，液体在表面两侧均匀流动，表面利用率高，流道呈弧形，流动阻力小。其缺点是易发生套叠，致使一部分填料表面被重合，使传质效率降低。弧鞍填料强度较差，容易破碎，工业生产中应用不多。矩鞍填料如图 3-5(e) 所示，将弧鞍填料两端的弧形面改为矩形面，且两面大小不等，即成为矩鞍填料。矩鞍填料堆积时不会套叠，液体分布较均匀。矩鞍填料一般采用瓷质材料制成，其性能优于拉西环。目前，国内绝大多数应用瓷拉西环的场合，均已被瓷矩鞍填料所取代。

⑤ 金属环矩鞍填料　金属环矩鞍填料如图 3-4(f) 所示，环矩鞍填料是兼顾环形和鞍形结构特点而设计出的一种新型填料，该填料一般以金属材质制成，故又称为金属环矩鞍填料。环矩鞍填料将环形填料和鞍形填料两者的优点集于一体，其综合性能优于鲍尔环和阶梯环，在散装填料中应用较多。

⑥ 球形填料　球形填料一般采用塑料注塑而成，其结构有多种，如图 3-4(g)、图 3-4(h) 所示。球形填料的特点是球体为空心，可以允许气体、液体从其内部通过。由于球体结构的对称性，填料装填密度均匀，不易产生空穴和架桥，所以气液分散性能好。球形填料一般只适用于某些特定的场合，工程上应用较少。

⑦ 波纹填料　如图 3-4(n)、图 3-4(o) 所示。波纹填料是由许多波纹薄板组成的圆盘状填料，波纹与塔轴的倾角有 30°和 45°两种，组装时相邻两波纹板反向靠叠。各盘填料垂直装于塔内，相邻的两盘填料间交错 90°排列。

波纹填料按结构可分为网波纹填料和板波纹填料两大类，其材质又有金属、塑料和陶瓷等之分。

波纹填料的优点是结构紧凑，阻力小，传质效率高，处理能力大，比表面积大。波纹填料的缺点是不适于处理黏度大、易聚合或有悬浮物的物料，且装卸、清理困难，造价高。

除上述几种填料外，近年来不断有构型独特的新型填料开发出来，如共轭环填料、海尔环填料、纳特环填料等。

(2) 填料的特性　填料的特性数据主要包括比表面积、空隙率、填料因子等，是评价填料性能的基本参数。

① 比表面积　单位体积填料所具有的表面积称为比表面积，以 a 表示，其单位为 m^2/m^3。填料的比表面积愈大，所提供的气液传质面积愈大。

② 空隙率　单位体积填料所具有的空隙体积称为空隙率，以 ε 表示，其单位为 m^3/m^3。填料的空隙率越大，气体通过的能力越大且压降低。

③ 填料因子　填料的比表面积与空隙率三次方的比值，即 a/ε^3，称为填料因子，以 Φ 表示，其单位为 1/m。填料因子分为干填料因子与湿填料因子，填料未被液体润湿时的 a/ε^3 值称为干填料因子，它反映填料的几何特性；填料被液体润湿后，填料表面覆盖了一层液膜，a 和 ε 均发生相应的变化，此时的 a/ε^3 值称为湿填料因子，它表示填料的流体力学

性能。Φ 值越小，表明流动阻力越小。

3. 填料塔附件

填料塔附件主要有填料支承装置、液体分布装置、液体收集再分布装置等。合理地选择和设计塔附件，对保证填料塔的正常操作及优良的传质性能十分重要。

(1) 填料支承装置　填料支承装置（图 3-5）的作用是支承塔内的填料，常用的填料支承装置有如图 3-5 所示的栅板型、孔管型、驼峰型等。支承装置的选择，主要的依据是塔径、填料种类及型号、塔体及填料的材质、气液流量等。

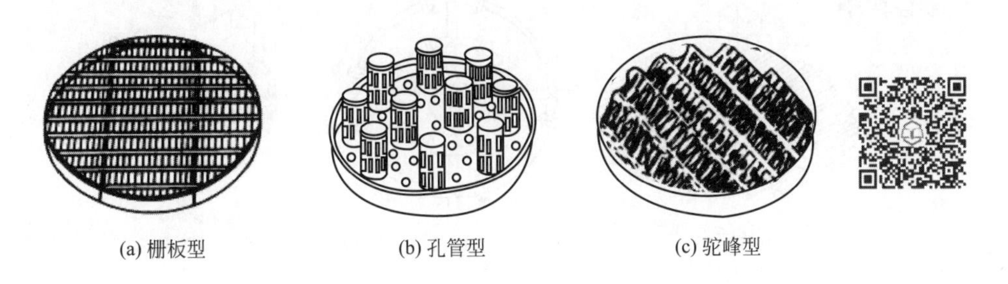

图 3-5　填料支承装置

(2) 液体分布装置　液体分布装置能使液体均匀分布在填料的表面上。常用的液体分布装置有如下几种。

① 喷头式分布器　如图 3-6(a) 所示。液体由半球形喷头的小孔喷出，小孔直径为 3～10mm，作同心圆排列，喷洒角不超过 80°，直径为 (1/3～1/5)D。这种分布器结构简单，只适用于直径小于 600mm 的塔中。因小孔容易堵塞，一般应用较少。

② 盘式分布器　有盘式筛孔型分布器、盘式溢流管式分布器等形式。如图 3-6(b)、图 3-6(c) 所示。液体加至分布盘上，经筛孔或溢流管流下。分布盘直径为塔径的 0.6～0.8 倍，此种分布器用于 $D<800$mm 的塔中。

③ 管式分布器　由不同结构形式的开孔管制成。其突出的特点是结构简单，供气体流过的自由截面大，阻力小。但小孔易堵塞，弹性一般较小。管式液体分布器使用十分广泛，多用于中等以下液体负荷的填料塔中。在减压精馏及丝网波纹填料塔中，由于液体负荷较小，故常用之。管式分布器有排管式、环管式等不同形状，如图 3-6(d)、图 3-6(e) 所示。根据液体负荷情况，可做成单排或双排。

④ 槽式液体分布器　通常是由分流槽（又称主槽或一级槽）、分布槽（又称副槽或二级槽）构成。一级槽通过槽底开孔将液体初分成若干流股，分别加入其下方的液体分布槽。分布槽的槽底（或槽壁）上设有孔道（或导管），将液体均匀分布于填料层上，如图 3-6(f) 所示。槽式液体分布器具有较大的操作弹性和极好的抗污堵性，特别适合于大气液负荷及含有固体悬浮物、黏度大的液体的分离场合。由于槽式分布器具有优良的分布性能和抗污堵性能，应用范围非常广泛。

⑤ 槽盘式分布器　近年来开发的新型液体分布器，它将槽式及盘式分布器的优点有机地结合一体，兼有集液、分液及分气三种作用，结构紧凑，操作弹性高达 10∶1。气液分布均匀，阻力较小，特别适用于易发生夹带、易堵塞的场合。槽盘式液体分布器的结构如图 3-6(g) 所示。

(3) 液体收集及再分布装置　液体沿填料层向下流动时，有偏向塔壁流动的现象，这种现象称为壁流。壁流将导致填料层内气液分布不均，使传质效率下降。为减小壁流现象，可间隔一定高度在填料层内设置液体再分布装置。

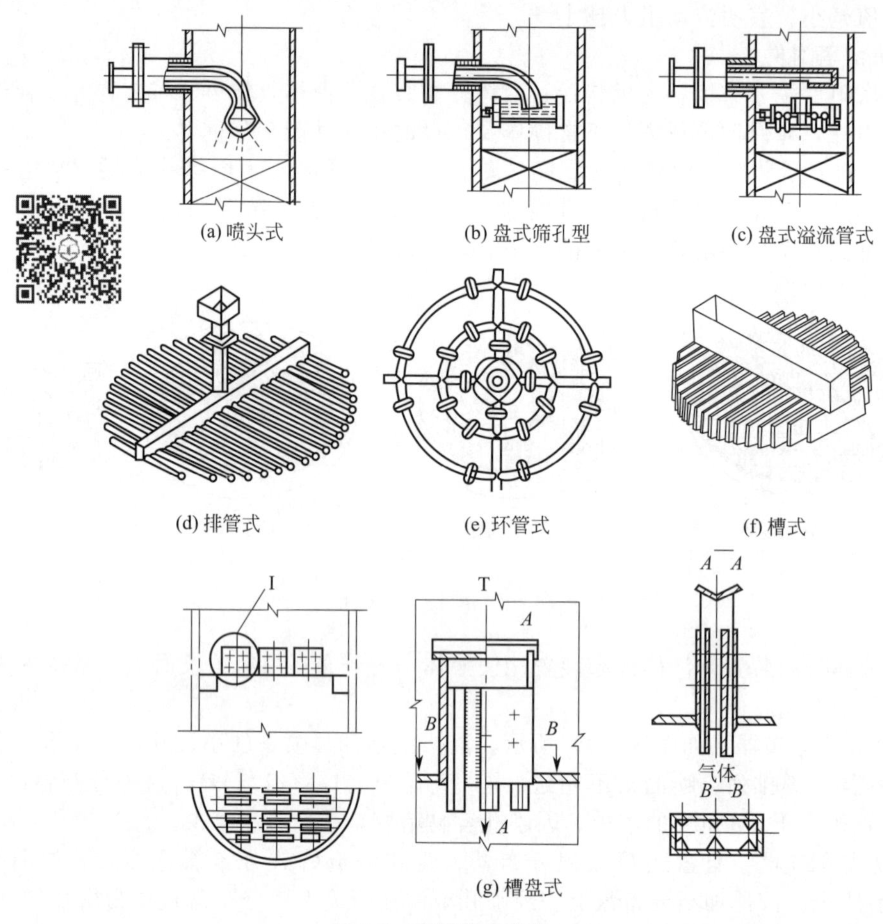

图 3-6　液体分布装置

最简单的液体再分布装置为截锥式再分布器。如图 3-7(a) 所示。截锥式再分布器结构简单，安装方便，但它只起到将壁流向中心汇集的作用，无液体再分布的功能，一般用于直径小于 0.6m 的塔中。

在通常情况下，一般将液体收集器及液体分布器同时使用，构成液体收集及再分布装置。液体收集器的作用是将上层填料流下的液体收集，然后送至液体分布器进行液体再分布。常用的液体收集器为斜板式液体收集器，如图 3-7(b) 所示。

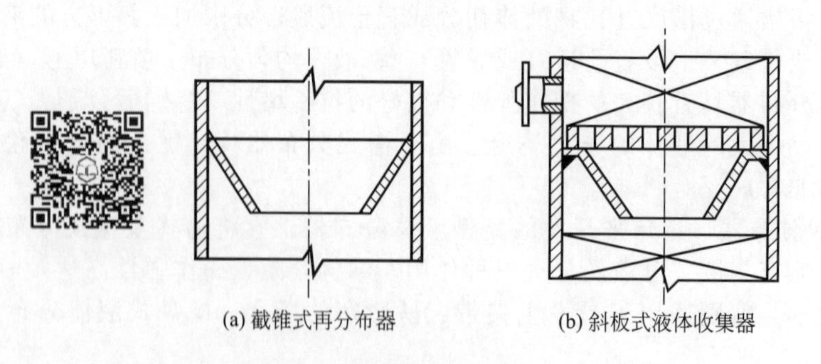

图 3-7　液体再分布器

前已述及，槽盘式液体分布器兼有集液和分液的功能，故槽盘式液体分布器是优良的液体收集及再分布装置。

二、吸收操作流程

填料塔内气液两相可以作逆流流动也可以作并流流动。在两相进、出口组成相同的情况下，逆流时的平均推动力必大于并流。且逆流操作时，塔底引出的溶液在出塔前是与浓度最大的进塔气体接触，使出塔溶液浓度可达最大值；塔顶引出的气体出塔前是与纯净的或浓度较低的吸收剂接触，可使出塔气体的浓度达最低值。这说明逆流操作可提高吸收效率和降低吸收剂耗用量。就吸收过程本身而言，逆流优于并流。但逆流操作时，液体的下降受到上升气流的作用力（常称曳力），此种曳力会阻碍液体的顺利下流，从而限制了填料塔所允许的液体流量和气体流量，设备的生产能力受到限制。

一般吸收操作均采用逆流，以使过程具有最大的推动力。特殊情况下，如吸收质极易溶于吸收剂，此时逆流操作的优点并不明显，为提高生产能力，可以考虑采用并流。

根据生产过程的特点和要求，工业生产中的吸收流程有如下几种。

1. 部分吸收剂循环流程

当吸收剂喷淋密度很小，不能保证填料表面的完全湿润，或者塔中需要排除的热量很大时，工业上就采用部分溶剂循环的吸收流程。

图 3-8 为部分吸收剂循环的吸收流程示意图。此流程的操作方法是：用泵从吸收塔抽出吸收剂，经过冷却器后再送回此同一塔中；从塔底取出其中一部分作为产品；同时加入新鲜吸收剂，其流量等于引出产品中的溶剂量，与循环量无关。吸收剂的抽出和新鲜吸收剂的加入，不论在泵前或泵后进行都可以，不过应先抽出再补充。

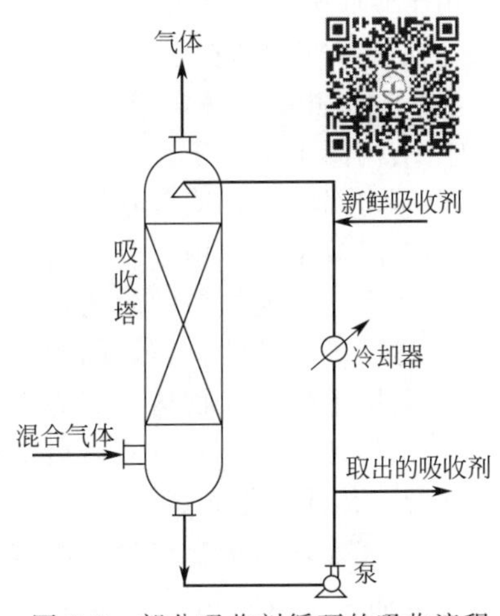

图 3-8　部分吸收剂循环的吸收流程

在这种流程中，由于部分吸收剂循环使用，因此，吸收剂入塔组分含量较高，致使吸收平均推动力减小，同时，也就降低了气体混合物中吸收质的吸收率。另外，部分吸收剂的循环还需要额外的动力消耗。但是，它可以在不增加吸收剂用量的情况下增大喷淋密度，且可由循环的吸收剂将塔内的热量带入冷却器中移去，以减小塔内升温。因此，可保证在吸收剂耗用量较小下的吸收操作正常进行。

2. 吸收塔串联流程

当所需塔的尺寸过高，或从塔底流出的溶液温度太高，不能保证塔在适宜的温度下操作时，可将一个大塔分成几个小塔串联起来使用，组成吸收塔串联的流程。

如图 3-9 所示为一串联的逆流吸收流程。操作时，用泵将液体从一个吸收塔抽送至另一个吸收塔，并不循环使用，气体和液体则互成逆流流动。

在吸收塔串联流程中，可根据操作的需要，在塔间的液体（有时也在气体）管路上设置冷却器（如图 3-9 所示），或使吸收塔系的全部或一部分采取吸收剂部分循环的操作。

在生产上，如果处理的气量较多，或所需塔径过大，还可以考虑由几个较小的塔并联操作，有时将气体通路作串联，液体通路作并联，或者将气体通路作并联，液体通路作串联，以满足生产要求。

3. 吸收与解吸联合流程

在工业生产中，吸收与解吸常常联合进行，这样，可得较纯净的吸收质气体，同时可回收吸收剂。如图 3-2 所示从焦炉煤气中回收粗苯的吸收流程。

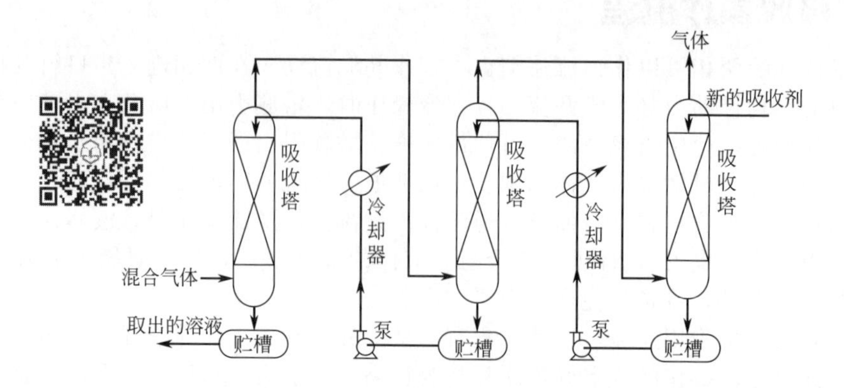

图 3-9　串联逆流吸收流程

任务实施

用于吸收分离气体混合物的分离设备主要有两大类：一类是逐级接触式的板式塔；另一类是连续接触式的填料塔。

与板式塔相比，填料塔具有以下特点：

① 结构简单，便于安装，小直径的填料塔造价低；

② 压力降较小，适合减压操作，且能耗低；

③ 分离效率高，用于难分离的混合物，塔高较低；

④ 适于易起泡物系的分离，因为填料对泡沫有限制和破碎作用；

⑤ 适用于腐蚀性介质，因为可采用不同材质的耐腐蚀填料；

⑥ 适用于热敏性物料，因为填料塔持液量低，物料在塔内停留时间短；

⑦ 操作弹性较小，对液体负荷的变化特别敏感。当液体负荷较小时，填料表面不能很好地润湿，传质效果急剧下降；当液体负荷过大时，则易产生液泛；

⑧ 不宜处理易聚合或含有固体颗粒的物料。

一般而言，吸收用塔设备用填料塔，具有合适的操作弹性，结构简单，易于制造、安装、操作和维修，且有利于节能。同时，吸收过程一般具有操作液气比大的特点，所以对于吸收过程而言，以采用填料塔居多。

任务评估

1. 资讯

在教师指导下让学生解读工作任务及要求，了解完成项目任务需要的知识：填料塔的类型和特点、各种填料的类型和特点、填料塔的附件以及吸收流程。

2. 决策、计划

根据工作任务要求和生产特点初定分离设备，通过分组讨论、学习、查阅相关资料，合理地选择填料塔的类型及填料形式。

3. 检查

教师可通过检查各小组的工作方案与听取小组研讨汇报，及时掌握学生的工作进展，适时地归纳讲解相关知识与理论，并提出建议与意见。

4. 实施与评估

学生在教师的检查指点下继续修订与完善项目实施方案，并最终完成按分离任务要求所需的塔设备。教师对各小组完成情况进行检查与评估，及时进行点评、归纳与总结。

任务三　分离操作的工艺参数的确定

工作任务要求

能根据生产的要求确定完成此项目的有关工艺参数。

工作任务情景

1. 东方化工集团欲设计一填料吸收塔，用于脱除混于空气中的氨气。混合气的处理量如下，其中含有氨5%（体积分数），要求塔顶排放出的气体中氨的含量不超过0.05%（体积分数），采用清水进行吸收，已知氨在水中的溶解度系数为 $H=0.725\text{kmol}/(\text{m}^3\cdot\text{kPa})$，吸收剂的用量为最小用量的1.5倍。体积吸收总系数 $k_G a=0.0615G^{0.9}W^{0.39}$ 进行计算。操作条件：常压，常温（20℃）。

2. 东方化工集团欲设计一填料吸收塔，用于脱除混于空气中的丙酮。混合气的处理量如下，其中含有丙酮5%（体积分数），要求塔顶排放出的气体中丙酮的含量不超过0.05%（体积分数），采用清水进行吸收，已知丙酮在水中的溶解度系数为 $H=0.313\text{kmol}/(\text{m}^3\cdot\text{kPa})$，吸收剂的用量为最小用量的1.5倍。体积吸收总系数 $K_Y a=1.2\text{kmol}/(\text{m}^3\cdot\text{s}\cdot\text{kPa})$ 进行计算。操作条件：常压，常温（20℃），年生产时间：300天，24小时运行。试通过计算确定上述分离操作的工艺参数。

技术理论与必备知识

一、气液相平衡

1. 相组成表示法

在吸收操作中气体的总量和液体的总量都将随操作的进行而改变，但是惰性气体B和吸收剂S的总量始终保持不变。因此在吸收计算中，相组成用摩尔比表示就比较方便。

混合物中两组分的物质的量之比，称为摩尔比，用 X 或 Y 表示。A对B的摩尔比：

$$X_A=\frac{n_A}{n_B}\quad 或\quad Y_A=\frac{n_A}{n_B} \tag{3-1}$$

摩尔比与摩尔分数 x_A 或 y_A 的换算关系为：

$$X_A=\frac{x_A}{1-x_A}\quad 或\quad Y_A=\frac{y_A}{1-y_A} \tag{3-2}$$

例3-1　150kg纯酒精与100kg水混合而成的溶液。求其中酒精的质量分数、摩尔分数及摩尔比。

解　酒精的质量分数为

$$x_{wA}=\frac{m_A}{m_A+m_B}=\frac{150}{150+100}=0.6$$

酒精的摩尔质量 $M_A=46\text{kg/kmol}$，水的摩尔质量 $M_B=18\text{kg/kmol}$。则酒精的摩尔分数

$$x_A=\frac{\frac{x_{wA}}{M_A}}{\frac{x_{wA}}{M_A}+\frac{x_{wB}}{M_B}}=\frac{\frac{0.6}{46}}{\frac{0.6}{46}+\frac{1-0.6}{18}}=0.37$$

酒精对水的摩尔比为

$$X_A=\frac{x_A}{1-x_A}=\frac{0.37}{1-0.37}=0.587$$

2. 相平衡关系

(1) 气体在液体中的溶解度　在一定的温度和压力下，使一定量的吸收剂与混合气体经过足够长时间的接触，气、液两相将达到平衡状态。此时，任何时刻进入液相中的溶质分子数与从液相逸出的溶质分子数恰好相等，气液两相的浓度不再变化，这种状态称为相际动态平衡，简称相平衡或平衡。平衡状态下气相中的溶质分压称为平衡分压或饱和分压，而液相中溶质的浓度称为气体在液体中的溶解度或平衡浓度。

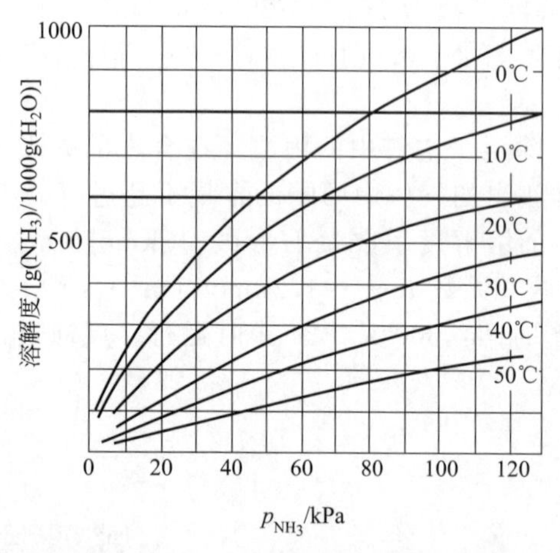

图 3-10　氨在水中的溶解度

气体在液体中的溶解度可通过实验测定。由实验结果绘成的曲线称为溶解度曲线，如图 3-10 所示。

气体在液体中的溶解度曲线可从有关书籍、手册中查得。

溶解度的大小随物系、温度和压力而变。不同物质在同一溶剂中的溶解度不同，如氨在水中的溶解度比空气大得多；温度升高，相同液相浓度下吸收质的平衡分压增高，说明溶质易由液相进入气相，溶解度减小；压力升高，溶解度增大。

气体在液体中的溶解度，表明在一定条件下气体溶质溶解于液体溶剂中可能达到的极限程度。由溶解度曲线所表现出的规律性可以得知，加压和降温对吸收操作有利，因为加压和降温可以提高气体的溶解度；反之，升温和减压则有利于解吸过程。

(2) 亨利定律　在总压不很高（通常不超过 500kPa）、温度一定的条件下，气、液两相达到平衡状态时，稀溶液上方的溶质分压与该溶质在液相中的摩尔分数成正比，即

$$p_A^*=Ex_A \quad 或 \quad x_A^*=\frac{p_A}{E} \tag{3-3}$$

式中　p_A^*，p_A——溶质的平衡分压、实际分压，Pa；

x_A^*，x_A——溶质在液相中的平衡浓度、实际浓度（摩尔分数）；

E——比例常数，称为亨利系数，Pa。

式(3-3) 称为亨利定律。此式表明了气、液两相达到平衡状态时，气相浓度与液相浓度的关系，即相平衡关系。亨利系数 E 值的大小可由实验测定，亦可从有关手册中查得。附录中列出某些气体水溶液的亨利系数，可供参考。

对于一定的气体溶质和溶剂，亨利系数随温度而变化。一般说来，温度升高则 E 增大，这体现了气体的溶解度随温度升高而减小的变化趋势。在同一溶剂中，难溶气体的 E 值很大，而易溶气体的 E 值则很小。

由于互成平衡的气液两相组成各可采用不同的表示法，因而亨利定律有不同的表达

形式。

若溶质在气、液相中的组成分别以 p_A、c_A 表示，则亨利定律可写成如下的形式，即

$$p_A^* = \frac{c_A}{H} \tag{3-4}$$

式中　c_A——溶质的物质的量浓度，$kmol/m^3$；

H——溶解度系数，$kmol/(m^3 \cdot kPa)$。

溶解度系数 H 也是温度的函数。对于一定的溶质和溶剂，H 值随温度升高而减小。易溶气体的 H 值很大，而难溶气体的 H 值则很小。溶解度系数 H 与亨利系数 E 的关系为

$$\frac{1}{H} = \frac{EM_S}{\rho + c_A(M_S - M_A)} \tag{3-5a}$$

对稀溶液，$c_A \ll 1$，故上式可简化为

$$H = \frac{\rho}{EM_S} \tag{3-5b}$$

式中　ρ——溶液的密度，kg/m^3，对稀溶液可取纯吸收剂的密度；

M_S——吸收剂 S 的摩尔质量，kg/kmol；

M_A——溶质 A 的摩尔质量，kg/kmol。

若溶质在气、液相中的组成分别以摩尔分数 y_A、x_A 表示，则亨利定律可写成如下的形式，即

$$y_A^* = mx_A \tag{3-6}$$

式中　x_A——液相中溶质的摩尔分数；

y_A^*——与液相成平衡的气相中溶质的摩尔分数；

m——相平衡常数。

对于一定的物系，相平衡常数 m 是温度和压力的函数，其数值可由实验测得。由 m 值同样可以比较不同气体溶解度的大小，m 值越大，则表明该气体的溶解度越小；反之，则溶解度越大。

若系统总压为 P，由道尔顿分压定律可知

$$p_A = Py_A$$

同理

$$p_A^* = Py_A^*$$

将上式代入式(3-3)，得

$$Py_A^* = Ex_A$$

将此式与式(3-6) 比较可得

$$m = \frac{E}{P} \tag{3-7}$$

若溶质在气、液相中的组成分别以物质的量之比 Y、X 表示，则由式 (3-2) 得

$$x_A = \frac{X_A}{1+X_A}$$

$$y_A = \frac{Y_A}{1+Y_A}$$

将上式代入式(3-6) 得

$$\frac{Y_A^*}{1+Y_A^*} = m\frac{X_A}{1+X_A}$$

整理得

$$Y_A^* = \frac{mX_A}{1+(1-m)X_A} \tag{3-8a}$$

式中　Y_A^*——气液相平衡时溶质在气相中的物质的量之比；

X_A——溶质在液相中的物质的量之比；

m——相平衡常数，无量纲。

式(3-8a) 是用物质的量之比表示亨利定律的一种形式。此式在 Y-X 直角坐标系中的图形是通过原点的一条曲线，如图 3-11(a) 所示，此线称为气液相平衡线或吸收平衡线。

在吸收操作中，为了方便起见，在表示其组成时，通常用溶质的组成来表示，不再加下标。例如 x，y 即分别表示溶质在液、气相中的摩尔分数；X，Y 即分别表示溶质在液、气相中的物质的量之比，由此，式(3-6) 可简化为 $y^*=mx$。

当溶液组成很低时，$(1-m)X \ll 1$，则式(3-8a) 可简化为：

$$Y^* = mX \tag{3-8b}$$

式(3-8b) 是亨利定律的又一种表达形式，表明当液相中溶质组成足够低时，平衡关系在 Y-X 图中可近似地表示成一条通过原点的直线，其斜率为 m，如图 3-11(b) 所示。

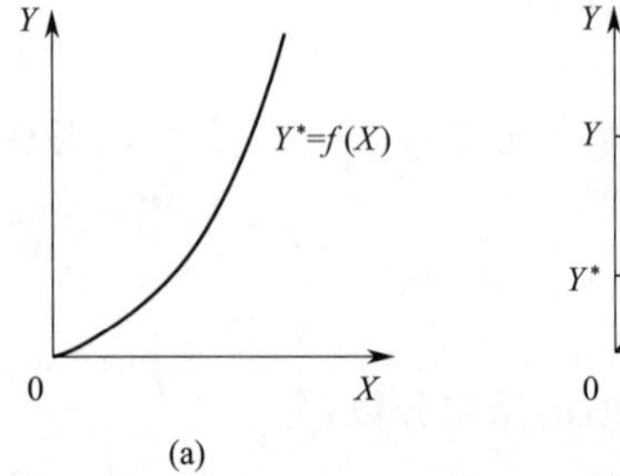

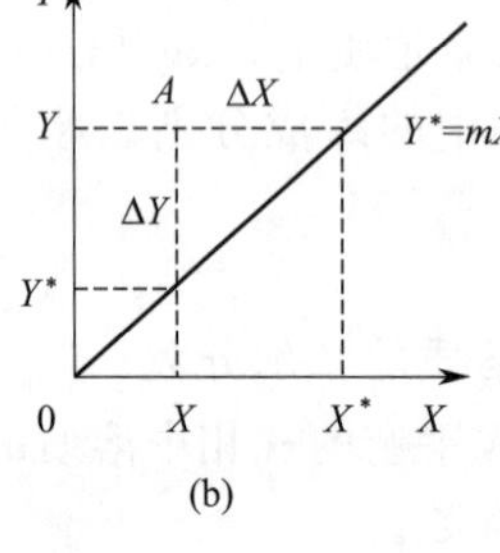

图 3-11　吸收平衡线

(3) 相平衡在吸收过程的应用　相平衡是在一定条件下吸收过程所能达到的极限状态，根据此条件下气液两相在平衡状态时吸收质的实际浓度和平衡浓度的大小可以判别过程的方向、计算过程的推动力并指明过程的极限。

① 判别过程进行的方向和限度　设在一定的温度和压力下，使吸收质浓度为 Y 的混合气与吸收质浓度为 X 的液体接触时：

当 $Y>Y^*$ 或 $X<X^*$ 时，吸收质自气相进入液相，进行吸收过程；

当 $Y<Y^*$ 或 $X>X^*$ 时，吸收质自液相进入气相，进行解吸过程；

当 $Y=Y^*$ 或 $X=X^*$ 时，两相处于平衡，达到了极限状态。

X^*——与实际气相浓度 Y 成平衡的液相浓度；

Y^*——与实际液相浓度 X 成平衡的气相浓度。

② 确定吸收推动力　在吸收操作中，如果气液两相的组成达到平衡，则吸收过程不能进行，只有气液两相处于不平衡状态时，才能进行吸收。通常以气液两相的实际状态与相应的平衡状态的偏离程度表示吸收推动力。如果气液两相处于平衡状态，则两相的实际状态与相应的平衡状态无偏离，吸收推动力为零；实际状态与相应的平衡状态偏离越大，吸收推动力越大，吸收越容易。

吸收推动力可用气相浓度差表示，即 $\Delta Y=Y-Y^*$；也可用液相浓度差表示，即 $\Delta X=X^*-X$；还可直观地表示在相平衡图上，如图 3-11(b) 所示。

③ 确定过程的极限　以逆流吸收塔为例，塔顶以下标 2 表示，塔底以下标 1 表示。若增加塔高，减小吸收剂用量 L（即减小液气比 L/V），则塔底吸收液的出口组成 X_1 必增加。

但是即使在塔非常高、吸收剂用量很小的情况下，X_1 也不会无限增大，其极限为：

$$X_{1,\max}=X_1^*=\frac{Y_1}{m}$$

反之，即使塔很高、吸收剂用量很大的情况下，吸收塔气相出口浓度 Y_2 也不能无限下降，其极限为：

$$Y_{2,\min}=Y_2^*=mX_2$$

理论上对于无限高的逆流吸收塔，平衡状态出现在塔顶还是塔底，取决于相平衡常数 m 与液气比 L/V 的相对大小。由此可见，由相平衡关系和液气比可确定吸收液出口的最高组成或尾气的最低组成。

 **例 3-2** 用煤油从苯-空气混合气体中吸收苯，入塔气体中含苯 2%（体积分数），吸收后浓度降为 0.01%（体积分数），入塔煤油中含苯 0.02%（摩尔分数）。操作温度为 50℃，压力为 200kPa，操作条件 $p^*=80x$ kPa。

求：(1) 塔顶处气相推动力；

(2) 若改善操作条件，提高吸收率，则出口液体浓度极限是多少？

解　$p_1=0.02\times200=4$ (kPa)

$p_2=0.0001\times200=0.02$ (kPa)

$p_2^*=Ex=80\times0.0002=0.016$ (kPa)

则塔顶处气相推动力

$$\Delta p_2=p_2-p_2^*=0.02-0.016=0.004\ \text{(kPa)}$$

出口液体浓度极限

$$x_{1,\max}=\frac{p_1}{E}=\frac{4}{80}=0.05$$

二、传质机理与传质速率

1. 物质传递的基本方式

(1) 分子扩散　物质以分子运动的方式通过静止流体或层流流体的转移称分子扩散。如向静止的水中滴一滴红墨水，墨水中有色物质分子就会以分子扩散的方式均匀扩散在水中，使水变成淡淡的红色。分子扩散速率主要取决于扩散物质和静止流体的温度及其某些物理性质。

(2) 涡流扩散　当物质在湍流流体中扩散时，主要是依靠流体质点的无规则运动。由于流体质点在湍流中产生漩涡，引起各部分流体间的剧烈混合，在有浓度差存在的条件下，物质便朝浓度降低的方向进行扩散。这种凭借流体质点的湍动和漩涡来传递物质的现象，称为涡流扩散。如滴红墨水于水中，同时加以搅动，可以看到水变红的速度要比不搅动快得多，这就是涡流扩散的效果。实际上，在湍流流体中，由于分子运动而产生的分子扩散是与涡流扩散同时发挥着传递作用的。但由于构成流体的质点（分子集团或流体微团）是大量的，所以在湍流主体中质点传递的规模和速度是远大于单个分子的，因此涡流扩散的效果应占主要地位。涡流扩散不仅与物系性质有关，还与流体的湍动程度及质点所处的位置有关。涡流扩散速率比分子扩散速率大得多。

由于在涡流扩散时，也存在分子扩散。因此研究流体中的物质传递时常常将分子扩散与涡流扩散两种传质作用结合起来予以考虑。湍流主体与相界面之间的涡流扩散与分子扩散这两种传质作用总称为对流扩散。对流扩散时，扩散物质不仅依靠本身的分子扩散作用，更主要的是依靠湍流流体的涡流扩散作用。对流扩散与传热过程中的对流传热相类似。

2. 吸收过程的机理

吸收过程的机理很复杂，人们已对其进行了长期深入的研究，先后提出了多种理论，其中应用最广泛的是双膜理论。

双膜理论的基本论点：在气液两相相接触处，存在一个稳定的分界面，称相界面。相界面的两侧分别存在一层很薄的流体膜——气膜和液膜，膜内流体作层流流动，吸收质以分子扩散方式通过此两层膜。

在两膜层以外的气、液两相分别称为气相主体与液相主体。在气液两相主体中，由于流体充分湍动混合，吸收质浓度均匀，没有浓度差，也没有传质阻力，浓度差全部集中在两个膜层中，即阻力集中在两膜层中。

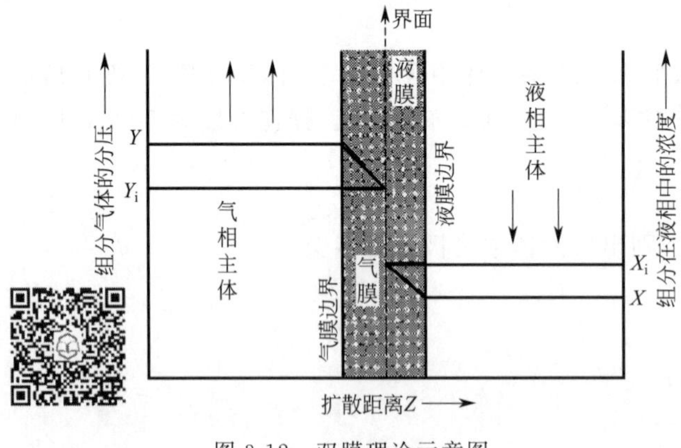

图 3-12　双膜理论示意图

无论气、液两相主体中吸收质的浓度是否达到相平衡，界面处气相浓度与液相浓度是互成平衡的。

根据双膜理论，在吸收过程中，溶质从气相主体中以对流扩散的方式到达气膜边界，又以分子扩散的方式通过气膜至相界面，在界面上不受任何阻力从气相进入液相，然后在液相中以分子扩散的方式通过液膜至液膜边界，最后又以对流扩散的方式转移到液相主体。这一过程非常类似于热冷两流体通过器壁的换热过程。将双膜理论的要点表达在一个坐标图上，即可得到描述气体吸收过程的物理模型——双膜模型图，如图 3-12 所示。

双膜理论把复杂的吸收过程简化为吸收质通过气、液两膜层的分子扩散过程。吸收过程的主要阻力集中于这两层膜中，膜层之外的阻力忽略不计，因此，降低膜层厚度对吸收有利。实践证明，在一些有固定相界面的吸收设备（如填料塔）中，当两相湍动不大时，适当增加两相流体的流速对吸收是有利的。

双膜理论对于那些具有固定传质界面的系统且两流体流速不高的吸收过程，具有重要的指导意义，为我们的设计计算提供了重要的依据。但是，对于具有自由相界面的系统，尤其是高度湍动的两流体间的传质，双膜理论就表现出了它的局限性。故继双膜理论之后，又相继提出了一些新的理论，如表面更新理论、溶质渗透理论、滞流边界层理论及界面动力状态理论等。这些理论能从某一角度解释吸收过程机理，但都不完善，这里不一一介绍。

3. 传质速率方程

(1) 吸收速率方程式　单位时间内通过单位传质面积的吸收质的量称为吸收速率，用 N_A 表示，kmol/(m^2·s)，表明吸收速率与吸收推动力之间的关系式即为吸收速率方程式。

在稳定吸收操作中，吸收设备内的任一部位上，相界面两侧的对流传质速率应是相等的，因此其中任何一侧的对流扩散速率都能代表该部位的吸收速率。根据双膜理论的论点，吸收速率方程式可用吸收质以分子扩散方式通过气、液膜的扩散速率方程来表示。

吸收质从气相主体通过气膜传递到相界面时的吸收速率方程式：

$$N_A = k_G(p - p_i) \tag{3-9}$$

或

$$N_A = k_Y(Y - Y_i) \tag{3-10}$$

式中　k_G，k_Y——气膜吸收分系数，kmol/(m^2·s)；

p，p_i——吸收质在气相主体与界面处的分压，kPa；

Y，Y_i——吸收质在气相主体与界面处的物质的量之比。

吸收质从相界面处通过液膜传递到液相主体时的吸收速率方程式：

$$N_A = k_L(c_i - c) \tag{3-11}$$

或

$$N_A = k_X(X_i - X) \tag{3-12}$$

式中　k_L，k_X——液膜吸收分系数，kmol/(m^2·s)；

c，c_i——吸收质在液相主体与界面处的浓度，kmol/m^3；

X，X_i——吸收质在液相主体与界面处的物质的量之比。

总吸收速率方程式：由于上述吸收速率方程式均涉及界面浓度，而界面浓度很难获取。故常用下列总吸收速率方程式表示。

$$N_A = K_Y(Y - Y^*) \tag{3-13}$$

或

$$N_A = K_X(X^* - X) \tag{3-14}$$

式中　K_Y，K_X——分别为气相和液相总吸收系数，kmol/(m^2·s)；

X^*，Y^*——分别为与气相主体浓度 Y 和液相主体浓度 X 相平衡的浓度。

(2) 传质阻力控制　吸收分系数与对流传热系数一样，可用准数关联式计算或测定。由亨利定律和吸收速率方程式可以推导总吸收系数与吸收分系数之间的关系如下：

$$\frac{1}{K_Y} = \frac{1}{k_Y} + \frac{m}{k_X} \tag{3-15}$$

$$\frac{1}{K_X} = \frac{1}{mk_Y} + \frac{1}{k_X} \tag{3-16}$$

$\frac{1}{K_Y}$和$\frac{1}{K_X}$分别为吸收过程的气相和液相总阻力，而$\frac{1}{k_Y}$和$\frac{1}{k_X}$分别为气膜阻力和液膜阻力。从以上两式可知，吸收过程的总阻力为气膜阻力和液膜阻力之和。

对溶解度大的易溶气体，相平衡常数 m 很小。在 k_X 和 k_Y 值数量级相近的情况下，则 $\frac{1}{k_Y} \gg \frac{m}{k_X}$，$\frac{m}{k_X}$很小，可以忽略，式(3-15) 变为

$$\frac{1}{K_Y} \approx \frac{1}{k_Y} \quad 即 \quad K_Y \approx k_Y \tag{3-17}$$

上式表明：易溶气体的液相阻力很小，吸收过程的总阻力集中在气膜内，气膜阻力控制着整个过程的吸收速率，称“气膜控制”或气相阻力控制。对此类吸收过程，要提高吸收速率，必须设法降低气相阻力才有效。

对溶解度小的难溶气体，m 值很大，在 k_X 和 k_Y 值数量级相近的情况下，则 $\frac{1}{k_X} \gg \frac{1}{mk_Y}$，$\frac{1}{mk_Y}$很小，可以忽略，式(3-16) 变为

$$\frac{1}{K_X} \approx \frac{1}{k_X} \quad 即 \quad K_X \approx k_X \tag{3-18}$$

上式表明：难溶气体的气相阻力很小，吸收过程的总阻力集中在液膜内，液膜阻力控制着整个过程的吸收速率，称“液膜控制”或液相阻力控制。对此类吸收过程，要提高吸收速率，必须设法降低液相阻力才有效。

对溶解度适中的中等溶解度气体，气膜阻力和液膜阻力均不可忽略不计，此过程吸收总阻力集中在双膜内，这种双膜阻力控制吸收过程速率的情况称“双膜控制”。对此类吸收过程，要提高吸收速率，必须设法降低液相、气相阻力才有效。

表 3-1 列出了一些常见吸收过程的控制类型。

表 3-1 几种吸收过程中的控制类型

气膜控制		液膜控制	双膜控制
水或氨水吸收 NH_3	酸吸收 5%NH_3	水或弱碱吸收 CO_2	水吸收 SO_2
氨水解吸 NH_3	碱液或氨水吸收 SO_2	水吸收 O_2	水吸收丙酮
浓硫酸吸收 SO_3	NaOH 水溶液吸收 H_2S	水吸收 H_2	浓硫酸吸收 NO_2
水或稀盐酸吸收 HCl	液体的蒸发或冷凝	水吸收 CL_2	

例 3-3 在 110kPa 的压力下，用清水吸收空气中的氨。在吸收塔的某截面上气液两相组成为 $Y=0.0309$，$X=0.0182$（以上均为摩尔比），气膜吸收分系数 $k_Y=5.50\times10^{-4}$ kmol/(m²·s)，液膜吸收分系数 $k_X=8.48\times10^{-3}$ kmol/(m²·s)。操作条件下平衡关系符合亨利定律，亨利系数 $E=76.1$kPa。试判断过程控制步骤，提出强化该过程的方法，并计算此截面处的吸收速率。

解 相平衡常数 $m=\dfrac{E}{P}=\dfrac{76.1}{110}=0.692$

气相吸收总阻力

$$\frac{1}{K_Y}=\frac{1}{k_Y}+\frac{m}{k_X}=\frac{1}{5.50\times10^{-4}}+\frac{0.692}{8.48\times10^{-3}}=18.2\times10^2+81.6=1.92\times10^3$$

其中，气膜阻力占总阻力的百分数为 $\dfrac{1820}{1920}\times100\%=94.8\%$

由计算知气膜阻力占总阻力的绝大部分，该过程为气膜控制。

针对气膜控制，降低气膜阻力是有效途径。可适当增大气相流速，以减少气膜层厚度，达到强化吸收过程的目的。

气相吸收总系数 $K_Y=5.21\times10^{-4}$ kmol/(m²·s)

与液相浓度 X 成平衡的气相浓度 $Y^*=mX=0.692\times0.0182=0.0126$

该截面吸收速率为

$$N_A=K_Y(Y-Y^*)=5.21\times10^{-4}\times(0.0309-0.0216)=9.53\times10^{-6}[\text{kmol/(m}^2\cdot\text{s)}]$$

三、吸收过程的物料衡算及操作线方程

1. 全塔物料衡算

如图 3-13 所示为一稳定操作状态下，气、液两相逆流接触的物料衡算。气体自下而上流动，吸收剂则自上而下流动，图中各个符号的意义如下：

V——惰性气的摩尔流量，kmol/h；

L——纯吸收剂的摩尔流量，kmol/h；

Y_1、Y_2——进、出塔气相中吸收质的摩尔比；

X_2、X_1——进、出塔液相中吸收质的摩尔比。

在吸收过程中，V 和 L 的量不变，气相中吸收质的浓度逐渐减少，而液相中吸收质的浓度逐渐增大。根据无物料损失，对单位时间内进、出塔的吸收质的量进行物料衡算，可得下式：

$$VY_1+LX_2=VY_2+LX_1$$

$$V(Y_1-Y_2)=L(X_1-X_2) \tag{3-19}$$

或

$$V(Y_1-Y_2)=L(X_1-X_2)$$

$$\frac{L}{V}=\frac{Y_1-Y_2}{X_1-X_2} \tag{3-20}$$

上式即为吸收塔的全塔物料衡算式。L/V 称为液气比，是吸收操作的重要参数，它反

映单位气体处理量的吸收剂耗用量大小。一般情况下，进塔混合气体的流量和组成是吸收任务所规定的，若吸收剂的流量与组成已被确定，则 V、Y_1、L 及 X_2 为已知数。此外，根据吸收任务所规定的溶质吸收率，便可求得气体出塔时的溶质含量 Y_2，进而求得吸收液组成 X_1。

图 3-13　逆流吸收塔的物料衡算

2. 吸收率

吸收率为气相中被吸收的吸收质的量与气相中原有的吸收质的量之比，用η表示，即

$$\eta=\frac{G_A}{VY_1}=\frac{V(Y_1-Y_2)}{VY_1}=1-\frac{Y_2}{Y_1} \tag{3-21}$$

或

$$Y_2=(1-\eta)Y_1 \tag{3-22}$$

3. 吸收的溶质组分量

通过这一吸收过程所吸收的溶质组分，用 G_A 来表示，单位为 kmol/h。

表示式为：

$$G_A=V(Y_1-Y_2)=L(X_1-X_2) \tag{3-23}$$

4. 操作线方程

在定态逆流操作的吸收塔内，气体自下而上，其组成由 Y_1 逐渐降低至 Y_2；液相自上而下，其组成由 X_2 逐渐增浓至 X_1；而在塔内任意截面上的气、液组成 Y 与 X 之间的对应关系，可由塔内某一截面 m——n 与塔的一个端面之间对溶质的作物料衡算而得（如图 3-14 所示）。

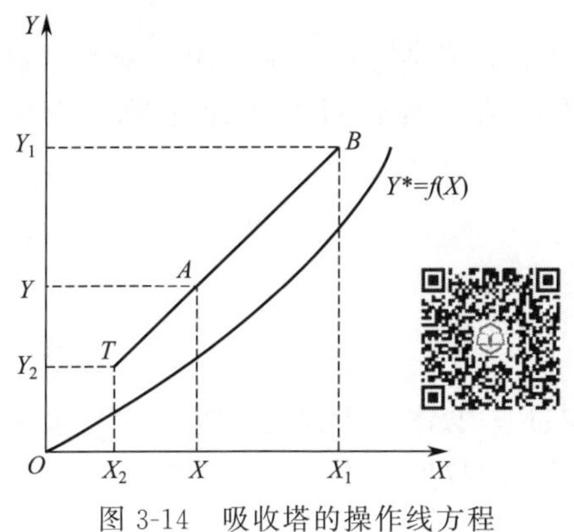

图 3-14　吸收塔的操作线方程

在任一截面与塔底的物料衡算式

$$VY_1+LX=VY+LX_1$$

$$Y=\frac{L}{V}X+Y_1-\frac{L}{V}X_1 \tag{3-24}$$

m——n 与塔顶的物料衡算式

$$VY_2+LX=VY+LX_2$$

$$Y=\frac{L}{V}X+Y_2-\frac{L}{V}X_2 \tag{3-25}$$

式(3-24)、式(3-25) 是等效的，它们均表示吸收操作过程中，任一截面处的气相组成 Y 和液相组成 X 之间的关系，称吸收塔的操作线方程。在定态连续吸收时，式中 X_1、Y_1、X_2、Y_2 及 L/V 都是定值，所以式(3-24)、式(3-25) 是直线方程式，直线的斜率为 L/V，且此直线应通过 B（X_1，Y_1）及 T（X_2，Y_2）两点，如图 3-14 所示，图中的直线 BT 即为逆流吸收塔的操作线。此操作线上任一点 A，代表塔内相应截面上的气相组成 Y 和液相组成 X 的对应关系。端点 B 代表塔底的气、液相组成 Y_1、X_1 的对应关系；端点 T 代表塔顶的气、液相组成 Y_2、X_2 的对应关系。

四、吸收剂用量的计算

在吸收塔计算中，需要处理的气体流量及气相的初、终浓度均由生产任务所规定。吸收剂的入塔浓度则由工艺条件决定或由设计者选定。但吸收剂的用量尚有待于选择。

由图 3-15 可知，在 V、Y_1、Y_2 及 X_2 已知的情况下，吸收操作线的一个端点 T 已经固定，另一个端点 B 则可在 $Y=Y_1$ 的水平线上移动。点 B 的横坐标将取决于操作线的斜率 L/V。

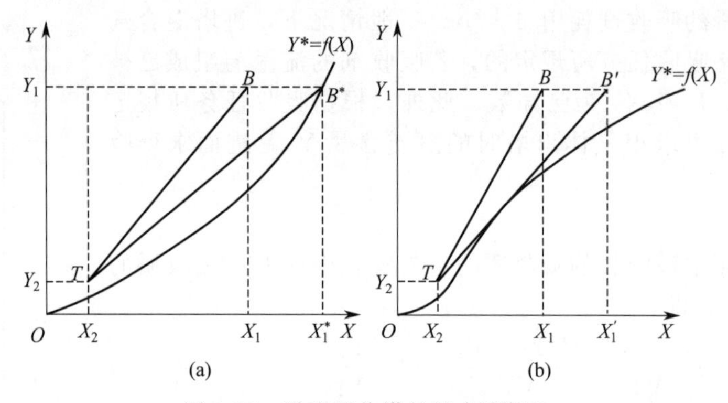

图 3-15　逆流吸收塔的最小液气比

由于 V 值已经确定，故若减少吸收剂用量 L，操作线的斜率就要变小，点 B 便沿水平线 $Y=Y_1$ 向右移动，其结果是使出塔吸收液的组成 X_1 加大，吸收推动力相应减小，致使设备费用增大。若吸收剂用量减小到恰使点 B 移至水平线 $Y=Y_1$ 与平衡线的交点 B^* 时，$X_1=X_1^*$，即塔底流出的吸收液与刚进塔的混合气达到平衡。这是理论上吸收液所能达到的最高含量，但此时过程的推动力已变为零，因而需要无限大的相际传质面积，这在实际生产上是办不到的，只能用来表示一种极限状况。此种状况下吸收操作线（B^*T）的斜率称为最小液气比，以 $(L/V)_{\min}$ 表示，相应的吸收剂用量即为最小吸收剂用量，以 $L_{\min}$ 表示。

反之，若增大吸收剂用量，则点 B 将沿水平线向左移动，使操作线远离平衡线，过程推动力增大，设备费用减少。但超过一定限度后，效果便不明显，而溶剂的消耗、输送及回收等项操作费用急剧增大。

最小液气比可用图解法求出。如果平衡曲线符合图 3-15(a) 所示的一般情况，则要找到水平线 $Y=Y_1$ 与平衡线的交点 B^*，从而读出 X^* 的数值，然后用下式计算最小液气比，即：

$$\left(\frac{L}{V}\right)_{\min}=\frac{Y_1-Y_2}{X_1^*-X_2} \tag{3-26}$$

或

$$L_{\min}=V\frac{Y_1-Y_2}{X_1^*-X_2} \tag{3-27}$$

若平衡曲线呈现如图 3-15(b) 中所示的形状，则应过点 T 作平衡线的切线，找到水平线 $Y=Y_1$ 与此切线的交点 B'，从而读出点 B' 的横坐标 X'_1 的数值，用 X'_1 代替式(3-26) 或式(3-27) 中的 X_1^*，便可求得最小液气比 $(L/V)_{\min}$ 或最小吸收剂用量 $L_{\min}$。

若平衡关系符合亨利定律，可用 $X^*=Y/m$ 表示，则可直接用下式算出最小液气比，即：

$$\left(\frac{L}{V}\right)_{\min}=\frac{Y_1-Y_2}{\frac{Y_1}{m}-X_2} \tag{3-28}$$

$$L_{\min}=V\frac{Y_1-Y_2}{\frac{Y_1}{m}-X_2} \tag{3-29}$$

由以上分析可见，吸收剂用量的大小，从设备费用与操作费用两方面影响到生产过程的经济效果，应权衡利弊，选择适宜的液气比，使两种费用之和最小。根据生产实践经验，一般情况下取吸收剂用量为最小用量的 1.1～2.0 倍是比较适宜的，即：

$$L=(1.1\sim2.0)L_{\min} \tag{3-30}$$

必须指出，为了保证填料表面能被液体充分润湿，还应考虑到喷淋密度（单位塔截面积上单位时间内流下的液体量）不得小于某一最低允许值。

例 3-4 用清水吸收混合气体中的可溶组分 A。吸收塔内的操作压强为 105.7kPa，温度为 27℃，混合气体的处理量为 $1280m^3/h$，其中 A 的物质的量的分数为 0.03，要求 A 的回收率为 95%。操作条件下的平衡关系可表示为：$Y=0.65X$。若取吸收剂用量为最小用量的 1.4 倍，求每小时送入吸收塔顶的清水量 L 及吸收液组成 X_1。

解　(1) 清水用量 L

先将组成换算成摩尔比

入塔气　$Y_1=\frac{y_1}{1-y_1}=\frac{0.03}{1-0.03}=0.03093$

出塔气　$Y_2=Y_1(1-95\%)=0.03093\times0.05=0.00155$

入塔液　$X_2=0$

混合气中惰性气流量　$V=\frac{V_h}{22.4}\times\frac{T_0}{T}\times\frac{P}{P_0}(1-y_1)=\frac{1280}{22.4}\times\frac{273}{300}\times\frac{105.7}{101.33}(1-0.03)$

$=52.62$ (kmol/h)

将上述参数代入式(3-27)，得：

$$L_{min}=\frac{V(Y_1-Y_2)}{\frac{Y_1}{m}-X_2}=\frac{52.62\times(0.03093-0.00155)}{\frac{0.03093}{0.65}}=32.5(kmol/h)$$

则　$L=1.4L_{min}=1.4\times32.5=45.5$ (kmol/h)

(2) 吸收液组成 X_1

根据全塔的物料衡算可得：

$$V(Y_1-Y_2)=L(X_1-X_2)$$

$$X_1=\frac{V(Y_1-Y_2)}{L}+X_2=\frac{52.62\times(0.03093-0.00155)}{45.5}+0=0.03398$$

$$X_1=0.03398$$

五、填料层高度的计算

1. 填料层高度的基本计算式

为了达到指定的分离要求，需在填料塔内装一定高度的填料层以提供足够的气、液接触面积。填料层高度可用下式计算：

$$Z=\frac{V_A}{\Omega}=\frac{A}{a\Omega} \tag{3-31}$$

式中　Z——填料层高度，m；

V_A——填料层的体积，m^3；

A——总吸收面积，m^2；

Ω——塔截面积，m^2；

a——单位体积填料层所提供的有效比表面积，m^2/m^3。

有效比表面积的数值比填料的比表面积小，应根据有关经验式校正，只有在缺乏数据的情况下，才近似取填料比表面积计算。

式(3-31) 中的总吸收面积 A 与吸收速率方程式有关。逆流操作的填料塔内，气、液相组成沿塔高不断变化，塔内各截面上的吸收速率各不相同。在前面介绍的所有吸收速率方程式，都只适用于吸收塔的任一横截面而不能直接用于全塔。因此，为解决填料层高度的计算

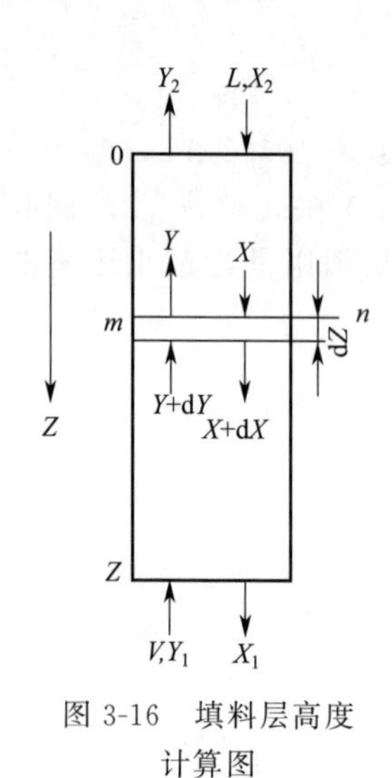

图 3-16 填料层高度计算图

问题需从分析填料吸收塔中某一微元填料层高度 dZ 的传质情况入手，如图 3-16 所示。

在微元填料层中，单位时间内从气相转入液相的溶质 A 的物质量为：

$$dG_A = V dY = L dX \tag{3-32}$$

式中 G_A——吸收负荷，即单位时间内吸收的溶质 A 的量；kmol/s。

在微元填料层中，因气、液组成变化很小，故可认为吸收速率 N_A 为定值，

则
$$dG_A = N_A dA = N_A (a\Omega dz) \tag{3-33}$$

式中 dA——微元填料层内的传质面积，m^2；

微元填料层中的吸收速率方程式可写为：

$$N_A = K_Y (Y - Y^*)$$

或
$$N_A = K_X (X^* - X)$$

将上二式分别代式(3-33)，得到：

$$dG_A = K_Y (Y - Y^*)(a\Omega dz)$$
$$dG_A = K_X (X^* - X)(a\Omega dz)$$

可得：

$$V dY = K_Y (Y - Y^*)(a\Omega dz)$$
$$L dX = K_X (X^* - X)(a\Omega dz)$$

整理上二式，分别得到：

$$\frac{dY}{Y - Y^*} = \frac{K_Y a\Omega}{V} dz \tag{3-34}$$

$$\frac{dX}{X^* - X} = \frac{K_X a\Omega}{L} dz \tag{3-35}$$

对于定态操作吸收塔，L、V、a 及 Ω 皆不随时间而变，且不随塔截面位置而变。对于低浓度吸收，K_Y、K_X 通常也可视作常数。于是，在全塔范围内分别积分式(3-34) 及式(3-35) 并整理，可得计算填料塔高度的基本关系式，即

$$Z = \frac{V}{K_Y a\Omega} \int_{Y_2}^{Y_1} \frac{dY}{Y - Y^*} \tag{3-36}$$

$$Z = \frac{L}{K_X a\Omega} \int_{X_2}^{X_1} \frac{dX}{X^* - X} \tag{3-37}$$

以上两式中，a 值不仅与填料尺寸、形状、填充方式有关，还与流体的物性和流动状况有关，很难直接测定。工程计算中常将 a 与吸收系数的乘积视为一体，当作一个完整的物理量，称为体积吸收系数，式中的 $K_Y a$ 及 $K_X a$ 分别称为气相总体积吸收系数及液相总体积吸收系数，其单位均为 kmol/(m^3·s)。体积吸收系数的物理意义是：当推动力为一个单位时，单位时间内单位体积填料层内吸收的溶质量。体积吸收总系数 $K_Y a$ 反映了传质阻力的大小、填料性能的优劣及润湿情况的好坏。体积吸收系数可通过实验测取，也可查阅有关资料，根据经验公式或关联式求取。

2. 传质单元高度与传质单元数

式(3-36) 右端的数群 $\frac{V}{K_Y a\Omega}$ 是过程条件所决定的数组，具有高度的单位，称为“气相总传质单元高度”，以 H_{OG} 表示，即：

$$H_{OG}=\frac{V}{K_{Y}a\Omega} \tag{3-38}$$

H_{OG}与设备结构，气、液流动状况和物系物性有关。

积分项$\int_{Y_2}^{Y_1}\frac{dY}{Y-Y^*}$反映取得一定吸收效果的难易情况，与塔的结构，气、液流动状况无关。积分号内的分子与分母具有相同的单位，积分值必然是一个无量纲的纯数，称为“气相总传质单元数”，以N_{OG}表示，即：

$$N_{OG}=\int_{Y_2}^{Y_1}\frac{dY}{Y-Y^*} \tag{3-39}$$

于是式(3-36)可写成如下形式：

$$Z=H_{OG}N_{OG} \tag{3-40}$$

同理式(3-37)可写成如下形式：

$$Z=H_{OL}N_{OL} \tag{3-41}$$

$$H_{OL}=\frac{L}{K_{X}a\Omega} \tag{3-42}$$

$$N_{OG}=\int_{X_2}^{X_1}\frac{dX}{X^*-X} \tag{3-43}$$

式中　H_{OL}——液相总传质单元高度，m；

N_{OL}——液相总传质单元数，无量纲。

3．传质单元数的求法

求传质单元数有多种方法，可根据平衡关系的不同情况选择使用。

(1) 对数平均推动力法　在吸收操作所涉及的组成范围内，若平衡线和操作线均为直线，则可仿照传热中求对数平均温度差的方法，根据吸收塔进口和出口处的推动力来计算全塔的平均推动力，即：

$$\Delta Y_m=\frac{\Delta Y_1-\Delta Y_2}{\ln\frac{\Delta Y_1}{\Delta Y_2}}=\frac{(Y_1-Y_1^*)-(Y_2-Y_2^*)}{\ln\frac{Y_1-Y_1^*}{Y_2-Y_2^*}} \tag{3-44}$$

$$\Delta X_m=\frac{\Delta X_1-\Delta X_2}{\ln\frac{\Delta X_1}{\Delta X_2}}=\frac{(X_1^*-X_1)-(X_2^*-X_2)}{\ln\frac{X_1^*-X_1}{X_2^*-X_2}} \tag{3-45}$$

当$\frac{\Delta Y_1}{\Delta Y_2}<2$或$\frac{\Delta X_1}{\Delta X_2}<2$时，可用算术平均推动力代替对数平均推动力。

式中　ΔY，ΔX——分别表示气、液相平均推动力。

根据吸收速率方程式与吸收负荷间的关系，可以推得

气相传质单元数　$$N_{OG}=\int_{Y_2}^{Y_1}\frac{dY}{Y-Y_e}=\frac{Y_1-Y_2}{\Delta Y_m} \tag{3-46}$$

液相传质单元数　$$N_{OL}=\int_{X_2}^{X_1}\frac{dX}{X^*-X}=\frac{X_1-X_2}{\Delta X_m} \tag{3-47}$$

(2) 吸收因数法　若吸收的气液相平衡关系服从亨利定律，且平衡线为一通过原点的直线，即可用$Y^*=mX$表示时，传质单元数可直接积分求解。以气相总传质单元数为例：

因为　$$N_{OG}=\int_{Y_2}^{Y_1}\frac{dY}{Y-Y^*}=\int_{Y_2}^{Y_1}\frac{dY}{Y-mX} \tag{3-48}$$

由操作线方程，可得$X=X_2+\frac{V}{L}(Y-Y_2)$，代入上式，经积分整理可得：

$$N_{OG}=\frac{1}{1-\frac{mV}{L}}\ln\left[\left(1-\frac{mV}{L}\right)\frac{Y_1-mX_2}{Y_2-mX_2}+\frac{mV}{L}\right] \quad (3\text{-}49)$$

式中，$\frac{mV}{L}$为平衡线斜率与操作线斜率的比值，称为脱吸因数，用 S 表示，无量纲量。

同理，可导出液相总传质单元数 N_{OL}的计算式如下，即

$$N_{OL}=\frac{1}{1-\frac{L}{mV}}\ln\left[\left(1-\frac{L}{mV}\right)\frac{Y_1-mX_2}{Y_2-mX_2}+\frac{L}{mV}\right] \quad (3\text{-}50)$$

式中，$\frac{L}{mV}$为解吸因数S 的倒数，用A 表示。它是操作线斜率与平衡线斜率的比值，称为吸收因数，无量纲。

(3) 图解积分法　图解积分法是适用于各种平衡关系的求算传质单元数的最普通的方法。以气相总传质单元数 N_{OG}为例，只要有平衡线和操作线图，便可确定$\int_{Y_2}^{Y_1}\frac{dY}{Y-Y^*}$的数值，其步骤如下（参见图 3-17）。

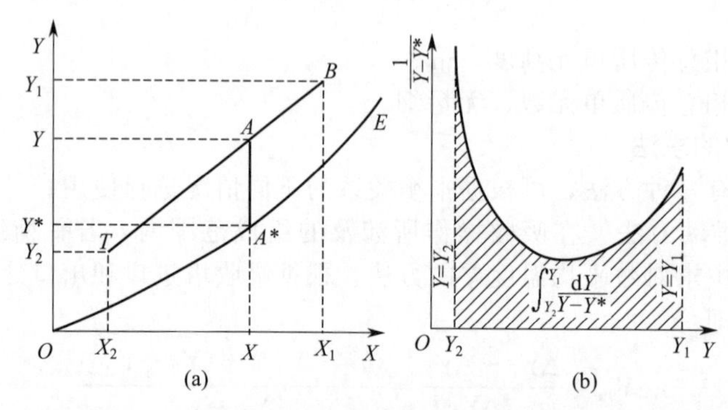

图 3-17　图解积分法求 N_{OG}

① 根据平衡关系和操作关系在 Y-X 坐标系上作出平衡线 OE 与操作线 BT，如图 3-17 (a) 所示；

② 在 Y_1 与 Y_2 范围内任选若干个 Y 值，从图上读出相应的 Y-Y^* 值（如图中的线段 AA^* 所示)，并计算$\frac{1}{Y-Y^*}$值；

③ 在$\frac{1}{Y-Y^*}$与 Y 的坐标系中标绘 Y 和相应的$\frac{1}{Y-Y^*}$值，如图 3-17(b) 所示；

④ 算出 $Y=Y_1$、$Y=Y_2$ 及$\frac{1}{Y-Y^*}=0$ 三条直线与函数曲线间所包围的面积［图 3-17(b) 中的阴影面积］便是所求的气相总传质单元数 N_{OG}。

同样方法步骤可求出液相总传质单元数 N_{OL}。

例 3-5　在直径为 0.8m 的填料塔中，用 0.0185kmol/s 的清水逆流吸收空气和 SO_2 混合气中的 SO_2，混合气量为 0.0124kmol/s，混合气含 SO_2 1.3%（体积分数)，要求回收率为 99.5%，操作条件为 20℃、1atm，平衡关系为 $y=0.75x$，总体积吸收系数 $K_Ya=0.055\text{kmol}/(\text{m}^3\cdot\text{s})$，出塔液体浓度为 0.00868（摩尔分数)，求填料层高度。

解　$Y_1=\frac{y_1}{1-y_1}=\frac{0.013}{1-0.013}=0.0132$

$$Y_2=Y_1(1-\eta)=0.0132(1-0.995)=0.000066$$

$$\Delta Y_1=Y_1-Y_1^*=0.0132-0.75\times0.00868=0.00669$$

$$\Delta Y_2=Y_2-Y_2^*=0.000066-0.75\times0=0.000066$$

$$\Delta Y_m=\frac{\Delta Y_1-\Delta Y_2}{\ln\left(\frac{\Delta Y_1}{\Delta Y_2}\right)}=\frac{0.00669-0.000066}{\ln\left(\frac{0.00669}{0.000066}\right)}=0.00143$$

$$N_{OG}=\frac{Y_1-Y_2}{\Delta Y_m}=\frac{0.0132-0.000066}{0.00143}=9.185$$

$$H_{OG}=\frac{V}{K_Ya\Omega}=\frac{0.0124(1-0.013)}{0.055\times0.785\times0.8^2}=0.4429(\text{m})$$

$$Z=H_{OG}N_{OG}=0.4429\times9.185=4.07(\text{m})$$

六、填料塔的塔径的计算

吸收塔的塔径可根据圆形管道内的流量与流速关系式计算，即

$$V_s=\frac{\pi}{4}D^2u$$

或

$$D=\sqrt{\frac{4V_s}{\pi u}} \tag{3-51}$$

式中　D——塔径，m；

V_s——操作条件下混合气体的体积流量，m^3/s；

u——空塔气速，按空塔截面计算的混合气体的线速度，m/s。

空塔气速的确定是塔径计算的关键。操作气速的上限是发生液泛时的泛点速度 u_f。所谓液泛是指，在操作过程中，塔内液体下降受阻，并逐渐积累，达到泛滥，即发生液泛。泛点气速可由实验测定或由埃克特通用关联图查取或用经验公式计算。

任务实施

东方化工集团欲设计一填料吸收塔，用于脱除混于空气中的氨气。混合气的处理量如下，其中含有氨5%（体积分数），要求塔顶排放出的气体中氨的含量不超过0.05%（体积分数），采用清水进行吸收，已知氨在水中的溶解度系数为 $H=0.725\text{kmol}/(\text{m}^3\cdot\text{kPa})$ 吸收剂的用量为最小用量的1.5倍。体积吸收总系数 $K_Ga=0.615G^{0.9}W^{0.39}$ 进行计算；空塔气速取 $u=2.11\text{m/s}$。

操作条件：常压，常温（20℃）；

填料：自选；

年生产时间：300天，24小时运行；

相关物性数据自查。进行塔的有关工艺计算。

1. 物料衡算

（1）产量　以氨和空气的混合物为例，以 $V=3000\text{m}^3/\text{s}$ 进行计算

$$\frac{p_0V_0}{T_0}=\frac{p_1V_1}{T_1};$$

$$V_0=\frac{p_1V_1T_0}{p_0T_1}=\frac{101.3\times3000\times273\times0.95}{101.3\times293\times3600\times22.4}=118.75\ (\text{kmol/h})$$

（2）组成

① 塔顶组成　以氨和空气的混合物为例，以 3000m³/h 进行计算

$$y_1=0.05，Y_1=\frac{y_1}{1-y_1}=\frac{0.05}{1-0.05}=0.0526$$

② 塔底组成　用清水吸收，则 $X_2=0$，$y_2=0.0005$

$$Y_2=\frac{y_2}{1-y_2}=\frac{0.0005}{1-0.0005}=0.0005$$

（3）物料衡算

① 吸收的溶质组分量　$G=V(Y_1-Y_2)=L(X_1-X_2)=118.75\times(0.0526-0.0005)=6.18\ (\text{kmol/h})=105.18\ (\text{kg/h})$

② 吸收率　$\eta=\frac{Y_1-Y_2}{Y_1}=\frac{0.0526-0.0005}{0.0526}=99\%$

2. 吸收剂用量的计算

（1）最小吸收剂用量　相平衡常数：$m=\frac{E}{P}$，$H=\frac{\rho_s}{EM_s}$，$0.725=\frac{1000}{E\times18}$

得 $E=76.6$

$$m=\frac{E}{P}=\frac{76.6}{101.3}=0.75$$

$$\left(\frac{L_{\min}}{V}\right)=\frac{Y_1-Y_2}{X^*-X_2}$$

$$L_{\min}=V\frac{Y_1-Y_2}{\frac{Y_1}{m}-X_2}$$

$$L_{\min}=118.75\times\frac{0.0526-0.0005}{\frac{0.0526}{0.75}-0}=88.22\ (\text{kmol/h})$$

（2）适宜吸收剂用量　理论上讲操作费用和设备费用（吸收剂用量和塔高）之和为最小。在实际操作中，为保证合理的吸收塔的生产能力，一般取：

$$\frac{L}{V}=(1.1\sim2.0)\left(\frac{L}{V}\right)_{\min}\qquad L=(1.1\sim2.0)L_{\min}$$

以上由最小液气比确定吸收剂用量是以热力学平衡为出发点的。从两相流体力学角度出发，还必须使填料表面能被液体充分润湿以保证两相均匀分散并有足够的传质面积，因此所取吸收剂用量 L 值还应不小于所选填料的最低润湿率，即单位塔截面上、单位时间内的液体流量不得小于某一最低允许值。选用 1.5 倍。

则：　　$L=1.5\times88.22=132.32\ (\text{kmol/h})=2381.83\text{kg/h}=0.66\text{kg/s}$

将此吸收剂用量代入式 $L(X_1-X_2)=V(Y_1-Y_2)$ 可求得：

$$X_1=0.047$$

3. 操作线方程

以逆流吸收操作为例：$Y=\frac{L}{V}X+Y_1-\frac{L}{V}X_1$

代入：$Y=\frac{132.32}{118.75}X+0.0526-\frac{132.32}{118.75}\times0.047$

得：$Y=1.12X+0.0003$

4. 塔径

气体混合物的平均摩尔质量：$M=y_AM_A+y_BM_B=0.05\times17+0.95\times29=28.4$ (kg/kmol)

气体的质量流速：$G=\frac{V}{1-0.05}\times28.4=\frac{118.75}{0.95}\times28.4=3550$ (kg/h)

体积流量：$V=\frac{G}{\rho}=\frac{3550}{1.46\times3600}=0.68$ (m^3/s)

液体质量流速：

$$L=132.32\text{kmol/h}=2381.83\text{kg/h}$$

$$D=\sqrt{\frac{4V}{\pi u}}=\sqrt{\frac{4\times0.68}{3.14\times2.11}}=0.64\ (\text{m})$$

填料塔直径圆整为0.7m。

5. 填料层高度

相平衡关系为：$Y=0.75X$

$$\Delta Y_1=Y_1-Y_1^*=Y_1-mX_1=0.0526-0.75\times0.049=0.01585$$

$$\Delta Y_2=Y_2-Y_2^*=Y_2-mX_1=0.0005-0.75\times0=0.0005$$

$$V(Y_1-Y_2)=6.513\text{kmol/h}$$

$$\Delta Y_m=\frac{\Delta Y_1-\Delta Y_2}{\ln\frac{\Delta Y_1}{\Delta Y_2}}=\frac{0.01585-0.0005}{\frac{0.01585}{0.0005}}=0.0044$$

查手册得经验式

$$K_Ga=0.0515G^{0.9}W^{0.39}$$

式中　K_Ga——气液体积吸收分系数，kg/(m^3·h·atm)；

G——气相空塔质量流速，kg/(m^2·h)；

$$G=\frac{3550}{\frac{1}{4}\pi D^2}=\frac{3550\times4}{3.14\times0.7^2}=9229\ [\text{kg/(m}^2\cdot\text{h)}]$$

W——液相空塔质量流速，kg/(m^2·h)。

$$W=\frac{2381}{\frac{1}{4}\pi D^2}=\frac{2381\times4}{3.14\times0.7^2}=6190\ [\text{kg/(m}^2\cdot\text{h)}]$$

$$K_{Ga}=0.0615G^{0.9}W^{0.39}=0.0615\times9229^{0.9}\times6190^{0.39}=0.0615\times3703\times30=6857[\text{kmol/(m}^3\cdot\text{h}\cdot\text{atm)}]$$

$$K_Ya=K_Ga\times P=1.91\ [\text{kmol/(m}^3\cdot\text{h)}]$$

$$S=\frac{1}{4}\pi D^2=\frac{1}{4}\times3.14\times0.7^2=0.39\ (\text{m}^2)$$

$$Z=\frac{V(Y_1-Y_2)}{K_YaS\Delta Y_m}=\frac{6.513}{1.91\times0.39\times0.0044\times3600}=0.55\ (\text{m})$$

任务评估

1. 资讯

在教师指导下让学生解读工作任务及要求，了解完成项目任务需要的知识：相平衡关系、亨利定律、吸收速率、物料衡算、操作线方程、吸收剂用量、填料层高度、塔径等。

2. 决策、 计划

根据工作任务要求和生产特点，在给定的工作情景下完成相关工艺参数的确定，再通过分组讨论、学习、查阅相关资料，完成任务。

3. 检查

教师可通过检查各小组的工作方案与听取小组研讨汇报，及时掌握学生的工作进展，适时地归纳讲解相关知识与理论，并提出建议与意见。

4. 实施与评估

学生在教师的检查指点下继续修订与完善项目实施初步方案，并最终完成塔的工艺计算。教师对各小组完成情况进行检查与评估，及时进行点评、归纳与总结。

任务四　吸收塔的操作、调节及安全技术

工作任务要求

在图 3-18 的流程图中，以 C_6 油为吸收剂，分离气体混合物（其中 C_4：25.13%，CO 和 CO_2：6.26%，N_2：64.58%，H_2：3.5%，O_2：0.53%） 中的 C_4 组分（吸收质）。

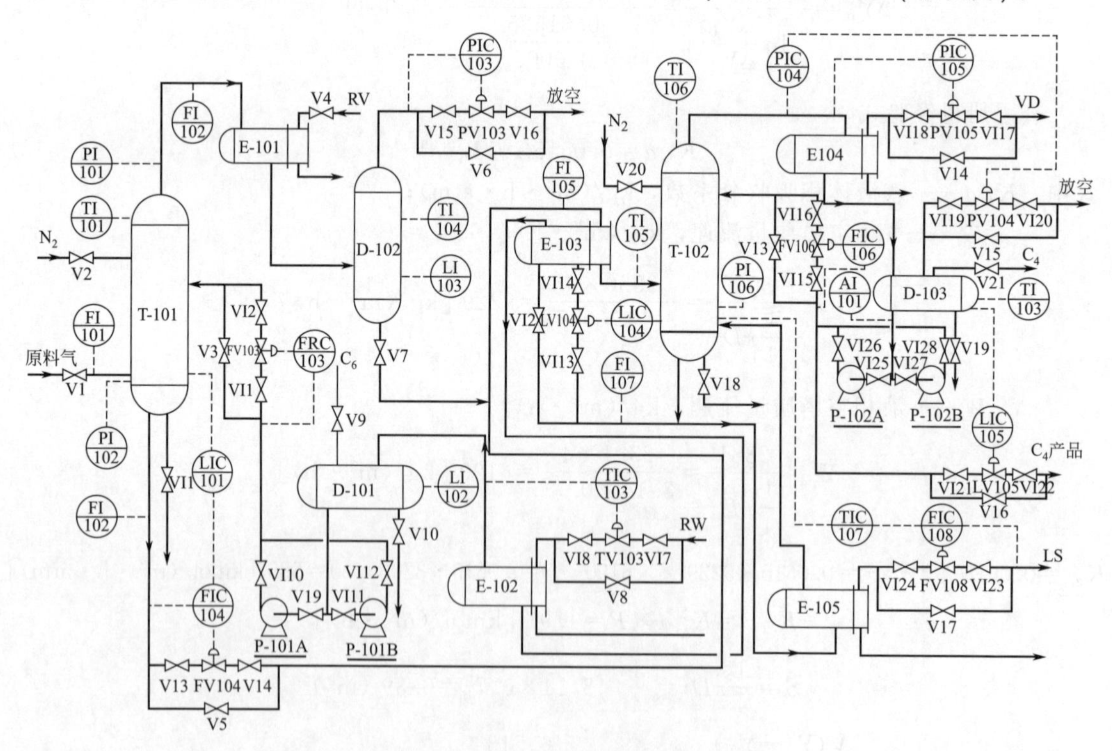

图 3-18　吸收与解吸岗位带控制点的工艺流程图

技术理论与必备知识

一、吸收塔的开工准备

1. 检查

填料塔系统安装结束后，按照工艺流程图核对各设备、管道、阀门是否安装齐全，各阀门是否灵活好用，仪表是否灵敏正确。

2. 吹除和清扫

对填料吸收塔系统所属的设备和气体、溶液管道要用压缩空气吹净，清除内部的焊渣、灰尘、泥污、螺钉等杂物，以免在开车时卡坏阀门和堵塞填料。吹净前按气、液流程，依次拆开与设备、阀门连接的法兰，吹除物由此放空。由压缩机送入空气，反复多次，直至吹出气体洁净为止。吹净一部分后装好法兰继续往后吹除，直至全系统吹净为止。放空、排污、分析取样及仪表管线同时吹净。对填料塔、溶液槽等设备进行人工清扫。

3. 装填料

系统吹净后即可向塔内装填料。填料在装入之前要清洗干净，对于拉西环、鲍尔环等填料，可采用规则或不规则排列。若采用规则排列，将由人进入塔内进行排列至规定的高度；若采用不规则排列，则装填前应先将塔内灌满水，然后从人孔或塔顶倒入填料。装填瓷质填料时要轻拿轻放，防止破损。至规定高度后，将水面上漂浮的杂物捞出，放净塔内的水，将填料表面扒平，封闭人孔或顶盖，即可对系统进行气密试验。

弧鞍形、矩鞍形以及阶梯环填料，均可采用乱堆方法装填。

装填木格填料时，应自下而上分层装填，每两层之间的隔板夹角为45°，装完后在木格上面压两根工字钢，以免开车时气流将隔板吹翻。

4. 系统水压试验和气密试验

(1) 水压试验　为了检验吸收设备焊缝的致密性和机械强度，在使用前要进行水压试验。其步骤为关闭气体进口阀和出口阀，开启系统放空阀，向系统加入清水，待放空管有水溢出时，关闭放空阀，将系统压强控制在操作压强的1.25倍。在此对设备及管道进行全面检查，发现泄漏，卸压处理至无泄漏即为合格。水压试验时升压要缓慢，恒压工作不要反复进行，以免影响设备和管道的强度。试压结束后，将系统内的水排净。

(2) 气密试验　为防止在开车时气体由法兰及焊缝处泄漏出去，在开车前要对填料塔进行气密试验。试验方法是用压缩机向系统送入空气，并逐渐将压强提高到操作压强的1.05倍，对所有法兰及焊缝涂肥皂水进行查漏。发现泄漏，做好标记，卸压处理。无泄漏后保压30min，压强不下降，即为合格，然后将气体放空。

5. 运转设备的试车

为了检查溶液泵和气体输送设备的安装和运转情况，在开车前要进行试车。具体方法是用气体输送设备向填料塔内送入空气，逐渐将压强提高到操作压强，并向溶液槽内加满清水，启动溶液泵，使清水按照正常生产时的溶液流程进行循环。观察泵和气体输送设备运转是否正常，流量及压强是否能达到设计要求。开启填料塔的液位自动调节仪表，维持正常液位，观察仪表是否灵活好用；同时将所有的溶液泵轮换运转，进行倒泵操作检查。

6. 设备的清洗及填料的处理

(1) 填料塔系统的清洗　在进行运转设备联动试车的同时，对设备用清水进行清洗，以除去固体杂质。在清洗时不断排放系统的污水，并向溶液槽内补充清水，当循环水中的固体含量小于50mg/kg时，即为合格，可停止清洗，将系统内的水放净。

生产中，有时在清水洗后还需要用稀碱液洗去设备内的油污和铁锈。此时可向溶液槽中加入浓度为5%的碳酸钠溶液，启动溶液泵，使碱液在系统内循环，连续碱洗18～24h后，将系统内的碱液放掉，再用软水清洗系统至水中碱含量小于0.01%时为止。

(2) 填料的处理　一般填料与设备一起经清洗即可满足生产要求，但塑料填料和木格填料须经特殊处理后方能使用。

① 塑料填料的碱洗塑料填料在制造过程中，所用的溶剂及脱膜剂多为脂肪酸类物质，它们会使一些吸收过程所用的溶液起泡。清洗方法是用温度为90～100℃、浓度为5%的碳酸钾溶液清洗48h，将碱液排掉，用软水清洗8h，然后再按上述过程清洗2～3次。塑料填料的碱洗一般在塔外进行。

② 木格填料的脱脂　木格填料中通常含有树脂，若遇吸收剂为碱性溶液，生产中发生反应会产生大量皂沫，使溶液成分下降，气体夹带量增大，甚至造成拦液，破坏正常操作。脱脂方法是清水清洗填料表面后用10%左右的碳酸钠溶液在40～50℃下循环洗涤。过程中，应经常向碱液中加入碳酸钠补充脱脂反应所消耗的碱。当循环液中脂含量不再增加、碱浓度不再下降时，即认为合格。将系统内的碱液和泡沫放净，用软水清洗至洗水中的碱含量在0.01%以下为止。

7. 溶液的制备

在生产中，吸收剂大多为含有一定溶质的溶液，开车前应首先按生产要求制备出合格的溶液。制备新鲜溶液时，先向溶液槽内加入所需软水，再按比例计算出各组分的需要量，一并加入软水中，用压缩空气进行搅拌，待各组分充分溶解后，即完成了溶液的制备工作。

8. 系统的置换

吸收原料气中若含有氢、一氧化碳、甲烷、氨、硫化氢或水煤气等易燃易爆气体时，与系统内原有的空气混合，容易发生爆炸。因此，在向系统通入原料气之前，应先用惰性气体（如氮气）将系统内的空气置换净。惰性气体由压缩机供给，置换气从系统后部放空，至置换气中氧含量小于0.5%为止。置换时，为防形成死角，系统的溶液管线应充满溶液，并使填料塔建立正常液位。

二、吸收塔的正常操作、开停车

1. 吸收操作要点

(1) 溶解度影响到吸收系数的大小，在操作中应明了过程的控制部位，确定提高哪一相的流速，以增大其湍动程度，对提高吸收速率具有重要意义。

(2) 根据物料性质选择有较高吸收速率的吸收设备。对填料塔，应注意填料分布均匀，防止液体流动时发生沟流或壁流现象，以保证足够的有效传质面积，不致降低塔效率。

(3) 稳定液相流量，避免操作中出现波动。吸收剂用量过小，吸收速率降低；吸收剂用量过大，操作费用增加。

(4) 控制气体流速。气速过小（低于载点气速）对传质不利；过大（达到液泛气速），液体被气体大量带出，操作不稳定甚至不正常。

(5) 经常检查出塔气体的雾沫夹带状况，以免造成吸收剂浪费及堵塞管路。

(6) 经常检查塔内的操作温度。采取相应措施，维持塔的低温操作。

(7) 填料应定期清洗，避免填料受液体粘连和堵塞。

2. 吸收塔的正常维护、开停车

由于吸收任务、物系性质、分离指标及操作条件等均不一样，因此不同的吸收过程其操作方法是不一样的，但从总体上说，都包括冷态开车、正常运行和正常停车等。

(1) 系统开车　吸收开车应先进液再进气，以确保吸收塔中填料全部被润湿。在进气及进液过程中，应严格按照操作规程操作泵、压缩机、阀门及仪表等。并最终控制到规定的指标。

（2）正常维护　吸收正常进行时，必须：检查运行情况，打液量、出口压力、油质、油位、运转声音、电机接地、冷却水量是否正常，用手背摸查泵和电机轴承温度；检查各设备内液位、组成等是否正常；检查整个系统有无溶液跑、冒、滴、漏现象等，若发现问题应及时处理。

（3）系统停车　与开车相反，应先停气再停液，若操作温度较高，必须等温度降低到指定指标后才能停液。若是短期停车，溶液不必排出，注意关出口切断阀，保压待用；若是长期停车，应将溶液排入贮器中充氮气保护，卸压，用氮气置换合格，再充氮气加压水循环清洗，清洗干净后排尽交付检修。

三、吸收塔的操作故障及处理

填料吸收塔系统在运行过程中，由于工艺条件发生变化、操作不慎或设备发生故障等原因而造成异常现象。一经发现，应及时处理，以免造成事故。常见的异常现象及处理方法见表 3-2。

表 3-2　填料吸收塔常见异常现象及处理方法

异常现象	原　　因	处理方法
尾气夹带液体量大	①原料气量过大 ②吸收剂量过大 ③吸收塔液面太高 ④吸收剂太脏、黏度大 ⑤填料堵塞	①减少进塔原料气量 ②减少进塔喷淋量 ③调节排液阀，控制在规定范围 ④过滤或更换吸收剂 ⑤停车检查，清洗或更换填料
尾气中溶质含量高	①进塔原料气中溶质含量高 ②进塔吸收剂用量不够 ③吸收温度过高或过低 ④喷淋效果差 ⑤填料堵塞	①降低进塔的溶质浓度 ②加大进塔吸收剂用量 ③调节吸收剂入塔温度 ④清理、更换喷淋装置 ⑤停车检修或更换填料
塔内压差太大	①进塔原料气量大 ②进塔吸收剂量大 ③吸收剂太脏、黏度大 ④填料堵塞	①减少进塔原料气量 ②减少进塔喷淋量 ③过滤或更换吸收剂 ④停车检修，清洗或更换填料
吸收剂用量突然下降	①溶液槽液位低、泵抽空 ②吸收剂压力低或中断 ③溶液泵损坏	①补充溶液 ②使用备用吸收剂源或停车 ③启动备用泵或停车检修
塔液面波动	①原料气压力波动 ②吸收剂用量波动 ③液面调节器出故障	①稳定原料气压力 ②稳定吸收剂用量 ③修理或更换
鼓风机有响声	①杂物带入机内 ②水带入机内 ③轴承缺油或损坏 ④油箱油位过低，油质差 ⑤齿轮啮合不好，有活动 ⑥转子间隙不当或轴向位移	①紧急停车处理 ②排除机内积水 ③停车加油或更换轴承 ④加油或换油 ⑤停车检修或启动备用风机 ⑥停车检修或启动备用风机
拦液和液泛	①气体负荷大或波动大 ②溶液起泡 ③气体的液沫夹带量过多 ④填料的问题 ⑤操作的液气比过大或过小	①降低气相负荷 ②过滤或向溶液中加入消泡剂 ③减少液沫夹带 ④调整填料 ⑤控制液气比

续表

异常现象	原　因	处理方法
返混	①气液分布不均匀 ②气体和液体在填料层内的沟流 ③液体的喷淋密度过大 ④气液相的停留时间	①调整气液分布 ②控制沟流 ③减小液体的喷淋密度 ④改变气液相的停留时间

四、吸收塔的日常维护和检修

1. 正常维护要点

① 定期检查、清理或更换喷漆淋装置或溢流管，保持不堵、不斜、不坏；

② 定期检查篦板的腐蚀程度，防止因腐蚀而塌落；

③ 定期检查塔体有无渗漏现象，发现后应及时补修；

④ 定期排放塔底积存脏物和碎填料；

⑤ 经常观察塔基是否下沉，塔体是否倾斜；

⑥ 经常检查运输设备的润滑系统及密封，并定期检修；

⑦ 经常保持系统设备的漆膜完整，注意清洁卫生。

2. 正常检修

① 清理塔壁，检查塔壁腐蚀情况，测量壁厚；

② 检查修理支承装置、栅板、液体分布器及再分布器、喷淋装置、视镜等；

③ 检查清洗或更换填料；

④ 检查、修理或更换密封件、进出料管、回流管、过滤器及其他管件等；

⑤ 检查安全阀、流量计、温度计、压力表；

⑥ 清洗喷淋孔，修补保温层，更换损坏件，做相关的气密性试验。

五、吸收塔的调节控制

吸收的目的虽然各不相同，但是吸收操作者都希望尽可能多地吸收溶质气体，也就是希望有较高的吸收率。

吸收率的高低，不但与吸收塔的尺寸、结构有关，而且也与吸收时的操作条件有关。吸收塔的操作应维持在一定的操作条件范围内，然而由于各种原因，日常操作容易偏离这一条件，所以必须加以调节。影响吸收操作的因素有流量、温度、压力及液位等，下面将分别予以介绍：

1. 流量的调节

(1) 进气量的调节　进气量反映了吸收塔的操作负荷，由于进气量是由上一工段决定的，常受上一工段的限制，进气量不宜随意变动；如果在吸收塔前有缓冲气柜，可允许在短时间内作幅度不大的调节，这时可在进气管线上装调节阀，根据流量的大小，开大或关小阀门进行调节，如果在吸收塔前没有缓冲罐，若吸收剂用量不变（L 不变），减少进气量，即提高了液气比，用同样的吸收剂，吸收少量气体的吸收效果必然好，吸收率也就提高。反之，如果增加进气量，吸收效果必然变差，吸收率也会下降，为了保持较高的吸收率，在操作条件允许的范围内，应增大吸收剂的流量进行调节。

(2) 吸收剂流量的调节　吸收剂用量对提高吸收率关系很大，流量越大，大量吸收剂喷入，使得吸收剂在全塔都具有一定的浓度，这样便有利于吸收，所以加大吸收剂用量可以提高吸收率，当在操作中发现吸收塔中尾气的浓度增加时，应开大阀门，增加吸收剂用量。但绝不能误认为吸收剂用量越大越好，因为增大吸收剂用量就增大了操作费用。同时对于塔底液体作为产品时，增大吸收剂用量，产品浓度就要降低，因而需要全面地权衡相应的指标。

2. 温度与压力的调节

(1) 吸收剂的温度的调节 由于气体吸收的反应绝大多数是放热反应，只是热效应有大有小而已，吸收剂由塔顶流到塔底，一般温度都有所升高，所以吸收剂入贮槽后，再次进入吸收塔前，往往需要经冷却器用冷却剂（如冷却水或冷冻盐水等）将其热量带走，吸收剂的温度可通过调节冷却剂用量来调节。

降低吸收剂温度，对吸收操作是有利的，因为，吸收剂的温度越低，气体溶解度越大，这样就加快吸收速率，有利于提高吸收率。但是吸收剂的温度也不能控制得太低，因为这要过多地消耗冷剂流量，使费用增大。另一方面液体太冷，黏度增大，输送消耗的能量也大，且在塔内流动不畅，会使操作困难。故吸收剂温度的调节要全面地考虑。

(2) 维持塔压 对于比较难溶的气体（例如二氧化碳），提高压力，有利于吸收的进行。但加压吸收需要耐压设备，需要压缩机，费用较大，是否采用加压吸收，也应全面考虑。

在日常操作时，塔的压力由压缩机的能力及吸收前各个设备的压降所决定。多数情况下，塔的压力很少是可调的。在操作时应注意维持，不使降低。

3. 塔底液位的维持

塔底液位要维持在某一高度上。液位过低，部分气体可能进入液体出口管造成事故或污染环境。液位太高，液体超过气体入口管，使气体入口阻力增大。液位可用液体出口阀来调节，液位过高，开大阀门，反之阀门关小。对高压下吸收，塔底液位的维持更加重要，否则高压气体进入液体出口管，可能造成设备事故。

六、吸收操作安全技术

1. 吸收操作安全技术

吸收操作时应注意以下几方面。

(1) 保证系统密闭 由于吸收操作处理的是气体混合物，为防止气体逸出造成燃烧、爆炸和中毒等事故，设备必须保证很好的密闭性；

(2) 安全使用吸收剂吸收 操作中有很多吸收剂具有腐蚀性等危险特性，在使用时应按化学危险物质使用注意事项操作，避免造成伤害性事故；

(3) 喷淋量 在吸收塔的操作中，要有足够的喷淋量来湿润填料的表面，便气液两相有充分的接触，达到传质的目的。喷淋量过大，会造成液泛现象，会造成系统堵塞，会使系统阻力增加；喷淋量过小，填料会起不到作用，吸收效果达不到，可能会造成气体逸出引起燃烧、爆炸和中毒等事故。

(4) 塔釜液位 在吸收塔的操作过程中，要保持恒定的液位，若液位过高，会造成系统阻力剧增，甚至会发生鼓风机跳停等事故；而液位过低，会造成循环液打空或无喷淋液现象；

(5) 保持吸收塔的塔温 降温能提高吸收效果，在生产的操作过程中，吸收塔的温度是由生产量、循环液量、冷却水量而决定的，只有控制好温度，才能保证吸收过程的正常而稳定的进行。否则有可能会出现填料间的堵塞、系统阻力增加、产品不合格等问题。

2. 检修安全技术

(1) 加强检修现场的规范化管理。在现场设置安全警示牌；制作标准规范的安全围栏；在通行区和作业区设置安全通道；通行区电缆要用特制的护板盖上。

(2) 参加检修的人员一律戴好安全帽，穿合适工作服，高处作业必须使用安全带；上下传递物件应使用绳索；在危险的边沿处工作，临空的一面应装设安全网或防护栏杆、护板等。

(3) 在有可能造成高空落物和电气焊作业的下方应设围栏和安全标志，并设监护人，防止落物伤人和引起火灾。

(4) 交叉作业区应有防止落物的封闭遮挡措施；作业工作现场一律使用工具袋，不准将材料、零部件、工具放在管道上、钢架上、格栅上。

(5) 进行动火作业要严格执行一级动火工作票制度，做好防火隔离措施，防止发生火灾事故。

(6) 进入吸收塔内部检修工作，必须先充分通风，确认塔内气体浓度降低至允许值方可进入；工作中视情况，采取通风措施。

(7) 吸收塔内部搭设脚手架时，严禁将钢管直接立于吸收塔防腐层上，应将钢管与防腐层之间用橡皮进行隔离。

任务实施

在图 3-18 的流程图中，以 C_6 油为吸收剂，分离气体混合物（其中 C_4：25.13%，CO 和 CO_2：6.26%，N_2：64.58%，H_2：3.5%，O_2：0.53%）中的 C_4 组分（吸收质）。

1. 流程简介

气体从底部进入吸收塔 T101。外来的纯 C_6 油吸收剂贮存于 C_6 油贮罐 D101 中，由 C_6 油泵 P101A/B 送入吸收塔 T101 的顶部，吸收剂 C_6 油在吸收塔 T101 中自上而下与气体逆向接触，气体中 C_4 组分被溶解在 C_6 油中。不溶解的气体自 T101 顶部排出，经盐水冷却器 E101 被 −4℃ 的盐水冷却至 2℃ 进入尾气分离罐 D102。吸收了 C_4 组分的油（C_4：8.2%，C_6：91.8%）从吸收塔底部排出，经油换热器 E103 预热至 80℃ 进入解吸塔 T102。

吸收塔的 DCS 图及吸收操作的现场图分别见图 3-19 和图 3-20，解吸塔的 DCS 图及解吸塔的现场图分别见图 3-21 及图 3-22。

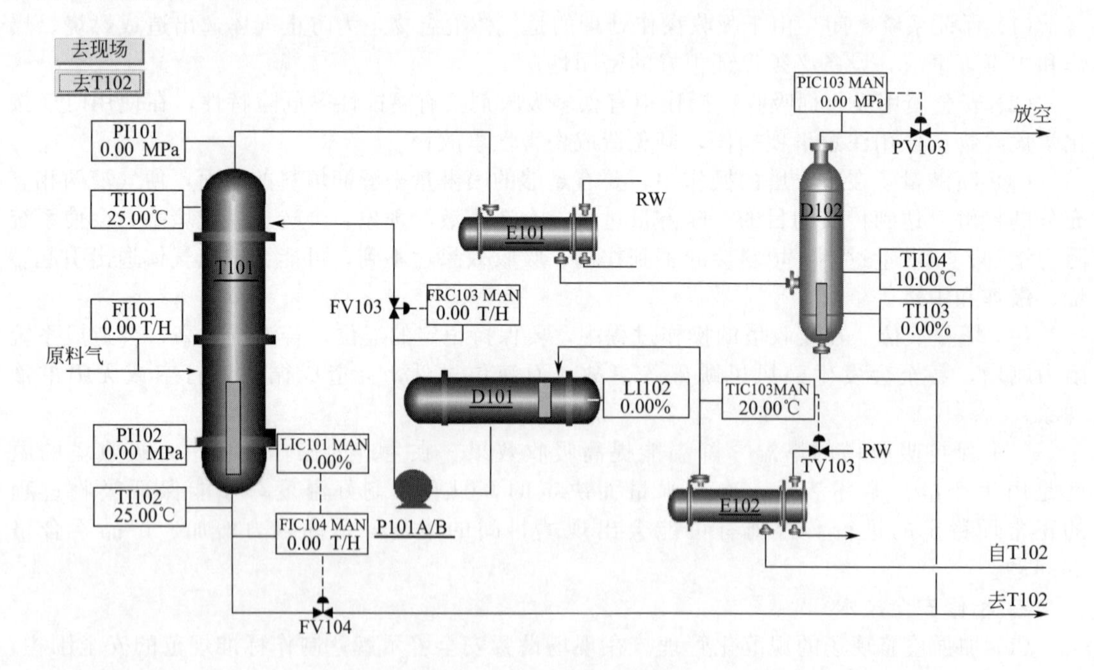

图 3-19 吸收塔的 DCS 图

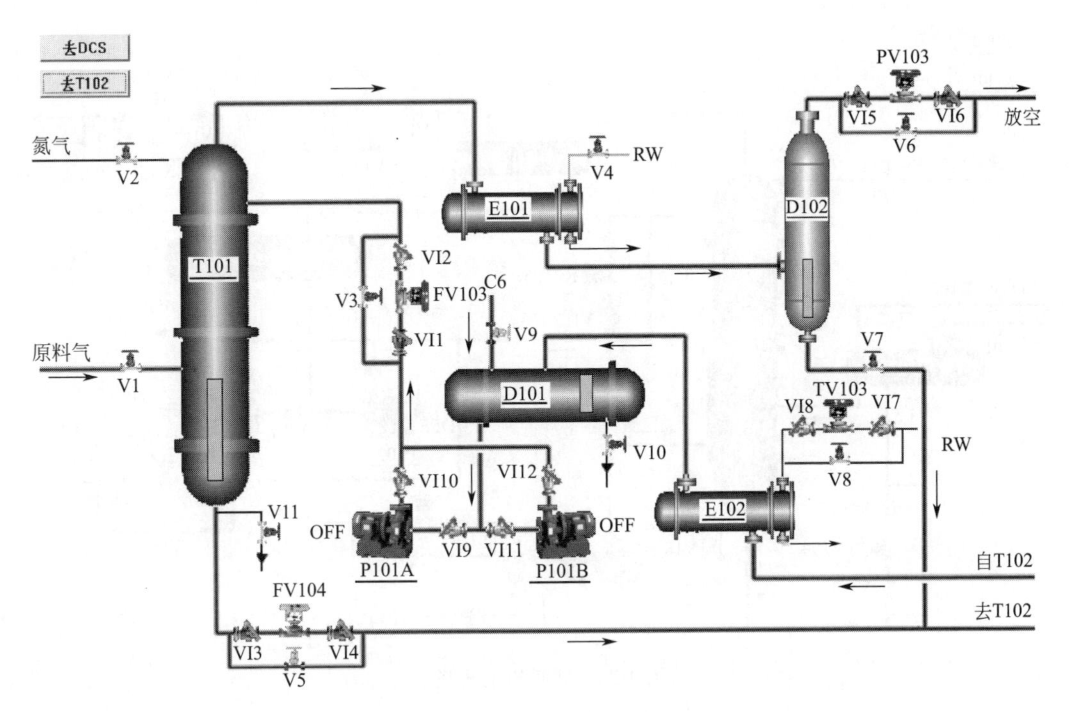

图 3-20 吸收操作的现场图

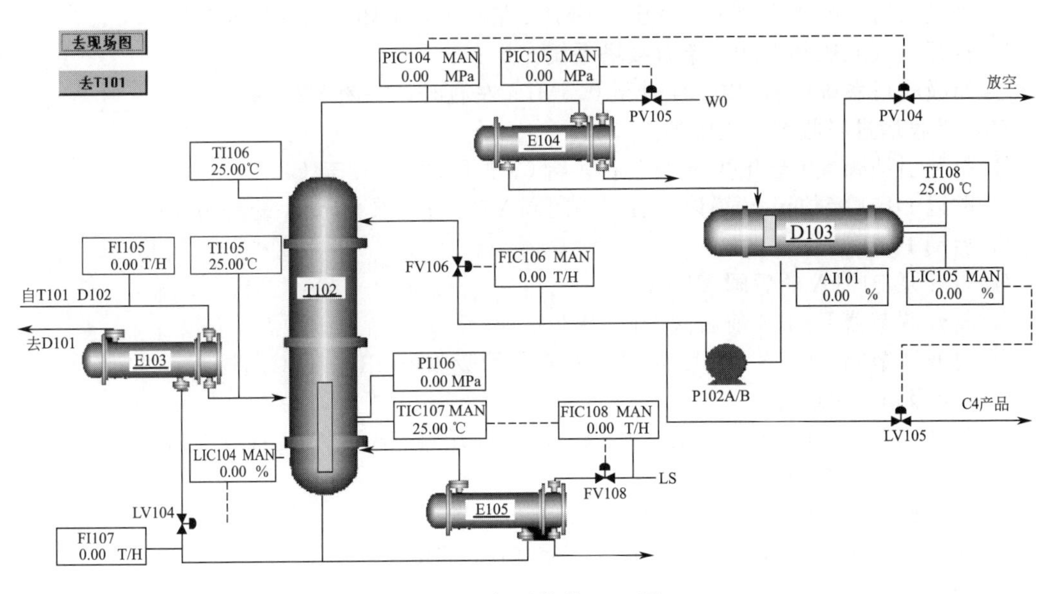

图 3-21 解吸塔的 DCS 图

来自吸收塔顶部的贫气在尾气分离罐 D102 中回收冷凝的 C_4、C_6 后，不凝气在 D102 压力控制器 PIC103（1.2MPa）控制下排入放空总管进入大气。回收的冷凝液（C_4、C_6）与吸收塔釜排出的富油一起进入解吸塔 T102。

解吸塔 T102 顶部气相出料一部分回流至解吸塔，一部分经冷凝后作为产品进入贮槽；解吸塔塔釜出的 C_6 油组分，经冷凝后进入 C_6 油贮罐 D101，进入吸收塔再利用。

2. 开车操作

(1) 氮气充压

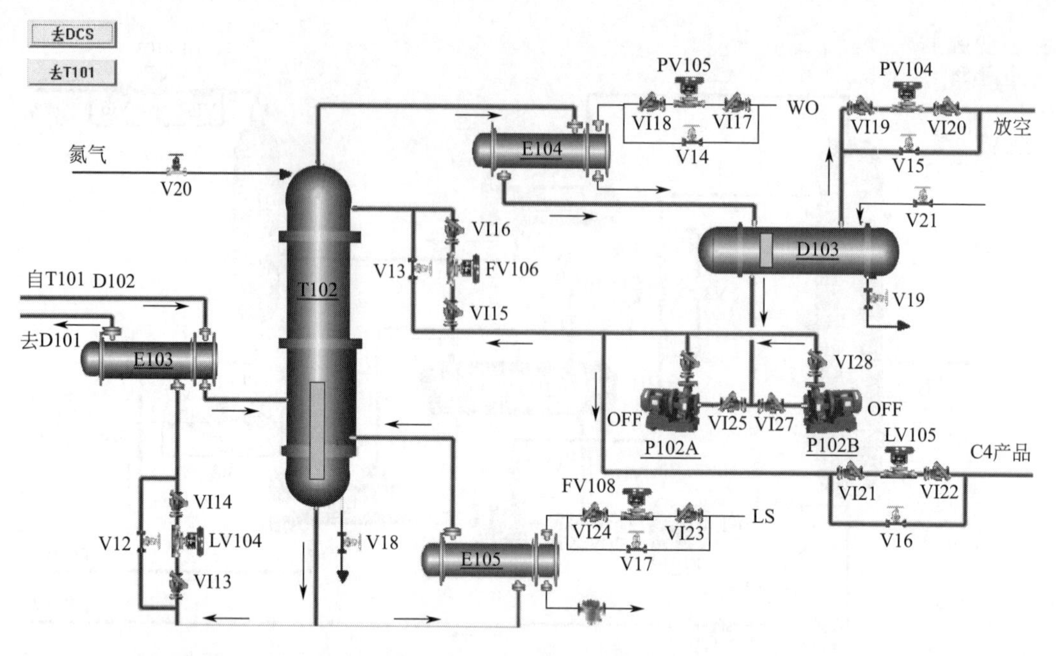

图 3-22 解吸塔的现场图

① 打开氮气充压阀 V2，给吸收段系统充压；

② 当吸收塔系统压力 PI101 升至 1.0MPa 左右时，关闭氮气充压阀 V2；

③ 打开氮气充压阀 V20，给解吸塔系统充压；

④ 当吸收塔系统压力 PIC104 升至 0.5MPa 左右时，关闭 V20 阀。

(2) 吸收塔进吸收剂（吸收油）

① 打开引油阀 V9 至开度 50%左右，给 C_6 油贮罐 D101 充 C_6 油；

② 贮罐 D101 液位至 50%以上后，关闭阀 V9；打开泵 P101A 的前阀 VI9；

③ 启动 P101A；

④ 打开泵 P101A 的后阀 VI10；

⑤ 打开调节器 FV103 前后阀 VI1、VI2；

⑥ 打开调节阀 FV103（开度为 30%左右）给吸收塔 T101 进 C_6 油。

(3) 解吸塔进吸收油

① 当 T101 液位 LIC101 升至 50%以上后，打开调节阀 FV104 前阀 VI3；

② 打开调节阀 FV104 后阀 VI4；

③ 打开调节阀 FV104 至开度为 50%；

④ 调节 FV103、FV104 的阀门开度，使 T101 液位在 50%左右。

(4) C_6 油冷循环

① 打开调节阀 LV104 前阀 VI13；打开调节阀 LV104 前阀 VI14；

② 逐渐打开调节阀 LV104，向 D101 倒油；

③ 调节 FV104 以保持 T101 液位在 50%左右；

④ 将 LIC104 投自动，设定值为 50%；

⑤ 将 LIC101 投自动，设定值为 50%；

⑥ 调节 FV103，使其流量 FRC103 稳定在 13.50t/h 左右；

⑦ 将 FRC103 投自动，设定值为 13.50t/h。

(5) 向 D103 进 C_4 物料

① 打开阀 V21，向 D103 灌 C4 至液位 LI105 在 40%以上；

② 关闭阀 V21。

(6) T102 再沸器投用使用

① D103 液位大于 40%后，打开调节阀 TV103 前阀 VI7；

② 打开调节阀 TV103 的后阀 VI8；

③ 将 TIC103 投自动，设定值为 5℃；

④ 打开调节阀 PV105 的前阀 VI17，打开调节阀 PV105 的后阀 VI18；

⑤ 打开调节阀 PV105 至开度 70%；

⑥ 打开调节阀 FV108 的前阀 VI23；

⑦ 打开调节阀 FV108 的后阀 VI24。

(7) T102 回流的建立

① 当塔顶温度 TI106 高于 45℃时，打开 P102A 泵的前阀 VI25；

② 启动泵 P102A，打开泵 P102A 的后阀 VI26；

③ 打开调节阀 FV106 的前阀 VI15；

④ 打开调节阀 FV106 的后阀 VI16；

⑤ 手动调节 FV106 至合适开度（流量>2t/h），维持塔顶温度高于 51℃；

⑥ 塔顶温度高于 51℃后，控制温度稳定在 55℃；

⑦ 将 TIC107 温度指示达到 102℃时，将 TIC107 投自动，值设定在 102℃；

⑧ 将 FIC108 投串级。

(8) 进气体

① 打开阀 V4，启用冷凝器 E101；

② 逐渐打开富气进料阀 V1，开始富气进料；

③ 打开 PV103 的前阀 VI5；

④ 打开 PV103 的后阀 VI6；

⑤ 手动调节 PV103 使压力恒定在 1.2MPa（表）；

⑥ 当富气进料达到正常值后，设定 PIC103 于 1.2MPa（表），投自动；

⑦ 手动调节 PV105 阀（还可以同时调节 PV104），维持塔压 PIC105 稳定在 0.5MPa（表）；

⑧ 将 PIC105 投自动，设定值为 0.5MPa；

⑨ 将 PIC104 投自动，设定值为 0.55MPa；

⑩ 当 T102 温度、压力稳定后，手动调节 FV106 使回流量达到正常值 8.0t/h，将 FIC106 自动，设定值为 8.0t/h；观察 D103 液位 LI105 高于 50%后，打开 LV105 的前阀 VI21；

⑪ 打开 LV105 的后阀 VI22；手动调节 LV105 维持回流罐液位稳定在 50%；

⑫ 将 LIC105 投自动，设定值为 50%。

3. 停车操作

(1) 停气体进料和 C_4 产品出料

① 关气体进料阀 V1；

② 将调节器 LIC105 置手动；

③ 并闭调节阀 LV105；

④ 关闭 LV105 阀的前阀 VI21；

⑤ 关闭 LV105 阀的后阀 VI22；

⑥ 将压力控制器 PIC103 改为手动控制；

⑦ 手动调节 PV103，维持吸收塔 T101 压力不小于 1.0MPa；
⑧ 将压力控制器 PIC104 改为手动控制；
⑨ 手动调节 PV108，维持解吸塔 T102 压力在 0.2MPa 左右。
（2）停 C_6 油进料
① 关闭 P101A 泵的出口阀 VI10；
② 关闭 P101A 泵的入口阀 VI9；
③ 关闭 FV103 阀的前阀 VI1；
④ 关闭 FV103 阀的后阀 VI2；
⑤ 维持吸收塔 T101 压力不小于 1.0MPa，如果压力太低，可打开 V2 充压。
（3）吸收塔泄油
① 将 FIC104 解除串级，LIC101 改成手动控制；
② FV104 开度保持 50%，向 T102 泄油；
③ 当 LIC101 液位降至零时，关闭 FV104，关闭 FV104 的前阀 VI3；
④ 关闭 FV104 的后阀 VI4；
⑤ 打开阀 V7（开度＞10%），将 D102 中的冷凝液排至 T102 中；
⑥ 当 D102 液位指示降至零时，关 V7 阀；
⑦ 关 V4 阀，中断冷却盐水，停 E101；
⑧ 手动打开 PV103（开度＞10%），吸收塔系统泄压；
⑨ 当 PI101 为零 0 时，关闭 PV103；
⑩ 关闭 PV103 的前阀 VI5，关闭 PV103 的后阀 VI6。
（4）解吸塔 T102 降温
① 将 TIC107 改为手动控制；
② 将 FIC108 改为手动控制；
③ 关闭 E105 蒸汽阀 FV108 关闭 E105 蒸汽阀 FV108 的前阀 VI23；
④ 关闭 E105 蒸汽阀 FV108 的后阀 VI24，停再沸器 E105；
⑤ 手动调节 PV105 和 PV104，保持解吸塔压力为 0.2MPa。
（5）停解吸塔 T102 回流
① 当 D103 液位 LIC105 指示小于 10%时，停回流泵 P102A 后阀 VI26；
② 停泵 P102A；
③ 关闭 P102A 前阀 VI25；
④ 手动关闭 FV106；
⑤ 关闭 FV106 的后阀 VI16；
⑥ 关闭 FV106 的前阀 VI15；
⑦ 打开 D103 泄液阀 V19（开度为 10%）；
⑧ 当 D103 液位指示下降至零时，关 V19 阀。
（6）解吸塔 T102 泄油
① 将 LV104 改为手动控制；
② 调节 LV104 开度为 50%，将 T102 中的油倒入 D101；
③ 当 T102 液位 LIC104 指示下降至 10%时，关闭 LV104 阀；
④ 关闭 LV104 的前阀 VI13；
⑤ 关闭 LV104 的后阀 VI14；
⑥ 将 TIC103 改为手动控制；
⑦ 关闭调节阀 TV103；

⑧ 关闭调节阀 TV103 的前阀 VI7；

⑨ 关闭调节阀 TV103 的后阀 VI8；

⑩ 打开 T102 泄油阀 V18（开度＞10％）；

⑪ T102 液位 LIC104 下降至零时，关 V18。

（7）解吸塔 T102 泄压

① 手动打开 PV104 至开度 50％，T102 系统泄压；

② 当 T102 系统压力降至常压时，关闭 PV104。

4. 事故与事故排除

（1）冷却水中断

现象：冷却水流量为零；入口管路各阀门处于常开状态；解吸塔塔顶压力升高。

解决：手动打开 PV104 保压；关闭 FV108，停用再沸器；关闭阀 V1；关闭 PV105；关闭 PV105 的前阀 VI17；关闭 PV105 的后阀 VI18；手动关闭 PV103 保压；手动关闭 FV104 停止向解吸塔进料；关闭 LV105，停出产品；关闭 FV103；关闭 LV104 保持 T101、T102、D101、D102 的液位。

（2）加热蒸汽中断

现象：加热蒸汽管路各阀门开度正常；加热蒸汽入口流量为零；塔釜温度急剧下降。

解决：关 V1 阀，停止进料；关闭 FV106，停吸收解吸塔回流；关闭 LV105，停产品采出；关闭 FV104，停止向解吸塔进料；关闭 PV103 保压；关闭 LV104 保持液位；关闭 FV108；关闭 FV108 的前阀 VI23；关闭 FV108 的后阀 VI24。

（3）P101A 泵坏

现象：FRC103 流量降为零；塔顶 C_4 上升，温度上升，塔顶压上升；吸收塔塔釜液位下降。

解决：关闭 P101A 泵的后阀 VI10；关泵 P101A；关闭 P101A 泵的前阀 VI9；打开 P101B 泵的前阀 VI11；开启泵 P101B；打开 P101B 泵的后阀 VI12。

（4）LV104 调节阀卡

现象：FI107 降至零；塔釜液位上升，并可能报警。

解决：关闭 LV104 的前阀 VI13；关闭 LV104 的后阀 VI14；开 LV104 旁路阀 V12 至 60％左右；调整旁路阀 V12 开度，使液位保持 50％。

（5）吸收塔超压

现象：吸收塔塔顶压力增大。

解决：关小原料气进气阀 V1，使吸收塔塔顶压力 PI101 控制在 1.22MPa 左右；将 PIC103 改为手动控制；调节 PV103 使吸收塔塔顶压力 PI101 稳定在 1.22MPa 后；将 V1 开度调整为 50％；将 PIC103 投自动。

任务评估

1. 资讯

在教师指导下让学生解读工作任务及要求，了解完成项目任务需要的知识：吸收塔的稳定操作、吸收操作的控制与调节、吸收塔的操作故障与处理、吸收塔的日常维护与检修、吸收操作的安全技术。

2. 决策、计划

根据工作任务要求和生产特点，在给定的工作情景下完成吸收塔正常而稳定的操作。再通过分组讨论、学习、查阅相关资料，完成任务。

3. 检查

教师可通过检查各小组的工作方案与听取小组研讨汇报，及时掌握学生的工作进展，适时地归纳讲解相关知识与理论，并提出建议与意见。

4. 实施与评估

学生在教师的检查指点下继续修订与完善项目实施初步方案，并最终完成。教师对各小组完成情况进行检查与评估，及时进行点评、归纳与总结。

吸收操作的工业应用实例

一、合成氨中回收 CO_2

从合成氨原料气中回收 CO_2 的工艺流程如图 3-23 所示。乙醇胺对 CO_2 有较大溶解度，选乙醇胺做溶剂。溶剂要回收循环使用，又有了 CO_2 解吸塔。吸收塔、解吸塔、锅炉就构成了 CO_2 回收的工段或车间。进工段的是合成氨原料气，出工段的是 CO_2 和低浓 CO_2 的合成氨气。

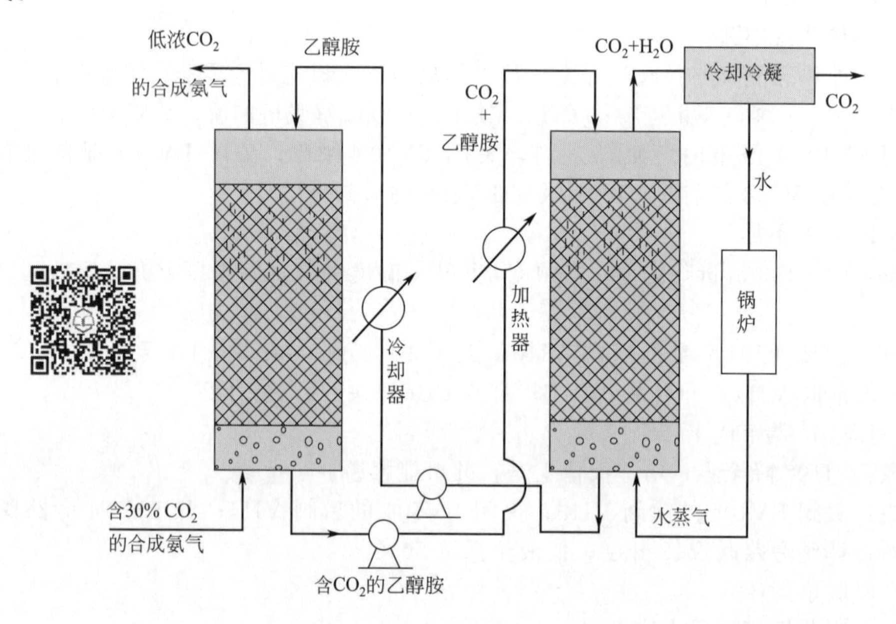

图 3-23　合成氨原料气中回收 CO_2 的工艺流程

二、盐酸生产

图 3-24 是盐酸生产工艺流程示意图。氢气和氯气在合成炉内进行化学反应，生成的氯化氢气体经冷却、降温之后，在吸收塔内溶解于自上而下流动的水中，形成了浓度为 31% 左右的盐酸，从塔底送入产品贮槽内，然后经泵送到高位槽，通过槽下阀门的控制，使其装入贮罐或槽车内作为成品运出。

三、二氧化氯的生产

图 3-25 所示为二氧化氯的生产工艺流程图。以硫酸、氯化钠和氯酸钠为反应原料，生成二氧化氯、氯气、硫酸钠和水。其中硫酸钠通过分离器结晶析出；气体反应产物二氧化氯冷凝后进入吸收塔，大部分的二氧化氯和氯气被第一吸收塔所吸收成为二氧化氯溶液；部分进入第二吸收塔产生氯水和次氯酸盐溶液。

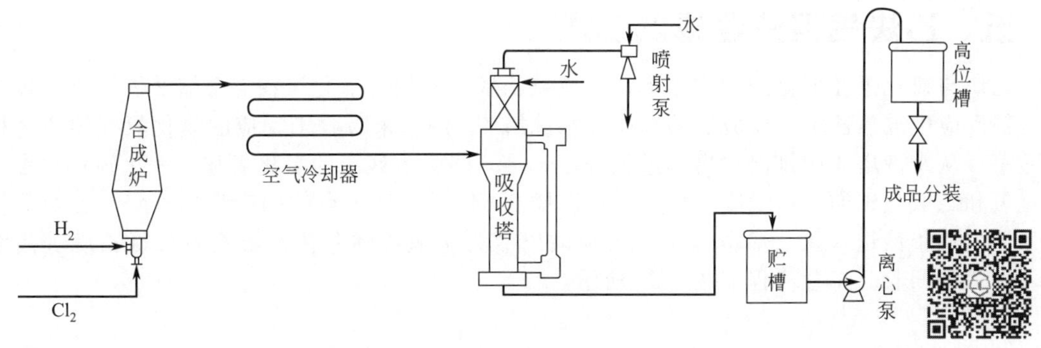

图 3-24　盐酸生产工艺流程示意图

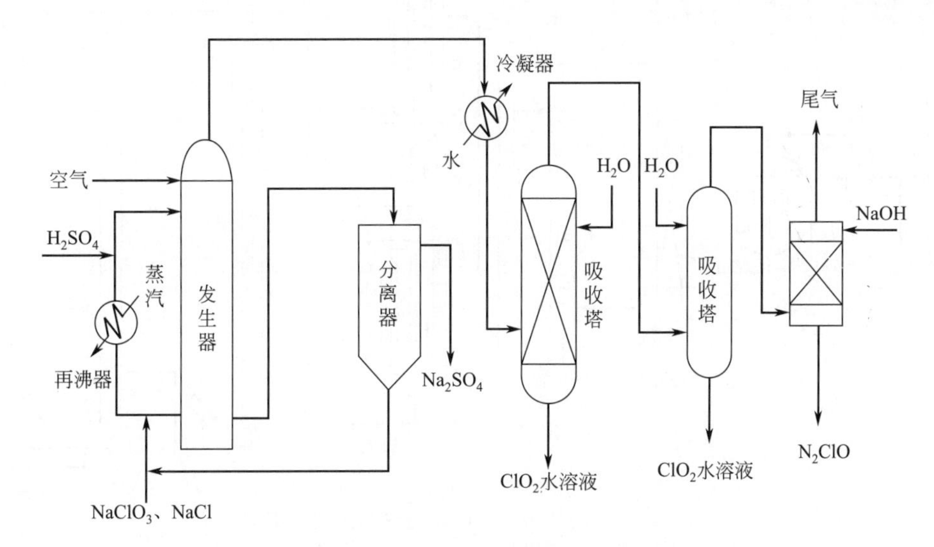

图 3-25　R3（单容法）制备二氧化氯工艺流程图

四、苯气相氧化法生产顺丁烯二酸酐

原料苯经蒸发器蒸发后与空气混合，在催化剂作用下反应生成顺酐，反应产物经冷却后由分离器 2 进入粗顺酐贮槽 6；未冷凝的气体进入水洗塔 3，用水或顺丁烯二酸水溶液吸收未冷凝的顺酐。水洗塔 3 出来的尾气燃烧，吸收液送入脱水塔 4，经脱水后进入粗顺酐贮槽 6；经蒸馏塔 5 可得精制产品顺丁烯二酸酐。工艺流程如图 3-26 所示。

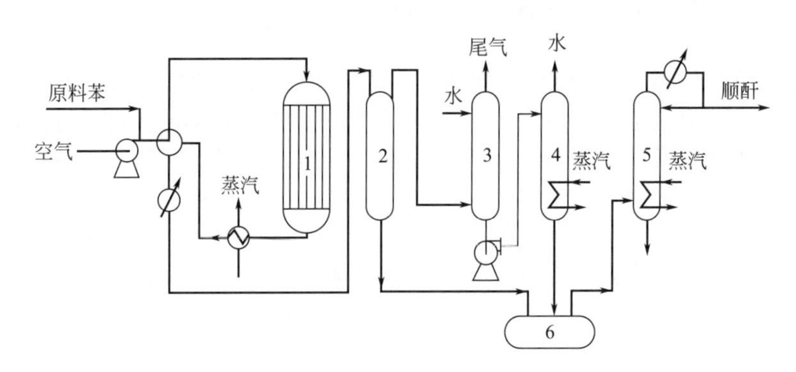

图 3-26　苯气相氧化法生产顺丁烯二酸酐工艺流程图

1—反应器；2—分离器；3—水洗塔；4—脱水塔；5—蒸馏塔；6—粗顺酐贮槽

五、乙炔气相法合成氯乙烯

乙炔与氯化氢在催化剂的作用下，生成氯乙烯。乙炔与氯化氢在混合器 2 内混合，进入反应器反应生成氯乙烯；反应后的气体经水洗塔 4，用水来吸收未反应的氯化氢气体成为稀盐酸溶液从水洗塔 4 中排出；再经过碱洗塔 5 进一步除去残余的氯化氢和二氧化碳；除去了氯化氢和二氧化碳的气体经冷凝后进入低沸塔 8，使一些低沸点的副产物如乙醛、乙炔等从塔顶蒸出；釜液送入氯乙烯塔 9 中，塔顶馏出液为精氯乙烯单体，釜液为二氯乙烷等高沸物，可另外回收。工艺流程如图 3-27 所示。

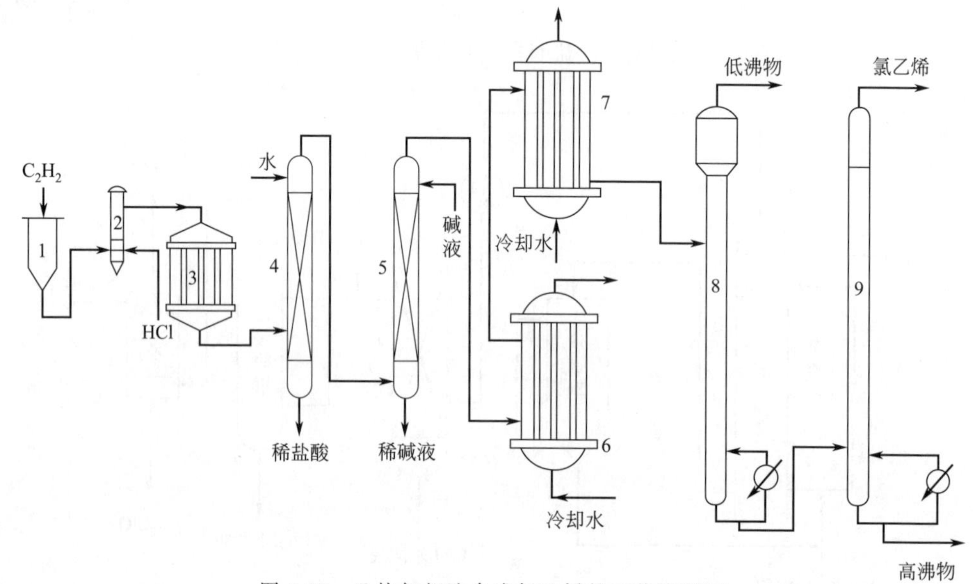

图 3-27 乙炔气相法合成氯乙烯的工艺流程图

1—沙封；2—混合器；3—反应器；4—水洗塔；5—碱洗塔；6—预热器；7—全凝器；8—低沸塔；9—氯乙烯塔

知识拓展

一、影响吸收塔操作的因素

在正常的化工生产中，吸收塔的结构形式、尺寸、吸收流程、吸收剂的性质等都已确定，此时影响吸收塔操作的主要因素有以下几方面。

1. 压力

增加吸收系统的压力，即增大了吸收质的分压，能提高吸收推动力，对吸收有利。但过高地增大系统压力，会使动力消耗增大，同时设备强度要求也提高，因而使设备的投资和操作费用加大。一般能在常压下进行的吸收操作不必在高压下进行。但对一些在吸收后需要加压的系统，可以在较高压力下进行吸收，既有利于吸收，又有利于增加吸收塔的生产能力。

2. 温度

降低温度可增大气体在液体中的溶解度，对气体吸收有利，因此，对于放热量大的吸收过程，应采取冷却措施。但温度太低时，一方面消耗大量冷介质，另一方面会增大吸收剂的黏度，使流体在塔内流动状况变差，增加能耗；吸收液的扩散系数均较小，影响吸收效率；若有固体结晶析出，则影响吸收操作的顺利进行。应综合考虑不同因素，选择一个适宜的温度。

一般地说，吸收中的溶解热会造成吸收操作温度的变化，为保持吸收操作在较低温度下进行，当溶解热较大时，必须移走它。

① 外循环冷却移走热量　塔底部分吸收液经外冷却器冷却后再送回塔内；

② 塔中间设置冷却器　吸收液由塔中间抽出经外冷却器冷却后再送回塔内；

③ 塔内部设置冷却器　填料塔冷却器设在两层填料之间，板式塔则直接安装于塔板上。

实际生产中，通过正确操作和使用各种冷却装置，达到控制吸收操作温度的实质，从而保证了吸收过程得以在要求的温度条件下进行。

3. 吸收剂的进口浓度

降低入塔吸收剂中溶质的浓度，可以增加吸收的推动力。因此，对有吸收剂再循环的吸收操作来说，吸收液在解吸塔中的解吸应尽可能完全。

在吸收-解吸联合操作过程中，吸收剂进口浓度的选择是一个经济上的最优化问题。若所选择的吸收剂进口浓度过高，将使吸收过程的推动力减小，所需的吸收塔高度增加。当选择的吸收剂进口浓度过低时，对解吸的要求提高，解吸费用增加，只有通过多方案的计算和比较才能确定最佳值。

除上述经济方面的考虑外，还存在一个技术上允许的吸收剂最高进口浓度问题，因为当吸收剂进口浓度超过某一限度时，吸收操作将不可能达到规定的分离要求。

对于气液两相逆流操作的填料吸收塔，若工艺要求塔顶尾气浓度不高于 Y_2，因与 Y_2 成平衡的液相浓度为 X_2^*，则吸收剂进口浓度 X_2 宜小于 X_2^*，才有可能达到规定的分离要求。当 $X_2=X_2^*$ 时，吸收塔顶的推动力为零，此时为达到分离要求所需的传质单元数 N_{OG} 或塔高 Z 将为无穷大，即 X_2^* 为吸收剂进口浓度 X_2 的上限。

4. 填料层的压降和气流速度

在逆流操作的填料塔中，从塔顶喷淋下来的液体，依靠重力在填料表面成膜状向下流动，上升气体与下降液膜的摩擦阻力形成了填料层的压降。填料层压降与液体喷淋量及气速有关，在一定的气速下，液体喷淋量越大，压降越大；在一定的液体喷淋量下，气速越大，压降也越大。将不同液体喷淋量下的单位填料层的压降 $\Delta p/Z$ 与空塔气速 u 的关系标绘在双对数坐标纸上，可得到如图 3-28 所示的曲线簇。

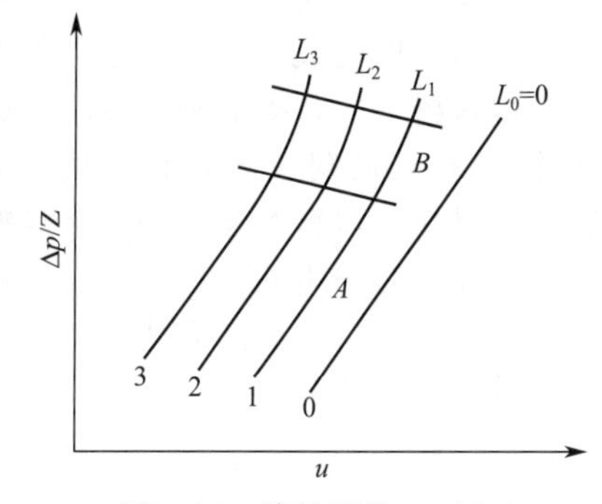

图 3-28　填料层的 $\Delta p/Z$-u

在图 3-28 中，直线 0 表示无液体喷淋（$L=0$）时，干填料的 $\Delta p/Z$-u 关系，称为干填料压降线。曲线 1、2、3 表示不同液体喷淋量下，填料层的 $\Delta p/Z$-u 关系，称为填料操作压降线。

从图中可看出，在一定的喷淋量下，压降随空塔气速的变化曲线大致可分为三段：

当气速低于 A 点时，气体流动对液膜的曳力很小，液体流动不受气流的影响，填料表面上覆盖的液膜厚度基本不变，因而填料层的持液量不变，该区域称为恒持液量区。此时 $\Delta p/Z$-u 为一直线，位于干填料压降线的左侧，且基本上与干填料压降线平行。

当气速超过 A 点时，气体对液膜的曳力较大，对液膜流动产生阻滞作用，使液膜增厚，填料层的持液量随气速的增加而增大，此现象称为拦液。开始发生拦液现象时的空塔气速称为载点气速，曲线上的转折点 A 称为载点。

若气速继续增大，到达图中 B 点时，由于液体不能顺利向下流动，使填料层的持液量不断增大，填料层内几乎充满液体。气速增加很小便会引起压降的剧增，此现象称为液泛，开始发生液泛现象时的气速称为泛点气速，以 u_F 表示，曲线上的点 B 称为泛点。从载点到泛点的区域称为载液区，泛点以上的区域称为液泛区。

应予指出，在同样的气液负荷下，不同填料的 $\Delta p/Z$-u 关系曲线有所差异，但其基本形状相近。对于某些填料，载点与泛点并不明显，故上述三个区域间无截然的界限。

气体吸收是气、液两相间进行扩散的传质过程，气流速度的大小直接影响到这一传质过程。气流速度小，气体湍动不充分，吸收传质系数小，不利于吸收。但气速过大时，易引起雾沫夹带甚至液泛，降低传质效率，造成吸收塔的不正常操作，也不利于吸收。故每一个塔都应选择相应的适宜气流速度。

5. 液体喷淋密度和填料表面的润湿

填料塔中气液两相间的传质主要是在填料表面流动的液膜上进行的。要形成液膜，填料表面必须被液体充分润湿，而填料表面的润湿状况取决于塔内的液体喷淋密度及填料材质的表面润湿性能。

液体喷淋密度是指单位塔截面积上，单位时间内喷淋的液体体积，以 U 表示，单位为 $m^3/(m^2 \cdot h)$。为保证填料层的充分润湿，喷淋密度大于某一极限值，该极限值称为最小喷淋密度，以 U_{min} 表示。最小喷淋密度通常采用下式计算，即

$$U_{min}=(L_W)_{min}a \tag{2-52}$$

式中 U_{min}——最小喷淋密度，$m^3/(m^2 \cdot h)$；

$(L_W)_{min}$——最小润湿速率，$m^3/(m \cdot h)$；

a——填料的比表面积，m^2/m^3。

最小润湿速率是指在塔的截面上，单位长度的填料周边的最小液体体积流量。其值可由经验公式计算，也可采用经验值。对于直径不超过 75mm 的散装填料，可取最小润湿速率 $(L_W)_{min}$ 为 $0.08m^3/(m \cdot h)$；对于直径大于 75mm 的散装填料，取 $(L_W)_{min}=0.12m^3/(m \cdot h)$。

填料表面润湿性能与填料的材质有关，就常用的陶瓷、金属、塑料三种材质而言，以陶瓷填料的润湿性能最好，塑料填料的润湿性能最差。

在填料塔中，若喷淋密度过小，则填料表面不能被完全润湿，损失传质面积，可能会导致无法达到分离要求；若喷淋密度过大，则流体阻力增加，甚至引起液泛。应确定适宜的喷淋密度，以保证填料的充分润湿和良好的气液接触状态。

实际操作时采用的液体喷淋密度应大于最小喷淋密度。若喷淋密度过小，可采用增大回流比或采用液体再循环的方法加大液体流量，以保证填料表面的充分润湿；也可采用减小塔径予以补偿；对于金属、塑料材质的填料，可采用表面处理方法，改善其表面的润湿性能。

6. 液气比

在吸收操作中，当 Y_1、Y_2、X_2 一定时，液气比 L/V 增大，将使 X_1 减小，过程的平均推动力增大，从而可使所需的塔高降低，但解吸所需的再生费用将大大增加。反之，液气比减少，再生费用减少，但塔高增加。另外，吸收剂的最小用量也受技术上的限制。设计者只有通过多方案的比较，才能确定最经济的液气比。然而，设计时人们往往是先根据分离要求计算最小液气比，然后乘以某一经验的倍数以作为设计的操作液气比。设计液气比是否为最适宜的操作液气比，还必须经过生产实践的检验；考虑连续生产过程中前后工序的相互制约，操作液气比也不可能维持为常量，常需及时调节、控制。

液气比的调节、控制主要应考虑如下几个方面的问题。

(1) 为确保填料层的充分润湿，喷淋密度不能太小；

(2) 最小液气比的限制决定于预定的生产目的和分离要求，并不是说吸收塔不允许在更低的液气比下操作。对于指定的吸收塔而言，在液气比不小于原设计的 $(L/V)_{min}$ 下操作只

是不能达到规定的分离要求而已。当放宽分离要求时，最小液气比也可放低；

（3）当入塔的气体条件（V、Y_1）发生变化时，为了达到预期的分离要求，操作时应及时调整液体喷淋量；

（4）当吸收与解吸操作联合进行时，吸收剂的入塔条件（L、t、X_2）将受解吸操作的影响，在此种联合操作系统中，加大吸收的喷淋量，虽然能增大吸收推动力，但应同时考虑解吸设备的生产能力。如果吸收剂循环量增大使解吸操作恶化，则吸收塔的液相进口浓度将上升，增加吸收剂流量往往得不偿失；若解吸是在升温条件下进行的，解吸后吸收剂的冷却效果不好，还将使吸收操作温度上升，吸收效果下降。此时的操作重点是设法提高解吸后吸收剂的冷却效果，而不是盲目地加大循环量。

二、其他吸收与解吸

1. 化学吸收

化学吸收是指吸收过程中吸收质与吸收剂有明显化学反应的吸收过程。对于化学吸收，溶质从气相主体到气液界面的传质机理与物理吸收完全相同，其复杂之处在于液相内的传质。溶质在由界面向液相主体扩散的过程中，将与吸收剂或液相中的其他活泼组成部分发生化学反应。因此，溶质的组成沿扩散途径的变化情况不仅与其自身的扩散速率有关，而且与液相中活泼组分的反相扩散速率、化学反应速率以及反应物的扩散速率有关。由于化学反应消耗了进入液相中的吸收质，使吸收质的有效溶解度显著增加而平衡分压降低，从而增大了吸收过程的推动力；同时，由于部分溶质在液膜内扩散途中就因化学反应而消耗，使过程阻力减少，吸收系数增大。所以，化学吸收速率比物理吸收速率要快。

当液相中活泼成分的浓度足够大，而且发生的是快速的不可逆化学反应时，则吸收质组分进入液相后立即与活泼组分反应而被消耗掉，则界面处吸收质分压为零，此时吸收过程速率由气膜中的扩散阻力所控制，可按气膜控制的物理吸收计算。硫酸吸收 NH_3 就属此种情况。

如果吸收质与活泼组分的反应速率比较慢，反应将主要在液相主体中进行，此时，吸收质在气、液两膜内的扩散阻力均无变化，仅在液相主体中因发生了化学反应而使溶质浓度降低，过程的总推动力较单纯物理吸收时大。碳酸钠水溶液吸收 CO_2 的过程即属此种情况。

2. 多组分吸收

混合气中有两个或两个以上的组分被吸收剂吸收时称为多组分吸收。例如，用挥发性极低的液体烃吸收石油裂解气中的多种烃类组分，使之与甲烷、氢气分开；用洗油吸收焦炉气中的苯、甲苯、二甲苯等苯类物质的过程均是重要的多组分吸收。

多组分吸收过程中，由于其他组分的存在使得吸收质在气、液两相中的平衡关系发生了变化。所以，多组分吸收的计算较单组分吸收过程复杂。但是，对于喷淋量很大的低浓度气体吸收，可以忽略吸收质之间的相互干扰，其平衡关系仍可认为服从亨利定律，因而可分别对各吸收质组分进行单独计算。例如，对混合气中吸收质组分 i，其平衡关系和操作线方程可分别表达为：

$$Y_i^* = m_i X_i \tag{2-53}$$

$$Y_i = \frac{L}{V}X_i + \left(Y_i - \frac{L}{V}X_i \right) \tag{2-54}$$

此处，Y_i 为组分 i 在液相中的摩尔分数；Y_i^* 为与液相成平衡的气相中 i 组成分的摩尔分数；m_i 则为组分 i 的相平衡常数。

不同吸收质组分的相平衡常数不相同，在进、出吸收设备的气体中各组分的浓度也不相同。因此，每一吸收质组分均有自己的平衡线和操作线。这样，按不同吸收质组分 i 计算出的填料层高度是不相同的。为此，工程上提出了“关键组分”的概念。

所谓“关键组分”是指：在多组分吸收操作中具有关键意义的，因而必须保证其吸收率达到预期要求的组分。如处理石油裂解气中的油吸收塔，其主要目的是回收裂解气中的乙烯，生产上一般要求乙烯的回收率达98%～99%，乙烯即为此过程的关键组分。

选定关键组分后，按关键组分规定的吸收要求，应用多组分吸收过程的计算方法求所需的理论塔板数或传质单元数。而对于其他组分，则按关键组分分离要求算得的理论塔板数，用操作型计算方法求出其出塔组成及吸收率。

3. 非等温吸收

当吸收过程伴有明显的热效应时，此吸收过程称为非等温吸收过程。实际上，吸收过程中由于气体的溶解，会产生溶解热；若发生化学反应时，还会放出反应热。这些热效应使塔内液相温度随其浓度的升高而升高，从而使平衡关系发生不利于吸收过程的变化。如气体的溶解度变小，吸收推动力变小。因而非等温吸收比等温吸收需要更大的液气比，或较高的填料层。所以，生产上为了提高经济效益，应尽量控制过程在近似等温的条件下进行。

对非等温吸收过程的计算，工程上常采用一种近似处理方法：假定过程中所释放的热量全部被液体吸收，忽略气相温度变化及热损失，据此推算出液相浓度和温度的对应关系，得到变温情况下的平衡关系曲线，再按等温吸收进行有关计算。

4. 高浓度气体吸收

当进塔混合气体中吸收质的浓度大于10%，被吸收的吸收质量较多时，此吸收过程称高浓度气体吸收。高浓度气体吸收有如下特点：

① 气液两相的摩尔流量沿塔高有较大的变化，不能再视为常量。但是，惰性气体流量和纯溶剂流量不变（假设溶剂不挥发）。

② 在高浓度气体吸收过程中，被吸收的溶质量较多，产生的溶解热也多，使吸收操作温度升高，故高浓度气体吸收为非等温吸收过程。

③ 由于受气速的影响，吸收系数从塔底至塔顶是逐渐减少的，不再是常数。

5. 解吸

从吸收剂中分离出已被吸收的气体的操作称为解吸。解吸是吸收的逆过程。在生产中，解吸过程有两个目的：

① 获得所需较纯的气体溶质；

② 使溶剂得以再生，返回吸收塔循环使用，使经济上更合理。

在工业生产中，经常采用吸收-解吸联合操作。如前面第一节介绍的用洗油脱除煤气中的粗苯就是采用吸收-解吸联合操作。解吸是吸收质从液相转移到气相的过程。因此，进行解吸过程的必要条件及推动力恰好与吸收过程相反。即气相中溶质的分压（或浓度）必须小于液相中溶质的平衡分压，其差值即为解吸过程的推动力。

常用的解吸方法：

(1) 加热解吸　将溶液加热升温可提高溶液中溶质的平衡分压，减少溶质的溶解度，从而有利于溶质与溶剂的分离。

(2) 减压解吸　操作压力降低可使中气相中溶质的分压相应地降低，溶质从吸收液中释放出来。

(3) 从惰性气体中解吸　将溶液加热后送至解吸塔顶使与塔底部通入的惰性气体（或水蒸气）进行逆流接触，由于入塔惰性气体中溶质的分压为零，溶质从液相转入气相。

(4) 采用精馏方法　将溶液通过精馏的方法使溶质与溶剂分离。

在生产中，具体采用什么方法较好，须结合工艺特点，对具体情况作具体分析。此外，也可以将几种方法联合起来加以应用。

三、强化吸收过程的途径

强化吸收过程就是力求用较小的经济代价来完成吸收任务。由 $G_A = N_A A = K_Y \Delta Y$ 知，增大吸收面积、吸收推动力、吸收系数均可提高单位时间内被吸收的吸收质的量。

(1) 增大吸收面积　填料塔内填料的功能是为气、液相间的传质过程提供物质交换的场所，填料的润湿表面即为气、液间的传质界面。填料的装填量越多，填料塔所能提供的可能接触面积越大。如果简单增加填料量，会使填料层高度和填料层总压降增大，使投资费用和操作费用均增大。从经济性考虑，简单增加填料量不是最好的措施。实际上，在一定的气液流量下，采用性能较好、比表面积大的高效填料（可提高单位体积填料的气液接触面积），并采用较好的液体喷淋装置（使填料充分润湿）是增加吸收面积的主要措施。

(2) 增大吸收推动力　适当增大液气比，操作线斜率增大，在平衡关系一定的情况下，操作线与平衡线间距离增大，平均推动力增大。适当提高操作压强、降低操作温度，使溶解度增大，平衡线下移，增大吸收推动力。采用逆流操作比并流操作可获得更大的推动力。如果工艺允许，尽可能选用化学吸收，如水吸 CO_2 的推动力小于热钾碱吸收 CO_2 的推动力。实际操作中，增大液气比、提高操作压力和降低操作温度都有其局限性，应根据实际情况在允许调节的范围内采取相应措施。

(3) 增大吸收系数　吸收系数与气液两相性质、流动状况和填料的性能有关。对一定的分离物系和填料，改变两相流动状况是增大吸收系数的关键。对气膜控制过程，适当增加气相湍动程度能有效地增大吸收系数；对液膜控制，则应适当增加液相湍动程度。在一定液相流量下，如气相流速增加过大，会使填料层压降过大引起液泛，破坏塔的正常生产；如气速过小，会使填料层持液量太少，导致气液两相接触的湍动程度减弱，降低吸收系数；在适宜范围内的操作气速，可获得较大的吸收系数。选择良好的吸收剂及高效填料也可增大吸收系数。

以上各强化措施在一定程度上会增加投资费用或操作费用，可能使操作复杂化。在实际操作中，应权衡利弊，充分考虑技术上的可行性和过程的经济性及操作上的安全性等，以最少的投入获取较好的效益。

项目测试题

思　考　题

1. 吸收的目的和依据是什么？通常的吸收过程为什么要包括吸收和解吸？

2. 对吸收剂的选择有何要求？什么是吸收剂的选择性？

3. 填料及填料塔各主要部件的功能是什么？填料的特性有哪些？

4. 什么是溶解度？它与哪些因素有关？

5. 亨利系数和相平衡常数与温度、压力有何关系？如何根据它们的大小判断吸收操作的难易程度？

6. 如何判断过程进行的是吸收还是解吸？

7. 简述双膜理论的要点，分析双膜理论的局限性。

8. 什么是气膜控制？什么是液膜控制？举例说明。

9. 什么是最小液气比？操作液气比如何确定？是否可以说，操作液气比小于最小液气比就不能进行吸收操作？为什么？

10. 确定塔径主要应考虑哪些因素？

11. 简述传质单元高度和传质单元数的物理意义。
12. 简述化学吸收、多组分吸收、高浓度气体吸收的基本特征。
13. 解吸的目的是什么？解吸的方法有几种？
14. 为什么吸收操作常采用气液逆流？
15. 温度对吸收操作有何影响？生产中调节和控制吸收操作温度的措施有哪些？
16. 填料吸收塔的操作要点有哪些？

测 试 题

1. 空气和氨的混合气，总压为101.3kPa，其中氨的分压为9kPa。试求氨在该混合气中的摩尔分数、摩尔比及质量分数。

2. 丙酮和水的混合液中丙酮的质量分数为0.5。试以摩尔分数和摩尔比表示丙酮浓度，并计算混合液的平均摩尔质量。

3. 在25℃及总压为101.3kPa的条件下，氨水溶液的相平衡关系为$p^*=93.90x$ kPa。试求（1）100g水中溶解1g的氨时溶液上方氨气的平衡分压；（2）相平衡常数m。

4. 含3%（体积）NH_3的气体用水吸收，已知总压为202.6kPa，操作条件下气液平衡关系为$p^*=267x$，试求氨水的最大浓度。

5. 在总压101.3kPa及30℃下，氨在水中的溶解度为1.72gNH_3/100gH_2O。若氨水的气液平衡关系符合亨利定律，相平衡常数为0.764，试求气相组成。

6. 在逆流流动的吸收塔中，用清水吸收混合气中的溶质。已知进塔气中溶质的体积分数为6%，出塔尾气中溶质的体积分数为0.4%，出塔溶液中溶质的摩尔分数为0.012。操作条件下气液平衡关系为$Y^*=2.5X$。试求塔顶和塔底处的气相推动力。

7. 在总压为101.3kPa、温度为30℃的条件下，含有15%SO_2（体积分数）的混合空气与含有0.2%（摩尔分数）SO_2的水溶液接触，试判断SO_2的传递方向。已知操作条件下相平衡常数$m=47.9$。

8. 吸收塔内某一截面处气相组成为0.05，液相组成为0.01（均为摩尔分数），操作条件下气液平衡关系为$Y=2X$，若两相传质分系数k_Y、k_X均为1.25×10^{-5} kmol/(m^2·s)。试求：（1）该截面上相际传质总推动力、总阻力，气液相阻力占总阻力的分数及传质速率；（2）若吸收温度降低，平衡关系变为$Y^*=0.5X$，其余条件不变，则该截面上相际传质总推动力、总阻力，气液相阻力占总阻力的分数及传质速率又为多少？

9. 空气与CO_2混合气体体积流量为1120m^3/h（标准状况），其中含CO_2 10%（体积分数），求空气流量。用清水吸收CO_2，吸收率为50%，求被吸收的CO_2量？

10. 用清水作吸收剂，吸收混合气体中的氨，若平衡关系为$Y^*=2.5X$，已知$y_1=0.04$，$y_2=0.005$，（以上皆为摩尔分数），溶液出口浓度为最大极限浓度的50%，求实际液气比。

11. 在吸收塔内用清水吸收废气中的丙酮。已知$y_1=0.06$，$x_1=0.02$（均为摩尔分数），惰性气流量为63kmol/h，清水流量为178kmol/h，求丙酮的回收率。

12. 填料吸收塔从空气-丙酮的混合气中回收丙酮，用水作吸收剂。已知混合气入塔时丙酮蒸气体积分数为6%，所处理的混合气中的空气量为1400m^3/h，操作温度为293K，压力为101.3kPa，要求丙酮的回收率为98%，吸收剂的用量为154kmol/h，试问吸收塔底出口液组成为多少？

13. 在一逆流吸收塔中，用清水吸收混合气中的CO_2，惰性气体处理量为300m^3/h（标

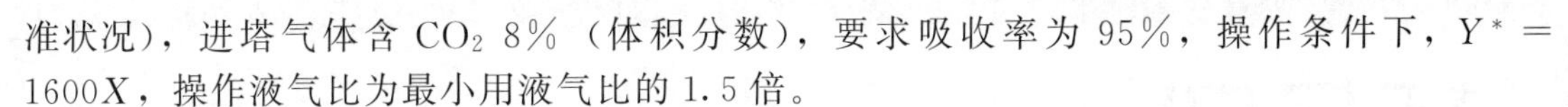

准状况)，进塔气体含 CO_2 8%（体积分数），要求吸收率为 95%，操作条件下，$Y^*=1600X$，操作液气比为最小用液气比的 1.5 倍。

求：(1) 水的用量和出塔液体组成；

(2) 写出操作线方程；

(3) 每小时该塔能吸收多少 CO_2？

14. 在某填料吸收塔中，用清水处理含 SO_2 的混合气体。进塔气体含 SO_2 18%（质量分数)，其余为惰性气体。混合气的分子量为 28。吸收剂用量比最小用量大 65%，要求每小时从混合气中吸收 2000kg SO_2，操作条件下气液平衡关系为 $Y=26.7X$，试计算每小时吸收剂的用量。

15. 某厂高压下（$p=10$atm）用清水吸收混合气中的 H_2S，已知混合气中的进、出塔组成分别为 $y_1=0.03$，$y_2=0.002$（均为摩尔分数)，操作条件下的亨利系数 $E=5.52\times10^4$kPa，取 $L=1.5L_{min}$，求操作液气比及液相出口浓度 x_1？

16. 某厂有 CO_2 水洗塔，塔内有 50mm×50mm×4.5mm 瓷拉西环（乱堆)，用清水处理合成原料气，原料气中含 CO_2 29%（体积分数)，其余为惰性气体，原料气量为 12000m³/h（标准状况)，操作条件为 1722kPa，30℃，$E=1.884\times10^5$kPa，要求水洗后 CO_2 不超过 1%。试计算 CO_2 的吸收率和水的消耗量，假定所得吸收液浓度为最大浓度的 70%。

17. 在一塔径为 0.8m 的填料塔内，用清水逆流吸收空气中的氨，要求氨的吸收率为 99.5%。已知空气和氨的混合气质量流量为 1400kg/h，气体总压为 101.3kPa，其中氨的分压为 1.333kPa。若实际吸收剂用量为最小用量的 1.4 倍，操作温度（293K）下的气液相平衡关系为 $Y^*=0.75X$，气相总体积吸收系数为 0.088kmol/(m³·s)。

试求：(1) 每小时用水量；

(2) 用平均推动力法求出所需填料层高度。

18. 空气中含丙酮 2%（体积百分数）的混合气以 0.024kmol/(m²·s) 的流速进入一填料塔，今用流速为 0.065kmol/(m²·s) 的清水逆流吸收混合气中的丙酮，要求丙酮的回收率为 98.8%。已知操作压力为 100kPa，操作温度下的亨利系数为 177kPa，气相总体积吸收系数为 0.0231kmol/(m³·s)，试用解吸因数法求填料层高度。

19. 用清水吸收烟道气中的 CO_2。烟道气中的 CO_2 的体积分数 13%，经吸收塔后 CO_2 被吸收 90%。已知烟道气处理量 1000m³/h（293K，101.3kPa)，液气比为最小液气比的 1.5 倍，平衡关系为 $Y=1422X$。若气相体积吸收系数 K_Ya 为 200kmol/(m²·h)，吸收塔径为 1.4m。试求出塔液体中的 CO_2 浓度和所需的填料层高度。

20. 已知某填料吸收塔直径为 1m，填料层高度为 4m。用清水逆流吸收某混合气体中的可溶组分，该组分进口组成为 8%，出口组成为 1%（均为摩尔分数)。混合气流率为 30kmol/h，操作液气比为 2，操作条件下气液平衡关系为 $Y^*=2X$。

试求：(1) 操作液气比为最小液气比的多少倍；

(2) 气相总体积吸收系数 K_Ya。

21. 今有连续逆流操作的填料吸收塔，用清水吸收原料气中的甲醇。已知处理气量为 1000m³/h（标准状况)，原料气中含甲醇 7%（体积分数)，吸收后水中含甲醇量等于与进料气体中相平衡时浓度的 67%。设在常压 25℃下操作，吸收的平衡关系取为 $Y^*=1.15X$，甲醇回收率要求为 98%，$K_Y=0.5$kmol/(m²·h)，塔内填料的有效表面积为 200m²/m³，塔内气体的空塔气速为 0.5m/s。

试求：(1) 水的用量，kg/h；

(2) 塔径计算值；

(3) 填料层高度。

项目四

膜分离操作与控制

项目学习目标

知识目标

掌握膜分离的基本原理,掌握的膜的分类及特征,掌握膜分离系统组成,掌握各种膜分离的装置及流程,掌握膜分离组件,掌握膜分离的操作及故障分析解决,掌握膜的再生；理解膜的特性及膜的制备,理解膜分离过程中的浓差极化、推动力、膜的污染及膜的性能参数,理解膜的处理过程;了解膜分离的特点和化工生产中的应用,了解膜分离过程的影响因素，了解其他新型膜分离技术。

能力目标

能根据分离要求来选择合适的膜分离装置和流程，并实施基本的操作；能对膜分离操作过程中的影响因素进行分析，并运用所学知识解决实际工程问题；能根据生产的需要正确查阅和使用一些常用的工程计算图表、手册、资料等。

素质目标

遵守操作规程和操作方法；培养学生独立思考的能力，逻辑思维的能力、培养革新意识和创新思想。

主要符号说明

英文字母

c——浓度，mg/L；

D——溶质在水中的扩散系数，$cm^2/(s \cdot Pa)$；

J——渗透通量，$kg/(m^2 \cdot h)$；

x——液体的摩尔分数；

m——衰减系数；

y——气体的摩尔分数。

希腊字母

α——分离因子；

β——分离系数；

θ——使用时间，h；

δ——膜的边界层厚度。

下标

b——料液主体

m——膜表面

p——透过侧

A——表示组分 A

0——初始；

1——原料液；

2——透过液。

项目导言

1748 年 Abble Nelkt 发现水能自然地扩散到装有酒精溶液的猪膀胱内，首次揭示了膜分离现象。人们发现动植物体的细胞膜是一种理想的半透膜，即对不同质点的通过具有选择性，生物体正是通过它进行新陈代谢的生命过程。

人类对膜分离过程的认识、利用、模拟直至人工制备的历史很漫长。按照其开发的年代先后，膜分离过程有微孔过滤（MF，1930）、透析（D，1940）、电渗析（ED，1950）、反渗透（RO，1960）、超滤（UF，1970）、气体分离（GP，1980）和纳滤（NF，1990）。

膜分离技术被公认为从 20 世纪末至 21 世纪中期最有发展前途的高新技术之一。膜分离技术目前已广泛应用于各个工业领域，并已使海水淡化、烧碱生产、乳品加工等多种传统的工业生产面貌发生了根本性的变化。膜分离技术已经形成了一个相当规模的工业技术体系。

微滤、超滤、反渗透相当于过滤技术，用来分离含溶解的溶质或悬浮微粒的液体，其中溶剂和小溶质透过膜，而大溶质和大分子被膜截留。

电渗析用的是带电膜，在电场力推动下从水溶液中脱除离子，主要用于苦咸水的脱盐。反渗透、超滤、微滤、电渗析是工业开发应用比较成熟的四种膜分离技术，这些膜分离过程的装置、流程设计都相对成熟。

气体膜分离在 20 世纪 80 年代发展迅速，可以用来分离 H_2、O_2、N_2、CH_4、He 及其他酸性气体 CO_2、H_2S、H_2O、SO_2 等。目前已工业规模化的气体膜分离体系有空气中氧、氮的分离，合成氨厂氮、氩、甲烷混合气中氢的分离，以及天然气中二氧化碳与甲烷的分离等。

渗透汽化是唯一有相变的膜过程，在组件和过程设计中均有其特殊之处。膜的一侧为液相，在两侧分压差的推动下，渗透物的蒸气从另一侧导出。渗透汽化过程分为两步：一是原料液的蒸发；二是蒸发生成的气相渗透通过膜。渗透汽化膜技术主要用于有机物-水、有机物-有机物分离，是最有希望取代某些高能耗的精馏技术的膜分离过程。20 世纪 80 年代初，有机溶剂脱水的渗透汽化膜技术就已进入工业规模的应用。

我国膜科学技术的发展是从 1958 年研究离子交换膜技术开始的，1965 年进行反渗透的探索，1967 年开始的全国海水淡化研究，大大促进了我国膜科技的发展。20 世纪 80 年代以

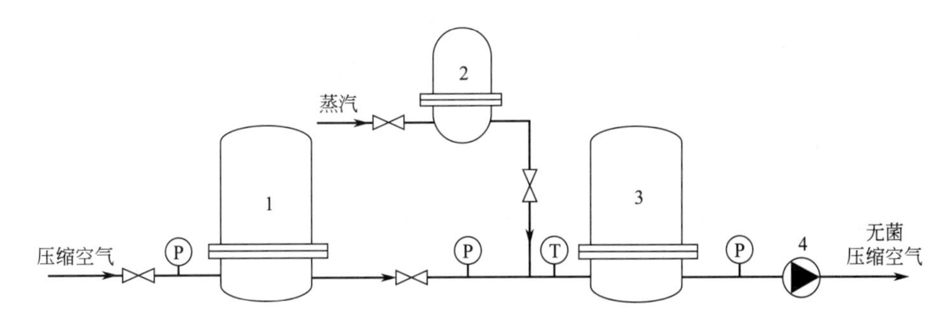

图 4-1 空气净化流程（膜过滤）

1—预过滤器；2—蒸汽过滤器；3—主过滤器；4—止逆阀

来对各种新型膜分离过程和制膜技术展开了全面研究与开发，目前已有多种反渗透、超滤、微滤和电渗析膜与膜组件的定型产品，在各个工业、科研、医药部门广为应用。

图 4-1 为空气净化流程图中的一部分流程，从分过滤器出来的空气经预过滤器，以除去细菌和噬菌体等微生物粒子以外的其他杂质，尤其是水分和油分；再经过主过滤器过滤，即可达到无菌空气的要求；而所使用的蒸汽也要求是无菌的，也要通过蒸汽过滤器除去夹带的铁屑和杂质，再通过主过滤器。在这一过滤过程中用的预过滤器和主过滤器都是聚偏二氟乙烯微孔膜。这种利用膜的过滤作用来达到分离过程的操作是膜分离操作。

任务一　分离方案的选择

工作任务要求

根据需分离的混合物的要求和特点合理地选择分离方法。

工作任务情景

1. 中草药针剂是一种新的剂型。由于中草药中存在大量的鞣质、蛋白、淀粉、树脂等大分子物。因而煎煮液基本上是胶体溶液，这些大分子物无药效，在制作针剂时必须去除。现需生产中药针剂复方丹参注射液，试选用制作工艺方案。

2. 从中草药中提取六味地黄饮剂。试选用分离方案。

3. 用于生产各种半合成青霉素药物，如氨卡西林、阿莫西林等药物的半合成抗生素原料，6-氨基青霉烷酸的浓缩与回收。试选用分离方案。

技术理论与必备知识

一、膜分离概述

膜分离过程是利用天然或人工合成的、具有选择透过能力的薄膜，在外界推动力作用下，将双组分或多组分体系进行分离、分级、提纯或富集的过程。分离膜是膜分离实现的关键。膜从广义上可定义为两相之间的一个不连续区间，膜必须对被分离物质有选择透过的能力。

膜按其物理状态分为固膜、液膜及气膜，目前大规模工业应用多为固膜；液膜已有中试规模的工业应用，主要用在废水处理中。固膜以高分子合成膜为主，近年来，无机膜材料(如陶瓷、金属、多孔玻璃等)，特别是陶瓷膜，因其化学性质稳定、耐高温、机械强度高等优点，发展很快，特别是在微滤、超滤、膜催化反应及高温气体分离中的应用充分展示了其优势性。

根据膜的性质、来源、相态、材料、用途、形状、分离机理、结构、制备方法等的不同，膜有不同的分类方法。

1. 按膜孔径的大小分为多孔膜和致密膜(无孔膜)

(1) 多孔膜　内含有相互交联的曲曲折折的孔道，膜孔大小分布范围宽，一般为 0.1～20μm，膜厚 50～250μm。对于小分子物质，微孔膜的渗透性高，选择性低。当原料中一些物质的分子尺寸大于膜平均孔径，另一些分子尺寸小于膜的平均孔径时，用微孔膜可以实现这两类分子的分离。微孔膜的分离机理是筛分作用，主要用于超滤、微滤、渗析或用作复合膜的支撑膜。

(2) 致密膜　又称为无孔膜，是一种均匀致密的薄膜，致密膜的分离机理是溶解扩散作用，主要用于反渗透、气体分离、渗透汽化。

2. 按膜的结构分为对称膜、非对称膜和复合膜

(1) 对称膜　膜两侧截面的结构及形态相同，且孔径与孔径分布也基本一致的膜称为对称膜。对称膜可以是疏松的微孔膜或致密的均相膜，膜的厚度大致在 10～200μm 范围内，如图 4-2(a) 所示。致密的均相膜由于膜较厚而导致渗透通量低，目前已很少在工业过程中应用。

(2) 非对称膜　非对称膜由致密的表皮层及疏松的多孔支撑层组成，如图 4-2(b) 所示。膜上下两侧截面的结构及形态不相同，致密层厚度约为 0.1～0.5μm，支撑层厚度约为 50～150μm。在膜过程中，渗透通量一般与膜厚成反比，由于非对称膜的表皮层比致密膜的厚度 (10～200μm) 薄得多，故其渗透通量比致密膜大

(3) 复合膜　复合膜实际上也是一种具有表皮层的非对称膜，如图 4-2(c) 所示，但表皮层材料与用作支撑层的对称或非对称膜材料不同，皮层可以多层叠合，通常超薄的致密皮层可以用化学或物理等方法在非对称膜的支撑层上直接复合制得。

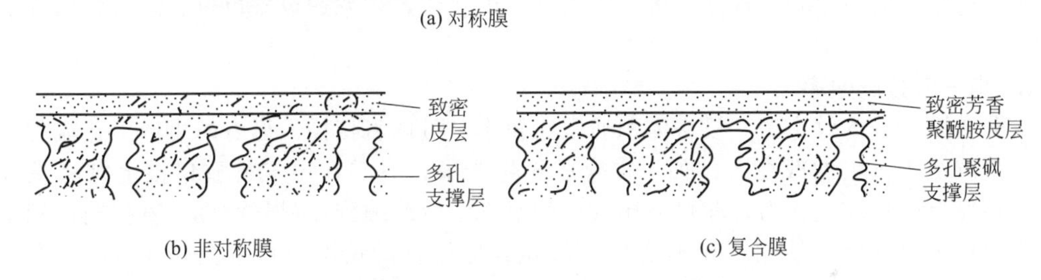

图 4-2　对称膜、非对称膜和复合膜断面结构示意图

对膜材料的要求是：具有良好的成膜性、热稳定性、化学稳定性，耐酸、碱、微生物侵蚀和耐氧化性能。反渗透、超滤、微滤用膜最好为亲水性，以得到高水通量和抗污染能力。气体分离，尤其是渗透蒸发，要求膜材料对透过组分优先吸附溶解和优先扩散。电渗析用膜则特别强调膜的耐酸、碱性和热稳定性。目前的膜材料大多是从高分子材料和无机材料中筛选得到的，通用性强。

二、膜分离的特点

膜分离过程以选择性透过膜为分离介质。当膜两侧存在某种推动力（如压力差、浓度差、电位差等）时，原料侧组分选择性地透过膜，以达到分离或纯化的目的。

膜分离兼有分离、浓缩、纯化和精制的功能，与蒸馏、吸附、吸收、萃取、深冷分离等传统分离技术相比，具有以下特点。

1. 分离效率较高

在按物质颗粒大小分离的领域，以重力为基础的分离技术的最小极限是微米，而膜分离可以分离的颗粒大小为纳米级。与扩散过程相比，在蒸馏过程中物质的相对挥发度的比值大都小于 10，难分离的混合物有时刚刚大于 1，而膜分离的分离系数则要大得多。如乙醇浓度超过 90%的水溶液已接近恒沸点，蒸馏很难分离，但渗透汽化的分离系数为数百。再如氮和氢的分离，常规方法是在深度冷冻条件进行，而且氢、氮的相对挥发度很小。在膜分离

中，用聚砜膜分离氮和氢，分离系数为80左右，聚酰亚胺膜则超过120，这是因为蒸馏过程的分离系数主要决定于混合物中各物质的物理和化学性质，而膜分离过程还受高聚物材料的物性、结构、形态等因素的影响。

2. 多数膜分离过程的能耗较低

大多数膜分离过程都不发生相变化，而相变化的潜热很大。另外，很多膜分离过程是在室温附近进行的，被分离物料加热或冷却的消耗很小。

3. 热过敏物质的处理

多数膜分离过程的工作温度在室温附近，特别适用于对热过敏物质的处理。膜分离在食品加工、医药工业、生物技术等领域有其独特的适用性。例如，在抗生素的生产中，一般用减压蒸馏法除水，很难完全避免设备的局部过热现象，在局部过热区域抗生素受热，或者被破坏或者产生有毒物质，它是引起抗生素针剂副作用的重要原因。用膜分离脱水，可以在室温甚至更低的温度下进行，确保不发生局部过热现象，大大提高了药品使用的安全性。

4. 设备维护可靠

膜分离设备本身没有运动部件，工作温度又在室温附近，所以很少需要维护，可靠度很高。操作十分简便，从开动到得到产品的时间很短，可以在频繁的启、停下工作。

5. 费用变化不大

膜分离过程的规模和处理能力可在很大范围内变化，效率、设备单价、运行费用等变化不大。

6. 膜分离分离效率高

膜分离因为分离效率高，设备体积通常比较小，可以直接插入已有的生产工艺流程，不需要对生产线进行大的改变。例如，在合成氨生产中，只需在尾气排放口接上氮氢膜分离器，利用原有的反应气压力，就可将尾气中的氢气浓度浓缩到原料气浓度，直接输送到生产车间就可作为氢气原料使用，在不增加原料和其他设备的情况下可提高产量4%左右。但是，膜分离技术也存在一些不足之处，如膜的强度较差，使用寿命不长，易于被玷污而影响分离效率等。

三、膜分离操作的分类

1. 反渗透

反渗透是利用反渗透膜选择性地只能透过溶剂（通常是水）的性质，对溶液施加压力，克服溶剂的渗透压，使溶剂通过反渗透膜而从溶液中分离出来的过程。反渗透可用于从水溶液中将水分离出来，海水和苦咸水的淡化是其最主要的应用，现在也已向废水处理、医药用水以及电厂用水处理等领域快速扩展。反渗透膜均用高分子材料制成，已从均质膜发展至非对称复合膜，膜的制备技术相对比较成熟，其应用亦十分广泛。

2. 超滤

应用孔径为10～200Å（$1Å=10^{-10}m$）的超过滤膜来过滤含有大分子或微细粒子的溶液，使大分子或微细粒子从溶液中分离的过程称为超滤。与反渗透类似，超滤的推动力也是压差，在溶液侧加压，使溶剂以及小于膜孔径的溶质透过膜，而阻止大于膜孔径的溶质通过，从而实现溶液的净化、分离和浓缩。

超滤膜一般由高分子材料和无机材料制备，膜的结构均为非对称的。超滤用于从水溶液中分离高分子化合物和微细粒子，采用具有适当孔径的超滤膜，可以用超滤进行不同分子量和形状的大分子物质的分离。

3. 微滤

微滤与超滤的基本原理相同，它是利用孔径大于0.02μm到10μm的多孔膜来过滤含有微粒或菌体的溶液，将其从溶液中除去，微滤应用领域极其广阔，从家庭生活到尖端空间工业，都在不同程度上应用这一技术，目前的销售额在各类膜中占据首位。

4. 渗析

渗析是最早发现、研究和应用的一种膜分离过程，它是利用多孔膜两侧溶液的浓度差使溶质从浓度高的一侧通过膜孔扩散到浓度低的一侧从而得到分离的过程。目前主要用于制作人工肾，以除去血液中蛋白代谢产物、尿素和其他有毒物质。

5. 电渗析

电渗析也是较早研究和应用的一种膜分离技术，它是基于离子交换膜能选择性地使阴离子或阳离子通过的性质，在直流电场的作用下使阴阳离子分别透过相应的膜以达到从溶液中分离电解质的目的，目前主要用于从水溶液中除去电解质（如盐水的淡化等）、电解质与非电解质的分离和膜电解等。

6. 气体膜分离

气体膜分离是利用气体组分在膜内溶解和扩散性能的不同，即渗透速率的不同来实现分离的技术，目前高分子气体分离膜已用于氢的分离、空气中氧与氮的分离等，具有很好的发展前景。无机膜也已用于超纯氢制备等领域，并有可能在高温气体分离领域获得广泛的应用。

7. 渗透汽化

渗透汽化也称渗透蒸发，它是利用膜对液体混合物中组分的溶解和扩散性能的不同来实现其分离的新型膜分离过程，20世纪80年代以来对渗透汽化过程进行了比较广泛的研究，用渗透汽化法分离工业酒精制取无水酒精已经实现工业化，并在其他共沸体系的分离中也展示了良好的发展前景。无机膜中分子筛膜用作渗透汽化的过程已有少量工业应用，预计渗透汽化与气体膜分离可能成为21世纪化工分离过程中的重要技术。

8. 其他膜分离过程

其他膜分离过程尚有膜蒸馏、膜萃取、膜分相、支撑液膜、闸膜、生物膜分离等，均是新近发展起来的新过程，少量已在工业上应用，但大都处于研究开发阶段，本章不作详细介绍。

任务实施

选择合适的膜分离方法可以根据图4-3中所列出的适用范围进行选择。中药针剂属于大分子范围，因此应该采用超滤的方法进行制备。

膜分离操作有着能耗低；工作温度在室温附近；设备部件少，维护方便；同时处理能力和处理规模可以在很大范围内变化；占用的体积小等优点。对于中药针剂复方丹参注射液的分离提纯，其中有效成分的相对摩尔质量较小，多在1000以下，而无效成分（如鞣质、蛋白质、树脂、树胶、淀粉等）其分子较大。用超滤的方法可以将大小不同的分子加以分开，达到除去杂质，保留有效成分的目的。中药针剂复方丹参注射液的分离提纯，原工艺为水-醇法，生产周期为12～30天；用超滤法，生产周期为2～3天。有效成分含量也要高出1倍。

任务评估

1. 资讯

在教师指导下让学生解读工作任务及要求，了解完成项目任务需要的知识：膜分离操

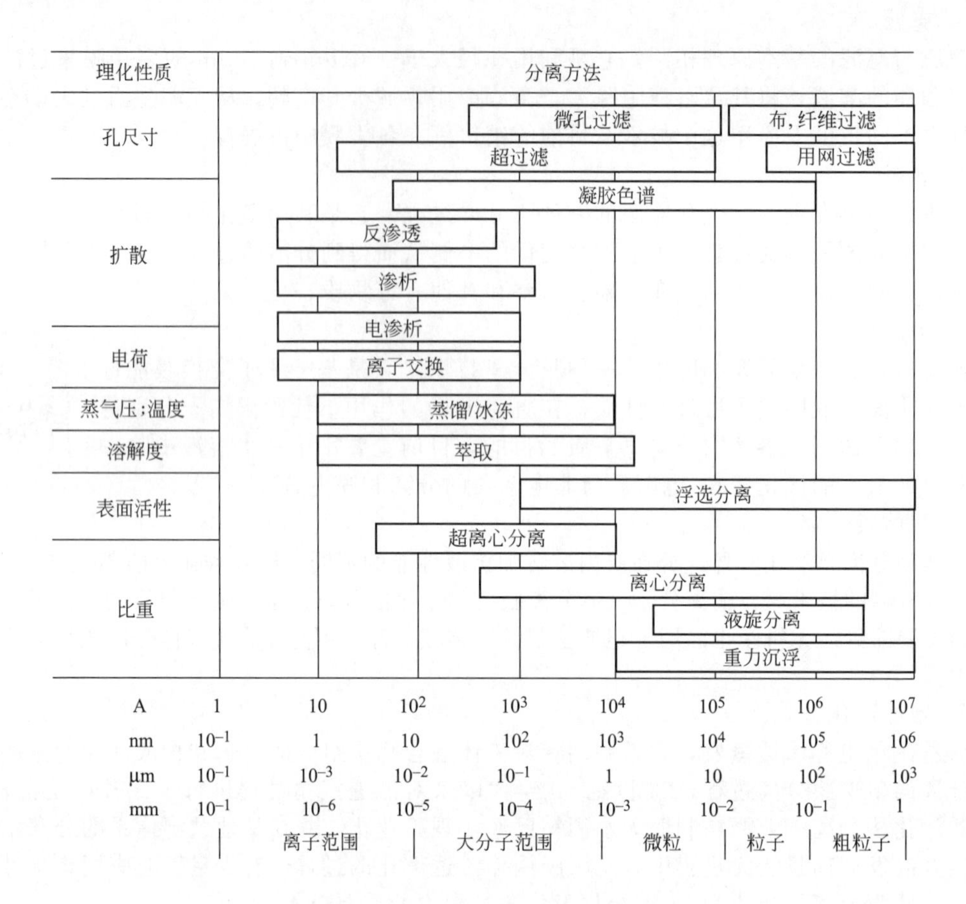

图 4-3 各种膜分离方法及适用范围

作、膜分离操作的特点、膜分离操作的分类。

2. 决策、计划

根据工作任务要求和生产特点初定分离方案。通过分组讨论、学习、查阅相关资料，也可了解其他混合物的分离方法，进行比较，完成初步方案的确定。

3. 检查

教师可通过检查各小组的工作方案与听取小组研讨汇报，及时掌握学生的工作进展，适时地归纳讲解相关知识与理论，并提出建议与意见。

4. 实施与评估

学生在教师的检查指点下继续修订与完善项目实施初步方案，并最终完成初步方案的编制。教师对各小组完成情况进行检查与评估，及时进行点评、归纳与总结。

任务二 分离设备的选择

根据需分离的混合物的要求和特点合理地选择分离设备。

工作任务情景

1. 某电子厂需生产大量的超纯水，试分析该过程的设备及流程。

2. 果汁的浓缩（如柠檬、苹果、番茄），试分析该过程的设备及流程。

3. 有机化工、石油化工、油漆涂料等工业中的有机蒸气的回收，试分析该过程的设备及流程。

技术理论与必备知识

一、反渗透装置及流程

1. 反渗透装置

反渗透膜分离技术研究方向主要是开发各种形式的膜组件。膜组件是指将膜、固定膜的支撑材料、间隔物或管式外壳等组装成的一个单元。工业上应用反渗透膜组件有：板框式、管式、中空纤维式和螺旋卷式。最常用的形式为螺旋卷式和中空纤维式。4 种膜组件的性能及操作条件如表 4-1 所示。

表 4-1　4 种膜组件的性能及操作条件

项　　目	螺旋卷式	中空纤维式	管式	板框式
填充密度/(m^2/m^3)	245	1830	21	150
料液流速/[$m^3/(m^2 \cdot s)$]	0.25～0.5	0.005	1～5	0.25～0.5
料液压降/MPa	0.3～0.6	0.01～0.03	0.2～0.3	0.3～0.6
易污染程度	易	易	难	中等
清洗难易	差	差	非常好	好
预过滤脱除组分/μm	10～25	5～10	不需要	10～25
相对价格	低	低	高	高

（1）螺旋卷式　螺旋卷式膜元件结构如图 4-4 所示。螺旋卷式膜是由平板膜卷制而成的，在两层膜的反面（无脱盐层面）夹入产水流道（特殊织造、处理的化纤布），在产水流道上涂环氧或聚氨酯黏合剂，与上下两层膜黏结形成口袋状，口袋的开口处朝向中心管，在膜的正面（有脱盐层面）铺上一层隔网，将该多层材料卷绕在塑料（或不锈钢）多孔产水集

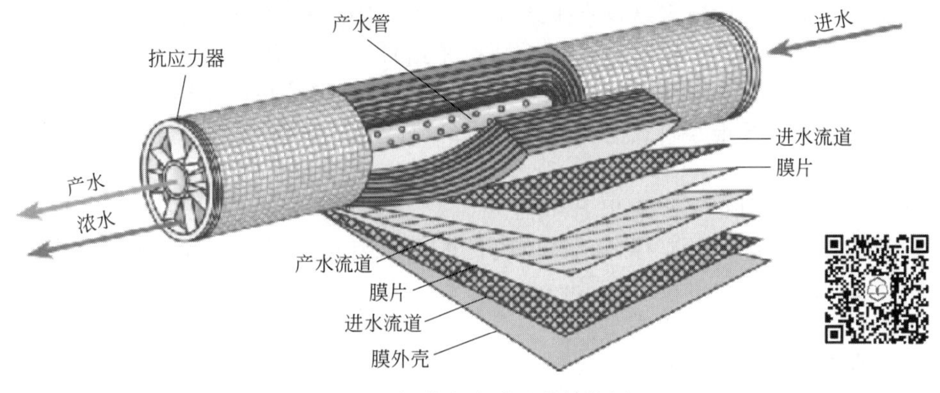

图 4-4　螺旋卷式膜元件结构图

中管上，整个组件装入圆筒形耐压容器中。使用时料液沿隔网流动，与膜接触，透过液沿膜袋内的多孔支撑流向中心管，然后导出。

膜元件的直径范围是50.8～438mm，长度范围304.8～1524mm。各个膜生产厂家根据市场的需求，生产各种规格的反渗透膜元件。在实际使用时需要将一个或多个元件装在一个膜壳（压力容器）里，组成单元件组件、两元件组件、多元件组件，最多到七元件组件。根据工程需要进行排列组合，以满足不同的产水量和水回收率。

卷式组件的主要参数有外形尺寸、有效膜面积、生产水量、脱盐率、操作压力和最高使用压力、最高使用温度和进水水质要求等。

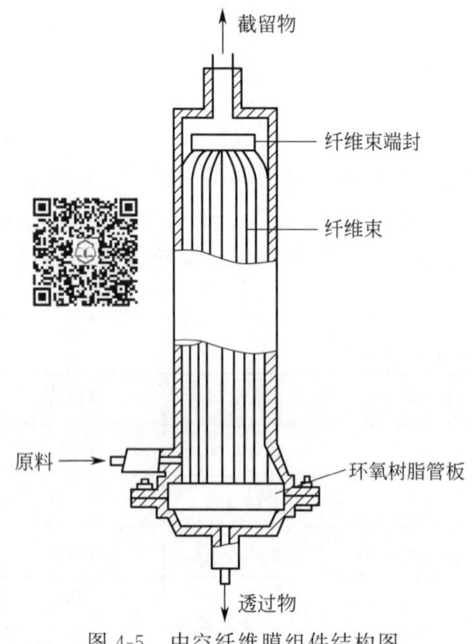

图 4-5　中空纤维膜组件结构图

卷式膜元件流道高度一般在0.7～0.8mm。流道高度较小的膜元件，优点是可以提高膜的装填密度。对流道高度较大的元件，会使膜的装填密度略有缩小，但是这对减少压降和降低在盐水流道上结垢有利。由于聚丙烯挤出网的存在，流体呈湍流状态，可防止膜面结垢，但会产生较大的压降。卷式组件一般要求膜面流速为5～10cm/s，单个组件的压力损失很小，约为70～105kPa。当表面速度为25cm/s时，压降约为1000～1380kPa。

卷式膜组件优点是：结构简单、造价低、膜面积与体积比中等（<1200m²/m³）、抗污染、可现场置换、适用于各种膜材料、容易购买。缺点是：有产生浓差极化的趋势、不易清洗、在小规模应用中回收率较低。适用范围为：大型、中型、小型水处理厂。

（2）中空纤维膜　中空纤维反渗透膜组件结构如图4-5所示，将无数的中空纤维丝集中成束，再将纤维束做成U形回转，在平行于纤维束的中心部位有开孔中心管，纤维膜的开口端用环氧树脂浇铸密封，装入玻璃钢膜壳后就成为单元件组件。

中空纤维丝内径约为42～70μm，外径约为85～165μm，最大外径可达1mm以上，外径与内径之比为2～4。中空纤维反渗透膜元件直径为101.6～254mm，长度为457.2～1524mm。

① 中空纤维反渗透膜组件根据进水流动方式又可以分三种。

a. 轴流式　轴流式的特点是进水流动方向与组件内中空纤维丝方向平行。

b. 放射流式　放射流式的特点是进水从位于组件中心的多孔管流出，沿着半径的方向从中心向外呈放射形流动。目前商品化的中空纤维膜组件多数是这种形式。

c. 纤维卷筒式　纤维卷筒式的特点是中空纤维丝在中心多孔管上成绕线式缠绕，进水在纤维间旋转流动。

② 中空纤维膜组件的特点有以下几点。

a. 由于中空纤维膜不用支撑体，在单组件内可以装几十万到上百万的中空纤维丝，膜面积与体积比高（16000～30000m²/m³）。

b. 压降低、单元件回收率高。

c. 对进水要求高、不易清洗。

d. 中空纤维膜一旦损坏是无法更换的。

e. 操作特点：外压式操作，单元件回收率约为50%，常用形式为单元件组件。

（3）管式　管式组件是由圆管式的膜及膜的支撑体等构成，按膜的断面直径不同，可分为管式、毛细管和纤维管（即前述中空纤维），它们的差别主要是直径不同，直径大于10mm的为管式膜；直径在0.5～10mm之间的是毛细管膜；直径小于0.5mm的为中空纤维膜。根据膜在支撑体的内壁和外壁的不同，形成内压管式和外压管式组件。

管式组件是将膜浇铸在直径为3.2～25.4mm的多孔管上制成。多孔管材料有玻璃纤维、陶瓷、炭、塑料、不锈钢等。将一支或几支膜管铸入端板，外面再套上套管，就成为管式膜装置。按照膜管的多少，可以分为单管式与列管式两种，在列管式中根据膜管的组合形式又分串联式与并联式。外压管式组件一般可以组装成管束式。为了提高膜的装填密度，同时又能改善水流状态，可将内、外压两种形式结合在同一装置中，即成为套管式。内压式管式膜组件如图4-6所示。

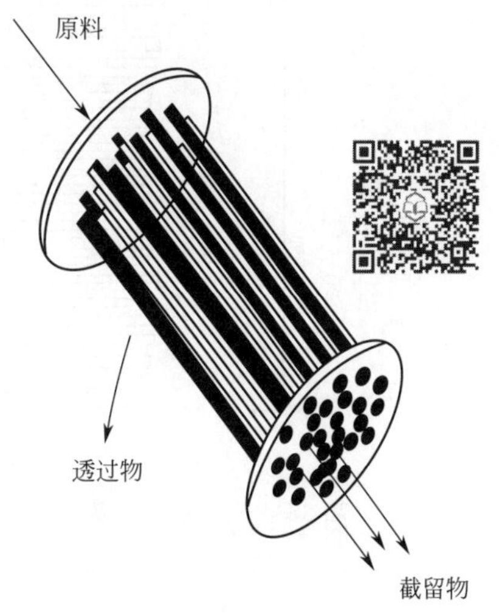

图4-6　内压式管式膜组件结构示意图

优点：流道宽，能够处理含有较大颗粒和悬浮物的原料液。通常膜组件中可处理的最大颗粒直径应该小于通道高度的1/10。流速高，直径为1.25～2.5cm的圆管式组件，在湍流条件下建议用2～6m/s的速度操作，流速与管径有关，当每根管子的流速为10～60L/min时，雷诺数通常大于10000。污染低，易清洗，也可以用放入清洗球或圆条的方法帮助膜清洗。可在高压下操作，安装维修方便，有些组件可在工厂条件下就地更换。

缺点：组件的装填密度是所有组件中最低的，膜面积与体积比低（通常小于100m^2/m^3），成本高，膜材料选择余地窄。

（4）板框式组件　板框式装置采用平板膜，仿板框压滤机形式，以隔板、膜、支撑板、膜的顺序多层重叠交替组装。隔板上开有沟槽，作为进水和浓水的流道。支撑板上开孔作为产水通道。装置体积紧凑，简单地增加或减少膜的层数，就可以调整处理量。板框式膜组件结构如图4-7所示。

同螺旋卷式、中空纤维和管式相比，板框式装置的最大特点是制造组装简单、易拆卸、操作方便，膜的清洗、更换、维护比较容易。

优点：板框式流道是敞开式流道，流道高度一般在0.5～1.0mm之间，原水流速可达1～5m/s。由于流道截面积比较大，对原水的预处理要求较低，可以将原水流道隔板设计成各种形状的凹凸波纹以实现湍流。膜污染低，可选用不同的膜。

缺点：膜面积与体积比小（通常小于400m^2/m^3），易泄漏，成本高。

适用范围：小型水处理厂或浓缩分离。

2. 反渗透系统主要部件

（1）压力容器（膜壳）　用于容纳1～7个膜元件，承受给水压力，保护膜元件。按照容纳的膜元件数，构成单元件组件至七元件组件。经过合理的排列组合，构成一个完整的脱盐体系。材质一般为增强玻璃钢，也有不锈钢。

（2）高压泵　在反渗透系统中，高压泵提供反渗透膜脱盐时必需的驱动力。反渗透进水压力要远远大于溶液的渗透压和膜的阻力。反渗透系统采用的高压泵大多为多级离心泵，也有用高速离心泵的。高速离心泵的特点是转速高、扬程大、体积小、维修方便，缺点是效率较低。对海水脱盐有时也选用柱塞泵，柱塞泵体积较大、结构复杂、维修较难、振动大、安

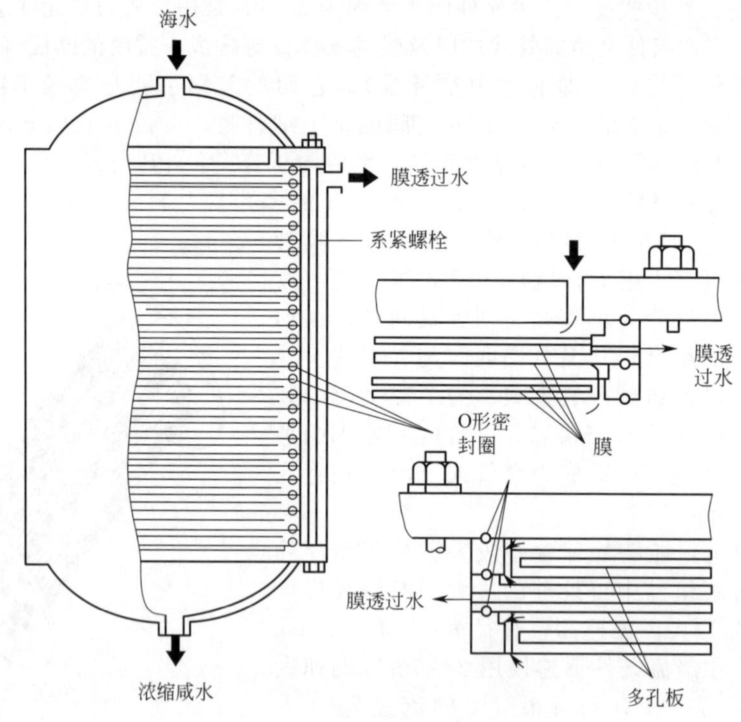

图 4-7　板框式膜组件结构

装要求高，优点是流量与扬程无关、效率高，最高达87%。

(3) 保安过滤器　保安过滤器也叫精密过滤器，一般置于多介质过滤器之后，是反渗透进水的最后一级过滤。要求进水浊度在2mg/L以下，其出水浊度可达0.3～0.1mg/L。在实际应用中，用于反渗透前置过滤时，可选用5μm或10μm滤芯。保安过滤器的设计原则是安装方便、开启灵活、配水均匀、密封性好、留有余量。

(4) 自动控制与仪器仪表　为了保证反渗透工程的安全运行和产水质量，对工程的自动化程度要求越来越高。自动控制主要是控制设备的启停、设备的再生和清洗、设备间的切换、加药系统的控制等。

测量仪表主要包括：①流量表，测定进水和产水的流量；②压力表，测定保安过滤器进出口压力、反渗透组件进出口压力、产水压力、浓水压力；③pH计，测定反渗透进出水pH值；④电导（阻）率仪，测定反渗透进水、产水的电导，有些场合还包括浓水电导的测量；⑤另外还有反渗透进水需要的温度计、SDI、氯表等。

控制仪表主要有：低压开关、高压开关、水位开关、高氧化还原电位（ORP）表等，还有数据记录、报警系统以及各种电器指示、控制按钮。

(5) 辅助设备　反渗透系统的辅助设备主要是停机冲洗系统和化学清洗装置。高压操作的海水淡化或高盐度苦咸水淡化系统，为节约能耗，需配备能量回收系统。

3. 反渗透流程

为了使反渗透装置达到给定的回收率，同时保持水在装置内的每个组件中处于大致相同的流动状态，必须将装置内的组件分为多段锥形排列，段内并联，段间串联。组件的排列方式有一级和多级（通常为二级），具体可分为一级一段、一级二段、一级多段和多级多段。所谓段是指前一组膜组件的浓水流经下一组膜组件处理，流经几组膜组件即称为几段，在同一级中，排列方式相同的组件组成一个段。所谓一级是指进水（料液）经过一次高压泵加压，多级指前一级的产品水再经高压泵加压进入膜组件处理，产品水经几次膜组件处理即称为几级。

（1）一级一段连续式　经膜分离的产水和浓水连续引出系统。这种方式水的回收率较低，一般除用于海水淡化外，其他工业中很少采用，如图 4-8 所示。

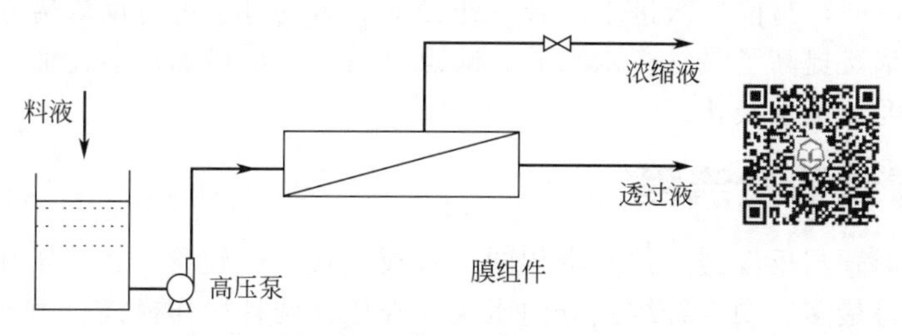

图 4-8　一级一段连续式

（2）一级一段循环式　为提高水的回收率，将部分浓水返回原水箱与原水混合后，再进入系统处理。这种方式适合对产水水质要求不高且对水的利用率有较高要求的场合，如图 4-9 所示。

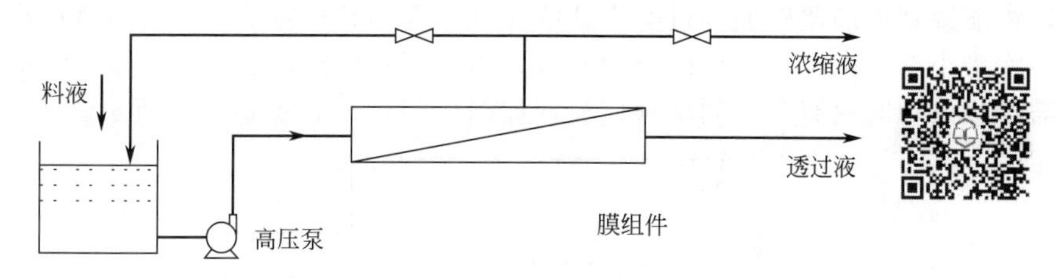

图 4-9　一级一段循环式

（3）一级多段连续式　适合大规模工业应用。它是把第一段的浓水作为第二段的进水，再把第二段的浓水作为下一段的进水，各段的产水连续引出系统。这种方式能得到很高的水回收率。为了保证各段组件膜面流速基本相同，防止加大浓差极化，可将各段组件数成比例减少，形成锥形排列，如图 4-10 所示。

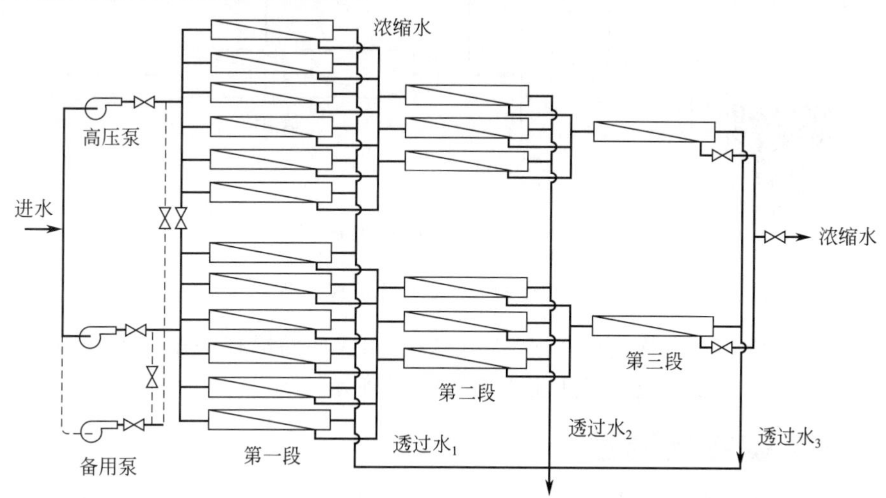

图 4-10　一级多段组件排列形式

（4）一级多段循环式　能获得高浓度的浓缩液。将第二段的产水（渗透液）返回第一段进水，再进行处理。这样经过多段分离处理后，浓缩液的浓度得到提高，适用于以浓缩为目的的工程项目。

（5）多级多段排列式　组件的多级多段排列也可分为连续式和循环式。多级多段连续式的应用与一级多段连续式相同，只不过在各级之间增加了高压泵提升。多级多段循环式是将第一级产水作为下一级的进水进行反渗透分离，将最后一级的产水作为最终产水。而浓水从后一级向前一级返回，与前一级进水混合后作为前一级的进水进行反渗透分离。这种方式既提高了水的回收率又提高了最终产水水质。缺点是由于泵的增加，能耗加大。它适用于海水淡化和沙漠高盐度苦咸水淡化。

二、超滤装置及流程

超滤膜组件形式与反渗透组件基本相同，有板框式、螺旋卷式、管式和中空纤维式。其中中空纤维式用得最多。中空纤维式分内压式和外压式两种操作模式，由于内压式进水分配均匀，流动状态好，而外压式流动不均匀，所以中空纤维超滤多用内压式。

超滤装置基本操作模式有两种，即死端过滤和错流过滤。工业超滤装置大多采用错流式操作，在小批量生产中也采用死端过滤操作。错流操作流程可以分为间歇式和连续式两种。间歇操作适合于小规模生产过程，将一批料投入料液槽中，用泵加压后送往膜组件，连续排出渗透液，浓缩液则返加槽中循环过滤直到浓缩液浓度达到设定值为止。间歇操作浓缩速度快，所需面积最小。间歇操作又可以分为开式回路和闭式回路，后者可以减少泵的能耗，尤其是料液需经预处理时更有利。间歇操作流程如图 4-11(a) 和 4-11(b) 所示。

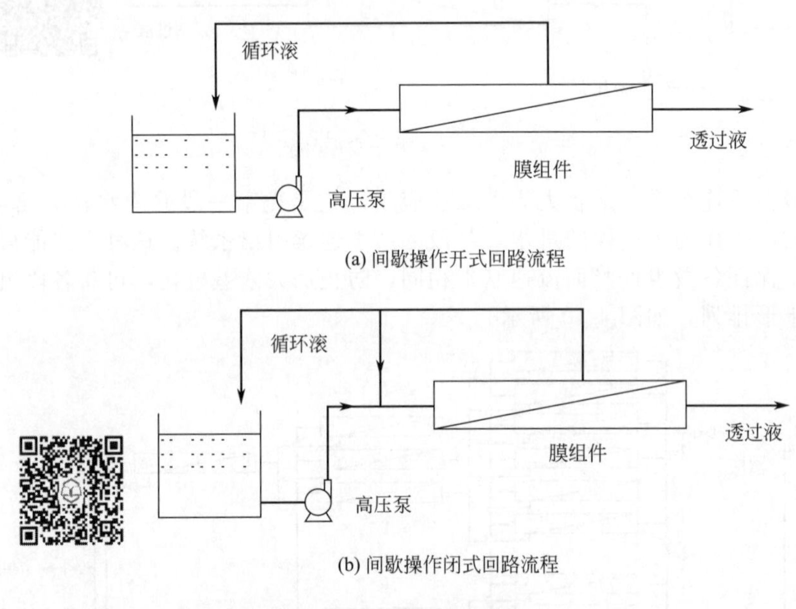

(a) 间歇操作开式回路流程

(b) 间歇操作闭式回路流程

图 4-11　间歇操作流程

连续超滤操作常用于大规模生产产品的处理。闭式回路循环的单级连续操作效率较低，可采用多级串联操作。多级连续操作流程如图 4-12 所示。

三、微滤装置及流程

微孔过滤与超滤、反渗透都是以压力为推动力的液相膜分离过程。三者并无严格的界限，它们构成了一个从可分离离子到固态微粒的三级分离过程。

微孔滤膜制备时大都制成平板膜，在应用时普遍采用褶页式折叠滤芯，如图 4-13 所示。

比较先进的微滤器是自清洗过滤器，将微孔滤膜像制造褶页式滤芯那样折叠，内径远远大于普通滤芯，以便清洗头在里面运作。也有制成 PE 烧结管的形式，在工业应用时

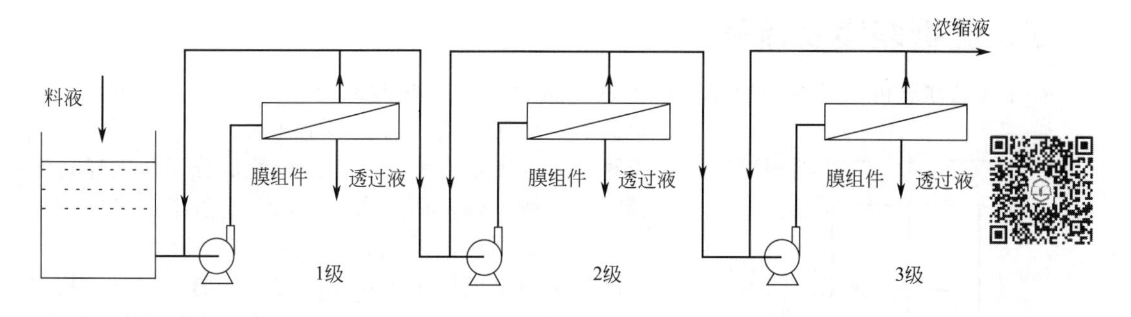

图 4-12　多级连续操作流程

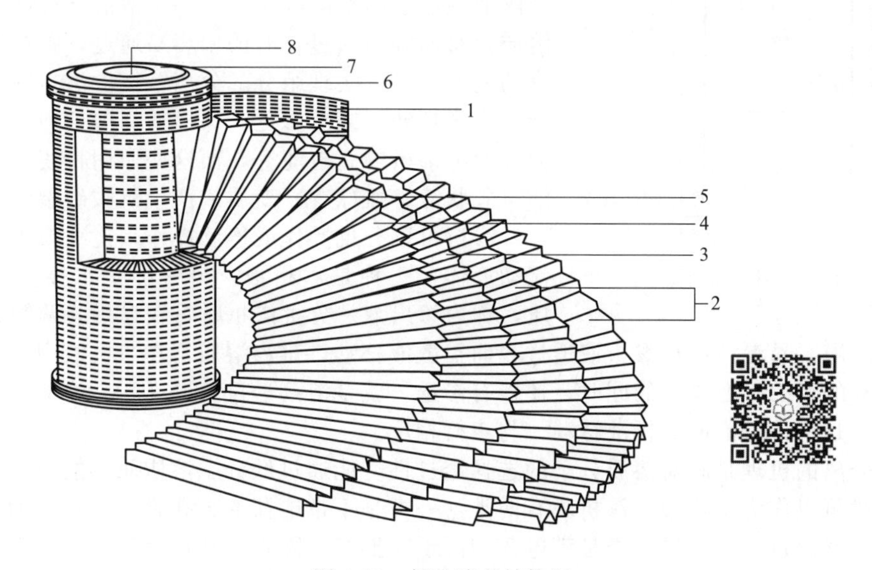

图 4-13　折叠滤芯结构图

1—PP 外壳；2—聚酯无纺布外过滤层；3—微孔滤膜；4—内部聚酯无纺布垫层；
5—PP（或不锈钢）内支撑芯；6—环氧树脂黏结带；7—连接件；8—硅橡胶“O”形圈

通过黏结达到设计长度，将很多烧结管排列在金属壳体里，构成一定处理能力的过滤装置。常规微滤膜组件以平板式和折叠滤芯为主，也有板框式、卷式、管式和中空纤维式（或毛细管式）。

微滤操作分为死端过滤（全过滤）和错流过滤。死端过滤与普通过滤一样，原料液置于膜的上游，在原料液侧加压或在透过液侧抽真空，溶剂和小于膜孔的颗粒透过膜，大于膜孔的颗粒被膜截留沉积在膜面上。随着过滤的进行，沉积层不断增厚压实，过滤阻力将不断增加。在操作压力不变的情况下，膜渗透能量将减小。因此，死端过滤操作必须间歇进行，定期对膜组件进行冲洗和反冲洗。全过滤方式的进水压力变化在 0.05～0.25MPa 之间，当进水压力增大到设计值时需要进行反冲洗，死端过滤工艺能耗为 0.1～0.5kW・h/m^3 渗透液。死端过滤优点是回收率高，缺点是膜污染严重。

错流过滤的原料液流动方向与滤液的流动方向呈直角交叉状态。在错流过滤操作中，原料液与膜面平行流动，所产生的湍流能够将膜面沉积物带走，因而不易将膜表面覆盖，避免滤速下降和膜污染程度减轻。错流方式的缺点是为保证高回收率要有部分浓缩液回流至进料液，增加能耗。

固含量小于 0.1％的进料液通常采用死端过滤；固含量为 0.1％～0.5％的进料液要进行预处理或采用错流过滤；固含量高于 0.5％的进料液只能采用错流过滤。

四、透析装置及流程

渗析（也称透析）是物理现象，用半透膜将容器分隔成两部分，如图 4-14 所示，一侧是含盐的蛋白质溶液，另一侧是纯水。蛋白质不能通过半透膜，故浓度没有变化；溶液中的低分子盐则通过半透膜向纯水侧扩散；而纯水侧的水也通过半透膜向溶液侧渗透，一直到两侧的盐和水达到动态平衡。

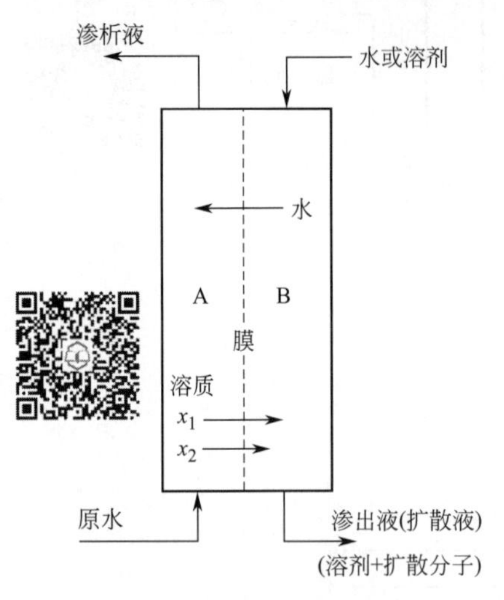

图 4-14　渗析原理图

渗析是最早应用于工业生产的膜分离过程。渗析过程以溶质的浓度差为推动力，溶质顺浓度梯度的方向从浓溶液透过膜向稀溶液扩散。如果溶液含有两种以上的溶质，有的容易通过，有的不容易通过，则根据渗析速率的差异，可以实现组分的分离。扩散渗析的特点是不会产生像超滤（或反渗透）那样的高剪切力或高过滤压力以及电渗析的高电能等，而这些作用将使物质（氨基酸、乳状液、血球等）变质或产生机械破裂。

渗析可以分批操作或连续操作，连续渗析时有两种流动液体，一种是渗析液，另一种是水接受透过的溶质，称为渗出液。分批渗析时，在渗析膜两侧分别是渗析液和渗出液，易渗溶质从渗析液透过膜向扩散液移动，难渗溶质留在渗析液中，达到了溶质组分分离的目的。在渗析的同时，还伴有渗透，就是溶剂透过膜的迁移。渗透也是浓度差推动过程，是从扩散液向渗析液移动，与渗析相反。

渗析分离的机理是膜对溶质分子的选择透过性。能通过低分子溶质而不能通过高分子溶质的半透膜可以作为渗析膜。渗析膜有两类，一类是不带电荷的微孔膜，它利用筛分和位阻的原理来选择透过溶质；另一类是带电荷的离子交换膜，除筛分和位阻作用外，还有电场的作用，对离子物质所负荷电位作选择。

不带电荷的微孔膜对溶质的选择透过性取决于膜的孔径和溶质分子的直径。主要用于从大分子溶液中洗脱盐分子等，或者从大分子溶液中分离、回收无机分子或小分子有机溶质。

离子交换膜的渗析则是依据膜的微孔壁面上所带的正负性来分离离子，阴离子交换膜带有固定的阳离子基团，能透过阴离子而阻滞阳离子，阳离子交换膜带有固定的阴离子交换基团，能透过阳离子而阻滞阴离子。根据电中性原则，电解质溶液中阴离子和阳离子必须配对存在。为此，在浓差渗析进行中，阴离子将带着阳离子透过阳膜，反之阳离子则将带着阴离子透过阴膜。基于氧离子和氢氧根离子的离子半径小，扩散系数大，故而它们胜过其他阴阳离子作为伴带离子而透过膜。渗析的结果是阴膜透过酸，阳膜透过碱。中性膜的渗析是筛分过程，离子交换膜的渗析则是速率分离过程。离子交换膜对离子的选择透过性体现在各离子渗析速率的差别，渗析速率大的溶质透过膜的数量多从而被分离出来。

根据离子膜的特性，阴膜渗析用于混合溶液的脱酸或废酸回收，阳膜渗析则用于碱的回收。离子膜渗析分离不需外加热量，不需外加化学品，操作简便，不产生二次污染。

五、电渗析装置及流程

电渗析装置是由电渗析器、过滤器等处理设备、整流器、输送泵、贮水槽、配管以及仪表等构成。其核心设备是装有离子交换膜的电渗析器。电渗析装置如图 4-15 所示。

1. 电渗析装置分类

根据用途，电渗析装置可以分为以下 4 类。

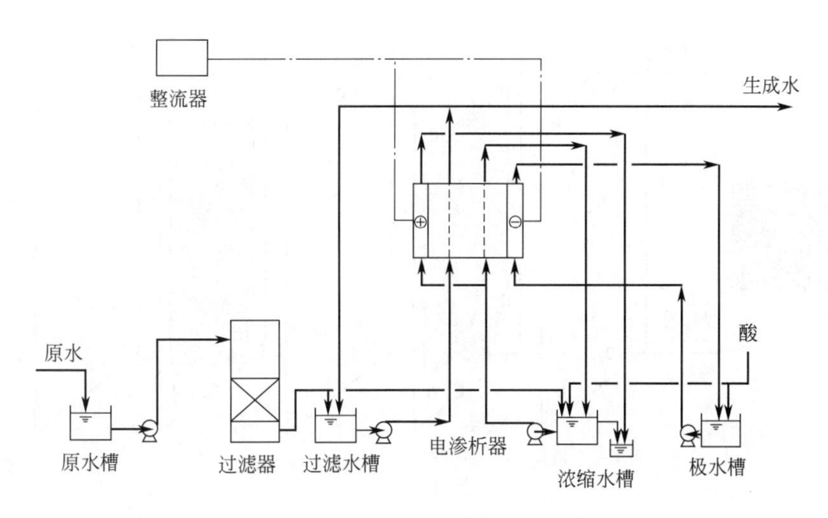

图 4-15　电渗析装置

(1) 脱盐用电渗析装置　以去除盐分为主要目的，一般用于海水或苦咸水等盐水制造饮用水或工业水、锅炉用水的前处理等。

(2) 浓缩用电渗析装置　以有效成分的浓缩回收为目的，通常用于由海水制取食盐、由电渡废液回收有价金属等。

(3) 电解用电渗析装置　以离子交换膜作为电解隔膜，一般用于以电极通过电解氧化还原反应制取酸、碱和有机物等。

(4) 其他电渗析装置　利用离子交换膜的选择透过性，进行复分解反应或置换反应，来抽取有机物或盐。

根据构造可以分为水槽型电渗析器和紧固型电渗析器。从用途的通用性、装置的大型化及节能角度看，紧固型电渗析占主流。

2. 电渗析器的构造

电渗析器主要由浓、淡水室隔板、离子交换膜、极水隔板、电极以及锁紧装置组装而成。其中众多浓、淡水隔板和阴阳离子交换膜交替排列，如图 4-16 所示。浓室和淡室共同构成膜堆，是电渗析器的主体。在膜堆的两端分别设有阳极、阳极室和阴极、阴极室，称之为极区。膜堆和极区按要求顺序由紧固装置锁紧。其内部结构如图 4-17 所示。

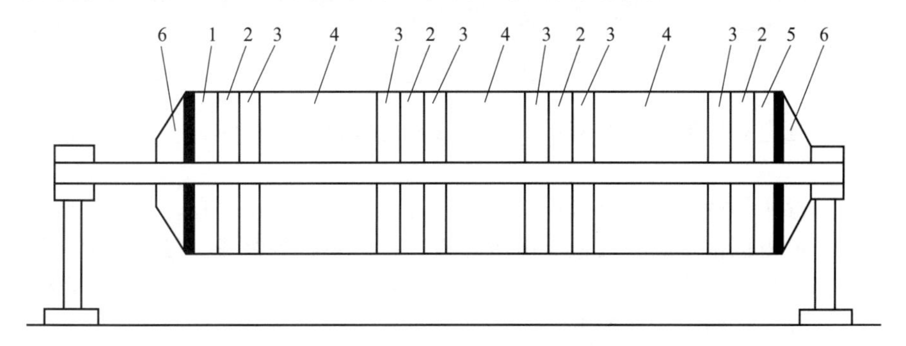

图 4-16　紧固型离子交换膜电渗析器

1—阳极室；2—料液板框；3—缔结框架；4—离子交换膜与垫圈；5—阴极室；6—油压机

(1) 膜堆　一对阴、阳膜和一对浓、淡水隔板交替排列，组成最基本的脱盐单元——膜对，若干组膜对堆叠构成膜堆。

隔板是隔板框和隔板网组合体的总称。主要作用是支撑膜，使阴、阳膜之间保持一定的

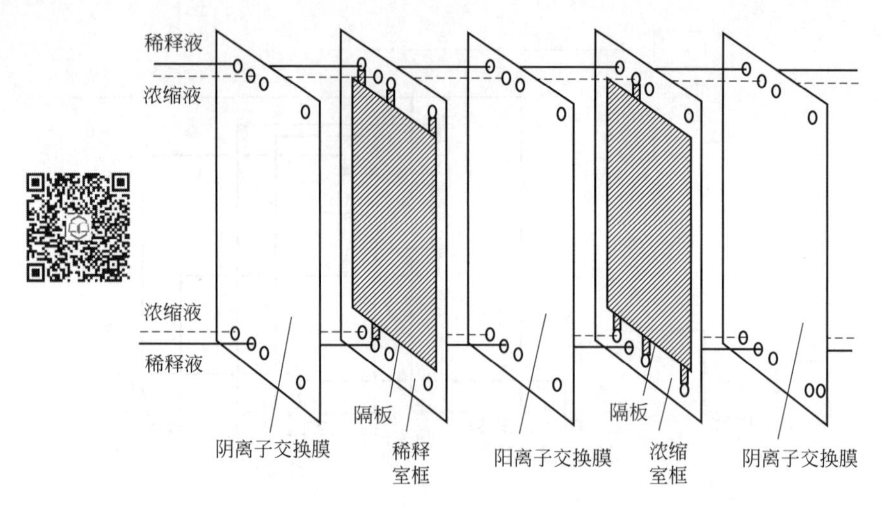

图 4-17　电渗析器内部结构

间隔，同时也起着均匀布水的作用。隔板上有配水孔、布水槽、流水道以及搅动水流用的隔网。浓、淡水隔板由于连接配水孔与流水道的布水槽的位置有所不同，而区分为隔板甲和隔板乙，并分别构成相应的浓室和淡室。隔板材料有聚氯乙烯、聚丙烯、合成橡胶等。隔板流水道分为有回路式和无回路式两种，有回路式隔板流程长、流速快、电流效率高、一次除盐效果好，适用于流量较小而除盐率要求较高的场合；无回路式隔板流程短、流速低、要求隔网搅动作用强、水流分布均匀，适用于流量较大的除盐系统。隔板构造如图 4-18 所示。

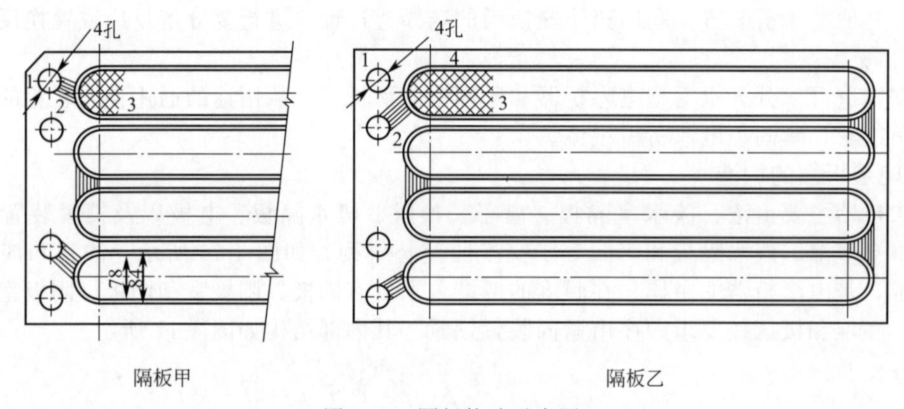

图 4-18　隔板构造示意图

离子交换膜是电渗析器的核心部件。当电渗析过程停止运行时，也需要充满溶液，以防变质变形。

(2) 极区　渗析器两端的电极区连接直流电源，还设有原水进口，淡水、浓水出口以及极室水的通路。电极区由电极、极框、电极托板、橡胶垫板等组成，极框较隔板厚，放置在电极与阳模之间，以防止膜贴到电极上，保证极室水流通畅，排除电极反应产物。常用电极材料有石墨、钛涂钌、铅、不锈钢等。

(3) 紧固装置　紧固装置用来把整个极区与膜堆均匀夹紧，使电渗析器在压力下运行时不致漏水。压板由槽钢加强的钢板制成，紧固时四周用螺杆拧紧。

3. 电渗析装置工艺流程

电渗析装置工艺流程往往采用不同数量的级和段来连接。一对电极之间的膜堆称为一级，具有同向水流的并联膜堆称为一段。增加段数说明增加脱盐流程，即提高脱盐率；增加膜堆数，则可提高水处理量。一级一段是电渗析器的基本组装方式。可采用多台并联以增加产水量，也可用多台串联以提高脱盐率。采用二级一段可以降低操作电压，即在一级一段的膜堆中增加中间电极（共电极）。对于小水量，可以采用一级多段组装方式。电渗析流程如图 4-19 所示。

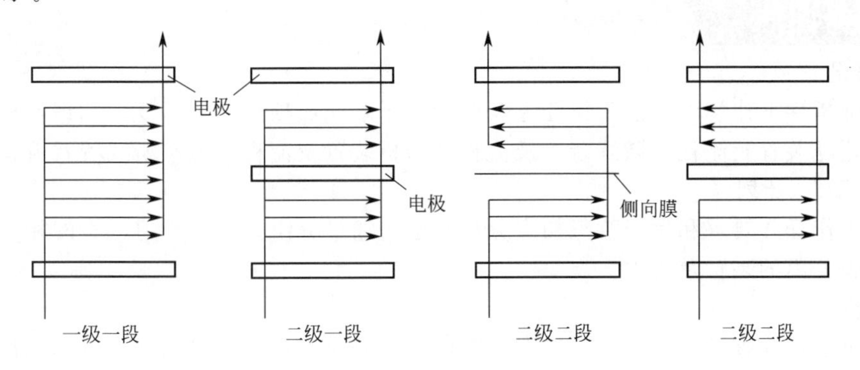

图 4-19　电渗析流程

任务实施

以海水或苦咸水的淡化为例。

(1) 反渗透　只透过溶剂，不透过溶质。

(2) 纳滤　能截留住的最小分子约为 1nm，对摩尔质量为 300g/mol 的有机溶质有 90% 以上的截留能力。

(3) 超过滤　溶剂和小分子（无机盐类）将透过膜，大分子（有机胶体）被截留，通常能截留住摩尔质量为 500g/mol 的高分子。

(4) 渗析　胶体与低分子溶质的分离，通常用于分离水溶液中的溶质。

(5) 电渗析　含水溶液中的荷电离子和分子得到浓缩或者贫化，借助离子选择性膜来控制这种运动。阴离子交换膜对于阴离子是可渗透的，而阳离子被截留；反之，相反。

表 4-2 及表 4-3 是反渗透离子交换与电渗析离子交换两组比较数据。

表 4-2　反渗透离子交换与电渗析离子交换技术的比较

水处理方式	预脱盐装置性能		交换器入口水质		交换器运行周期		除盐水水质	
	脱盐率/%	回收率/%	电导率/(μS/cm)	SiO_2/(mg/L)	阳床/h	阴床/h	电导率/(μS/cm)	SiO_2/(mg/L)
反渗透-离子交换	86.3	75	260	2.7	50-60	23	<5	20
电渗析-离子交换	<50	50	720	12	20	10	<10	20

表 4-3　反渗透离子交换与电渗析离子交换制水成本的比较

项目内容	反渗透离子交换	电渗析离子交换	项目内容	反渗透离子交换	电渗析离子交换
附属设备折旧费/元	44105	3818	电费/元	30481	16660
膜折旧费/元	63200	30000	水费/元	68599	131599
反渗透药品费/元	13571		年运行费合计/元	291466	381387
电渗析药品费/元	65510	192310	制水成本(元/t)	2.38	3.11
材料费/元	6000	7000			

海水或苦咸水的淡化过程中膜分离技术应用在前段和终段。前段主要是用反渗透，其目的是对进入离子交换树脂的水的预脱盐，终段主要是用超过滤和微孔过滤，其目的是在脱盐的基础上进一步除去水中的微粒和微生物。

任务评估

1. 资讯

在教师指导下让学生解读工作任务及要求，了解完成项目任务需要的知识：反渗透装置及流程、超滤装置及流程、微滤装置及流程、透析装置及流程、电渗析装置及流程。

2. 决策、计划

根据工作任务要求和生产特点初定分离设备，通过分组讨论、学习、查阅相关资料，合理地选择膜分离的装置及流程。

3. 检查

教师可通过检查各小组的工作方案与听取小组研讨汇报，及时掌握学生的工作进展，适时地归纳讲解相关知识与理论，并提出建议与意见。

4. 实施与评估

学生在教师的检查指点下继续修订与完善项目实施方案，并最终完成按分离任务要求所需的膜分离装置及流程。教师对各小组完成情况进行检查与评估，及时进行点评、归纳与总结。

任务三　分离操作的理论基础及工艺

工作任务要求

海水脱盐以达到饮用水标准。

技术理论与必备知识

一、压力特征

膜分离过程是以选择性透过膜为分离介质，原料侧组分选择性地透过膜，以达到分离或纯化的目的，不同过程膜两侧推动力的性质和大小不同。其主要特征见表4-4。

表4-4　膜分离过程主要特征

过程	分离目的	透过组分	截留组分	推动力	膜类型
微滤	溶液脱粒子 气体脱粒子	溶液 气体	0.02～10μm	压力差 100kPa	多孔膜
超滤	溶液脱大分子 大分子溶液脱小分子	小分子溶液	1～20nm大分子	压力差 100～1000kPa	非对称膜
纳滤	溶剂脱有机组分、脱高价离子、软化、脱色、浓缩、分离	溶剂、低价小分子溶质	1nm以上溶质	压力差 500～1500kPa	非对称膜或复合膜

续表

过程	分离目的	透过组分	截留组分	推动力	膜类型
反渗透	溶剂脱溶质、含小分子溶质溶液浓缩	溶剂、可被电渗析截留的组分	0.1～1nm 小分子溶质	压力差 1000～10000kPa	非对称膜或复合膜
电渗析	溶液脱小离子、小离子溶质的浓缩、小离子分级	小离子组分	同性离子、大离子和水	电压	离子交换膜
气体分离	气体混合物分离、富集、特殊组分脱除	气体、较小组分或膜中易溶组分	较大组分	压力差 1000～10000kPa	均质膜、复合膜、非对称膜、多孔膜
渗透汽化	挥发性液体混合物的分离	膜内易溶组分或挥发组分	不易溶解组分或较大、较难挥发组分	分压差、浓度差	均质膜、复合膜、非对称膜

二、浓差极化

在反渗透、纳滤和超滤过程中，当不同大小的分子混合物流动通过膜面时，在压力差作用下，混合物中小于膜孔的组分透过膜，而大于膜孔的组分被截留，这些被截留的组分紧邻膜表面形成浓度边界层，使边界层中的溶液浓度大大高于主体流溶液浓度，形成由膜表面到主体流溶液之间的浓度差，浓度差的存在导致紧靠膜面溶质反向扩散到主体流溶液中，这种现象称为浓差极化。

浓差极化对膜过程的影响极为显著，严重时足以使操作无法进行。其影响主要体现在以下方面。

(1) 浓差极化导致膜表面溶液浓度升高，使溶液的渗透压升高，当操作压差一定时，过程的有效推动力下降，导致渗透能量下降。

(2) 渗透能量增加，浓差极化急剧增加，溶质的渗透能量也将增加，导致截留率降低。说明浓差极化的存在限制了渗透能量的增加。

(3) 膜表面溶质浓度高于溶解度时，在膜表面上将形成沉淀，造成膜污染。

因此，浓差极化是膜过程中应加以考虑的一个重要问题。浓差极化对反渗透、纳滤过程和超滤的影响不同，对于超滤过程，被膜截留的通常为大分子，大分子溶液的渗透压较小，由浓度升高引起的渗透压增大对过程影响不大，一般可以不考虑。但在超滤和微滤过程中，通常渗透能量较大，大分子物质的扩散系数小，传质系数小，浓差极化现象比较严重，膜表面处溶质的浓度比主体高得多，以致达到饱和而形成凝胶层，这时溶质的截留率增大，但导致渗透能量严重降低。浓差极化现象是不可避免的，然而是可逆的，在很大程度上可以通过改变流道结构或改善膜表面料液的流动状态来降低这种影响。

在超滤过程中，由于被截留的溶质大多为胶体或大分子溶质，这些物质在溶液中的扩散系数极小，溶质反向扩散通量较低，渗透速率远比溶质的反扩散速率高。因此，超滤过程中的浓差极化比会很高，其值越大，浓差极化现象越严重。当大分子溶质或胶体在膜表面上的浓度超过它在溶液中的溶解度时，便形成凝胶层，此时的浓度称凝胶浓度 C_g。当膜面上一旦形成凝胶层后，膜表面上的凝胶层溶液浓度和主体溶液浓度梯度就达到了最大值。若再增加超滤压差，则凝胶层厚度增加而使凝胶层阻力增大，所增加的压力与增厚的凝胶层阻力所抵消，以致实际渗透速率没有明显增加。由此可知，一旦凝胶层形成后，渗透速率就与超滤压差无关。

减轻浓差极化的有效途径是提高传质系数，采取的措施有：①预先过滤除去料液中的大颗粒；②提高料液流速，增加湍动程度，减薄边界层厚度；③提高操作温度；④选择适当操作压力，避免增加沉淀层的厚度和密度；⑤对膜表面定期进行反冲和化学清洗。

三、膜分离理论

1. 渗透与反渗透

在一容器中，如果用半透膜把它隔成两部分，膜的一侧是溶液，另一侧是纯水（溶剂），由于膜两侧具有浓度差，纯水自发通过半透膜向溶液侧扩散，将这种分离现象称为渗透。渗透的推动力是渗透压。对于只能使溶剂或溶质透过的膜称为半透膜。半透膜只能使某些溶质或溶剂透过，而不能使另一些溶质或溶剂透过，这种特性称为膜的选择透过性。

反渗透是利用半透膜只透过溶剂（如水）而截留溶质（盐）的性质，以远远大于溶液渗透压的膜两侧静压差为推动力，实现溶液中溶剂和溶质分离的膜分离过程。许多天然或人造的半透膜对于物质的透过具有选择性。如图 4-20 所示，在容器中半透膜左侧是溶剂和溶质组成的浓溶液（如盐水），右侧是只有溶剂的稀溶液（如水）。渗透是在无外界压力作用下，自发产生水从稀溶液一侧通过半透膜向浓溶液一侧流动的过程。渗透的结果是使浓溶液侧的液面上升，一直到达一定高度后保持不变，半透膜两侧溶液的静压差等于两个溶液间的渗透压。不同溶液间有不同的渗透压。当在浓溶液上施加压力，且该压力大于渗透压时，浓溶液中的水就会通过半透膜流向稀溶液，使浓溶液的浓度更大，这一过程就是渗透的相反过程，称为反渗透。

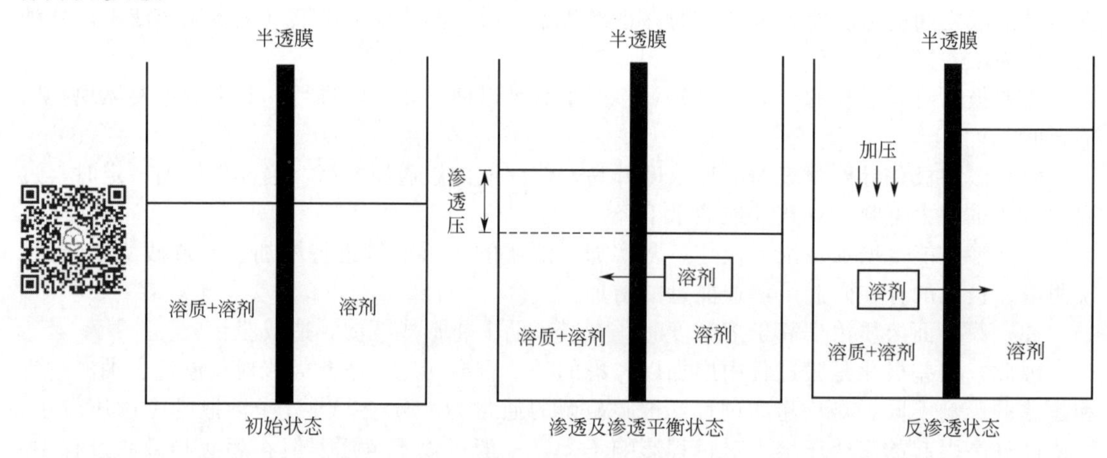

图 4-20 渗透与反渗透原理示意图

反渗透过程有两个必备的条件：一是要有一种高选择性、高透过率的膜；二是要有一定的操作压力，以克服渗透压和膜自身的阻力。

2. 反渗透和纳滤过程机理

反渗透技术已大量应用在不同溶液的分离，同时也有应用不同的膜利用反渗透技术来分离不同的溶液。而采用不同膜来分离溶液的分离机理也不相同。目前，反渗透膜有两种截然不同的渗透机理，一种认为反渗透膜具有微孔结构，另一种则不认为反渗透膜存在微孔结构；选择性吸附-毛细流动理论属于第一种机理的代表，氢键理论则属于第二种机理的代表。

（1）氢键理论　氢键理论把膜视为一种具有高度有序矩阵结构的聚合物，具有与水等溶剂形成氢键的能力，盐水中的水分子能与半透膜的羰基上的氧原子形成氢键，形成“结合水”。在反渗透力推动的作用下，以氢键结合进入膜表皮层的水分子能够从第一个氢键位置断裂，转移到下一个位置，形成另一个新的氢键。这些水分子通过一连串的形成氢键和断裂氢键而不断移位，直至离开膜的表皮致密活性层进入多孔性支撑层，由于多孔层含有大量毛细管水，水分子畅通流出膜外，产生流出的淡水。

（2）选择性吸附-毛细流动理论　选择性吸附-毛细流动理论把反渗透膜看作是一种微细多孔结构物质，这符合膜表面致密层的情况。该理论以吉布斯（Gibbs）吸附方程为基础，认为当盐的水溶液与多孔的反渗透膜表面接触时，如果膜具有选择吸附纯水而排斥溶质（盐分）的化学特性，也即膜表面由于亲水性原因，可在固-液表面上形成厚度为1个水分子厚（0.5nm）的纯水层。在施加压力作用下，纯水层中的水分子便不断通过毛细管流过反渗透膜；盐类溶质则被膜排斥，化合价愈高的离子被排斥愈远。膜表皮层具有大小不同的极细孔隙，当其中的孔隙为纯水层厚度的1倍（约1nm）时，称为膜的临界孔径。当膜表层孔径在临界孔径范围以内时，孔隙周围的水分子就会在反渗透压力的推动下，通过膜表皮层的孔隙流出纯水，因而达到脱盐的目的。当膜的孔隙大于临界孔径时，透水性增加，但盐分容易从孔隙中漏过，导致脱盐率下降；反之，若膜的孔隙小于临界孔径时，脱盐率增大，而透水性则下降。

3. 超滤和微滤的基础理论

超滤和微滤都是在静压差的推动力作用下进行的液相分离过程，从原理上说同为筛孔分离过程。在一定的压力作用下，当含有大分子溶质和低分子溶质的混合溶液流过膜表面时，溶剂和小于膜孔的低分子溶质（如无机盐）透过膜，成为渗透液被收集；大于膜孔的高分子溶质被膜截留而作为浓缩液被回收。膜孔的大小和形状对分离起主要作用，一般认为膜的物化性质对分离性能影响不大。

4. 电渗析原理

电渗析法是在外加直流电场作用下，利用离子交换膜的选择透过性（即阳膜只允许阳离子透过，阴膜只允许阴离子透过），使水中阴、阳离子做定向迁移，从而达到离子从水中分离的一种物理、化学过程。

图4-21为电渗析原理示意图。在阴极与阳极之间，将阳膜与阴膜交替排列，并用特制的隔板将这两种膜隔开，隔板内有水流的通道；进入淡化室（淡室）的含盐水，在两端电极接通直流电源后，即开始了电渗析过程，水中阳离子不断透过阳膜向阴极方向迁移，阴离子不断透过阴膜向阳极方向迁移，结果是，含盐水逐渐变成淡化水。而进入浓缩室的含盐水，由于阳离子在向阴极方向迁移中不能透过阴膜，阴离子在向阳极方向迁移中不能透过阳膜，于是含盐水却因不断增加由相邻淡化室迁移透过的离子而变成浓盐水。这样，在电渗析器中，分成了淡水和浓水两个系统。同时，电极上发生氧化、还原反应，即电极反应。电极反应的结果是在阴极上不断产生氢气，在阳极上产生氯气。阴极室溶液呈碱性，生成 $CaCO_3$ 和 $Mg(OH)_2$ 水垢，集结在阴极上，而阳极室溶液呈酸性，对电极造成强烈的腐蚀。

总体上，电渗析有三个不同系统：淡水室系统；浓水室系统；极水系统。淡化室出水为淡水，浓化室出水为浓盐水，极室产生 H_2、Cl_2、碱沉淀等电解反应产物。

电渗析膜分离技术的关键是离子交换膜，离子交换膜可以说是固态化的膜状离子交换树脂，是一种具有网状结构的立体而多孔的高分子聚合物，它是在高分子结构中引入了固定解离基因，其主要特点是具有离子选择透过性与导电性，在电渗析、扩散渗析及电解隔膜中得到广泛应用。离子交换膜分为阳离子交换膜（CM）和阴离子交换膜（AM）两种。用阳离子交换树脂制成的膜称为阳膜；用阴离子交换树脂制成的膜称为阴膜。导电性隔膜除在有机电解合成金属表面处理等方面作电解隔膜应用外，在能量领域中的应用也在研究。

离子交换膜应有的特性有：对某类离子具有高的渗透选择性，低电阻，高机械稳定性，高化学稳定性。

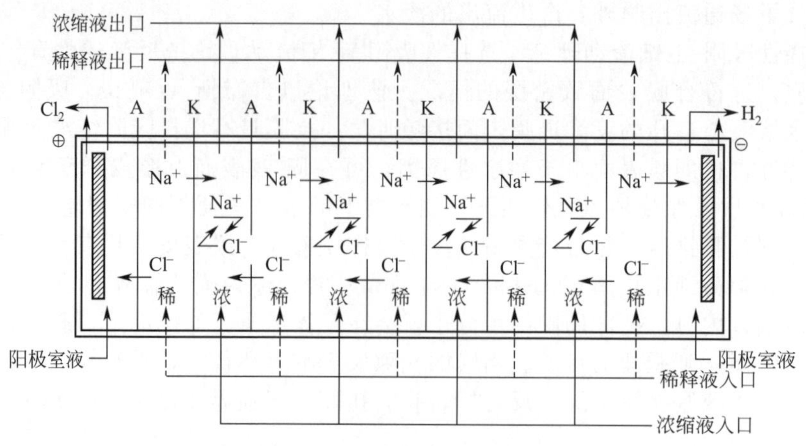

图 4-21 电渗析原理示意图

四、表征膜性能的参数

膜的性能包括膜的分离透过性能和理化稳定性两方面。膜的理化稳定性是指膜对压力、温度、pH 值以及对有机溶剂和各种化学药品的耐受性。

膜的分离透过特性包括分离效率、渗透通量和渗透通量衰减系数三个方面。

1. 分离效率

对于不同的膜分离过程和对象可以用不同的表示方法。对于溶液中盐、微粒和某些高分子物质的脱除等可以用脱盐率或截留率 R 表示

$$R=\frac{c_1-c_2}{c_1}\times 100\% \tag{4-1}$$

式中，c_1、c_2 分别表示原料液和透过液中被分离物质（盐、微粒或高分子物质）的浓度。

对于某些混合物的分离，可以用分离因子 α 或分离系数 β 表示。

$$\alpha=\frac{y_A}{1-y_A}\Big/\frac{x_A}{1-x_A} \tag{4-2}$$

$$\beta=\frac{y_A}{x_A} \tag{4-3}$$

式中，y_A、x_A 分别表示原料液（气）和透过液（气）中组分 A 的摩尔分数。

2. 渗透通量

通常用单位时间内通过单位面积的透过物质量表示。

3. 渗透通量衰减系数

因过程的浓差极化、膜的压密以及膜污染等原因，膜的渗透通量将随时间而减小，可用下式表示

$$J_\theta=J_0\theta^m \tag{4-4}$$

式中 J_0——初始时间的渗透通量，kg/(m^2·h)；

J_θ——时间 θ 时的渗透通量，kg/(m^2·h)；

θ——使用时间，h；

m——衰减系数。

对于任何一种膜分离过程，总是希望膜的分离效率高，渗透通量大，实际这二者之间往往存在矛盾：分离效率高，渗透能量小；渗透通量增加，分离效率低。选择膜和实际生产中

需在二者之间作出权衡。

任务实施

反渗透装置已成功地应用于海水脱盐，并达到饮用级的质量。但海水脱盐成本较高，目前主要用于特别缺水的中东产油国。用 RO 进行海水淡化时，因其含盐量较高，除特殊高脱盐率膜以外，一般均需采用二级 RO 淡化。图 4-22 为日本日产 800 吨淡水的海水反渗透装置的前处理和 RO 过程流程图。

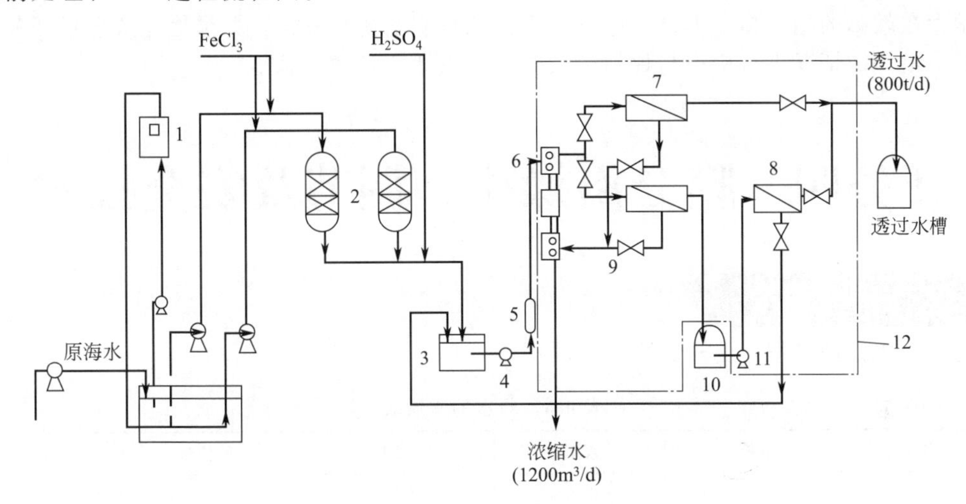

图 4-22　反渗透海水淡化流程图

1—电解率发生器；2—复层过滤器；3—过滤水槽；4—增压泵；5—内装式过滤器；6—第一级高压泵电机；7—中空纤维型组件；8—螺旋卷式组件；9—能量回收透平机；10—中间槽；11—第二级高压泵；12—室内设备

海水经 Cl_2 杀菌、$FeCl_3$ 凝聚处理及双层过滤器过滤后，调 pH 至 6 左右。对耐氯性能差的膜组件，在进 RO 装置之前还需用活性炭脱氯，或用 $NaHSO_3$ 进行还原处理。

为了回收浓缩液的高压能量，可用其带动直接连接到电机上的能量回收透平机。表 4-5 是海水淡化用膜情况。

表 4-5　海水淡化用膜①

膜	起始脱盐率/%	起始透水率/[$cm^3/(cm^2 \cdot h)$]	一年后透水率下降/%
商业 $CA_{2.45}$	98	1.7	50
$CA_{2.63}$混合物	99.5	1.96	10
$CA_{2.65}$均聚物	99.5	1.81	22
XI-$CA_{2.45}M_{0.17}$	99.7	1.7	22
$CA_{2.64}$/CN-CA 复合膜	99.5	1.7	22

① 以 3.5% NaCl 水溶液，在 10.3MPa（$105kg/cm^2$）下测试。

任务评估

1. 资讯

在教师指导下让学生解读工作任务及要求，了解完成项目任务需要的知识：反渗透原理、超滤原理、微滤原理、透析原理、电渗析原理、压力特征、浓差极化、表征膜性能的参数。

2. 决策、计划

根据工作任务要求和生产特点，在给定的工作情景下完成相关工艺参数的确定，再通过分组讨论、学习、查阅相关资料，完成任务。

3. 检查

教师可通过检查各小组的工作方案与听取小组研讨汇报，及时掌握学生的工作进展，适时地归纳讲解相关知识与理论，并提出建议与意见。

4. 实施与评估

学生在教师的检查指点下继续修订与完善项目实施初步方案，并最终完成项目任务，教师对各小组完成情况进行检查与评估，及时进行点评、归纳与总结。

任务四　膜分离操作、调节及安全技术

工作任务要求

选取一水处理过程，已知原水的水质见表 4-6。

表 4-6　原水的水质表

名称	单位	数量	名称	单位	数量
Na^+	mg/L	3.5	HCO_3^-	mg/L	60
Ca^{2+}		41	SO_4^{2-}		52
Mg^{2+}		4.7	Cl^-		50
Fe^{3+}		0.024	SiO_2（胶体）		6
COD		5	SiO_2（活性）		18
总硬度	mmol/L	1.2	总固形物		297
总碱度		1.2	浊度	NTU	2～10
pH		7			

要求金属离子的处理量为 85%，浊度 NTU 不大于 0.1，细菌去除率 99.9%，除去 HCO_3^-、SO_4^{2-}、Cl^- 等离子。

技术理论与必备知识

一、预处理过程

反渗透膜分离过程是所有膜分离过程中对进水水质要求最高的分离过程，完善的预处理过程是保证反渗透膜元件长期顺利运行的关键。反渗透膜对进水的 pH、温度、微量化学物质、悬浮物质、胶体物、乳化油等有明确的要求。预处理的目的：

① 除去水中的悬浮物质和胶体物质；

② 除去乳化油、浮油和有机物等；

③ 抑制和控制钙镁盐类化合物的形成，防止它们沉淀堵塞进水的通道或在膜表面形成涂层；

④ 调节并控制进水的 pH 和温度；

⑤ 防止微生物对膜组件的侵害和污染。

在上述预处理中，主要考虑两个方面：一方面是防止悬浮物质、胶体物质和微生物对膜和管道内部的污染与堵塞；另一方面是要防止难溶盐的沉淀结垢。两方面的处理结果都达到要求时，才能保证反渗透装置的正常运转。

1. 经常采用的反渗透预处理方法

① 采用絮凝、沉淀、过滤或生物处理法去除进水中的悬浮固体和胶体。

② 用氯、紫外线或臭氧杀菌，以防止微生物、藻类和细菌的侵蚀。

③ 加阻垢剂或酸，防止钙、镁离子沉淀结垢。

④ 按照所用反渗透膜的种类和要求，严格控制进水 pH 值和余氯含量，防止膜的水解和氧化。

⑤ 控制水温，保证膜处于良好的操作条件。

2. 预处理一般原则

① 地表水中悬浮物、胶体类杂质多，可根据悬浮物含量采用不同的处理工艺。如悬浮物含量小于 50mg/L 时，可采用直流混凝、过滤法。当悬浮物含量大于 50mg/L 时，可采用直流混凝、澄清、过滤法。

② 地下水含悬浮物、胶体类杂质较少，浊度和 SDI 值较低，由于长期缺氧，地下水存在有 Fe^{2+}、Sr^{2+}、H_2S 等具有还原性的成分。如果地下水含铁量小于 0.3mg/L，悬浮物含量小于 20mg/L 时，可采用直接过滤法。如果地下水含铁量大于 0.3mg/L，应考虑曝气或锰砂过滤除铁，再考虑其他过滤工艺。

③ 原水中有机物含量较高时，采用加氯、混凝、澄清和过滤处理。若仍不能满足要求，可进一步采用活性炭过滤除去有机物。

④ 原水中碳酸盐硬度较高时，加药处理仍阻止不了 $CaCO_3$ 在反渗透膜上沉淀时可采用石灰软化处理。

⑤ 原水中硅酸盐硬度较高时，可加入石灰、氧化镁进行处理。

目前，采用微滤或超滤技术作反渗透系统预处理的“双膜法”技术，可以减少设备投资，提高水质，是行之有效的方法。

二、膜的选择

在膜分离过程中，膜元件是整个系统的关键。根据进水水质、产水量和对产水水质的要求选择合适的膜元件，是工程质量的保证。目前，在国内膜市场上，反渗透膜和超滤膜以进口膜元件占主要份额，微滤膜是膜产品中用量最大的产品，国内有很多微孔滤膜生产厂家，用途广泛。

三、膜的操作

膜元件的安装、保存和运行必须遵循相关膜的操作规程，不正确的操作方法可能对膜元件造成不同程度的操作损伤，并导致膜元件性能下降。生产上膜装置不尽相同，其操作规程也有变化。生产操作中应严格执行操作规程，以反渗透装置和连续微滤装置为例介绍其操作过程。

1. 反渗透系统的运行

反渗透系统安装完毕须经试运行后，方可进行投产运行。

（1）初次运行

① 通过冲洗管道以及在高压泵前安装保安过滤器，防止金属屑、沙粒、纤维等异物进入膜组件内，并确认其有效性。

② 确认预处理过程有效，保证进水满足膜对水质的要求。水质监测主要项目包括残留氯、低溶解度盐类、硅酸类、二氧化硅、进水 pH 和进水温度。

③ 反渗透装置的冲洗，排出残留在膜元件及膜壳内的空气。进行冲洗时，调节进水流量，以低压低流量直到浓水管出口或流量计不再有气泡冒出后，将流量逐渐升高，冲洗 30 分钟左右。冲洗时，浓水侧和产水侧的阀门不能全部关闭，如果关闭产水侧的阀门则会造成膜元件的破裂。

④ 启动高压泵制水。高压泵启动前，通过调节高压泵出口阀的开度，防止瞬间的高流量和高压力损伤膜元件。启动高压泵后，尽量匀速开启进水阀门，逐渐提高反渗透装置的进水压力，使浓水流量达到设计值。

⑤ 装置连续运行 1 小时后，进行水质分析，将合格的产水引入产水箱内，并记录装置初始运行数据。

(2) 正常启动

① 启动　浓水侧及产水侧阀门全部打开，关闭进水阀门后启动高压泵。慢慢打开进水阀门，使流量增加到冲洗流量，保持 1min 以排除膜壳内的空气。

② 运行调整　逐渐调节高压泵出口的反渗透装置进水阀，一边慢慢关闭反渗透装置浓水阀。在保持流量等于设计值的同时，注意产水流量的上升，并逐步调节使回收率到达设计值。

③ 停止运行

a. 关闭进水泵　先关闭反渗透装置的进水阀，再停止高压泵。

b. 冲洗　打开全部浓水阀和产水阀，启动冲洗水泵，逐渐打开进水阀，直至冲洗流量达到设计值。冲洗 5min，将装置内的浓水换成冲洗水。

c. 停止运行　逐渐关闭进水阀后，停止高压泵的运行。

2. 连续微滤系统操作

超滤和微滤装置的基本操作模式有两种，死端过滤（全过滤）和错流过滤。超滤大多采用错流式操作，在小批量生产中也采用死端过滤操作。微滤操作根据固含量确定采用死端过滤和错流过滤。固含量小于 0.1%的物料通常采用死端过滤；固含量为 0.1%～0.5%的原料液要进行预处理；固含量大于 0.5%的进料液只能采用错流过滤。死端过滤为间歇操作过程，错流过滤为连续过滤过程。

MEMCOR4/6/7M 10x 连续微滤（CMF）设备用于除去大于 0.2μm 固体杂质。系统由微孔滤膜元件、进水泵、配套阀门、管道、仪表和控制系统构成。所有组件均固定在金属框架上，只需要简单将电路接线、进水管、压缩空气、排放和过滤管道连接到相应设备的接头即可。

(1) 启动　在设备启动时，由 PLC（逻辑控制器）的启动控制步骤执行。进水罐的进水阀在液位开关控制下自动开关以维持液位。当进水罐的水到达中间液位时，启动 CMF 设备进水泵。在开始过滤前，系统须运行 20s 的空气清洗循环。

(2) 过滤　原料液（进水）经泵进入过滤元件的膜壳侧。在过滤时，上边的进水阀和下边的进水阀都开启。滤液（产水）经由顶端和底端的产水出口流出，并流经过滤阀和控制阀到滤液流量计。滤液可以送往下一工序或再循环进水罐。

(3) 反冲洗　微孔过滤存在膜污染和浓差极化，运行一定时间后，过滤速率会下降。通过反冲洗可以将沉积在膜表面的杂质从表面清除掉。反冲洗过程采用高压气体循环的方式进行，高压气体通入微孔滤膜纤维内并通过膜表面，以去除膜外表面吸附的微粒。进气由下到上流经膜元件，将洗脱下来的微粒冲出膜元件并带到反冲洗出口。

反冲洗在通常情况下是由 PLC 控制，按设定的时间间隔自动进行。反冲洗也可以手动方式进行。

(4) 重新浸润　对于新膜或反冲洗后长时间未使用的膜，在微孔滤膜的毛细孔中可能会存有气泡。为保证膜元件的最大效率，必须使毛细孔完全充满液体。重新浸润过程可以驱走这些气泡。重新浸润是用液体将气体压到微孔滤膜的滤出液侧。被加压的液体将膜毛细孔吸附的气体赶至微滤膜元件壳侧，从而保证膜孔内完全充满水。

通常，在反冲洗后，自动进行两次重新浸润过程。在某些情况下，可以由PLC调节，从而在反冲洗后只进行一次重新浸润，也可以在过滤状态下手动进行。

(5) 停止运行　在停机时，进水泵和所有的电磁阀都关闭。打开排气阀以使装置与大气连通，其目的是避免由于微生物的存在使内部压力升高。

四、膜的污染及清洗

尽管工程技术人员在设计时尽了最大努力，预处理方案也考虑得比较周全。但在实际工程应用中，反渗透膜表面会由于原水中亚细微粒、胶体、有机物、微生物等污染物质的存在及运行过程中对难溶盐类的成倍浓缩而产生的沉积，形成对反渗透膜的污染。反渗透膜被污染后，就会出现系统产水量减少、脱盐率下降等膜性能方面的变化。另有 SiO_2、$MgCO_3$、$MgSO_4$、$Al(OH)_3$、CaF_2 也会引起结垢。

1. 膜污染的发生与预防

对于反渗透膜来说，膜污染是指在膜表面形成污物层或膜孔被污物堵塞等外因而导致的膜性能下降。膜表面形成的污物层主要有水溶性大分子形成的凝胶层、难溶的无机物形成的结垢层以及水溶性大分子形成的吸附层。膜孔堵塞是由于水溶性大分子的表面吸附，以及难溶的小分子无机物在膜孔中结晶或沉淀。膜污染的特点是它所产生的产水量衰减是不可逆的，虽然可以根据不同污染原因采用相应的清洗方法使膜性能得到恢复，但是100%恢复是不可能的。

另一种应该竭力避免的现象是膜的劣化，膜的劣化是膜自身发生了不可逆转的损害，这种损害原因有三种：一是由于膜在强氧化剂或高pH下产生的化学反应，如水解、氧化；二是物理性变化，如长期高压操作导致膜压密以及长期停用时保管不善造成膜干燥；三是微生物造成的生物降解反应。

反渗透膜发生污染的原因有：

(1) 预处理不恰当，即设计的预处理系统不适合现有的原水水质及流量，或在系统内缺少某些必要的工艺装置和工艺环节；

(2) 预处理装置运行不正常，即预处理系统对原水浊度、胶状物等去除能力较低，达不到设计的预处理效果；

(3) 预处理系统设备（泵、配管及其他）选择不恰当或设备材质选择不正确；

(4) 加药（酸、絮凝/助凝剂、阻垢/分散剂、还原剂及其他）系统发生故障；

(5) 设备间断运行或系统停止使用后未采取适当的保护措施；

(6) 运行管理人员不合理的操作与运用；

(7) 膜组件内的难溶沉淀物长时间堆积；

(8) 原水组分变化较大或水源特性发生了根本的改变；

(9) 反渗透膜组件已发生了一定程度的微生物污染。

在膜的应用过程中很难完全避免膜污染和膜的劣化，但是这些产生膜污染和劣化的原因基本都为外界因素，所以可以根据工程的实际情况采取相应措施延缓或防止膜的污染与劣化。可采取的措施有：

(1) 完善预处理　在设计时按照用户提供的原水资料选择最佳预处理方案，絮凝、杀菌、调解 pH 等手段有助于除去大多数对膜有害的物质，合适的过滤和吸附设备也是保证进水质量的有效措施；

(2) 优化操作方式　对操作人员要进行培训，提高责任意识，尽量使反渗透系统在设计条件下操作；

(3) 使用抗污染膜元件　对于有些中水回用或污水处理项目要考虑使用抗污染膜元件，在选择时根据工程实际情况与膜厂家代表协商，以便对症下药；

(4) 有效的化学清洗　尽管采取各种措施只是延缓的膜的污染速度，但是定期对膜进行必要的化学清洗，也是一种防止膜污染的方法。

2. 膜污染后的处理方法

当膜污染发生后，对于可能发生的膜污染情况进行分析，首先应认真研究所记录的、能反映设备运行状况的运行记录资料。确认原水水质情况，分析测定 SDI 值时残留在滤膜上的物质，分析反渗透保安过滤器滤芯上的截留物，检查进水管内和反渗透膜组件进水端的沉积物。根据分析结果要尽快采取措施进行处理，可以使膜的性能恢复到更接近原性能。采用的方法分为物理方法和化学方法。

(1) 物理方法　最简单的方法是采用反渗透产水冲洗膜表面，也可以采用水和空气混合流体在低压下冲洗膜面 15min，这种处理方法简单，对于初期受有机物污染的膜的清洗是有效的。在设计时要设计停机冲洗设施，利用反渗透产水或者反渗透进水对反渗透膜组件进行冲洗，即置换出高倍浓水，又可以将膜面一些沉积物冲走。

(2) 化学方法　每个膜厂家在其膜技术手册中，都会介绍他们允许的膜清洗剂配方。按照厂家提供的配方，首先要了解化学试剂的性能和使用方法。

① 清洗试剂清洗试剂的选择，必须考虑的是该试剂与所用反渗透膜的相容性，如膜的耐氧化性、适用 pH 范围、许用的最高温度等。

② 清洗配方，膜污染是多种污染物一起沉淀在膜面上，因此清洗剂也是多种药品组成的。

清洗与否判断依据一般是按照膜提供商提供的资料，一般当有下述情况之一发生时应对反渗透膜系统予以清洗：标准化后的产水量减少了10%～15%；标准化后的系统运行压力增加了15%；标准化后膜的盐透过率较初始正常值增加了10%～15%；运行压差比刚运行时增加了15%。

建议以反渗透系统最初运行25～48h所得到的运行数据为标准化后对比依据。反渗透设备的性能与压力、温度、pH、系统水回收率及原水含盐浓度等因素有关。因此，根据刚开车时得到的产水流量、进出水压力、膜前后压差及系统脱盐率数据与现有系统数据标准化后进行比较是非常重要的。对于设计优良和管理完善的反渗透系统来说，化学清洗的最短周期均应保证连续运行3个月以上，一般应达到6～12个月，否则就必须考虑对预处理系统或其运行管理方法进行改善。

3. 膜清洗过程

反渗透过程膜的清洗：

(1) 首先用反渗透产水冲洗反渗透膜组件和系统管道。

(2) 彻底清洗配药箱，在清洗过滤器中安装新滤芯。

(3) 按照膜厂家推荐的配方用反渗透产水配制清洗液，并且保证混合均匀。在清洗前应反复确认清洗液 pH 和温度是否适宜。

(4) 用清洗泵按照不大于 $9m^3/(h \cdot$ 每支 8in 组件压力容器)、$2.3m^3/(h \cdot$ 每支 4in 组件压力容器) 的清洗流量向反渗透组件打入清洗液，压力小于 0.35MPa，并把刚开始循环回来的部分清洗液排掉，防止清洗液被稀释。

(5) 在保证流量和压力稳定的情况下，将清洗液循环 45～60min，并注意保持清洗液温度稳定在室温至 40℃。对回流清洗液的浊度、颜色等直观情况进行观察，并随时检查回流清洗液 pH 值的变化情况。

(6) 如果膜污染比较严重，可以在循环结束后停泵并关掉阀门，将膜元件浸泡在清洗液中，浸泡时间大致为 1h 或适当延长。为保证浸泡时的清洗液温度，也可采用反复进行循环与浸泡相结合的方式。一般说来清洗液的温度至少应保持在 20～40℃，适宜的清洗液温度可增强清洗效果，温度过低的清洗液可能在清洗过程中发生药品沉淀。当清洗液温度过低时，应将清洗液温度升高到较为合适的温度后再进行清洗。

(7) 在结束清洗液的浸泡之后，一般以推荐清洗流量再次循环清洗 20～45min 即可。然后用反渗透产水对反渗透膜组件进行冲洗，并将冲洗水排入下水道中。在确认冲洗干净后，即可重新运行反渗透设备。系统重新运行后 15min 内的产水应排放掉，并检测系统的各项指标决定是否进行下一配方的清洗。在采用多种药品进行清洗时，为防止化学药品之间的化学反应，在每次进行清洗前产水侧排出的水最好也应排净。

(8) 对于多段排列的反渗透装置，应该分段进行清洗，可以防止在第一段被洗掉的污染物进入下一段，造成二次污染。

在停止冲洗前，按下述条件检验浓水：

① 浓水 pH 与进水 pH 相差 1 以内；

② 浓水电导与进水电导相差 100 以内；

③ 浓水无泡沫。

若以上三个条件均符合，则清洗完成，可以进行下一步清洗或运行。

性能稳定的反渗透膜可适应较宽范围内的清洗药品，现在对于不同药品对膜的性能有无影响并没有明显的界限。但有一点是肯定的，那就是频繁的化学清洗会缩短膜的寿命。

按照正常情况，碱性清洗剂用于去除生物污染及有机物污染，而酸性清洗剂则用于去除铁铝氧化物等其他难溶性无机盐污染。

用户应尽可能使用在技术上比较先进的、专业公司提供的清洗药品。在不清楚所使用的药品对膜性能的影响，甚至还没有完全了解药品的清洗使用条件（温度及 pH）和有关清洗效果时，就盲目地、大规模地在系统中使用这种药剂是非常危险的。用户不仅要谨慎选择清洗药品，而且在清洗时应严格遵守药品的使用说明和工艺，并要仔细观察清洗时清洗液的 pH 和温度的变化。

超滤过程中，膜污染的主要原因是进料液中的微粒、胶体和大分子与膜之间存在的物理作用或机械作用而引起膜表面的沉积或膜孔堵塞。在工程应用上，必须定期对超滤膜进行冲洗和化学清洗。清洗方法如下。

① 超滤膜反冲洗方法　超滤操作周期取决于进水质量，可以根据进水质量按膜要求设定反冲洗时间间隔，可以是每小时 1 次到每天 1 次不等，反冲洗时间约为 30s。根据膜的污染情况，可以在反冲洗水中添加氯或过氧化物，有助于延缓膜的污染。反冲洗时采用“上”“下”交替的方式，以保证反冲洗效果。

② 超滤膜化学清洗　正常化学清洗是每年两次，采用静态浸泡和循环相结合的方法，可达到更好的清洗效果。普适清洗配方和过程如下：

首先，配制 200mg/L NaClO 溶液，用 NaOH 调节 pH＝11～12，用清洗泵循环10～30min，监测氯含量。然后用 200mg/L NaClO 溶液静态浸泡，时间根据污染情况加以调整。进而用柠檬酸或硝酸冲洗，pH＝1.5～2.5，时间 10～30min。最后用超滤产水反冲洗 30s，反冲洗水排放。清洗时，温度维持在 25～50℃。

微孔滤膜组件在运行过程中，遇到的重要问题同样是膜污染。微孔滤膜污染的主要原因是膜面滤饼层的形成和膜孔的堵塞。为防止和减缓膜污染，可以对进料液进行适当的预处理，如沉淀、过滤、吸附等；在操作方式上尽量采用错流过滤，采用全过滤时应设置定期反冲洗手段，可以是水（过滤液）洗或气洗，也可以两者结合；在微孔滤膜制备时可以考虑制备成不对称膜，减少膜孔堵塞；另外也可以在膜面施加电场，通过电场作用促进带电的微粒随料液流走。虽然采用上述的许多措施，微孔滤膜还是需要在污染严重时采用化学清洗，常用的化学清洗剂有酸（如 H_3PO_4 或乳酸）、碱（如 NaOH）、表面活性剂、酶、杀菌剂（如 H_2O_2 和 NaClO)、EDTA 等。

五、膜的再生

由于制造时造成的膜表面缺陷，以及在使用时产生的磨损、化学侵蚀（清洗剂、氧化剂）或水解会使膜的脱盐率明显下降。为了恢复脱盐率特性，尝试采用化学处理法。

一般膜恢复过程的程序：

(1) 对反渗透系统进行彻底地清洗。

(2) 重新运行系统，监测各项性能指标。

(3) 分析判断有无机械问题。如盐水密封圈是否损伤，如有则予以更换。对于高产水量、低脱盐率的膜元件应予以更换，或进行恢复处理。

(4) 将进水 pH 值调到 7.0～8.0（或停掉注酸泵)。

(5) 制作恢复过程的溶液。根据膜使用手册推荐清洗液，配制符合要求的 pH 值和浓度。

(6) 用计量泵添加。严密监控产水 TDS（总溶解固体)、产水量等。

(7) 当性能稳定，产水量减少超过规定时，则间断添加（一般在 1h 内)。

(8) 用产水彻底冲洗化学药品配药槽和管路 15min。

(9) 正常工作，并开始添加酸。

(10) 制作氯化锌溶液。将粉状氯化锌和产水配成 5%（质量分数）溶液，用盐酸调节 pH 至 4.0。

(11) 持续将配好的溶液加入反渗透水，浓度为 10mg/L，然后连续操作。

(12) 考核性能，应在 72h 内保持稳定。

六、膜分离操作中的常见故障及处理

膜分离操作中常见故障及处理方法归纳如表 4-7 所示。

七、膜分离的安全技术

膜分离操作是一种新型的分离技术，很多的工艺及生产问题还处在探索阶段，需要注意的安全问题如下：

(1) 膜分离的特征就是在低温下操作，在无相变下进行，用在食品工业上时，注意防止一些分离物质的变质，对处理过程的卫生要求很高，如必须设有加热杀菌，设备易于清洗，极力减少设备中料液的残留死角等等安全生产。

(2) 防止和减少膜污染和膜化学清洗的次数。

(3) 检漏。通电启动，各管路出口阀门关闭，视接口有否漏液现象，若有漏，必须解决到不漏为止。

表 4-7 膜分离操作中常见故障及处理方法

项目	常见故障	原因	处理方法
微滤	膜孔堵塞或膜污染	①机械堵塞，固体颗粒将膜孔堵塞 ②架桥颗粒交叉堆积在一起形成架桥现象而使孔变小 ③吸附膜孔内吸附了其他物质而堵塞 ④各种生物污染	①清洗堵塞膜孔的固体颗粒 ②防止架桥的产生 ③对膜进行处理或选择吸附性弱的膜 ④强化除菌处理或进行消毒处理
	扩散通量下降	①膜孔堵塞 ②膜的表面形成不可流动凝胶层 ③蛋白质等水溶性大分子在膜孔中的表面吸附 ④各种生物污染 ⑤过滤速率的下降 ⑥过滤压力的波动 ⑦浓差极化	①清洗膜(物理和化学) ②防止凝胶层的产生 ③对膜进行处理或选择吸附性弱的膜 ④强化除菌处理或进行消毒处理 ⑤调整过滤速率 ⑥控制过滤压力 ⑦控制浓差极化
超滤	膜孔堵塞或膜污染	①膜孔堵塞 ②溶质被吸附在膜上 ③各种生物污染	①清洗膜或更换膜 ②提高料液流速，降低料液浓度 ③强化除菌处理或进行消毒处理
	渗透速率下降	①膜的特性改变 ②料液的影响 ③浓差极化 ④膜的污染 ⑤过滤压力的波动 ⑥凝胶层的影响 ⑦膜被压实	①清洗膜或更换膜 ②选取适宜的料液 ③控制浓差极化 ④更换组件、清洗 ⑤控制过滤压力 ⑥控制料液流速和料液浓度 ⑦停机松弛
	截留量下降	①浓差极化 ②密封泄漏 ③膜破损	①大流量冲洗 ②更换密封 ③更换组件
	压力降增大	①流速增大 ②流体受阻	①减少浓水排放量 ②疏通水道
反渗透或纳滤	膜污染	①金属氧化物的污染 ②胶体污染 ③钙垢和 SO_2 ④生物污染 ⑤有机污染	①改进预处理，酸洗 ②改进预处理，高 pH 值下阴离子洗涤剂清洗 ③增加酸和防垢剂添加量 ④预处理或消毒 ⑤预处理，高 pH 值下清洗
	压力波动	①膜被结晶物磨损 ②膜发生水解或降解 ③密封泄漏 ④回收率的波动 ⑤前面膜污染的各种影响因素	①更换组件 ②校正设备 ③更换密封 ④校正传感器，增加数据分析 ⑤参照前面的膜污染处理
	渗透流速波动	①膜被污染 ②压力波动 ③密封泄漏 ④渗盐率的波动 ⑤浓差极化	①更换组件 ②调整或控制压力 ③更换密封 ④控制渗盐率 ⑤控制浓差极化

（4）高压泵的正确使用的安全。

（5）注意膜分离设备中的机械安全问题，如按机械设备的操作规程进行；零件如形环、盐水密封圈是否损伤，如有则予以更换；设备的污染、堵塞，如有要加以清洗。

（6）膜的清洗和再生过程中有无再次污染。

（7）膜组件内的难溶沉淀物、结晶物长时间的堆积而损坏膜组件，从而影响了膜的使用寿命，对不能控制的结垢、污染或堵塞，则需经常清洗膜以保持膜的性能。在膜装置中，这些物质不可逆的积累将导致流体分布不均和产生浓差极化，这将造成膜通量与盐截留率的减退，有时会使膜材料发生降解。这些导致了昂贵的膜单元的更换。已开发出的用于恢复因结垢或污染造成的不良的膜性能的技术，若能及早地识别出膜需清洗，则这些技术是非常有效的。

任务实施

以工作任务中的原水为例，进行水处理操作（以超滤为例）。

1. 预处理

预处理是对原水采用物理、化学方法改善水质的初步处理过程。包括混凝、过滤、吸附、加氯等过程。

用预处理泵将原水抽送到粗滤设备，粗滤设备为逆流高效纤维过滤器，主要是除去铁锈、菌类残留物、固体颗粒等。然后进入精密过滤器，要缓慢进水并排尽空气，注意进出水压差，除去液氯等杂质。保证水污染指数和余氯指数符合指标。

2. 正常操作

启动泵制水，通过调节泵出口阀的开度，防止瞬间的高流量和高压力损伤膜元件。启动泵后，尽量匀速开启进水阀门，逐渐提高装置的进水压力，使浓水流量达到设计值。装置连续运行1h后，进行水质分析，将合格的产水引入产水箱内，并记录装置初始运行数据。

① 压力控制及系统压力降　超滤进水压控制在0.1～0.25MPa之间；在系统运行过程中，随着膜通量的下降及进水压力的调整，进水与产水压降、进水与浓水压降都在发生相应的变化，要密切注意这两个压降的变化，保证进水与产水压降和进水与浓水压降在一定的范围之内，任何一个超标就必须停止运行，进行化学清洗。

② 回流比控制　在进水压力稳定后，通过调整各组浓水回流来控制回流比，一般在(1∶1～1∶3)范围。

③ 温度控制　运行温度一般控制在15～30℃之间，冬季可通过表面式换热器对水进行加热。用温控测点控制蒸汽量，防止超滤运行和反洗过程中水压水量的波动使水超温，损坏膜及组件。

④ 操作方式　在保证产水量的同时，整个系统全部实行PLC程控操作。

⑤ 排污量　在实际运行过程中，需根据浓水状况对排污量进行调整，夏季高一点，冬季低一点，若发现浓水急剧恶化，应采取强制气水反洗，以降低浓缩比，防止膜的二次污染。

⑥ 反洗　超滤反洗采用气水脉冲擦洗，配备反洗泵，从产水侧进压缩空气脉冲后，开启反洗泵用成品水大流量清洗，自进水侧外排。反洗随季节、水温、进水水质及化学清洗等因素进行调整，一般控制在30～120s范围，以提高设备效率，降低水耗。

3. 停车操作

系统停运前，应先开启回流排水阀，停止回流泵，使系统压力降低，气水反洗退出运行。打开全部浓水阀和产水阀，启动冲洗水泵，逐渐打开进水阀，直至冲洗流量达到设计值，直到水清为止。注意此时，装置内必须充满水，防止滤膜脱水失效。长时间停运必须注入保护液。

任务评估

1. 资讯

在教师指导下让学生解读工作任务及要求，了解完成项目任务需要的知识：膜的预处理、膜的选择、膜的操作、膜的污染与预防及处理、膜的清洗、膜的再生、膜分离操作中的常见故障及处理。

2. 决策、计划

根据工作任务要求和生产特点，在给定的工作情景下完成。再通过分组讨论、学习、查阅相关资料，完成任务。

3. 检查

教师可通过检查各小组的工作方案与听取小组研讨汇报，及时掌握学生的工作进展，适时地归纳讲解相关知识与理论，并提出建议与意见。

4. 实施与评估

学生在教师的检查指点下继续修订与完善项目实施初步方案，并最终完成。教师对各小组完成情况进行检查与评估，及时进行点评、归纳与总结。

膜分离操作的工业应用实例

一、含氨废水处理

采用膜法处理氨氮废水，能将废水中的氨氮以硫铵（或气氨）的形式回收利用，简化了工艺，投资少，能耗低，分离效果好，而且不造成二次污染。

处理原理为，加碱调节废水 pH 值至 11.0 左右，使废水中的 NH_4^+ 转化为挥发性的游离 NH_3，经过过滤器除去悬浮物及较大颗粒物，将废水泵入中空纤维膜内侧。吸收液（酸）在膜的外侧循环，此时废水中的游离氨在膜内侧气液界面处挥发成气态氨，迅速地从膜内侧向外侧扩散，并被吸收液吸收，在膜微孔中形成很大的氨分压浓度梯度，使得废水中氨在膜装置中具有很高的分离传质系数，由于聚丙烯中空纤维膜的疏水性，水及其废水中的离子等杂质被截留，氨被酸吸收生成铵盐，从而达到了废水中 NH_3 的分离和回收的目的，脱氨处理后的废水可直接排放或回用。

图 4-23 是齐鲁催化剂厂膜法治理含氨废水的工艺流程图。该工艺流程主要由预处理系统、膜单元和循环酸吸收系统三部分组成。膜单元是废水中氨与水分离及吸收的反应器。在中空纤维微孔膜的一侧通含氨废水，而另一侧通酸。

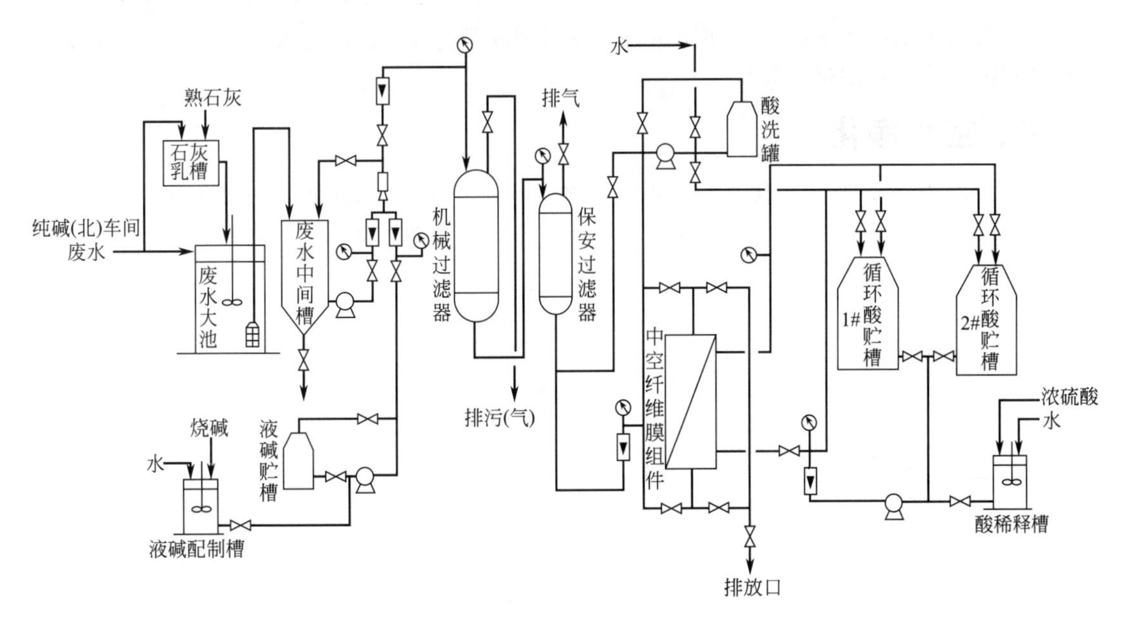

图 4-23　膜式氨/水分离工艺流程图

含氨废水中的pH值为强碱性时，废水中的氨以气氨的形式透过中空纤维膜的微孔，进入吸收液一侧，与吸收液发生不可逆的化学反应，形成膜两侧蒸发氨的压力差，而废水中的其他成分则不能透过膜，从而实现了氨/水分离，并可回收氨资源。

二、海水或苦咸水的淡化

图4-24为长岛淡化站的工艺流程图。先用预处理泵A或B将原水抽送到双层滤料过滤器1，过滤水中加入次氯酸钠和偏磷酸钠，进入精密滤器2，进入过滤水箱3，作为预处理系统。

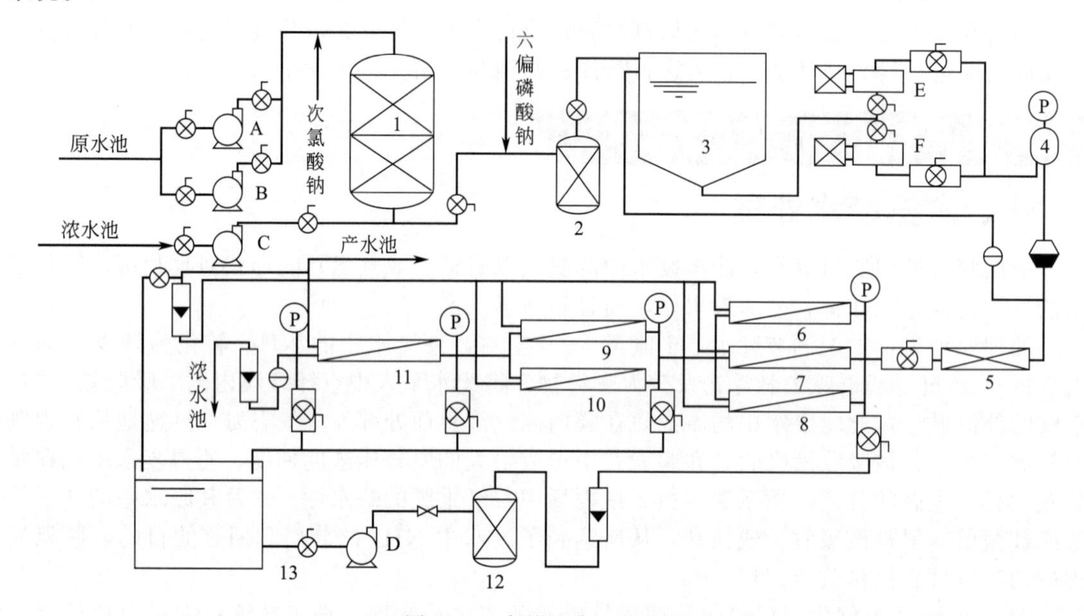

图4-24 水的淡化工艺流程

1—过滤器；2,12—精密滤器；3—过滤水箱；4—不锈钢缓冲器；5—高压滤器；6～11—膜组件；13—清水箱；A—预处理泵；B—预处理备用泵；C—反冲泵；D—清洗泵；E—反渗透主泵；F—反渗透备用泵

贮槽内的水用反渗透高压泵加压后打入反渗透膜组件6～11，进入清水箱13。其中的浓缩水排到浓水池，定期排入海里。

三、空气净化

如图4-25所示，空气净化系统由四套装置组成，初效过滤器是第一级净化过滤，将压缩空气中的大量污染物除去；中效过滤器是将污染物降低到更低水平，保证高效过滤器的使

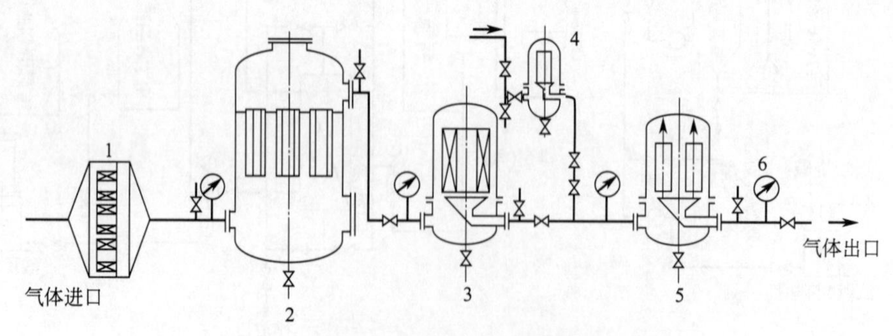

图4-25 空气净化系统流程

1—压缩机；2—初效过滤器；3—中效过滤器；4—蒸汽过滤器；5—高效过滤器；6—压力表

用寿命；高效过滤器是由多孔膜折叠制成百褶裙式芯筒过滤器，具有优秀的气体净化效果，使净化后的气体不带杂菌和噬菌体。蒸汽过滤器是对高效过滤器蒸汽灭菌时用的高压蒸汽实施过滤，除掉蒸汽中的固体颗粒，防止高效过滤器在消毒时，滤材被蒸汽中的固体颗粒损伤。

四、膜法回收有机蒸气

在许多有机合成中，石油化工、油漆涂料、溶剂喷涂等工业中，每天有大量的有机蒸气向大气中散发，回收这些蒸气是完全必要的。采用膜分离法比较经济可行。图 4-26 为膜法回收汽油蒸气的流程。

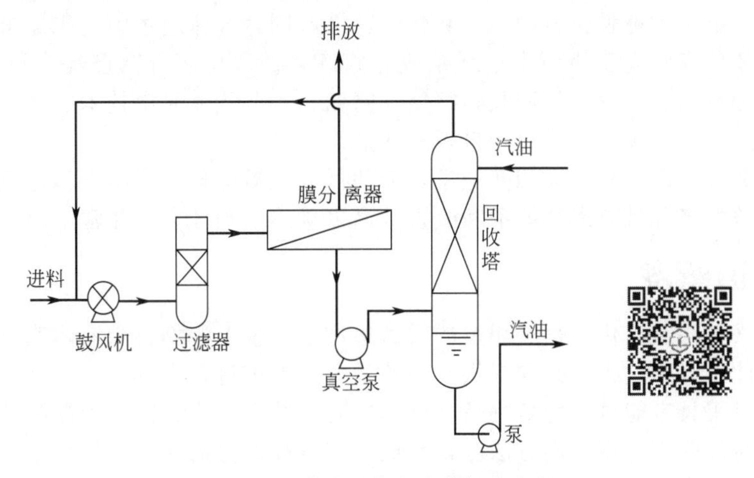

图 4-26　膜法回收汽油蒸气的流程

原料气中烃类浓度为 40%左右，经过膜法分离后的烃类浓度低于 5%，去除率为大于 90%。

五、膜法回收油田采油中的二氧化碳

如图 4-27 所示，为了强化原油回收，利用二氧化碳在超临界状态下，对原油具有高溶解能力的特性，在高压下注入贫油的油田以增加原油的产量。原油被送出油井后，其中

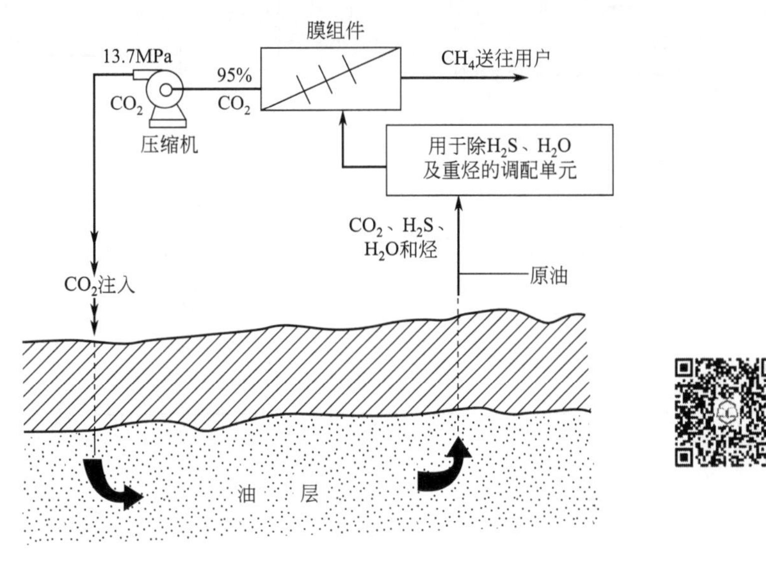

图 4-27　向油田注入二氧化碳强化采油示意图

80%的二氧化碳分离回收后，重新注入油井反复使用。

一、气体膜分离

气体膜分离发展迅猛，日益广泛地用于石油、天然气、化工、冶炼、医药等领域。作为膜科学的重要分支，气体膜分离已逐渐成为成熟的化工分离单元。

常用的气体分离膜可分为多孔膜和致密膜两种，它们可由无机膜材料和高分子膜材料组成。气体膜分离主要是根据混合原料气中各组分在压力的推动下，通过膜的相对传递速率不同而实现分离。由于各种膜材料的结构和化学特性不同，气体通过膜的传递扩散方式不同。

目前，气体分离膜大多使用中空纤维或卷式膜件。气体膜分离已经广泛用于台成氨工业、炼油工业和石油化工中氢的回收，富氧、富氮，工业气体脱湿技术，有机蒸气的净化与回收，酸性气体脱除等领域，取得了显著的效益。

气体膜分离过程由于具有无相变产生，能耗低或无需能耗；膜本身为环境友好材料，膜材料的种类日益增多并且分离性能不断改善等诸多优点，预计会有非常广阔的应用前景。

二、渗透蒸发

渗透蒸发又称渗透汽化，是有相变的膜渗透过程。膜上游物料为液体混合物，下游透过侧为蒸气，为此，分离过程中必须提供一定热量，以促进过程进行。

渗透蒸发过程具有能量利用效率高、选择性高、装置紧凑、操作和控制简便、规模灵活可变等优点。对某些用常规分离方法能耗和成本非常高的分离体系，特别是近沸、共沸混合物的分离，渗透蒸发过程常可发挥它的优势。

根据膜两侧蒸气压差形成方法的不同，渗透蒸发可以分为以下几类：

① 真空渗透蒸发膜透过侧用真空泵抽真空，以造成膜两侧组分的蒸气压差，如图 4-28（a）所示。

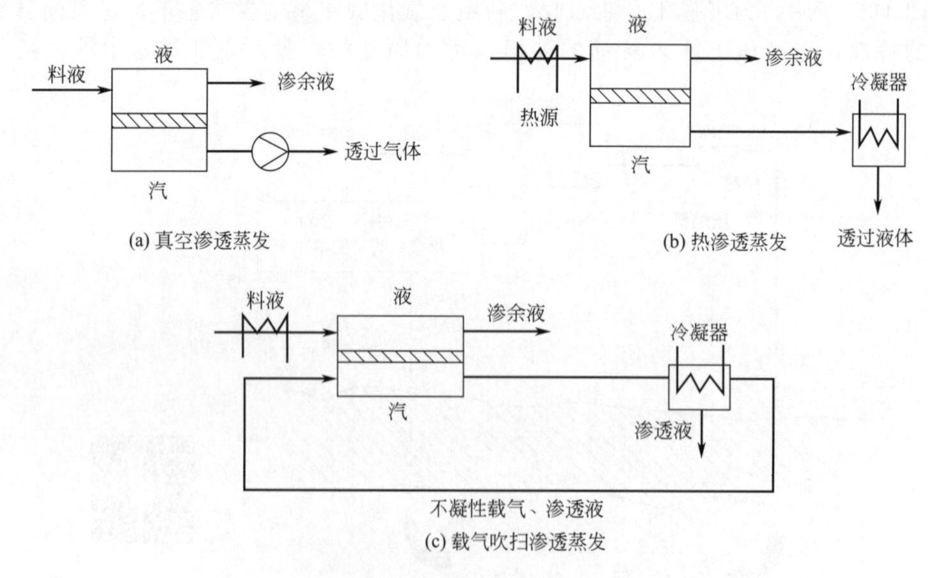

图 4-28 渗透蒸发操作方式

② 热渗透蒸发或温度梯度渗透蒸发通过料液加热和透过侧冷凝的方法，形成膜两侧组

分的蒸气压差。一般冷凝和加热费用远小于真空泵的费用，且操作也比较简单，但传质推动力小，如图 4-28(b) 所示。

③ 载气吹扫渗透蒸发用载气吹扫膜的透过侧，以带走透过组分，如图 4-28(c) 所示。吹扫气经冷却冷凝以回收透过组分，载气循环使用。若透过组分无回收价值（如有机溶剂脱水）可不用冷凝，直接将吹扫气放空。

渗透蒸发过程用膜与气体分离膜类似，主要使用非对称膜和复合膜。

随着料液流率的增加，料液的湍动程度加剧，减小了上游侧边界层的厚度，减少了传质阻力，因此使得组分的渗透通量得到提高。在某些条件下，料液边界层的传质阻力甚至起支配作用。

渗透蒸发过程分离效率的高低，既取决于膜材料和制膜工艺，同时还取决于膜组件的形式和膜组件内的流体力学。板框式膜组件结构简单，但流体力学状况往往较差；螺旋卷式膜组件流体力学性能良好，但分布器的设计和膜内压降成为主要矛盾；中空纤维膜组件则存在较为严重的径向温度和压力分布。

渗透蒸发的应用可分以下三种：①有机溶剂脱水；②水中少量有机物的脱除；③有机混合物的分离。有机溶剂脱水，特别是乙醇、异丙醇的脱水。目前已有大规模的工业应用。随着渗透蒸发技术的发展，其他两种应用会快速增长，特别是有机混合物的分离，作为某些精馏过程的替代和补充技术，在化工生产中有很大应用潜力。

项目测试题

1. 简述膜分离技术的主要优缺点。
2. 试比较膜分离的主要特征。
3. 工业应用的膜组件主要有哪几类？并比较其优缺点和主要应用。
4. 浓差极化是如何形成的？对膜分离有什么影响？工业上减弱浓差极化的措施有哪些？
5. 膜污染是如何形成的？主要判断标准是什么？如何清理污染和沉淀物？
6. 膜分离操作主要应注意哪些事项？
7. 膜分离的流程中的级和段是何含义？在分离中起什么作用？画出反渗透和电渗析的主要流程。
8. 举例说明电渗析的应用。
9. 反渗透装置的主要设备是什么？请画出装置流程。
10. 描述膜过程的预处理过程。
11. 查阅资料设计纯水制备工艺。
12. 试说明阴、阳离子交换膜的特性。

项目五

吸附操作与控制

项目学习目标

知识目标

掌握吸附基本原理,掌握吸附剂的选用,掌握吸附设备及工作原理,掌握吸附的基本操作;理解吸附传质机理及传质速率,理解吸附平衡,理解吸附操作的影响因素;了解各种类型的吸附剂、吸附工艺流程以及吸附过程在工业生产中的应用。

能力目标

能对吸附实施基本的操作;能根据生产的任务来选择合适的吸附剂;能对吸附操作过程中的影响因素进行分析,并运用所学知识解决实际工程问题;能根据生产的需要正确查阅和使用一些常用的工程计算图表、手册、资料等。

素质目标

树立工程观念,培养学生严谨治学、勇于创新的科学态度;培养学生安全生产的职业意识,敬业爱岗、严格遵守操作规程的职业准则;培养学生团结协作、积极进取的团队精神。

主要符号说明

英文字母

G——自由能;

H——焓;

S——熵;

c——浓度,kg/m^3;

K——传质系数;

q——吸附剂上吸附质的含量,kg 吸附质/kg 吸附剂;

a——吸附剂的比外表面积,m^2/kg;

k——流体相侧的传质系数,m/s;

q——吸附质含量,kg/kg;

c^*——与吸附质含量为 q 的吸附剂呈平衡的流体中吸附质的质量浓度,kg/m^3;

q^*——与吸附质浓度为 c 的流体呈平衡的吸附剂上吸附质的含量,kg/kg;

R——薄层上组分斑点的比移值。

希腊字母

Δ——算术差；

ε——溶剂强度；

θ——时间，s；

$\frac{\partial q}{\partial \theta}$——每千克吸附剂的吸附速率，kg/(s·kg)；

α——分离因子；

ρ——密度，kg/m^3。

下标

S——表示溶质在固定相；

m——流动相侧；

F——流体相侧；

b——堆积；

O——溶剂；

i——流体相中吸附质；

g——真实；

k——孔隙。

项目导言

在石油炼制和石油化工厂中，原油、油品和石油化工产品的分离是重要的加工手段，但这些过程往往都要消耗大量的能量。在这些大量的能源消耗中，消耗于蒸馏过程的能量约占28%，此能量大部分损失于塔顶的冷凝器中。另一方面，近年来由于石油化工、合成材料工业、生物工程和气体工业等各种工业的发展，大量需要沸点接近的异构体、分子量较大、纯度较高的生化产品以及高纯度的气体单体原料，这就更要求在工业生产中降低生产成本、发展节能的分离过程。

吸附现象早已被人们发现。两千多年前中国人民已经采用木炭来吸湿和除臭，湖南省长沙市附近出土的汉代古墓中就放有木炭，显然墓主当时是用木炭吸收潮气等作为防腐措施的。多孔介质固体颗粒的吸附剂具有极大的比表面积，如硅胶吸附剂颗粒的比表面积可高达$800m^2/g$。由于吸附剂本身化学结构的极性、化学键能等物理化学性质，而形成了物理吸附或化学吸附性能。吸附剂对某些组分有很大的选择吸附性能并有极强的脱除痕量物质的能力，这对气体或液体混合物中组分的分离提纯、深度加工精制和废气废液的污染防治都有重要的意义。

例如，利用吸附分离的方法用于治理硝酸尾气等排放的NO_x。变压吸附（PSA）技术用于从硝酸厂尾气中分离回收NO_x，经过吸附处理NO_x可控制在50mL/L以下。变压吸附硝酸尾气治理技术有以下特点：①尾气中的NO_x被分离和浓缩后返回吸收塔，可提高硝酸生产总收率2%～5%；②不需要预处理还原剂的设备和副产品后加工设备；③工艺简单，操作方便，整个装置的运行由计算机自动控制；④专用吸附剂具有抗酸能力，吸附过程是纯物理过程，吸附剂寿命长，操作费用低，能耗低，无辅助材料和还原剂消耗；⑤利用硝酸尾气的压力，不需要加压设备。

任务一　分离方案的选择

工作任务要求

工作情景：甲醇弛放气含氢80.0%，乙烯厂尾气含氢84.4%，CO厂副产氢含量97%，氯碱厂副产氢含量99.86%，芳烃生产副产氢含量96.6%，此外合成氨弛放气和甲醛尾气等也含大量的氢。副产氢是氢气的一个非常重要的来源，20世纪90年代初美国直接生产的氢气和副产氢气的比例约为1∶1，这些氢气可以用于石油炼制加氢过程，需求量巨大。如何从这些气源中回收氢气成为研究的热门技术。

技术理论与必备知识

一、吸附操作

吸附操作是将多孔性固体物料与流体（气体或液体）混合物进行接触，有选择地使流体中的一种或多种组分附着于固体的内外表面，从而达到与其他组分分离的目的。多孔性固体物料称为吸附剂，附着于固体表面的组分称为吸附质。

二、吸附的概述

吸附操作在化工、轻工、炼油、冶金和环保等领域都有着广泛的应用，如气体中水分的脱除，溶剂的回收，水溶液或有机溶液的脱色、脱臭，有机烷烃的分离，芳烃的精制等。

吸附分离是利用混合物中各组分与吸附剂间结合力强弱的差别，即各组分在固相（吸附剂）与流体间分配不同的性质，使混合物中难吸附与易吸附组分分离。适宜的吸附剂对各组分的吸附可以有很高的选择性，特别适用于用精馏等方法难以分离的混合物的分离，以及气体与液体中微量杂质的去除。此外，吸附操作条件比较容易实现。目前工业生产中吸附过程主要有如下几种：

1. 变温吸附

在一定压力下吸附的自由能变化 ΔG 有如下关系：

$$\Delta G = \Delta H - T\Delta S \tag{5-1}$$

式中　ΔH——焓变；

ΔS——熵变。

当吸附达到平衡时，系统的自由能、熵值都降低，故式（5-1）中焓变 ΔH 为负值，表明吸附过程是放热过程，可见若降低操作温度，可增加吸附量，反之亦然。因此，吸附操作通常是在低温下进行，然后提高温度使被吸附组分脱附。通常用水蒸气直接加热吸附剂使其升温解吸，解吸物与水蒸气冷凝后分离。吸附剂则经间接加热升温、干燥和冷却等阶段，组成变温吸附过程，吸附剂循环使用。

2. 变压吸附

也称为无热源吸附。恒温下，升高系统的压力，床层吸附容量增多，反之系统压力下降，其吸附容量相应减少，此时吸附剂解吸、再生，得到气体产物的过程称为变压吸附。根据系统操作压力变化不同，变压吸附循环可以是常压吸附、真空解吸，加压吸附、常压解吸，加压吸附、真空解吸等几种方法。对一定的吸附剂而言，压力变化愈大，吸附质脱除得越多。

3. 溶剂置换

在恒温恒压下，已吸附饱和的吸附剂可用溶剂将床层中已吸附的吸附质冲洗出来，同时使吸附剂解吸再生。常用的溶剂有水、有机溶剂等各种极性或非极性物质。

三、吸附分离的特点

1. 选择性广泛

吸附操作过程中，大多数的吸附剂可以通过人为的设计，控制骨架结构，得到符合要求的孔径、比表面积等，使吸附操作对某些物质具有特殊的选择性，可以应用于水溶液、有机溶液及混合溶剂中，以及气体的吸附，可以用来分离离子型、极性及非极性的多种有机物。

2. 应用广，分离效果好

吸附分离的对象主要不是离子型物质，也不是高分子物质，而是中等分子量的物质，特别是复杂的天然物质。这类物质的极性可以有很大的范围，从非极性的烃类化合物到水溶性的化合物均可。对于性质相近的物质，特别是异构体或有不同类型、不同数目取代基的物质，吸附往往能提供更好的分离效果。像分子筛吸附剂，它能将分子大小和形状稍有差异的混合物分开，被分离物质绝大多数是不挥发性的和热不稳定的。

3. 适用于低浓度混合物的分离或气体、液体深度提纯

即使在浓度很低的情况下，固体吸附气体或液体的平衡常数远大于气液或液液平衡常数，特别适用于低浓度混合物的分离和气体或液体的深度提纯。即使对于相对挥发度接近1的物系，一般总能找到一种吸附剂，使之达到比较高的分离效果，而且可以获得很高的产品纯度，这是其他方法难以做到的。不适用于分离高浓度体系。

4. 处理量小

吸附常用于稀溶液中将溶质分离出来，由于受固体吸附剂的限制，处理能力小。

5. 对溶质的作用小，吸附剂的再生方便

吸附操作过程中，吸附剂对溶剂的作用较小，这一点在蛋白质的分离较重要，吸附剂作为吸附操作过程中的重要介质，常常要上百次甚至上千次的使用，其再生过程必需简便迅速。很多的吸附剂具有良好的化学稳定性，且再生容易。

四、吸附操作的分类

吸附过程有物理吸附、化学吸附及交换吸附。

1. 物理吸附

对于物理吸附，吸附剂和吸附质之间通过分子间力（也称“范德华”力）相互吸引，形成吸附现象。吸附质分子和吸附剂表面分子之间的吸引机理，与气体的液化和蒸气的冷凝机理类似。因此，吸附质在吸附剂表面形成单层或多层分子吸附时，其吸附热比较低，接近其液体的汽化热或其气体的冷凝热，一般低于41.868～62.802kJ。提高温度或降低吸附质在气相中的分压，吸附质将以原来的形态从吸附剂上回到气相或液相，这种现象称为“脱附”。所以物理吸附的过程是可逆的，吸附分离过程正是利用物理吸附的这种可逆性来实现混合物的分离。

2. 化学吸附

化学吸附，被吸附的分子和吸附剂表面的原子发生化学作用，在吸附质和吸附剂之间发生了电子转移、原子重排或化学键的破坏与生成等现象。因而，化学吸附的吸附热接近于化学反应的反应热，比物理吸附大得多，一般都在每摩尔几十千焦以上。因为在吸附过程需形成化学键，所以吸附剂对吸附质的选择性比较强。化学吸附容量的大小，随被吸附分子和吸附剂表面原子间形成吸附化学键力大小的不同而有差异。化学吸附需要一定的活化能，在相同的条件下，化学吸附（或解吸）速度都比物理吸附慢。化学吸附在催化反应中起重要作用，但在分离过程中应用较少。

3. 交换吸附

吸附剂表面为极性分子或离子所组成，会吸引溶液中带相反电荷的离子，它同时也要放出等当量的离子于溶液中去，这种吸附过程称为交换吸附。

另外，根据吸附过程中所发生的吸附质与吸附剂之间的相互作用的不同，还可将吸附分成亲和吸附、疏水吸附、盐析吸附、免疫吸附等。

此外，根据吸附过程中所发生的吸附质与吸附剂之间吸附组分的多少，还可将吸附分为

单组分吸附和多组分吸附。

本章主要讨论物理吸附。

任务实施

多孔介质固体颗粒的吸附剂具有极大的比表面积，如硅胶吸附剂颗粒的比表面积可高达 $800m^2/g$。由于吸附剂本身化学结构的极性、化学键能等物理化学性质，而形成了物理吸附或化学吸附性能。吸附剂对某些组分有很大的选择吸附性能并有极强的脱除痕量物质的能力，这对气体或液体混合物中组分的分离提纯，深度加工精制和废气废液的污染防治都有重要的意义。为此，吸附分离过程的应用范围大致为如下几方面。

1. 气体或溶液的脱水和深度干燥

水分常是一些催化剂的毒物，例如在中压下乙烯催化合成中压聚乙烯时，乙烯气体中痕量的水分可使催化剂的活性严重地下降，以致影响聚合物产品的收率和性能。对于液体或溶液，如冷冻机或家用冰箱用的冷冻剂氟利昂，亦需严格脱水干燥。微量的水常在管道中结冰堵塞管道，导致增加管道的流体阻力、增加冷冻剂输送的动力消耗，并影响节流阀的正常运转。同时，微量的水也可能使冷冻剂分解，生成氯化氢之类的酸性物质而腐蚀管道和设备。

2. 气体或溶液的除臭、脱色和溶剂蒸气的回收

常用于油品或糖液的脱色、除臭以及从排放气体中回收少量的溶剂蒸气。在喷漆工业中，常有大量的有机溶剂如苯、丙酮等挥发逸出，用活性炭处理排放气体，不仅可以减少周围环境的污染，同时还可回收此部分有价值的溶剂。

3. 气体的预处理和气体中痕量物质的吸附分离精制

在气体工业中，气体未进入压缩机之前需预处理，脱除气体中的 CO_2、水分、炔烃等杂质，以保证后续过程的顺利进行。

4. 气体组分分离

例如，从空气中分离制取富氧、富氮和纯氧、纯氮；从油田气或天然气中分离甲烷；从高炉气中回收一氧化碳和二氧化碳；从裂解气或成氨弛放气中回收氢；从其他各种原料气或排放气体中分离回收低碳烷烃等各种气体组分。

5. 烷烃、烯烃和芳烃馏分的分离

石油化工、轻工和医药等精细化工都需要大量的直链烷烃或烯烃作为合成材料、洗涤剂、医药和染料的原料。例如，轻纺工业的聚酯纤维的基础原料是对二甲苯。从重整、热裂解或炼焦焦油等所得的混合二甲苯，含有乙苯、二甲苯（间位、邻位和对位）各种异构体的混合物。其中除乙苯是塑料聚苯乙烯的原料外，其他三种异构体均是染料、医药、涂料等工业的原料。由于邻二甲苯与其他三种异构体沸点相差较大，所以可用一般精馏塔分离。其他三种，特别是间二甲苯与对二甲苯的沸点极为接近（在 101.32kPa 下，二者相差仅为 0.75℃），不可能用一般的精馏过程分离。采用冷冻结晶法，其设备材料和投资都要求较高和较大，能量的消耗也很多。当模拟移动床吸附分离法工业化并广泛采用后，在世界上基本上已取代了结晶法。

6. 食品工业的分离精制

在食品工业和发酵产品中有各种异构体和性质相类似的产物。例如，果糖和葡萄糖等左旋和右旋的糖类化合物，其性质类似、热敏性高，在不太高的温度下受热都易于分离变色。用色谱分离柱吸附分离果糖-葡萄糖浆，可取得果糖浓度含量在 90% 以上的第三代果糖糖浆，其生产能力已达年产果糖浆万吨以上。在其他食品工业中，产品的精制加工也常采用色谱分离柱吸附分离法。

7. 环境保护和水处理

加强副产物的综合利用回收和三废的处理，不仅仅涉及环境保护、生态平衡和增进人民的身体健康，还直接关系到资源利用、降低能耗、增产节约和提高经济效益的问题。例如，从高炉废气中回收一氧化碳和二氧化碳；从煤燃烧后废气中回收二氧化硫，再氧化制成硫酸；从合成氨厂废气中脱除 NO_x；从炼厂废水中脱除大量含氧（酚）含氮（吡啶）等化合物和有害组分，可使大气和河流水源免遭污染，并具有较高的社会效益和经济效益。

8. 海水工业和湿法冶金等工业中的应用

由于吸附剂有很强的富集能力，从海水中回收富集某些金属离子，如钾、铀等金属离子的分离富集对国民经济都有很高的效益。众所周知，我国化肥中氮和钾的比例不当，钾元素的用量过低，因此在我国如何从海水中提取钾肥是重要的课题。我国的贵金属（黄金）和稀土金属资源丰富，采用活性炭吸附回收常是有效的。其他如能源，利用吸附剂的特性，在太阳能的收集制冷、稀土金属的贮氢材料方面，作为能量转换等都为人们所注意。

如上所述，吸附分离技术过去只作为脱色、除臭和干燥脱水等的辅助过程。由于新型吸附剂如合成沸石分子筛等的开发，并又经过了各种改性，所以提高了吸附剂对各种性质近似的物质和组分的选择性系数。随着适宜的连续吸附分离工艺的开发，相继建立了各种大型的生产装置，满足了工业生产的需要。近二十多年来吸附分离工艺得到迅速发展，日益成为重要的单元操作。对于液相吸附，我国已建立了多套年产万吨以上对二甲苯的生产装置，而年产数十万吨对二甲苯的更大生产装置亦在建造中；对于气相吸附分离，大型的炼厂气或合成氨弛放气变压吸附分离氢气的装置、大型空气变压吸附分离制氧和氮的装置均已工业化并普遍推广。

任务评估

1. 资讯

在教师指导下让学生解读工作任务及要求，了解完成项目任务需要的知识：吸附操作、吸附操作的特点、吸附操作的适用场合。

2. 决策、 计划

根据工作任务要求和生产特点初定分离方案。通过分组讨论、学习、查阅相关资料，也可了解其他的混合物的分离方法，进行比较，完成初步方案的确定。

3. 检查

教师可通过检查各小组的工作方案与听取小组研讨汇报，及时掌握学生的工作进展，适时地归纳讲解相关知识与理论，并提出建议与意见。

4. 实施与评估

学生在教师的检查指点下继续修订与完善项目实施初步方案，并最终完成初步方案的编制。教师对各小组完成情况进行检查与评估，及时进行点评、归纳与总结。

任务二　分离设备的选择

工作任务要求

某工厂拟生产高纯氮气，需除去氮气中的水汽。试选用合适的吸附器。

技术理论与必备知识

一、吸附分离设备

常用的吸附分离设备有：搅拌槽、固定床、移动床和流化床。

1. 搅拌槽吸附器

搅拌槽主要是用于液体的吸附分离。将要处理的液体与粉末状吸附剂加入搅拌槽内，在良好的搅拌下，固液形成悬浮液，在液固充分接触中吸附质被吸附。可以连接操作，也可以间歇操作。如图 5-1 所示。

2. 固定床吸附器

工业上应用最多的吸附设备是固定床吸附器，主要有立式（图 5-2）和卧式（图 5-3）两种，都是圆柱形容器。图 5-3 的卧式圆柱形吸附器，两端为球形顶盖，靠近底部焊有横栅条 8，其上面放置可拆式铸铁栅条 9，栅条上再放金属网（也可用多孔板替代栅条），若吸附剂颗粒细，可在金属网上先堆放粒度较大的砾石再放吸附剂。立式吸附器的基本结构与卧式相同。

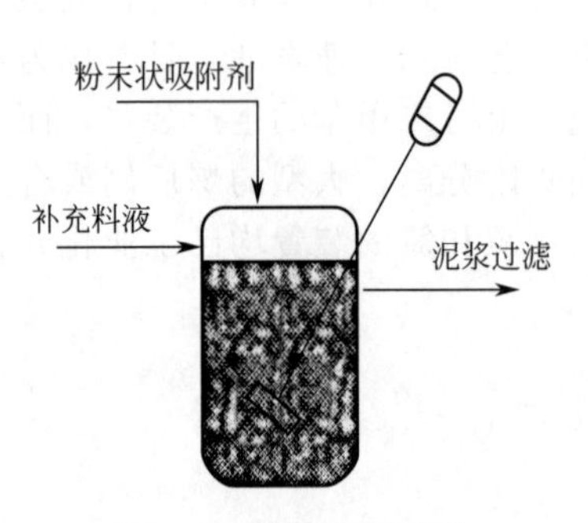

图 5-1　搅拌槽吸附器

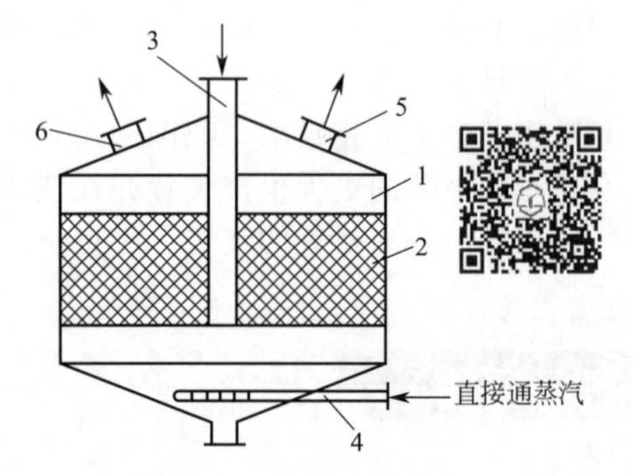

图 5-2　立式吸附器

1—吸附器；2—活性炭层；3—中央管（通入混合气体）；4—鼓泡器（解吸时直接通蒸汽）；5—惰性气体出口；6—解吸时蒸汽出口

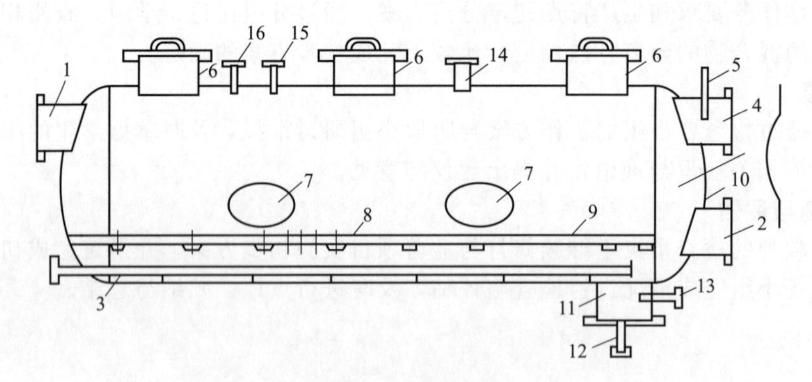

图 5-3　卧式吸附器

1—送蒸汽空气混合物入吸附器的管路；2—除去被吸蒸汽后的空气排出管；3—送直接蒸汽入吸附器的鼓泡器；4—解吸时的蒸汽排出管；5—温度计插套；6—加料孔；7—活性炭和砾石出料孔；8—横栅条；9—铸铁栅条；10—挡板；11—圆筒形凝液排出器；12—凝液排出管；13—进水管；14—排气管；15—压力计连接管；16—安装阀连接管

3．移动床吸附器

移动床吸附器又称超吸附塔。如图 5-4 所示，使用硬椰壳或果核制成的活性炭作固体吸附剂。进料气从吸附器的中部进入吸附段的下部，在吸附段中较易吸附的组分被自上而下的吸附剂吸附，顶部的产品只含难吸附的组分。

流体或固体可以连续而均匀地在移动床吸附器中移动，稳定地输入和输出，同时使流体与固体两相接触良好，不致发生局部不均匀的现象。

4．流化床吸附器

流化床吸附分离常用于工业气体中水分脱除，排放废气如 SO_2、NO_2 等有毒物质脱除和回收溶剂。一般用颗粒坚硬耐磨、物理化学性能良好的吸附剂，如活性氧化铝、活性炭等。流化床吸附器的流化床（沸腾床）内流速高，传质系数大，床层浅，压降低，压力损失小。

图 5-5 所示为多层逆流接触的流化床吸附装置，它包括吸附剂的再生，图中以硅胶作为吸附剂以除去空气中的水汽。全塔共分为两段，上段为吸附段，下段为再生段，两段中均设有一层层筛板，板上为吸附剂薄层。在吸附段湿空气与硅胶逆流接触，干燥后的空气从顶部流出，硅胶沿板上的逆流管逐板向下流，同时不断地吸附水分。

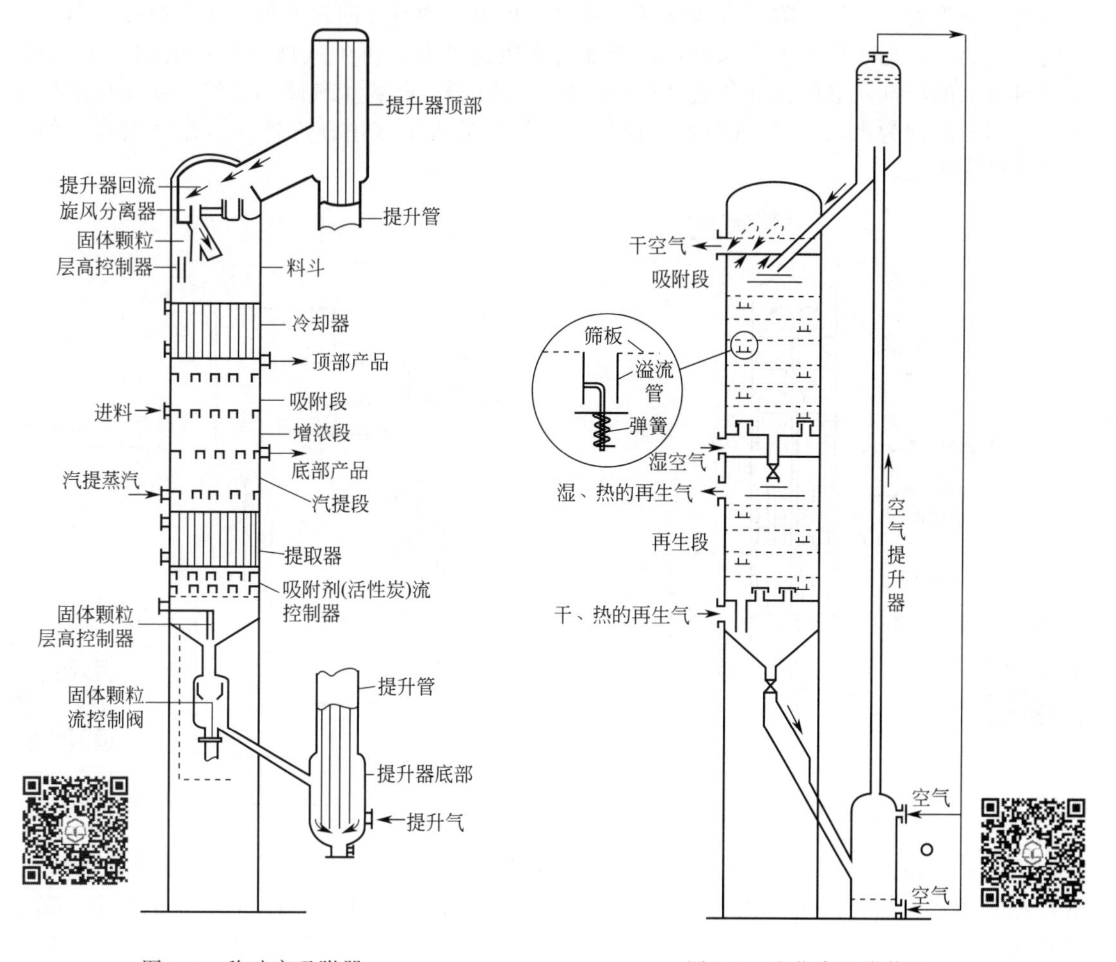

图 5-4　移动床吸附器　　　　图 5-5　流化床吸附装置

吸足了水分的硅胶从吸附段下端进入再生段，与热空气逆流接触再生，再生后的硅胶用气流提升器送至吸附塔的上部重新使用。

图5-6为流化床-移动床联合装置，可用于从排放的气体中除去少量有机物蒸气。其上部为吸附段，下部为再生段。进料气向上逐板通过沸腾的活性炭颗粒层，除去有机物蒸气后，从顶部排出，活性炭通过板上溢流管逐板向下流，最后进入下部再生段。在再生段内设的加热管使活性炭升温，再生段为移动床，活性炭以整体状向下移动，与自下而上的蒸气逆流接触进行再生，再生后的活性炭颗粒用气流提升器送至塔的上部，重新进入吸附段进行操作。

二、吸附操作流程

吸附系统的典型操作流程有三种，分别是循环固定床层操作（间歇操作）、移动床操作、流化床操作。此外，还有参数泵法吸收操作等。

按照吸附剂与溶液的物流方向和接触次数，吸附过程又可分为一次接触吸附、错流吸附、多段逆流吸附等过程。

1. 吸附操作

（1）固定床吸附器操作　如图5-7所示为两个固定床吸附器轮流切换操作的流程示意图。对需要干燥的原料气进行干燥的过程中，可以采用这种吸附操作。需要干燥的原料气由下方进入吸附器Ⅰ，经吸附后成为干燥气从顶部排出；同时吸附器Ⅱ处于再生阶段，再生所用气体经加热器加热至要求的温度，从顶部进入吸附器Ⅱ，再生气携带从吸附剂（干燥剂）上脱附出来的溶剂从吸附器Ⅱ的底部出来，再经冷却器，使再生气降温，溶剂冷凝成液体排出（大部分溶剂为水）。再生气可循环使用。加热后的再生气由顶部进入，在吸附器内的流向与原料气相反。

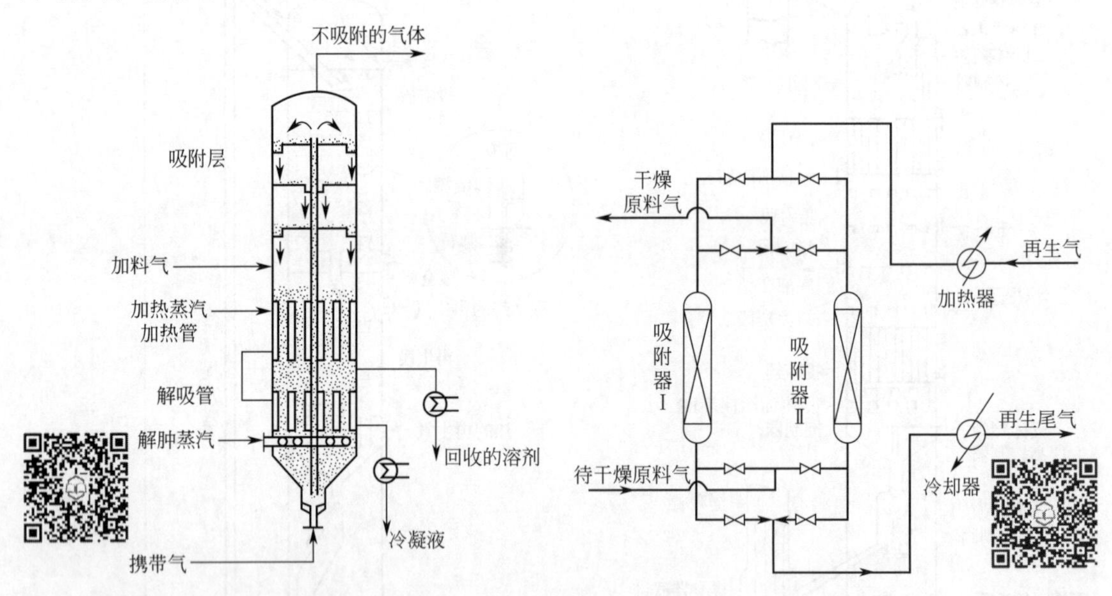

图5-6　流化床-移动床联合装置

图5-7　固定床吸附器流程示意图

但若是间歇操作，再生时，设备就不能处理原料气，操作过程必须不断地周期性切换，这样相对比较麻烦。其次在处于生产运行的设备里，为保证吸附区高度有一定的富余，需要放置比实际需要更多的吸附剂，因而总吸附剂用量很大。此外，静止的吸附剂床层传热性差，再生时要将吸附剂床层加热升温，而吸附剂所产生的吸附热传导出去也不容易。所以固定床吸附操作中往往会出现床层局部过热的现象，影响吸附，再生加热和再生冷却的时间就长了。

（2）移动床吸附操作　移动床吸附器又称“超吸附器”，特别适用于轻烃类气体混合物的提纯，图 5-8 所示的就是从甲烷-氢混合气体中提取乙烯的移动床吸附器。从吸附器底部出来的吸附剂由气力输送的升降管 9 送往吸附器顶部的料斗 3 中加入器内。吸附剂以一定的速度向下移动，在向下移动过程中，依次经历冷却、吸附、精馏和脱附各过程。由吸附器底部排出的吸附剂已经过再生，并供循环使用。待处理的原料气经分配板 4 分配后导入吸附器中，与吸附剂进行逆流接触，在吸附段 5 中活性炭将乙烯和其他重组分吸附，未被吸附的甲烷和氢成为轻馏分从塔顶放出。已吸附乙烯等组分的活性炭继续向下移动，经分配器进入精馏段 II_b，在此段内较难吸附的组分（乙烯等）被较易吸附的组分（重烃）从活性炭中置换出来。各烃类组分经反复吸附和脱附，重组分沿吸附器高从上至下浓度不断增大，与精馏塔中的精馏段类似。经过精制的馏分分别以侧线中间馏分（主要是乙烯，含少量丙烷）和塔底重馏分（主要是丙烷和脱附引入的直接蒸气）的形式被采出。最后吸附了重烃组分的活性炭进入解吸段，解吸出来的重组分以回流形式流入精馏段。

移动床吸附过程可实现逆流连续操作，吸附剂用量少，但吸附剂磨损严重。可见能否降低吸附剂的磨损消耗，减少吸附装置的运转费用，是移动床吸附器能否大规模用于工业生产的关键。由于高级烯烃的聚合使活性炭的性能恶化，则需将其送往活化器中用高温蒸汽（400～500℃）进行处理，以使其活性恢复后再继续使用。

（3）流化床吸附操作　流化床吸附分离常用于工业气体中水分脱除，排放废气中 SO_2、NO_2 等有毒物质和溶剂回收。它采用颗粒坚硬耐磨，物理化学性质良好的吸附剂。如活性氧化铝、活性炭等。

如图 5-9 所示为 Fluicon 连续逆流式多级流化床操作工艺示意图，它是利用流化床操作

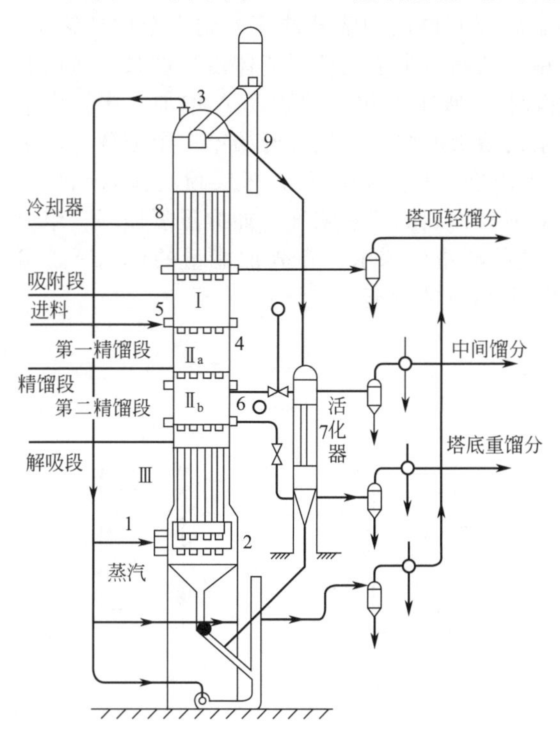

图 5-8　移动床吸附器

1—移动床；2—解吸段；3—料斗；
4—分配板；5—吸附段；6—精馏段；
7—活化器；8—冷却器；9—升降管

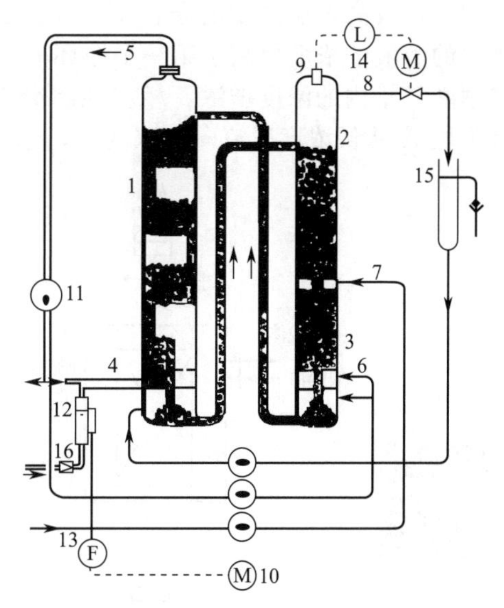

图 5-9　Fluicon 连续逆流式多级流化床操作工艺示意图

1—负载柱；2—再生柱；3—洗涤柱；4—原水；
5—软化水；6—洗涤水；7—再生水；8—盐水；
9—料面计；10—计量泵；11—循环泵；12—流量计；
13,14—调节器；15—收集器；16—减压器

来处理水的工艺。该流化床包括一系列的多孔配水盘，并带有导流管用于吸附剂逆流。原水进入流化床，并在柱内停留一段时间以便吸附剂流化沉降。柱内的所有物料靠重力流动或沿给料流动相反方向用泵向下抽吸，以便盘与盘之间能转移更多的吸附剂。被吸附后的水（软水）从吸附器的顶部排出。已吸附了物质的吸附剂抽吸到另一个吸附器内，通过再生柱和洗涤柱后的吸附剂循环使用。

流化床吸附的主要特点是流化床内流体的流速高，传质系数大，床层浅，因而压降低，压力损失小；能连续或半连续操作，液体的沟流小，吸附剂相和液体相的流量控制相对比较简单；吸附物质通常采用加热方法解吸，经解吸的吸附剂冷却后重复使用。它的处理量通常在 10～100m^3/h，实际工业应用不多。目前有磁性拟稳态流化床操作。

（4）参数泵法吸附操作　参数泵法是一种循环的非稳态操作过程。如果是采用温度这个热力学参数作为其变换参数就称为热参数泵法。它分为两类，一类是直接式的，另一类是间接式的，后者其温度参数的变化是随流动相输入而作用于两相的，吸附器本身是绝热的。以间歇直接式热参数泵为例加以说明。如图 5-10 所示，吸附器内装有吸附剂，进料为组分 A 和 B 的混合物。对所选用的吸附剂而言，认为 A 为强吸附质，B 为弱吸附质或者是不能被吸附的物质。A 在吸附剂上的吸附平衡常数只是温度的函数。吸附器的顶端和底端各与一个泵相连接，吸附器外夹套与温度调节系统相连接。参数泵每一个循环分前后两个半周期，吸附床温度有高温和低温，流动方向分别为上流和下流。当循环开始时，床层内两相在较高的温度下平衡，流动相中吸附质 A 的浓度与底部贮槽内的溶液的浓度相同，第一个循环的前半期，床层温度保持在高温下，流体由底部泵输送自下而上流动。床层温度等于循环开始前的温度，吸附质 A 既不在吸附剂上吸附，也不从吸附剂上脱吸出来。床层顶端流入到顶部贮槽内的溶液浓度就等于循环开始之前贮存于底部贮槽内的溶液浓度。到半个周期终了，改变流体的流动方向，同时改变床层温度为低温，开始后半个周期，流体由顶部泵输送由上而下流动，吸附质 A 由流体相向固体吸附剂相转移，吸附剂相上的浓度 A 增加，床层底端流入到底部贮槽内的溶液的浓度低于原来此贮槽内溶液的浓度。接着开始第二个循环，前半个周期，在较高床层温度的条件下，A 由固体吸附剂相向液相转移，床层顶端流入到顶端贮槽内的溶液的浓度要高于第一个循环前半个周期收集到的溶液浓度。如此重复循环，组分 A 在顶端贮槽内的浓度增浓，相应地组分 B 在底部贮槽内增浓。在外加能量的作用下，可使吸附质 A 从低浓度区流向高浓度区，达到 A、B 组分的分离。

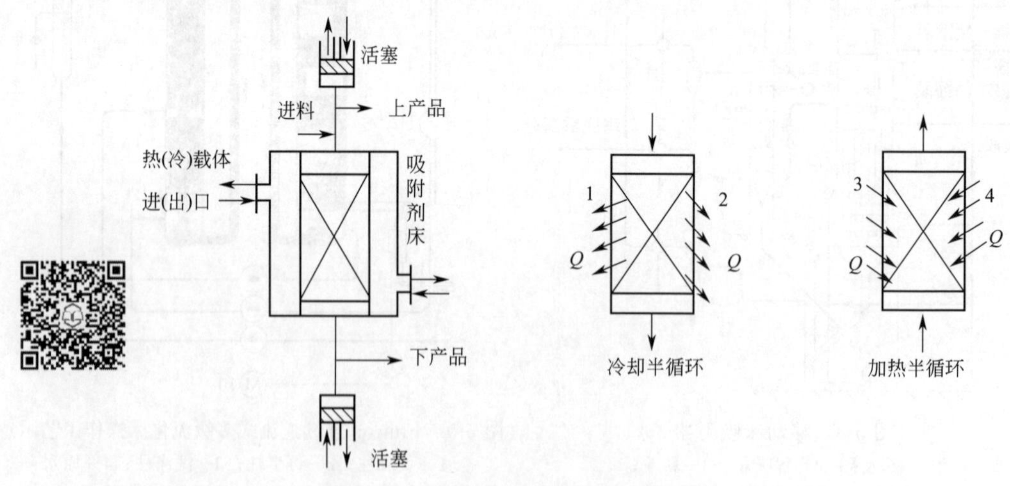

图 5-10　间歇直接式热参数泵示意图

这种以温度作为参数的参数泵，由于流体正反流动，会造成设备的机械结构的复杂，加上固体的热容量大，传热系数小，效率低，目前工业尚未应用。但由于它具有分离过程中无需引入另一种流体更新吸附剂床层，在较小的设备中可获得很高的分离效果。近年来已用于烷烃和芳烃异构物、果糖与葡萄糖的分离研究。

2. 溶剂

为了获得物质的最佳分离，尤其是极性相差大的物质，应采用洗脱能力递增的流动相。由于竞争作用的存在，凡吸附力强的溶剂也就是较强的洗脱剂。量度溶剂洗脱能力大小的是溶剂强度 ε^0，它代表溶剂在单位标准活度吸附剂表面上的吸附能。对各种溶剂来说，采用以戊烷的 ε^0 为零的相对值。表 5-1 列出了一些溶剂在氧化铝层析系统中的 ε^0 值，同时给出它们的一些物理性质。吸附剂不同，ε^0 值也不同，与氧化铝的 ε^0 值有一个折算系数。折算关系如 $\varepsilon^0(SiO_2)=0.77\varepsilon^0(Al_2O_3)$，$\varepsilon^0$（硅酸镁，Florisil）$=0.52\varepsilon^0(Al_2O_3)$，$\varepsilon^0(MgO)=0.58\varepsilon^0(Al_2O_3)$。

表 5-1　吸附层析溶剂的 ε^0

$\varepsilon^0(Al_2O_3)$	溶　剂	黏度(20℃)/$\times10^{-3}$Pa·s	折射率 η_D	透光率极限/nm	沸点/℃
−0.25	氟代烷烃		1.25		
0.00	正戊烷	0.23	1.358	210	36.1
0.01	石油醚	0.3		210	30—60
0.04	环己烷	1.0	1.427	210	80.7
0.05	环戊烷	0.47	1.406	210	49.3
0.18	四氯化碳	0.97	1.466	265	76.8
0.26	氯戊烷	0.26	1.413	225	108.2
0.26	二甲苯	0.62～0.81	1.500	290	138—144
0.29	甲苯	0.59	1.496	285	110.8
0.30	氯丙烷	0.35	1.389	225	46.6
0.32	苯	0.65	1.501	280	80.2
0.38	(二)乙醚	0.23	1.353	220	34.6
0.40	氯仿	0.57	1.443	245	61.3
0.42	二氯甲烷	0.44	1.424	245	40.0
0.45	四氢呋喃	0.51	1.408	220	64.7
0.49	1,2-二氯乙烷	0.79	1.445	230	84.1
0.51	丁酮		1.381	330	79.6
0.56	丙酮	0.32	1.359	330	56.2
0.56	二噁烷	1.54	1.422	220	101.3
0.58	醋酸乙酯	0.54	1.370	260	77.2
0.60	醋酸甲酯	0.37	1.362	260	57.1
0.61	戊醇	4.1	1.410	210	137.3
0.64	硝基甲烷	0.67	1.394	380	101.2
0.65	乙腈	0.65	1.344	210	81.6
0.71	吡啶	0.71	1.510	305	115.3
0.82	正丙醇	2.3	1.385	210	97.2
0.88	乙醇	1.20	1.361	210	78.4
0.95	甲醇	0.60	1.329	210	64.6
大的	醋酸	1.26	1.372	230	118.1
大的	水	1.00	1.333	200	100.0

对非极性吸附剂来说，非特异性的色散力是决定性因素，在这些情况下洗脱能力大小是随溶剂分子量增加而增加的。

碳的洗脱能力递增顺序为水，甲醇，乙醇，丙酮，丙醇，乙醚，丁醇，醋酸乙酯，正己烷，苯。

对聚酰胺来说，递增顺序是水，甲醇，丙酮，甲酰胺，二甲基甲酰胺，氢氧化钠的水溶液。

低黏度溶剂可以提高柱效。一般选择黏度在 $0.4\times10^{-3}\sim0.5\times10^{-3}$ Pa・s 的溶剂并不困难。有很多溶剂的黏度在 $0.2\times10^{-3}\sim0.3\times10^{-3}$ Pa・s，它们可与黏度较大的溶剂混合，以降低流动相黏度。

实用中，为了有效调节溶剂洗脱强度，常使用二元溶剂。好的溶剂搭配往往能提高分辨能力。洗脱强度直接与容量因子 k' 相关，而不同的“溶剂对”组成的流动相，即使强度相同，却可以有不同的分离因子。正确的溶剂选择是层析条件优化的重要方面。

吸附剂是用一定量水减活的，在操作过程中如果含水量变化，会使柱性能变坏。要使吸附剂中的水分不变化，就要求溶剂中有适当的含水量。从理论上说，要维持一定的含水量就要使溶剂中水的热力学活度与吸附剂上水的热力学活度相等，这样才能避免水的宏观迁移。实践中做到这一点是很不容易的。为了得到溶剂的适当含水量，往往需要细心地调整，使得吸附柱对某一检测物质有重复不变的保留值。含一定量水的溶剂往往用饱和了水的溶剂与不含水的溶剂来配制。

任务实施

布置吸附流程和选择吸附器的注意事项

（1）当气体污染物连续排出时，应采用连续式或半连续式的吸附流程；间断排出时采用间歇式吸附流程。

（2）排气连续且气量大时，可采用流化床或沸腾床吸附器；排气连续但气量较小时，则可考虑使用旋转床吸附器。固定床吸附器可用于各种场合。

（3）根据流动阻力、吸附剂利用率酌情选用不同类型的吸附器。

（4）处理的废气流中含有粉尘时，应先用除尘器除去粉尘。

（5）处理的废气流中含有水滴或水雾时，应先用除雾器除去水滴或水雾。对气体中水蒸气含量的要求随吸附系统的不同而不同。当用活性炭吸附有机物分子时，气体中相对湿度应小于90%；当用分子筛吸附 NO_2 时，气体中水蒸气愈少愈好。

（6）处理的废气中污染物浓度过高时，可先用其他方法脱除一部分。

（7）吸附流程需与脱附方法和脱附流程同时考虑。

任务评估

1. 资讯

在教师指导下让学生解读工作任务及要求，了解完成项目任务需要的知识：搅拌槽吸附器、固定床吸附器、移动床吸附器、流化床吸附器、吸附操作流程。

2. 决策、计划

根据工作任务要求和生产特点初定分离设备，通过分组讨论、学习、查阅相关资料，合理地选择吸附设备及流程。

3. 检查

教师可通过检查各小组的工作方案与听取小组研讨汇报，及时掌握学生的工作进展，适时地归纳讲解相关知识与理论，并提出建议与意见。

4. 实施与评估

学生在教师的检查指点下继续修订与完善项目实施方案，并最终完成按分离任务要求所需的吸附设备及流程。教师对各小组完成情况进行检查与评估，及时进行点评、归纳与总结。

任务三　分离操作的理论基础及工艺

工作任务要求

某工厂拟生产高纯氮气，欲除去氮气中的水汽，采用固定床吸附器。氮气中原始水含量为 1440×10^{-6}（摩尔分数，下同），试选用合适的吸附剂使吸附后水含量低于 1×10^{-6}。操作温度为 28.3℃，压强为 593kPa。

技术理论与必备知识

一、吸附平衡

在一定温度和压力下，当流体（气体或液体）与固体吸附剂经长时间充分接触后，吸附质在流体相和固体相中的浓度达到平衡状态，称为吸附平衡。若流体中吸附质浓度高于平衡浓度，则吸附质将被吸附，若流体中吸附质浓度低于平衡浓度，则吸附质将被解吸，最终达到吸附平衡，过程停止。可见吸附平衡关系决定了吸附过程的方向和极限，是吸附过程的基本依据。单位质量吸附剂的平衡吸附量 q 受到许多因素的影响，如吸附剂的物理结构（尤其是表面结构）和化学组成，吸附质在流体相中的浓度，操作温度等。

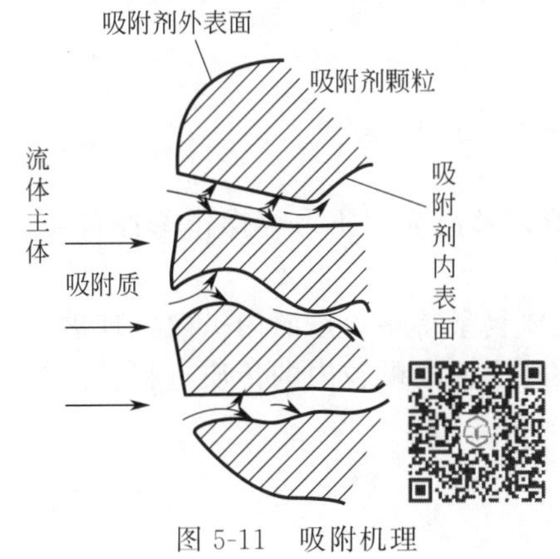

图 5-11　吸附机理

二、吸附机理及吸附的传递速率

1. 吸附机理

吸附质被吸附剂吸附的过程可分为 3 步，如图 5-11 所示。

(1) 外扩散　吸附质从流体主体通过扩散（分子扩散与对流扩散）传递到吸附剂颗粒的外表面。因为流体与固体接触时，在紧贴固体表面处有一层滞流膜，所以这一步的速率主要取决于吸附质以分子扩散通过这一滞流膜的传递速率。

(2) 内扩散　吸附质从吸附剂颗粒的外表面通过颗粒上的微孔扩散进入颗粒内部，到达颗粒的内部表面。

(3) 吸附　吸附质被吸附剂吸附在内表面上。

对于物理吸附，第 3 步通常是瞬间完成的，所以吸附过程的速率通常由前两步决定。若外扩散速率比内扩散速率小得多，则吸附速率由外扩散控制，反之则为内扩散控制。

2. 吸附速率

当含有吸附质的流体与吸附剂接触时，吸附质将被吸附剂吸附，吸附质在单位时间内被吸附的量称为吸附速率。吸附速率是吸附过程设计与生产操作的重要参量。

吸附速率与体系性质（吸附剂、吸附质及其混合物的物理化学性质）、操作条件（温度、压力、两相接触状况）以及两相组成等因素有关。对于一定体系，在一定的操作条件下，两相接触、吸附质被吸附剂吸附的过程如下：开始时吸附质在流体相中浓度较高，在吸附剂上的含量较低，远离平衡状态，传质推动力大，故吸附速率高。随着过程的进行，流体相中吸附质浓度降低，吸附剂上吸附质含量增高，传质推动力降低，吸附速率逐渐下降。经过很长时间，吸附质在两相间接近平衡，吸附速率趋近于零。

上述吸附过程为非定态过程，其吸附速率可以表示为吸附剂上吸附质的含量、流体相中吸附质的浓度、接触状况和时间等的函数。

3. 吸附的传质速率方程

根据上述机理，对于某一瞬间，按拟稳态处理，吸附速率可分别用外扩散、内扩散或总传质速率方程表示。

（1）外扩散传质速率方程　吸附质从流体主体扩散到固体吸附剂外表面的传质速率方程为

$$\frac{\partial q}{\partial \theta}=k_{F}a_{p}(c-c_{i}) \tag{5-2}$$

式中　q——吸附剂上吸附质的含量，kg 吸附质/kg 吸附剂；

θ——时间，s；

$\frac{\partial q}{\partial \theta}$——每千克吸附剂的吸附速率，kg/(s·kg)；

a_p——吸附剂的比外表面积，m^2/kg；

c——流体相中吸附质的平均质量浓度，kg/m^3；

c_i——吸附剂外表面上流体相中吸附质的质量浓度，kg/m^3；

k_F——流体相侧的传质系数，m/s。

k_F 与流体物性、颗粒几何形状、两相接触的流动状况以及温度、压力等操作条件有关。有些关联式可供使用，具体可参阅有关专著。

（2）内扩散传质速率方程　内扩散过程比外扩散过程要复杂得多。按照内扩散机理进行内扩散计算非常困难，通常把内扩散过程简单地处理成从外表面向颗粒内的传质过程。内扩散传质速率方程为

$$\frac{\partial q}{\partial \theta}=k_{s}a_{p}(q_{i}-q) \tag{5-3}$$

式中　k_s——吸附剂固相侧的传质系数，$kg/(s \cdot m^2)$；

q_i——吸附剂外表面上的吸附质含量，kg/kg，此处 q_i 与吸附质在流体相中的浓度 c_i 呈平衡；

q——吸附剂上吸附质的平均含量，kg/kg。

k_s 与吸附剂的微孔结构性质、吸附质的物性以及吸附过程持续时间等多种因素有关。k_s 由实验测定。

（3）总传质速率方程　由于吸附剂外表面处的浓度 c_i 和 q_i 无法测定，因此通常按拟稳态处理，将吸附速率用总传质方程表示为

$$\frac{\partial q}{\partial \theta}=K_{F}a_{p}(c-c^{*})=K_{s}a_{p}(q^{*}-q) \tag{5-4}$$

式中　c^*——与吸附质含量为 q 的吸附剂呈平衡的流体中吸附质的质量浓度，kg/m^3；

q^*——与吸附质浓度为 c 的流体呈平衡的吸附剂上吸附质的含量，kg/kg；

K_F——以 $\Delta c(=c-c^*)$ 为推动力的总传质系数，m/s；

K_s——以 $\Delta q(=q^*-q)$ 为推动力的总传质系数，kg/（s·m²）。

对于稳态传质过程，存在

$$\frac{\partial q}{\partial \theta}=K_F a_p(c-c^*)=K_s a_p(q^*-q)$$

$$=k_F a_p(c-c_i)=k_s a_p(q_i-q) \tag{5-5}$$

如果在操作的浓度范围内吸附平衡为直线，即

$$q_i=mc_i \tag{5-6}$$

式中 m——平衡常数。

则根据式(5-5)和式(5-6)整理可得

$$\frac{1}{K_F}=\frac{1}{k_F}+\frac{1}{mk_s} \tag{5-7a}$$

$$\frac{1}{K_s}=\frac{m}{k_F}+\frac{1}{k_s} \tag{5-7b}$$

式(5-7a)和式(5-7b)表示吸附过程的总传质阻力为外扩散阻力与内扩散阻力之和。

若内扩散很快，过程为外扩散控制，q_i 接近 q，则 $K_F=k_F$。若外扩散很快，过程为内扩散控制，c 接近于 c_i，则 $K_s=k_s$。

三、吸附剂及其再生

吸附剂是一种有吸附性能的多孔性物质，具有较大的比表面积和适当的孔结构。如图5-12的树脂类的吸附剂，是具有立体结构的多孔性海绵状、热固性聚合物。其中的化学孔是由于交联链形成的，只有在水合状态下大分子链伸张才会形成，这类孔的孔径很小，在干态下孔收缩，聚合物成为凝胶态，是均相结构，由于它的不稳定性，称它为化学孔或凝胶孔，可以通过交联剂的结构和交联剂的用量来进行控制。另一类大孔称为物理孔，它是在非水溶液或干态下都存在的真正的毛细孔，其孔径比分子间的距离大得多，孔径可达3～50nm，是永久性孔道，而且还可以通过致孔剂的作用加以控制和调节孔结构，以满足孔道数量、大小及分布等特殊要求。当吸附剂处于溶胀态时，化学孔及物理孔两者同时存在。同时由于物理孔的存在，使它这类吸附剂具有较大的比表面积。而吸附剂的比表面积越大，其吸附能力就越强。

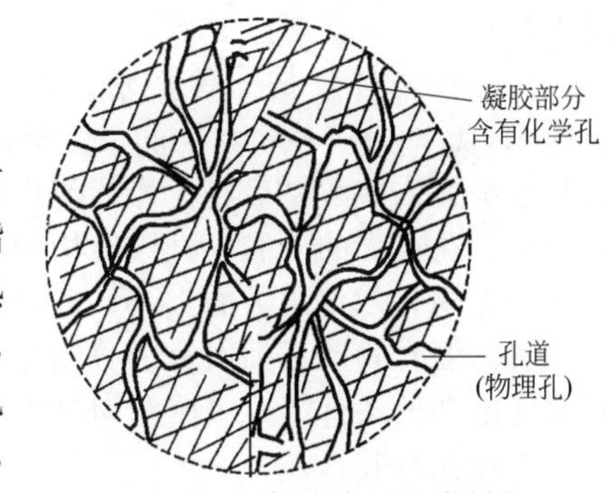

图5-12 树脂类的吸附剂的结构示意图

1. 吸附剂的分类

(1) 按极性分类 吸附所用吸附剂多是具有一定极性的物质。根据其吸附剂的极性可分为四类：非极性、中极性、极性和强极性。

① 非极性吸附剂 由苯乙烯系单体制备的不带任何功能基团的吸附剂为非极性吸附剂。这类聚合物中电荷分布均匀，表面疏水性较强，与被吸附物质中的疏水部分相互作用达到吸附的目的，适用于极性溶剂中吸附非极性或弱极性物质。

② 中极性吸附剂 含有酯基基团类的吸附剂，由于骨架中酯基偶极的存在，使吸附剂具有了一定的极性，丙烯酸酯系列吸附剂为中等极性吸附剂。这类大分子结构既有极性部分也有非极性部分，所以既可从极性溶剂中吸附非极性物质，也可从非极性溶剂中吸附极性物质。

③ 极性吸附剂 含有亚砜、酰氨基、腈基等功能基团的吸附剂为极性吸附剂。这类基

团的极性比酯基强，通过静电相互作用或氢键作用从极性溶剂中吸附极性物质。

④ 强极性吸附剂　含有吡啶基、酚基及氨基等含有氮、氧、硫极性功能基团的吸附剂为强极性吸附剂。由于这些极性基团的存在，使聚合物结构单元存在大小不同的偶极矩，显示出各聚合物极性的不同。也是通过静电相互作用或氢键作用进行吸附，适用于从非极性溶剂中吸附极性物质。

（2）按单体来分　以吸附剂的单体来分类的有：苯乙烯系列、丙烯酸酯系列、丙烯腈系列、酚醛系列，还有新出来的碳质系列等。

（3）按吸附机理分类　依据吸附机理可将吸附剂分为范德华力吸附剂、偶极吸附剂、静电吸附剂及氢键吸附剂等。

2．工业常用吸附剂

工业上常用的吸附剂有：硅胶、活性氧化铝、活性炭、分子筛等，另外还有针对某种组分选择性吸附而研制的吸附材料。吸附剂可按孔径大小、颗粒形状、化学成分、表面极性等分类，如粗孔和细孔吸附剂，粉状、粒状、条状吸附剂，碳质和氧化物吸附剂，极性和非极性吸附剂等。常用的吸附剂有以碳质为原料的各种活性炭吸附剂和金属、非金属氧化物类吸附剂（如硅胶、氧化铝、分子筛、天然黏土等）。

（1）硅胶　硅胶是一种坚硬、无定形链状和网状结构的硅酸聚合物颗粒，分子式为 $SiO_2 \cdot nH_2O$，为一种亲水性的极性吸附剂。它是用硫酸处理硅酸钠的水溶液，生成凝胶，并将其水洗除去硫酸钠后经干燥，便得到玻璃状的硅胶，控制 pH 值、温度和时间可得到比表面积小、孔径大的硅胶。硅胶结构中的羟基是它的吸附中心，其吸附特性取决于羟基与吸附质分子之间相互作用力的大小。硅胶易于吸附极性物质，难以吸附非极性物质，它主要用于干燥气体混合物及石油组分的分离等。工业上用的硅胶分成粗孔和细孔两种。粗孔硅胶在相对湿度饱和的条件下，吸附量可达吸附剂重量的 80%以上，而在低湿度条件下，吸附量大大低于细孔硅胶。

（2）活性氧化铝　活性氧化铝是一种极性吸附剂，对水有较大的亲和力，是由铝的水合物（铝盐、金属铝、碱金属铝盐、氧化铝等）加热脱水制成的，具有高的比表面积，它的性质取决于最初氢氧化物的结构状态，部分水合无定形的多孔结构物质，其中不仅有无定形的凝胶，还有氢氧化物的晶体。由于它的毛细孔通道表面具有较高的活性，故又称活性氧化铝。它的重要的工业应用是气体和液体的干燥、油品和石油化工产品的胶水干燥，是一种对微量水深度干燥用的吸附剂。在一定操作条件下，它的干燥深度可达露点 −70℃以下。

（3）活性炭　活性炭具有非极性的表面，为疏水性和亲有机物质的吸附剂，是一种非极性吸附剂，是将木炭、果壳、煤等含碳原料经炭化、活化后制成的。活化方法可分为两大类，即药剂活化法和气体活化法。药剂活化法就是在原料里加入氯化锌、硫化钾等化学药品，在非活性气氛中加热进行炭化和活化。气体活化法是把活性炭原料在非活性气氛中加热，通常在 700℃以下除去挥发组分以后，通入水蒸气、二氧化碳、烟道气、空气等，并在 700～1200℃温度范围内进行反应使其活化。活性炭含有很多毛细孔构造，吸附容量大，抗酸耐碱，化学稳定性好，解吸容易，在较高温度下解吸再生，其晶体结构没有什么变化，热稳定性好，经多次吸附和解吸操作，仍能保持原有的吸附性能。因而它用途遍及水处理、脱色、气体吸附等各个方面。

（4）沸石分子筛　又称合成沸石或分子筛，是硅铝四面体形成的三维硅铝酸盐金属结构的晶体，是一种孔径大小均一的强极性吸附剂。其化学组成通式为：$[M_2(\text{I})M(\text{II})]O \cdot Al_2O_3 \cdot nSiO_2 \cdot mH_2O$，式中 $M_2(\text{I})$ 和 $M(\text{II})$ 分别为一价和二价金属离子，多半是钠和钙，n 称为沸石的硅铝比，硅主要来自硅酸钠和硅胶，铝则来自铝酸钠和 $Al(OH)_3$ 等，它们与氢氧化钠水溶液反应制得的胶体物，经干燥后便成沸石，一般 $n=2\sim10$，$m=0\sim9$。

沸石的特点是具有分子筛的作用，它有均匀的孔径，如 3Å、4Å、5Å、10Å 细孔。有 4Å 孔径的 4A 沸石可吸附甲烷、乙烷，而不吸附三个碳以上的正烷烃。具有很高的选择吸附能力，而且在较高的温度和湿度下，仍具有较高的吸附能力。它已广泛用于气体吸附分离、气体和液体干燥以及正异烷烃的分离。其不足之处是耐热稳定性、抗酸碱的能力、化学稳定性、耐磨损性能都较差。

(5) 碳分子筛　实际上也是一种活性炭，它与一般的碳质吸附剂不同之处，在于其微孔孔径均匀地分布在一狭窄的范围内，微孔孔径大小与被分离的气体分子直径相当，微孔的比表面积一般占碳分子筛所有表面积的 90%以上。碳分子筛的孔结构主要分布形式为：大孔直径与碳粒的外表面相通，过渡孔从大孔分支出来，微孔又从过渡孔分支出来。在分离过程中，大孔主要起运输通道作用，微孔则起分子筛的作用。

以煤为原料制取碳分子筛的方法有碳化法、气体活化法、碳沉积法和浸渍法。其中碳化法最为简单，但要制取高质量的碳分子筛必须综合使用这几种方法。碳分子筛在空气分离制取氮气领域已获得了成功，在其他气体分离方面也有广阔的前景。

3. 吸附剂的物理化学性能

(1) 孔体积 V_t　吸附剂中孔的总体积称为孔体积或孔容，通常以单位质量吸附剂中吸附剂的孔的容积来表示（m^3/kg）。

注意有的书上所说的孔容是吸附剂的有效体积，它是用饱和吸附量推算出来的值，也就是吸附剂能容纳吸附质的体积，所以孔容以大为好。吸附剂的孔体积不一定等于孔容，吸附剂中不是所的孔都能起到有效吸附的作用，所以孔容要比总体积小，由于这种有效体积难以测算，现在所说的孔体积和孔容认为都是吸附剂中孔的总体积。

(2) 比表面积　即单位质量吸附剂所具有的表面积，常用单位是 m^2/kg。总的表面积是外表面积和内表面积之和，由于吸附剂是一种多孔结构的物质，内表面积是很大的，吸附剂表面积每千克有数百至千余平方米。吸附剂的表面积主要是微孔孔壁的表面，吸附剂外表面是很小的。

(3) 孔径与孔径分布　在吸附剂内，孔的形状极不规则，孔隙大小也各不相同。直径在数埃（Å）至数十埃的孔称为细孔，直径在数百埃以上的孔称为粗孔。细孔愈多，则孔容愈大，比表面积也愈大，有利于吸附质的吸附。粗孔的作用是提供吸附质分子进入吸附剂的通路。粗孔和细孔的关系就像大街和小巷一样，外来分子通过粗孔才能迅速到达吸附剂的深处。所以粗孔也应占有适当的比例。活性炭和硅胶之类的吸附剂中粗孔和细孔是在制造过程中形成的。沸石分子筛在合成时形成直径为数微米的晶体，其中只有均匀的细孔，成型时才形成晶体与晶体之间的粗孔。

孔径分布是表示孔径大小和与之对应的孔体积的关系，由此来表征吸附剂的孔特性。

(4) 密度

① 表观密度（ρ_1）　又称视密度。吸附剂颗粒的体积（V）由两部分组成：固体骨架的体积（V_g）和孔体积（V_t），即：

$$V=V_g+V_t \tag{5-8}$$

表观质量就是吸附颗粒的本身质量（W）与其所占有的体积（V）之比，表示为：

$$\rho_1=W/V \tag{5-9}$$

② 真实密度（ρ_g）　又称真密度或吸附剂固体的密度，即吸附剂颗粒的质量（W）与固体骨架的体积 V_g 之比，表示为：

$$\rho_g = W/V_g \tag{5-10}$$

③ 堆积密度（ρ_b） 又称填充密度，即单位体积内所填充的吸附剂质量。此体积中还包括有吸附颗粒之间的空隙，堆积密度是计算吸附床容积的重要参数。

（5）孔隙率（ε_k） 即吸附颗粒内的孔体积与颗粒体积之比。表示为：

$$\varepsilon_k = V_t/V \tag{5-11}$$

常用吸附剂的物理性能如表 5-2 所示。

表 5-2 常用吸附剂的物理性能

吸附剂名称	粒度/mm	比表面积/(m^2/g)	平均孔径/nm
硅胶	0.04～0.5	400～600	30～100
氧化铝	0.04～0.21	70～200	60～150
合成硅酸镁	0.07～0.25	300	—
活性炭	0.04～0.05	300～1000	20～40
聚酰胺	0.07～0.16		

吸附剂表面有时有一些具有特别强吸附力的点。为使吸附能力较均匀，可以用“缓和剂”减活，最常用的就是依一定的办法对吸附剂加适量的水。还可以通过化学键合改变吸附剂表面特性。比如硅胶上的 OH 与三甲基氯硅烷反应，生成一种表面覆盖一层有机分子的硅胶，使之成为非极性的吸附剂。这个过程叫硅烷化。

吸附剂大致可分为极性和非极性两类。极性吸附剂包括所有氧化物和盐。在吸附过程中，离子与偶极、偶极与偶极的相互作用起主导作用。非极性溶剂如活性炭、经化学键合的活性炭或硅胶，吸附作用主要是色散力作用的结果。吸附剂极性不同，被吸附分子中各基团与之作用的强度也就不同。对一种吸附剂，各基团吸附强度可以排出一个顺序。在硅胶上测定的各基团吸附强度按下列顺序递增：

$—CH_2— < —CH_3 < —CH= < —S—R— < —O—R < —NO_2 < —NH$（咔唑）

$< —COOR < —CHO < —COR < —OH < —NH_2 < —COOH$

即使对硅胶，这个顺序也是粗略的。脂族和芳族上的基团就有差别，分子的极性和偶极矩也造成差异。对于不同的吸附剂，各基团吸附顺序可能不同。吸附剂的酸碱性、位阻因素、使用淋洗溶剂的特性对这个顺序也会有影响。在非极性吸附剂上，吸附主要受分子大小（随分子量增大增至某一极大值然后又减小）和空间排列的影响。

大多数应用中，特别是分析中，吸附剂应当标准化。吸附剂应当具有一定的制备方法，使制得的吸附剂具有相同的孔径和孔径分布，相同的表面基团，相同的活度。生产厂家应对产品粒度分级，使用者还应经过筛分或沉淀分离，必要时要用化学试剂和水洗涤并经干燥。加入水或醇类减活时，加入量决定减活的程度。

吸附剂的活度可用薄层法测定，其数值由某些偶氮染料在用四氯化碳为展开剂所得到的比移值确定。干燥的最大活度的产品定为活度Ⅰ级。随着含水量不同，级别也不同，表 5-3 是氧化铝、硅胶和硅酸镁不同含水量时的活度级别。

表 5-3 氧化铝、硅胶和硅酸镁的活度级别与加入水量的关系

活度级别	加入水量/%		
	氧化铝	硅胶	硅酸镁
Ⅰ	0	0	0
Ⅱ	3	5	7
Ⅲ	6	15	15
Ⅳ	10	25	25
Ⅴ	15	38	35

4. 吸附剂的再生

吸附剂再生是指在吸附剂本身结构不发生或极少发生变化的情况下用某种方法将吸附质从吸附剂微孔中除去，从而使吸附饱和的吸附剂能够重复使用的处理过程。常用的再生方法有：①加热法。利用直接燃烧的多段再生炉使吸附饱和的吸附剂干燥、碳化和活化。②蒸汽法。用水蒸气吹脱吸附剂上的低沸点吸附质。③溶剂法。利用能解吸的溶剂或酸碱溶液造成吸附质的强离子化或生成盐类。④臭氧化法。利用臭氧将吸附剂上的吸附质强氧化分解。⑤生物法。将吸附质生化氧化分解。每次再生处理的吸附剂损失率不应超过5%～10%。

5. 吸附剂的吸附量

吸附剂的吸附量是评价或选择吸附剂的重要基本参数。吸附量又分为静吸附量（平衡吸附量）和动吸附量两类。静吸附量是指当吸附剂与气体达到充分平衡后，单位吸附剂吸附气体的数量，单位为mL/g吸附剂。静吸附量的测定方法有定容法、定压法和真空重量法。

动吸附量是指当二元或二元以上混合气体通过吸附剂床层时，被吸附气体在吸附床出口端达到脱除精度时，吸附床内吸附剂吸附被吸附气体量的平均值。动吸附量是吸附床工程设计的重要依据，通常由实验获得。

任务实施

1. 吸附剂的选择原则

吸附可用于滤除毒气，精炼石油和植物油，防止病毒和霉菌，回收天然气中的汽油以及食糖和其他带色物质脱色等。若对某一已知混合物体系需通过吸附分离来实现其产物的提取与纯化、物料流的净化或毒物的去除等目的，对吸附剂的选择一般有以下要求。

(1) 要有尽可能大的比表面积，以增强其吸附能力。同时被吸附的杂质应易于解吸，从而在短周期内达到吸附、解吸间的平衡，确保分离提纯。

(2) 对待分离组分要有足够的选择性，以提高被分离组分的分离程度，分离系数越大，分离越容易，得到的产品纯度越高，同时回收率也高。

(3) 合适的粒度及其粒径分布。粒度均匀能使分离柱中流量分布均匀，粒度小，表观传质速率大，对分离有利；但粒度小，填充床压力损失随之增大，操作压力增加。

(4) 重复使用寿命长。吸附剂的寿命通常与其本身的机械强度有关，此外还与操作条件、原料和流动相的性质有密切关系。如原料中的杂质、细菌对吸附剂表面的污染、对吸附剂的溶胀或化学作用等。

(5) 使用的吸附剂应有足够的强度，以减少破碎和磨损。

(6) 分离组分复杂、类别较多的气体混合物，可选用多种吸附剂，这些吸附剂可按吸附分离性能依次分层装填在同一吸附床内，也可分别装填在多个吸附床内。

2. 吸附剂选择步骤

(1) 初选　根据吸附质的性质（极性和分子的大小）、浓度和净化要求以及吸附剂的来源等因素，初步选出几种吸附剂。

(2) 活性实验　利用小型装置，对初选出的几种吸附剂进行活性实验，实验所用吸附质气体为任务规定的待净化的气体。通过实验，再筛选出其中几种活性较好的吸附剂，做进一步实验。

(3) 寿命实验　在中型装置中，对几种活性较好的吸附剂进行寿命和脱附性能的实验。实验气体仍必须是待处理的气体，实验条件应是生产时的操作条件，所用的脱附方式也必须是生产中选定的。这样经过吸附-脱附-再生反复多次循环，确定每种吸附剂的使用寿命。

（4）全面评估　初选的几种吸附剂，综合活性、寿命等实验，再结合价格、运费等指标进行全面评价，最后选出一种既较适用、价格又相对便宜的吸附剂。

任务评估

1. 资讯

在教师指导下让学生解读工作任务及要求，了解完成项目任务需要的知识：吸附平衡、吸附机理及吸附的传递速率、吸附剂及其再生。

2. 决策、计划

根据工作任务要求和生产特点，在给定的工作情景下完成相关工艺参数的确定，再通过分组讨论、学习、查阅相关资料，完成任务。

3. 检查

教师可通过检查各小组的工作方案与听取小组研讨汇报，及时掌握学生的工作进展，适时地归纳讲解相关知识与理论，并提出建议与意见。

4. 实施与评估

学生在教师的检查指点下继续修订与完善项目实施初步方案，并最终完成项目任务，教师对各小组完成情况进行检查与评估，及时进行点评、归纳与总结。

任务四　吸附操作、调节及安全技术

工作任务要求

氯碱化工中，以离子膜电解工艺为例，可得产品有烧碱（NaOH）、氢气（H_2）、氯气（Cl_2）、盐酸等。其工艺流程如下，其中二次盐水的精制是用螯合树脂吸收盐水中的 Ca^{2+}、Mg^{2+}。从此工艺中作出操作、调节、事故处理及安全等方面的工作。离子膜电解工艺流程图见图 5-13。

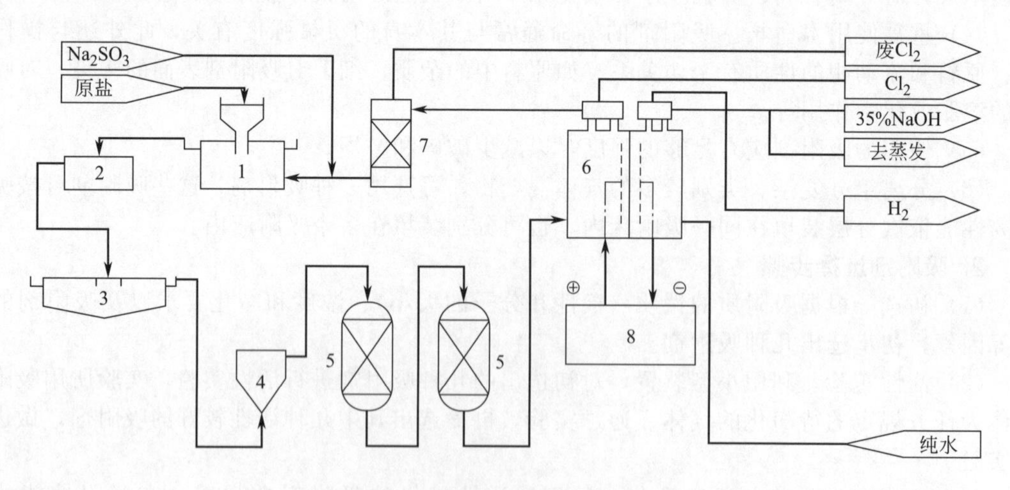

图 5-13　离子膜电解工艺流程简图

1—饱和槽；2—反应器；3—澄清槽；4—过滤器；5—树脂塔；6—电解槽；7—脱氯塔；8—整流器

一、吸附剂的确认与填充

1. 吸附剂的选择

不同的生产过程，要求不同吸附量的吸附剂，即吸附剂的选择。通常可以根据吸附剂对某种组分的选择性，吸附剂物理性质如孔径大小、颗粒形状、化学成分、表面极性，吸附剂的强度等方面来确定吸附剂。

2. 吸附剂的填充

吸附剂填充到吸附塔中，先要进行吸附剂的确认，吸附剂的状态，其表面有无凹凸及塌孔，有无被氧化或污染，有无破损。填充量的确认，填充量的多少，主要与吸附剂的吸附能力、溶液的 pH 值、温度及吸附速率、处理物的处理浓度要求等有关，通过吸附层的高度来表示。

3. 吸附操作前对吸附剂的预处理

吸附塔在进行正常操作之前，要做预处理，一般用清水进行清洗和反清洗，将水放到一定高度，进行一定时间的浸泡后，进行排放。

二、吸附塔的运行操作

(1) 吸附塔在运行操作过程中，要保证吸附剂与被吸附物的接触时间与接触面积；

(2) 合理的排液速度的控制才能保证好的吸附效果；

(3) 当吸附效果不能好时，可对吸附床层进行清洗；

(4) 吸附过程中的 pH 值和温度的控制是保证吸附操作的正常进行的必要条件；

(5) 吸附塔的压差控制，压差过高会是吸附剂破碎，影响吸附效果。

三、床层的清洗（吸附剂）

水质下降时，一般用水力清洗法。将床层或吸附剂输送到清洗罐内，在两罐串联的情况下进行反洗，时间约为 40～60min。

气-水清洗法，将吸附剂全部放入装有压缩空气管的清洗罐中。先用净化的压缩空气擦洗 5～10min，然后用 7～16m/h 流速（以控制吸附剂不流失）反洗 10～20min，至出口水透明无悬浮物。

四、吸附剂的再生

吸附剂失效后，通过再生来恢复其吸附能力，常用再生方式有：顺流再生和逆流再生。

1. 顺流再生

顺流再生是指原处理液与再生液流过吸附剂的方向相同，再生剂流过吸附剂层时首先接触到的是吸附剂上部完全失效的吸附剂，这部分吸附剂可得到比较充分的再生，此时再生液中已包含上部交换出来的离子，影响了下面的吸附剂的再生，下部吸附剂的交换容量得不到充分利用，会增加再生剂的耗量。

2. 逆流再生

顺流再生是指原处理液与再生液流过吸附剂的方向相反，可提高再生剂的利用率，降低再生剂耗量；再生剂流过吸附剂层时首先接触到的是吸附剂下部的吸附剂，增加了交换剂工作层，可减少反离子效应，提高了交换剂的工作交换容量。

表 5-4 为阳离子树脂吸附剂的再生度比较。

表 5-4 阳离子树脂吸附剂的再生度比较

交换器内交换剂层由上至下取样深度/m	再生度/%	
	顺流再生	逆流再生
0.1	47.5	16.2
0.5	70.2	65.0
1.0	64.7	81.2
2.0	54.4	96.4

五、吸附操作的影响因素

影响吸附的因素有吸附剂的性质、吸附质的性质及操作条件等。只有了解影响吸附的因素，才能选择合适的吸附剂及适宜的操作条件，从而更好地完成吸附分离的任务。

1. 操作条件

通常情况下，低温操作有利于物理吸附，适当升高温度有利于化学吸附。但采取升温还是降温，必须以吸附过程中吸附焓变为依据。若焓变为正值，则温度升高对吸附操作有利；相反则降低温度对吸附过程有利。温度对气相吸附的影响比对液相吸附的影响大。对于气体吸附，压力增加有利于吸附，压力降低有利于解吸。

2. 吸附剂的性质

吸附剂的性质如孔隙率、孔径、粒度等影响比表面积，从而影响吸附效果。一般说来，吸附剂粒径越小或微孔越发达，其比表面积越大，吸附容量也越大。但在液相吸附过程中，对分子量大的吸附质，微孔提供的表面积不起很大作用。

3. 吸附质的浓度

对于气相，吸附质的当量直径、分子量、沸点、饱和性等影响吸附量。若用同种活性炭作吸附剂，对于结构相似的有机物，分子量和不饱和性越大，沸点越高，越易被吸附。对于液相吸附，吸附质的分子极性、分子量、在溶剂中的溶解度等影响吸附量。分子量越大，分子极性越强，溶解度越小，越易被吸附。吸附质浓度越高，吸附量越少。

4. 吸附剂的活性

活性是吸附剂吸附能力的标志，常以吸附剂上所吸附的吸附质量与所有吸附剂量之比的百分数来表示。其物理意义是单位吸附剂所能吸附的吸附质量。

5. 接触时间

吸附操作时，应保证吸附质与吸附剂有一定的接触时间，使吸附接近平衡，充分利用吸附剂的吸附能力。吸附平衡所需的时间取决于吸附速率，一般要通过经济权衡，确定最佳接触时间。

6. 吸附器的性能

吸附器的性能对吸附效果有较显著的影响，应合理设计吸附器的结构、吸附层的铺设等，以保证吸附器发挥优良的吸附性能。

六、吸附操作的操作故障及处理

吸附操作的常见故障及处理方法见表 5-5。

七、吸附操作安全技术

(1) 工作时间必须穿好工作服，戴好工作帽，严禁露臂赤足，操作时必戴好眼镜；

表 5-5　吸附操作的常见故障及处理方法

常见故障	原因	处理方法
吸附柱堵塞	粗物料堵塞	过滤粗物料
吸附剂污染	①吸附剂上堆积了杂质 ②吸附剂结块 ③吸附剂受到不可逆污染 ④合成的吸附剂中残留物质的污染	①除去吸附剂表面的杂质,浸泡清洗 ②疏松或填补新的吸附剂 ③吸附剂的复苏处理,再生 ④浸泡或反复冲洗
吸附能力下降	①吸附过程中气相的压力的波动 ②温度的影响 ③通气吹扫不干净 ④冲洗解吸不完全 ⑤置换解吸不完全 ⑥吸附剂的再生不完全 ⑦料液的性质和料液的流速 ⑧发生沟流或局部不均匀现象 ⑨溶剂的影响	①调整吸附过程中的压力 ②调整温度 ③通气吹扫干净 ④冲洗解吸完全 ⑤置换解吸完全 ⑥吸附剂的再生完全 ⑦控制料液的性质和料液的流速 ⑧避免沟流或局部不均匀现象 ⑨选择合适的溶剂
床层局部过热	①床层的热量输入和导出均不容易 ②吸附床层导热性差 ③吸附剂磨损不均匀性 ④发生沟流或局部不均匀现象	①再生后还需冷却,延长了再生时间 ②选择适宜的吸附剂 ③减少磨损或更换吸附剂 ④避免沟流或局部不均匀现象
操作不稳定	①固定床切换频繁 ②床层中的吸附量不断增加 ③床层中各处的浓度分布不均和变化 ④发生沟流或局部不均匀现象 ⑤料液的性质和料液的流速	①调整固定床切换频率 ②及时地进行再生操作 ③避免床层中各处的浓度分布不均和变化 ④避免发生沟流或局部不均匀现象 ⑤控制料液的性质和料液的流速

(2) 严格遵守岗位操作规程和操作法，遵守劳动纪律；

(3) 不要久站在设备视镜前；

(4) 在对设备、管线进行检修时，将其操作系统断开，泄压后方可进行检修；

(5) 泵等设备进行检修时，协助钳工关闭进出口阀门；

(6) 设备开动前进行部件检查、盘车，放好安全罩；

(7) 自控设备检测时要改为手控，并挂上“严禁开动”的牌子，必要时通知电工停电；

(8) 电机必须有良好的触地，严禁用湿手触电机，不能用手冲洗电机，擦电机要戴手套；

(9) 有故障设备严禁开动；

(10) 有些吸附剂虽不是危险品类，但是可燃的，如活性炭，燃烧时会生成有毒的一氧化碳，吸附应放在防火的建筑内，禁止明火、火花和吸烟；

(11) 有些吸附剂在吸附和解吸过程中会发生分解或聚合，会造成腐蚀和发热的可能性，所以在使用过程中，可以采用特殊不扬尘的投料器。

任务实施

1. 开车前准备

(1) 检查本岗位所属设备、管线、阀门、仪表无泄漏，动作灵活好用，阀门开关位置正确；

（2）检查水、电、气等公用工程是否达到开车条件；

（3）检查精制盐水泵、冷却水是否正常，手动盘车有无阻卡现象；

（4）与过滤岗位、脱氯岗位、电解岗位是否具备开车条件。

2. 开车操作

（1）将一次盐水经加酸后调 pH 值为 8～10，进入精盐水贮槽；

（2）用精盐水泵送至加热器，预热至 55～65℃，由第一个树脂塔的上部进，底部出，再进入第二树脂塔上部，底部出来；

（3）进入加热器，将盐水温度提高到 70～80℃，送精盐水高位槽；

（4）加纯水调节 NaCl 的质量浓度，达要求后，送入电解槽。

3. 停车操作

（1）具备停车条件后，通知微机控制岗位停蒸汽；

（2）打开精制盐水泵出口分配器至脱氯塔阀门，关阀出电解阀门；

（3）通知过滤岗位停止盐水供给，微机控制关闭流量调节阀后，关闭流量调节阀前后手动阀；

（4）关闭酸碱贮槽进出口手动闸；

（5）停二次盐水泵。

4. 吸附剂的再生操作

（1）切换　通常一塔工作，另一塔再生；

（2）排液　因为盐水的相对密度大，在洗涤初期树脂吸附剂会被冲走，故需将盐水用压缩空气排出；

（3）第一次返洗　从塔下部向上部通入纯水，冲洗出积蓄于上层的悬浮物及破碎的树脂吸附剂，以松动树脂吸附剂；

（4）第一次沸腾　使树脂吸附剂完全浸入水中，从塔底通入空气，松动树脂吸附剂；

（5）沉静　使沸腾操作中悬浮树脂吸附剂沉静下来；

（6）冲洗　设定流量为适宜值，除去树脂吸附剂层中残存的盐分，从塔顶向下用纯水冲洗；

（7）第二次返洗　设定流量为适宜值用纯水从底部向上冲洗，使固体悬浮物及破碎树脂吸附剂排出；

（8）静置

（9）加酸　盐水计量槽中 31％的高纯酸由喷射器与纯水混合稀释成 4％盐酸液，由塔顶中部通入，塔底排出，分离吸附物；

（10）排酸　停酸后继续通入纯水，将吸附剂层中未反应的酸排出，此时吸附剂为最小收缩状态；

（11）排净　通入纯水后塔内液体仍显酸性，塔内酸性液体用压缩空气排出，使烧碱通入进行有效作用；

（12）加碱　碱槽中 32％的碱通过喷射泵与水混合稀释到 5％，从塔底向上通入，使氢型树脂吸附剂再活化，用烧碱转化为 Na 型，在这个过程中树脂吸附剂要膨胀成最大状态；

（13）加水　由于塔下部视镜处树脂吸附剂未与碱接触，继续残留在塔内，并有效地使用碱量，使其再生完全，继续用纯水从下部流入；

（14）第二次沸腾　从塔底向上吹压缩空气，使碱与树脂吸附剂充分接触；

（15）静置

（16）排碱　从塔上部向塔内充入精制盐水，使塔内碱液排出，在这个过程中树脂吸附剂会收缩；

（17）第三次返洗　碱液置换完后，为防止待机中盐水结晶析出，从塔下部注入纯水，使盐水浓度稀释为17%；

(18) 第三次沸腾 从底部向上通入压缩空气，使纯水与盐水混合，吸附剂表面平整；

(19) 静置

(20) 待机。

任务评估

1. 资讯

在教师指导下让学生解读工作任务及要求，了解完成项目任务需要的知识：吸附剂的确认与填充、吸附塔的运行操作、吸附剂的清洗、吸附剂的再生、吸附操作中的常见故障及处理、吸附操作安全技术。

2. 决策、计划

根据工作任务要求和生产特点，在给定的工作情景下完成。再通过分组讨论、学习、查阅相关资料，完成任务。

3. 检查

教师可通过检查各小组的工作方案与听取小组研讨汇报，及的掌握学生的工作进展，适时地归纳讲解相关知识与理论，并提出建议与意见。

4. 实施与评估

学生在教师的检查指点下继续修订与完善项目实施初步方案，并最终完成任务，教师对各小组完成情况进行检查与评估，及时进行点评、归纳与总结。

吸附操作的工业应用实例

吸附分离的应用极为丰富多彩，广泛应用于石油化工工业、化学工业、医药工业、冶金工业和电子工业等工业部门，用于气体分离、干燥及空气净化、废水处理等环保领域。吸附分离方法不仅可以用于气相分离，实现常温空气分离氧氮，酸性气体脱除，从各种气体中分离回收 H_2、CO_2、CO、CH_4、C_2H_4 等；也可以进行液相分离，用于石化产品和化工产品的分离，从废水中回收有用成分或除去有害成分等。

一、吸附分离提纯甲烷

天然气中除了主要成分甲烷以外，通常含有数量不等的 C_2 烃类，这些烃类的存在对某些利用甲烷为原料的化工生产过程是有害的，必须加以脱除。吸附分离法可用于脱除这些烃类。国内自贡鸿鹤化工总厂、长春化工五厂等厂应用西南化工研究设计院开发的PSA（变压吸附）技术已建立了从天然气分离提纯甲烷的装置，净化后的甲烷用于生产甲烷氯化物、氢氰酸和二硫化碳等。PSA净化天然气技术能耗低、净化度高，是一种理想的方法。该法也可从煤矿瓦斯气中浓缩甲烷。

图5-14为以天然气为原料的甲醇生产过程中，用吸附的方法除去天然气中的硫的工艺流程。天然气自下而上通过活性炭吸附器，脱硫后的净化气从吸附气的顶部排出；再生时，由锅炉来的饱和蒸汽经电加热加热到400℃左右，由上而下通过活性炭吸附层，使硫黄熔融或升华后随蒸气一并由吸附器底部排出，在硫黄回收槽中被水冷却沉淀，与水分离后得到副产物硫黄。

二、植物油脂的脱色

在常见的各种植物油脂中都带有不同的颜色，这是由于其含有数量和品种各不相同的色素。通常将它们分为三类：第一类是有机色素，主要有叶绿素、胡萝卜素等；第二类是有机

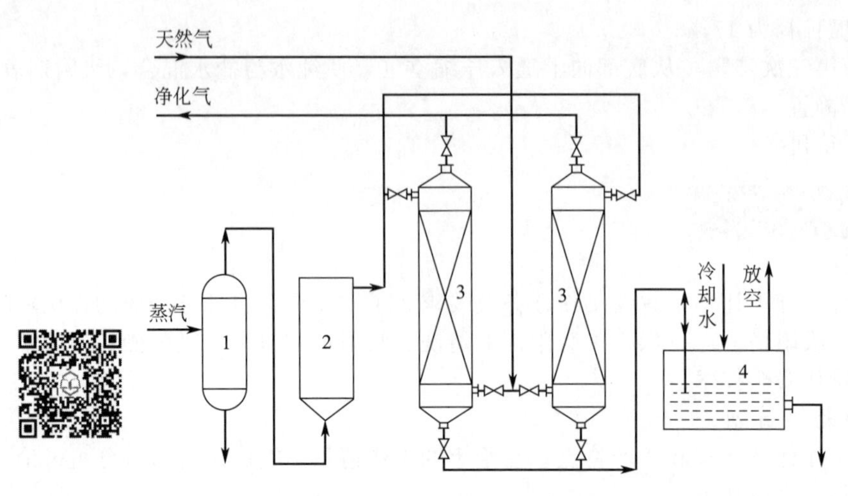

图 5-14　活性炭脱硫及过热蒸汽再生的工艺流程

1—汽水分离器；2—电加热器；3—活性炭吸附器；4—硫黄回收塔

降解物，品质劣变油籽中的蛋白质、糖类、磷脂类物质；第三类是色原体，经氧化或在特定的试剂作用下会呈鲜明的颜色。为了油脂的外观，常对其进行脱色处理，其应用的是广泛的吸附脱色法。

图 5-15 所示，待脱色油经贮罐转入脱色罐，在真空下加热干燥后，与由吸附剂罐吸入的吸附剂在搅拌下充分接触，完成吸附平衡，然后经冷却由泵压入压滤机分离吸附剂，滤后脱色油汇入贮罐，借真空吸力或输油泵转入脱臭工序。压滤机中的吸附剂滤饼则经压缩空气吹干后转入处理罐回收残油。

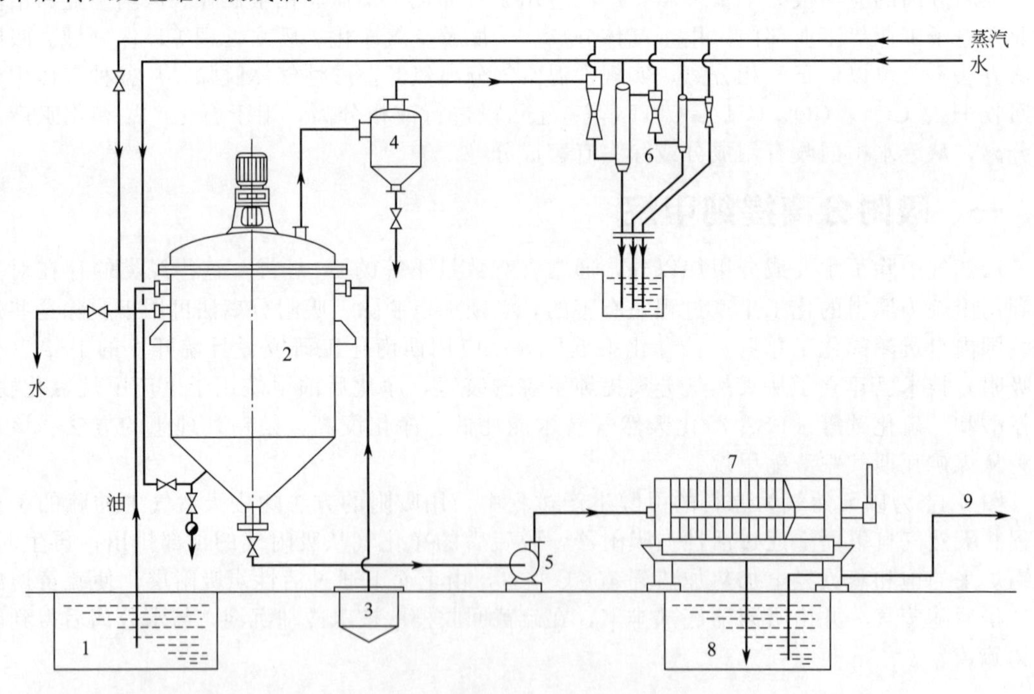

图 5-15　油品的脱色工艺流程

1—待脱色油贮罐；2—脱色罐；3—吸附器罐；4—捕集器；5—油泵；6—真空装置；

7—压缩机；8—脱色油贮罐；9—去脱臭

三、邻苯二甲酸二辛酯的生产中的脱色处理

图 5-16 所示的邻苯二甲酸二辛酯的生产工艺中，有一道工序为脱色过滤操作，就是用吸附剂，这里的吸附剂的主要成分是 SiO_2、Al_2O_3、Fe_2O_3、MgO 等，通过吸附剂和助滤机的吸附脱色，同时也除去了产品中残存的微量催化剂和其他机械杂质，最后得到高质量的邻苯二甲酸二辛酯。

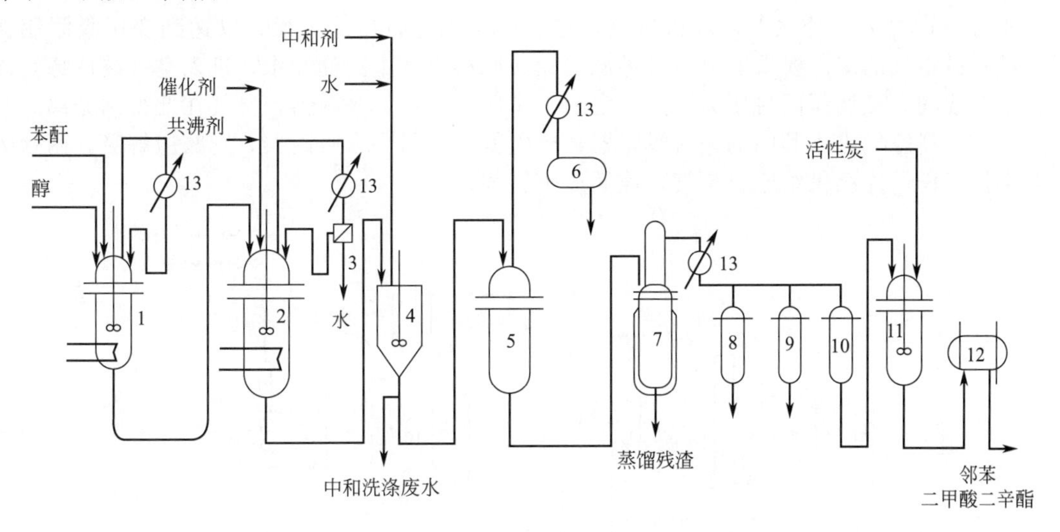

图 5-16　邻苯二甲酸二辛酯的通用生产工艺流程

1—单酯化釜；2—酯化釜；3—分水器；4—中和洗涤塔；5—蒸馏塔；6—溶剂回收贮罐；7—真空蒸馏器；8—回收醇贮罐；9—初馏分和后馏分贮罐；10—正馏分贮罐；11—活性炭脱色罐；12—过滤器；13—冷凝器

四、乳酸制备

含淀粉的原料如玉米、马铃薯、米及其他淀粉类，在通过发酵原料、微生物培养、发酵过程得到高浓度的乳酸。图 5-17 为由乳清制取乳酸的工艺流程。由于在加工过程中，含有

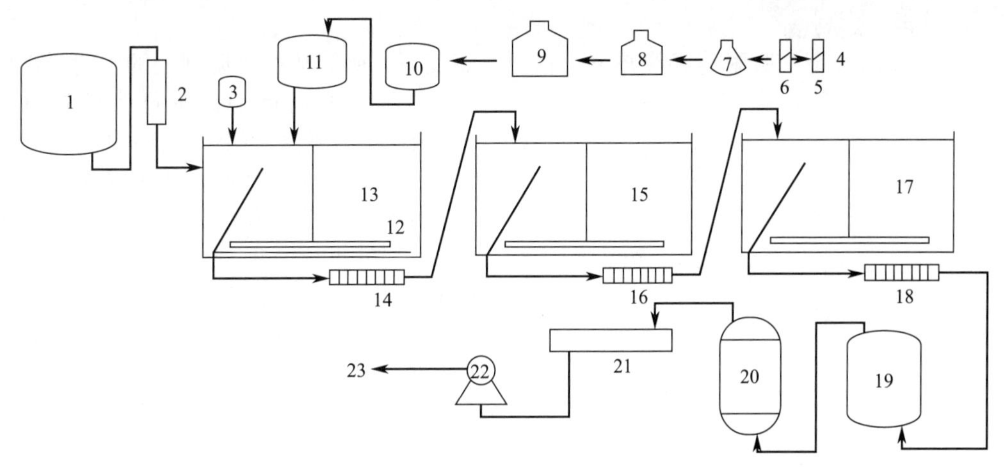

图 5-17　乳清制取乳酸的工艺流程

1—乳清贮放罐；2—巴氏灭菌；3—$Ca(OH)_2$；4～11—接种菌株的繁殖；12—蒸汽管；13—发酵罐；14，16，18—过滤；15—脱色罐Ⅰ；17—脱色罐Ⅱ；19—贮存罐；20—真空蒸发器；21—结晶；22—离心取出结晶；23—包装

Fe、Cu等有色物质，可用活性炭将其吸附，在经过H_2SO_4处理后，去掉不好的味道和气味，即可得到高浓度的乳酸。

五、空气制氮

以压缩空气为原料，利用碳分子筛作为吸附剂对氮、氧的选择性吸附，把空气中的氮分离出来。

如图5-18所示，空气经压缩机压缩，进入冷干机进行冷冻干燥，以达到变压吸附制氮系统对原料空气的露点要求。再经过过滤器除去原料空气中的油和水，进入空气缓冲罐，以减少压力波动。经调压阀将压力调至额定的工作压力，送至吸附器，空气在此得到分离，制得氮气。原料空气进入其中的一台吸附器，产生氮气，另一台吸附器，则减压解吸，两台吸附器交替工作，连续供给原料空气，连续产生氮气。

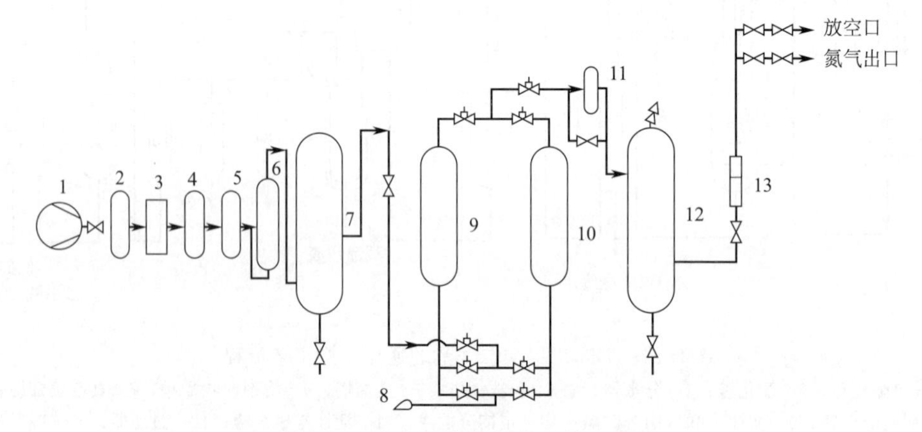

图5-18　变压吸附制氮的工艺流程图

1—空压机；2—油水分离器；3—冷干机；4—空气管路过滤器；
5—高效率除油过滤器；6—活性炭罐；7—空气贮罐；8—消声器；
9—吸附塔A；10—吸附塔B；11—过滤器；12—氮气贮罐；13—流量计

知识拓展

由描述吸附平衡的吸附等温线知道，在同一温度下，吸附质在吸附剂上的吸附量随吸附质的分压上升而增加；在同一吸附质分压下，吸附质在吸附剂上的吸附量随吸附温度上升而减少。也就是说，加压降温有利于吸附质的吸附，降压升温有利于吸附质的解吸或吸附剂的再生。于是按照吸附剂的再生方法将吸附分离循环过程分成两类，一类是变压吸附，一类是变温吸附。图5-19表示了这两种方法的概念，图中横坐标为吸附质的分压，纵坐标为单位吸附剂的吸附量。

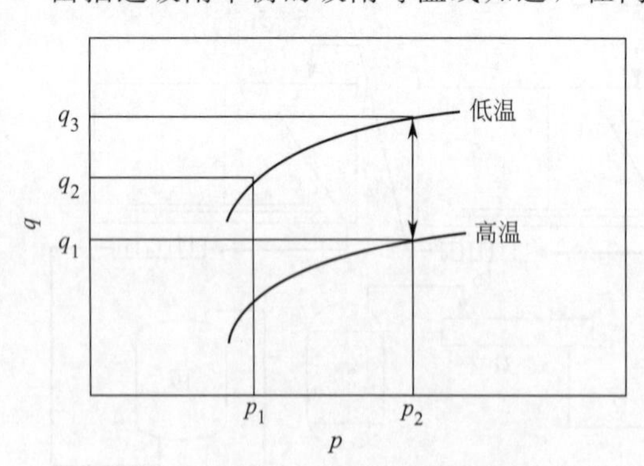

图5-19　变压、变温吸附概念示意图

1. 变温吸附法（TSA）

变温吸附就是在较低温度（常温或更低）下进行吸附，在较高温度下使吸附的组分解吸出来，从图5-19看出，变温吸附过程是在两条不同温度的等温吸附线之间上下移动进行着吸附和解吸的。由于常用吸附剂的热传导率比较低，加温和冷却的时间就比较长（往往需要几个小时），所以变温吸附的吸附床比较大，而且还要配备相应的加热和冷却设施，能耗和投资相对较高，此外温度大幅度周期性变化也会影响吸附剂的寿命，因此变温吸附只适用于原料气中杂质组分含量低，而要求较高的产品回收率的场合，如气体干燥。

2. 变压吸附法（PSA）

变压吸附就是在较高压力下进行吸附，在较低压力（甚至真空状态）下使吸附的组分解吸出来。由于吸附循环周期短，吸附热来不及散失可供给解吸用，因此吸附热和解吸热引起的吸附床层温度变化很小，可近似看作等温过程。从图 5-19 看出，变压吸附工作状态仅仅是在一条吸附等温线上变化。

项目测试题

1. 吸附与吸收有区别吗？吸附的基本原理是什么？
2. 常见吸附剂有哪些？如何进行吸附剂的再生？
3. 吸附的机理是什么？吸附过程的控制步骤是什么？
4. 影响吸附操作的因素有哪些？

附录

一、某些二元物系的气-液相平衡关系

1. 乙醇-水（101.3kPa）

乙醇摩尔分数		温度/℃	乙醇摩尔分数		温度/℃
液相	气相		液相	气相	
0.00	0.00	100.0	0.3273	0.5826	81.5
0.0190	0.1700	95.5	0.3965	0.6122	80.7
0.0721	0.3891	89.0	0.5079	0.6564	79.8
0.0966	0.4375	86.7	0.5198	0.6599	79.7
0.1238	0.4704	85.3	0.5732	0.6841	79.3
0.1661	0.5089	84.1	0.6763	0.7385	78.74
0.2337	0.5445	82.7	0.7472	0.7815	78.41
0.2608	0.5580	82.3	0.8943	0.8943	78.15

2. 苯-甲苯（101.3kPa）

苯摩尔分数		温度/℃	苯摩尔分数		温度/℃
液相	气相		液相	气相	
0.00	0.00	110.6	0.592	0.789	89.4
0.088	0.212	106.1	0.700	0.853	86.8
0.200	0.370	102.2	0.803	0.914	84.4
0.300	0.500	98.6	0.903	0.957	82.3
0.397	0.618	95.2	0.950	0.979	81.2
0.489	0.710	92.1	1.00	1.00	80.2

3. 氯仿-苯（101.3kPa）

氯仿质量分数		温度/℃	氯仿质量分数		温度/℃
液相	气相		液相	气相	
0.10	0.136	79.9	0.60	0.750	74.6
0.20	0.272	79.0	0.70	0.830	72.8
0.30	0.406	78.1	0.80	0.900	70.5
0.40	0.530	77.2	0.90	0.961	67.0
0.50	0.650	76.0			

4. 水-乙酸（101.3kPa）

水摩尔分数		温度/℃	水摩尔分数		温度/℃
液相	气相		液相	气相	
0.0	0.0	118.2	0.833	0.886	101.3
0.270	0.394	108.2	0.886	0.919	100.9
0.455	0.565	105.3	0.930	0.950	100.5
0.588	0.707	103.8	0.968	0.977	100.2
0.690	0.790	102.8	1.00	1.00	100.0
0.769	0.845	101.9			

5. 甲醇-水（101.3kPa）

甲醇摩尔分数		温度/℃	甲醇摩尔分数		温度/℃
液相	气相		液相	气相	
0.0531	0.2834	92.9	0.2818	0.6775	78.0
0.0767	0.4001	90.3	0.2909	0.6801	77.8
0.0926	0.4353	88.9	0.3513	0.7347	76.2
0.1257	0.4831	86.6	0.4620	0.7756	73.8
0.1315	0.5455	85.0	0.5292	0.7971	72.7
0.1674	0.5585	83.2	0.5937	0.8183	71.3
0.1818	0.5775	82.3	0.6849	0.8492	70.0
0.2083	0.6273	81.6	0.7701	0.8962	68.0
0.2319	0.6485	80.2	0.8741	0.9194	66.9

二、气体的扩散系数

1. 一些物质在氢、二氧化碳、空气中的扩散系数（0℃，101.3kPa）/$10^{-4}\cdot m^2\cdot s^{-1}$

物质	H_2	CO_2	空气	物质	H_2	CO_2	空气
H_2		0.550	0.611	NH_3			0.198
O_2	0.697	0.139	0.178	Br_2	0.563	0.0363	0.086
N_2	0.674		0.202	I_2			0.097
CO	0.651	0.137	0.202	HCN			0.133
CO_2	0.550		0.138	H_2S			0.151
SO_2	0.479		0.103	CH_4	0.625	0.153	0.223
CS_2	0.3689	0.063	0.0892	C_2H_4	0.505	0.096	0.152
H_2O	0.7516	0.1387	0.220	C_6H_6	0.294	0.0527	0.0751
空气	0.611	0.138		甲醇	0.5001	0.0880	0.1325
HCl			0.156	乙醇	0.378	0.0685	0.1016
SO_3			0.102	乙醚	0.296	0.0552	0.0775
Cl_2			0.108				

2．一些物质在水溶液中的扩散系数

溶质	浓度 /(mol/L)	温度 /℃	扩散系数 $D\times10^{9}$ /(m^2/s)	溶质	浓度 /(mol/L)	温度 /℃	扩散系数 $D\times10^{9}$ /(m^2/s)
HCl	9	0	2.7	NH_3	0.7	5	1.24
	7	0	2.4		1.0	8	1.36
	4	0	2.1		饱和	8	1.08
	3	0	2.0		饱和	10	1.14
	2	0	1.8		1.0	15	1.77
	0.4	0	1.6		饱和	15	1.26
	0.6	5	2.4			20	2.04
	1.3	5	1.9	C_2H_2	0	20	1.80
	0.4	5	1.8	Br_2	0	20	1.29
	9	10	3.3	CO	0	20	1.90
	6.5	10	3.0	C_2H_4	0	20	1.59
	2.5	10	2.5	H_2	0	20	5.94
	0.8	10	2.2	HCN	0	20	1.66
	0.5	10	2.1	H_2S	0	20	1.63
	2.5	15	2.9	CH_4	0	20	2.06
	3.2	19	4.5	N_2	0	20	1.90
	1.0	19	3.0	O_2	0	20	2.08
	0.3	19	2.7	SO_2	0	20	1.47
	0.1	19	2.5	Cl_2	0.138	10	0.91
	0	20	2.8		0.128	13	0.98
CO_2	0	10	1.46		0.11	18.3	1.21
	0	15	1.60		0.104	20	1.22
	0	18	1.71±0.03		0.099	22.4	1.32
	0	20	1.77		0.092	25	1.42
NH_3	0.686	4	1.22		0.083	30	1.62
	3.5	5	1.24		0.07	35	1.8

三、几种气体溶于水时的亨利系数

气体	温度/℃															
	0	5	10	15	20	25	30	35	40	45	50	60	70	80	90	100
	$E\times10^{-3}$/MPa															
H_2	5.87	6.16	6.44	6.70	6.92	7.16	7.38	7.52	7.61	7.70	7.75	7.75	7.71	7.65	7.61	7.55
N_2	5.36	6.05	6.77	7.48	8.14	8.76	9.36	9.98	10.5	11.0	11.4	12.2	12.7	12.8	12.8	12.8
空气	4.38	4.94	5.56	6.15	6.73	7.29	7.81	8.34	8.81	9.23	9.58	10.2	10.6	10.8	10.9	10.8
CO	3.57	4.01	4.48	4.95	5.43	5.87	6.28	6.68	7.05	7.38	7.71	8.32	8.56	8.56	8.57	8.57
O_2	2.58	2.95	3.31	3.69	4.06	4.44	4.81	5.14	5.42	5.70	5.96	6.37	6.72	6.96	7.08	7.10
CH_4	2.27	2.62	3.01	3.41	3.81	4.18	4.55	4.92	5.27	5.58	5.85	6.34	6.75	6.91	7.01	7.10
NO	1.71	1.96	1.96	2.45	2.67	2.91	3.14	3.35	3.57	3.77	3.95	4.23	4.34	4.54	4.58	4.60
C_2H_6	1.27	1.91	1.57	2.90	2.66	3.06	3.47	3.88	4.28	4.69	5.07	5.72	6.31	6.70	6.96	7.01
	$E\times10^{-2}$/MPa															
C_2H_4	5.59	6.61	7.78	9.07	10.3	11.5	12.9	—	—	—	—	—	—	—	—	—
N_2O	—	1.19	1.43	1.68	2.01	2.28	2.62	3.06	—	—	—	—	—	—	—	—
CO_2	0.737	0.887	1.05	1.24	1.44	1.66	1.88	2.12	2.36	2.60	2.87	3.45	—	—	—	—
C_2H_2	0.729	0.85	0.97	1.09	1.23	1.35	1.48	—	—	—	—	—	—	—	—	—
Cl_2	0.271	0.334	0.399	0.461	0.537	0.604	0.67	0.739	0.80	0.86	0.90	0.97	0.99	0.97	0.96	—
H_2S	0.271	0.319	0.372	0.418	0.489	0.522	0.617	0.685	0.755	0.825	0.895	1.04	1.21	1.37	1.46	1.062
	E/MPa															
Br_2	2.16	2.79	3.71	4.72	6.01	7.47	9.17	11.04	13.47	16.0	19.4	25.4	32.5	40.9	—	—
SO_2	1.67	2.02	2.45	2.94	3.55	4.13	4.85	5.67	6.60	7.63	8.71	11.1	13.9	17.0	20.1	—

四、某些三元物系的液-液平衡数据

1. 丙酮（A)-氯仿（B)-水（S)（25℃，均为质量分数）

氯仿相			水相		
A	B	S	A	B	S
0.090	0.900	0.010	0.030	0.010	0.960
0.237	0.750	0.013	0.083	0.012	0.905
0.320	0.664	0.016	0.135	0.015	0.850
0.380	0.600	0.020	0.174	0.016	0.810
0.425	0.550	0.025	0.221	0.018	0.761
0.505	0.450	0.045	0.319	0.021	0.660
0.570	0.350	0.080	0.445	0.045	0.510

2. 丙酮（A)-苯（B)-水（S)（30℃，均为质量分数）

苯相			水相		
A	B	S	A	B	S
0.058	0.940	0.002	0.050	0.001	0.949
0.131	0.867	0.002	0.100	0.002	0.898
0.304	0.687	0.009	0.200	0.004	0.796
0.472	0.498	0.030	0.300	0.009	0.691
0.589	0.345	0.066	0.400	0.018	0.582
0.641	0.239	0.120	0.500	0.041	0.459

五、填料的特性

填料的种类及尺寸/mm	比表面积/(m^2/m^3)	空隙率/(m^3/m^3)	堆积密度/(kg/m^3)
整砌的填料			
拉西环(瓷环)			
50×50×5.0	110	0.735	650
80×80×8	80	0.72	670
100×100×1	60	0.72	670
螺旋环			
75×75	140	0.59	930
100×75	100	0.6	900
150×150	65	0.67	750
有隔板的瓷环			
75×75	135	0.44	1250
100×75	110	0.53	940
100×100	105	0.58	940
150×100	72	0.5	1120
150×150	65	0.52	1070
陶瓷波纹填料	500～600	0.6～0.7	600～700
金属波纹填料	1000～1100	约 0.9	
木栅填料 10×100			
节距 10	100	0.55	210
节距 20	65	0.68	145
节距 30	48	0.77	110
金属丝网填料	160	0.95	390

续表

填料的种类及尺寸/mm	比表面积/(m^2/m^3)	空隙率/(m^3/m^3)	堆积密度/(kg/m^3)
乱 堆 的 填 料			
瓷环			
6.5×6.5×1	584	0.66	860
8.5×8.5×1	482	0.67	750
10×10×1.5	440	0.7	700
15×15×2	330	0.7	690
25×25×3	200	0.74	530
35×35×4	140	0.78	530
50×50×5	90	0.785	530
钢质填圈			
8×8×0.3	630	0.9	750
10×10×0.5	500	0.88	960
15×15×0.5	350	0.92	660
25×25×0.3	220	0.92	640
50×50×1	110	0.95	430
整 砌 的 填 料			
鞍形填料			
12.5	460	0.68	720
25	260	0.69	670
38	165	0.70	670
焦块			
块子大小 25	120	0.53	600
块子大小 40	85	0.55	590
块子大小 75	42	0.58	650
石英			
块子大小 25	120	0.37	1600
块子大小 40	85	0.43	1450
块子大小 75	42	0.46	1380

参考文献

[1] 姚玉英，陈常贵，柴诚敬．化工原理：下册．3版．天津：天津大学出版社，2010.
[2] 潘文群，何灏彦．传质分离技术．2版．北京：化学工业出版社，2015.
[3] 周立雪，周波．传质与分离技术．北京：化学工业出版社，2002.
[4] 汤金石，赵锦全．化工过程及设备．北京：化学工业出版社，1996.
[5] 何灏彦，禹练英，谭平．化工单元操作．2版．北京：化学工业出版社，2014.
[6] 闫晔，刘佩田．化工单元操作过程．2版．北京：化学工业出版社，2008.
[7] 马瑛．无机物工艺．2版．北京：化学工业出版社，2012.
[8] 杨祖荣．化工原理．3版．北京：化学工业出版社，2014.
[9] 张新战．化工单元过程及操作．2版．北京：化学工业出版社，2012.
[10] 朱宝轩．化工安全技术基础．2版．北京：化学工业出版社，2008.
[11] 贾绍义，柴诚敬．化工传质与分离过程．北京：化学工业出版社，2007.
[12] 杜克生，张庆海，黄涛．化工生产综合实习．北京：化学工业出版社，2007.
[13] 冷士良．化工基础．北京：化学工业出版社，2007.
[14] 陶贤平．化工单元操作实训．北京：化学工业出版社，2008.
[15] 李相彪．氯碱生产技术．北京：化学工业出版社，2011.
[16] 金明柏．水处理系统设计实务．北京：中国电力出版社，2010.
[17] 何东平．油脂精练与加工工艺学．2版．北京：化学工业出版社，2012.